U0161742

需求逻辑

产品心理学方法论

大脑　感官　上册　认知　行为

张建权 ◎ 著

团结出版社

图书在版编目（CIP）数据
需求逻辑：产品心理学方法论 / 张建权著. --北京：团结出版社，2024.1
ISBN 978-7-5234-0224-5

Ⅰ. ①需… Ⅱ. ①张… Ⅲ. ①产品设计－应用心理学－研究 Ⅳ. ①TB472-05

中国国家版本馆CIP数据核字（2023）第113474号

出　版：团结出版社
（北京市东城区东皇城根南街84号　邮编：100006）
电　话：（010）65228880　65244790
网　址：http://www.tjpress.com
E-mail：65244790@163.com
经　销：全国新华书店
印　刷：武汉鑫佳捷印务有限公司
装　订：武汉鑫佳捷印务有限公司

开　本：145mm×210mm　32开
印　张：33
字　数：830千字
版　次：2024年1月第1版
印　次：2024年1月第1次印刷

书　号：978-7-5234-0224-5
定　价：268.00元（上下册）

谨以此书

致敬这个时代前赴后继的创业英雄

目录

第三章 认 知

第四章 行 为

序言

1989年，神经科学家肯特·贝里奇做过一个小白鼠的多巴胺实验，实验显示即使没有多巴胺，小白鼠依然能够感知到快乐，只不过是完全失去了追求快乐的动机罢了。简单地说：多巴胺不是快乐，而是产生让人追求快乐的动机。同样我们的快感不是来自于快乐本身，而是快乐来临的感觉。当奖励系统活跃时，他们感受到的是期待，而不是快乐。任何让我们觉得自己高兴的东西，都会刺激奖励系统。比如令人垂涎的美食、咖啡的香味和性感的笑容等。

奖励的刺激可以追溯到早期人类如何获取食物，在远古时期的捕猎过程中，猎手是为了追逐而追逐，这种心理机制有助于解释现代人需索无度的状态；现代人没完没了购买商品时，同样受到了心中欲念的驱使。尽管原始人和现代人的生活天差地别，但大家对于猎物的渴求是相似的，都是一种猎物酬赏。在电脑问世之前，人们就已经开始从猎物身上获取酬赏。时至今日，我们可以看到数不清的事例都与“猎物酬赏”心理有关。人们追逐资源、追逐信息，其执着程度不亚于追逐猎物的原始人。

人类在追逐猎物和面对外界环境的过程中，每秒可以接受400亿个感官输入，一次可以注意到40个，但是对40个东西产生直觉不一定意味着对他们产生有意识的加工。思考、记忆、加工和表达需要大量的脑力资源，于是我们庆幸人类具有了自动化的意识处理。

在生活中的大部分时间里，我们依靠着大脑的自动驾驶功能，它有效地行使着职责。有脑力大管家帮我们打点各种常规的、熟得不能再熟的任务，我们便可以把注意力放到大事上。正如哲学家艾尔弗雷德·诺思·怀特海所说："随着不需要思考就能完成的活动变得越来越多，文明得以进步。"

在我们的大脑中还隐藏着一种叫"习惯"秩序，它是大脑借以掌握复杂举动的途径之一。神经系统科学家指出，人脑中存在一个负责无意识行为的基底神经节，那些无意中产生的条件反射会以习惯的形式存储在基底神经节中，从而使人们腾出精力来关注其他的事物。当大脑试图走捷径而不再主动思考接下来该做些什么时，习惯就养成了。我们在生活中做很多选择时，都会倾向于那些曾经被证明行之有效的做法。我们的大脑会自动推导出一个结论，如果这个办法在过去有效，那今天就依然是保险的选择，固定的行为模式就这样形成了。

在行为模式中，欲望是我们生命中最急要、最强劲的驱动力。所有的宗教中都说到若要忠于神明，便要克服欲望、毁灭欲望和控制欲望。所有的宗教教义中都提到用一种思想创造出的形象来替代欲望，基督教如此，印度教等其他宗教亦然，即用某种形象替代实在，而实在便是欲望，熊熊燃烧的欲望。

人在完全漆黑的环境中，站在高处你能看到 48 千米外的烛光；在一个非常安静的房间里，你能听到 6 米外手表的滴答声；你能够闻出 75 平方米范围内的一滴香水味；你的皮肤能感觉到一根头发；

一小勺糖溶解在约 7.5 升的水里，你也能尝出甜味……

在我们所有的感官中，70% ～ 80% 的信息都是由视觉提供的。来自外界的一切视觉形象都是通过色彩和明暗关系来体现的，而我们在观察物体时，第一感觉就是对色彩的感觉。在心理学中，蓝色一般指波长为 450 ～ 475nm（频率为 631 ～ 668THz）的可见光投射在人的视网膜上形成的视觉体验。蓝色具有令人冷静和镇定的功效，可以消除由于生活压力而导致的紧张情绪，让人自然联想到一望无垠的大海和蓝天，给人舒适惬意的感受。虽然蓝色被大量使用，不过切记别将蓝色用在与食物相关的搭配上，因为从演化的角度来看，蓝色的食物通常都被认为是有毒的。

视觉体验上除了颜色，当顾客走进门的那一瞬间，他的各种感官还会接触无数的触点。而好的产品总能让你感觉良好，甚至有触及灵魂之感。就像你第一次拿 iPod，电脑鼠标，甚至枪的时候一样。它们就是非常合手。在心理学和设计中，有一个术语来描述这种契合就是“刺激 - 反应相容性”，对应在人体工程学中称之为“触及内心”。它是指一个人对世界的感知与要求的反应相容的程度。如当你握着劳力士的重量，在法拉利上踩下加速器，或者用手工锻造的日本厨师刀切洋葱时，这种产品在多种感官上发挥作用，增加了反馈和终极价值。

“在日常经验里，视觉、听觉、触觉、嗅觉、味觉往往可以彼此打通，眼、耳、舌、鼻、身各个感官领域可以不分界限。颜色似乎会有温度，声音似乎会有形象，冷暖似乎会有重量，气味似乎会有锋芒。”把不同感官的感觉沟通起来，借联想引起感觉转移，形成

“以感觉写感觉”的通感体验。进入新时代，认知心理学、认知语言学等学科研究，伴随生物学领域的实验研究，为通感研究提供了扎实的物质理论基础。在体验时代到来的今天，通感真正展示出巨大的潜在价值，能够满足用户兴奋型需求，创设更为惊喜和丰富的体验感受。

通感研究也正被应用在为视障者的产品设计中，他们如何才能感知这个世界：通过听觉帮助他们感受颜色？给他听海浪拍打沙滩的声音，告诉他蓝色是大海，是宁静。通过嗅觉如何感受颜色？你可以拿一颗薄荷叶给他闻，告诉他薄荷是绿色的。味觉如何感受颜色？给他尝一口蜂蜜，告诉他蜂蜜是黄色的。触觉如何感受颜色？你可以把他带到室外温度 39 度的大太阳下，让他感受太阳暴晒的感觉，可以告诉他脸颊的灼热感就是红色的；你还可以把他带到海边，把他的手放进海里，告诉他海是蓝色的；或者把他带到秋天的麦田里，抓一把玉米放在他手里，告诉他玉米是黄色的；拿一捧雪放到他的手心，告诉他雪是白色的，象征着纯洁……

“人们不是想买 1/4 英寸的钻头，而是想要一个 1/4 英寸的洞孔。”哈佛商学院市场营销学教授西奥多 · 莱维特说，用户不是想买一件产品或服务，而是要将产品和服务带入生活，完成某项任务而已，这也是产品的核心功能价值所在。核心功能就是这个产品存在的原因，它要么满足了用户需求，要么解决了用户遇到的问题，从而使得这个产品变得有意义。而核心功能如何判断有时也会产生“真实的假象”问题，诺贝尔经济学奖得主赫伯特 · 西蒙曾提出：人的理性是有限的。意思是人们缺少解决复杂问题的认知能力，这一点显然是正确的。人的认知与客观真实世界始终存在着差距，如果我们问美国人，被枪杀的人数多还是饮弹自杀的人数多，大多数人都会说他杀的人数更多，但实际上用枪自杀的人几乎是被枪杀的人数的两倍。我们总是不愿承认自身的脆弱，有时还过于自信。人其实是脆弱的，需要更高级的产品来辅助他们更好地生存。有一部分人总认为人工智能不可能超过人类，再后来认为人会控制人工智能的发展，因为人的认知和客观世界总是不那么契合。

我们的大脑每天要处理的事情很多，一般都遵循着“简单”“省力”的方式来运作。苹果的核心价值是：“一切始于简洁”；日本的山下英子提出“断舍离”的想法；佛教提倡“禁欲主义和极简主义”；老子说“大道至简”；亚里士多德说“自然界选择最短的路径”……无论是在科学、哲学还是商业界，追求简约几乎已经成为共识，简约也成为一种思维习惯和指导工作的核心原则。任何复杂的事物都有其固有的简单性，多是少的累加，复杂也是简单的组合拼接，提醒我们抓住事物的本质，不要人为将事情复杂化，这样才更有助于我们有效且高效地解决问题。

我们追求极简主义的背后，也源于数字时代信息和知识爆炸给我们造成的压力。我们每天都在接触各种不同的信息，我们抱着一种学习的态度，想尽可能地拿碎片化的时间阅读各种资讯，想要开拓眼界，提升自我。但信息越来越多，我们每天拥有的时间是有限的，这些信息我们消化不了，就产生了信息过载，超过了我们的信息处理能力。信息过载其实是互联网赋予我们这个时代的特征，不只是信息和知识的爆炸，商品其实也是非常丰富的，就像长尾经济学的作者克里斯·安德森在书里面举了美国的一个社会现象：女性芳香用品有 303 种，除臭剂有 115 种，早餐谷类食品有 187 种，汽车的车型有 250 种。这种信息或者是商品的丰富性和多样性都是源自这种全球化以及个性化的需求，我们面对这种多样化和丰富性的时候，会让人手足无措。

数字时代一方面对我们认知能力产生挤压，另一方面对我们的社交也产生了一种身份焦虑。人对了解自己乐此不疲，朋友圈中你会时不时看到一些刷屏的性格测试与能力测试，微信再怎么封禁，依然是春风吹又生。虽然有时你明确地知道，简单的 3 个问题或者输入名字就能为你得到性格分析、能力图谱和今后运势，简直是太扯了，但是还是会去参与测试并积极分享到朋友圈里。而这些，都是你内心在追求自我的确认，你迫切地想知道，在测试中的你，在大数据中的你，在别人眼中的你到底是什么样的。认识你自己从古希腊到现在，我们一直对此抱有十足的兴趣，而这在如今的大数据时代，则显得更加重要和迷人。

趋乐避苦是人的本能，是一种受当下苦乐驱动的行为模式。趋向于让自己感到快乐的事物，逃避让自己感到苦恼的事物，这是大自然进化的结果。人的本能通过身心的苦乐来判断事物的利害，通过趋乐避苦来趋利避害，从而提高生存的几率。

后互联网时代，人们普遍抱怨许多人变得更加冷漠、暴戾，这也验证了人们注意力被过度劫持的后果。神经科学家马修研究发现：

人类大脑在“休闲状态”下会将注意力放在社会认知模式上，也就是说，它更关注人际关系，促进人类彼此的关爱、同情、理解与合作。但随着我们的“休闲注意力货币”被线上各种“诱惑”榨取得所剩无几，人们的基本社交能力急剧下降，重度成瘾的网民变成了更名副其实的“人不像人鬼不像鬼”。

注意力被过度榨取的一个直接后果就是，太多的选择有时会让我们的大脑停滞，然后无法做出任何选择。在路透社的研究中，43% 的受访者表示，分析瘫痪或者过量信息要么延长了他们做出决定的时间，要么不利于他们做出决定。心理学家巴里·施瓦茨认为：个人主义的现代文化存在“过度的自由”，反而导致人们生活满意度下降和临床抑郁症的增多，过度的选择更是导致人们无所适从。例如从 30 种果酱中做选择的人选择满意度要比从 6 种中做出选择的人满意度低。在产品中，一次性让用户在众多选项中做选择可能会比分层逐步做选择带来的体验差。因为人们认为拥有了选择等同于拥有了控制权，对周边事物的控制欲是人类的内在本性，因为通过控制周边事物我们可能增加生存的机会。

“控制感”也可用于评估我们使用产品的信心、受挫程度和产品本身的易用性。如果用户在使用产品或完成任务时，有较高的“控制感”，那么用户的态度会更积极，更愿意接受挫折及试错，也更拥有安全感。我们在用户体验设计过程中，应当保障用户的“控制感”，以提升用户的参与度和探索意愿。

用户体验专家杰拉德·斯波，曾经创造了为界面增加一段微文案从而创造了 3 亿美元利益的传奇神话。他在对产品进行数据分析时发现，45% 的客户在网站中进行了多次注册，最多的人有多达 10 个账号。同时，每天有 160,000 个交易需要用户输入账号密码，有 75% 的人在输入密码的环节放弃了交易流程。于是斯波优化了这个流程，他拿走了“注册”按钮，将其替换成了“继续”，让用户的使用更流畅和赋予“控制感”。结果是，购买的客户数量增加了 45%。额外的购买使第一个月多了 1500 万美元。头一年，该网站增加了 3 亿美元的收入。

当下的中国，体验经济正在更大的范围崛起，席卷着各行各业。我们有必要重新审视未来顾客的需求将会如何演变，曾经的马车，今天变成了汽车；曾经的交子，今天变成了纸币；曾经的算盘，今天变成了电脑……我们现在所遵循的社会行为似乎大多都是古人已经经历过的，只不过社会形态的变迁、科技的进步以及意识形态的不同，让那些古老的“物种”焕发新生，一时间让它们看起来是那样不同。人们的毫无感知并未真正掩盖消费升级已然发生深刻变化的现实，经历了互联网时代的洗礼之后，传统意义上的消费行为与习惯也都已然发生了深刻变化。

当线上购物成为家常便饭、当在线支付造就无现金城市、当边看直播边购物成为一种时尚，这一切的一切都在告诉我们，人们的消费升级已经从传统意义上的以线下为主转移到了现在的以线上为主。了解并分析当下人们消费升级正在发生的变化，不仅可以让我们对当下的市场动向有一个较为全面的把控，同样可以让我们找到未来行业发展的新方向。

对于正在处于寒冬期的行业来讲，找到人们消费升级的变化，并且分析背后的原因，无疑可以找到破解当下发展困境的方式和方法。我们当下看到的新零售、新金融、新制造等诸多新物种的出现和发展，其实背后都是人们消费升级变化使然。当我们真正了解并把握了消费升级的变化以及背后的原因，才能真正明白当下行业发展的变化并非偶然。

第一章

大 脑

大脑一次只能有意识地处理少量信息

人每秒约处理400亿条信息

其中只有40条是有意识加工的

如果集中注意力

那么工作记忆中也仅能保存三至四项事物

“快乐激素”多巴胺

快乐的按钮

为什么整齐的收纳会让人心情愉悦?

为什么运动后通常神清气爽?

为什么热恋中的人多半容光焕发?

曾荣获第90届奥斯卡金像奖最佳动画短片提名的《负空间 Negative Space》，片中展示了儿子（Sam）从父亲那里学到的整理行李的技巧，这个行为也是父子感情的一个连接。短片令人印象最深的，是看到一大堆衬衫、裤子和袜子被迅速叠整齐并塞入行李箱中，严丝合缝且不留一丝浪费空间。有强迫症取向的观众看到这样的画面后，多半会大呼过瘾，普通人看了也是满足感油然而生，因为这样的画面会刺激人的多巴胺分泌。

跑步是产生多巴胺最有效的方式，人在处于运动状态时，交感神经会开始兴奋，当心率达到55%～65%时就会分泌多巴胺，一般快走时就能达到这种心率。大脑分泌的多巴胺，可以让人保持心情舒畅，缓解紧张焦虑。许多有运动习惯的人，通常会对运动上瘾，这是因为运动的时候往往会感到开心愉快，跑步时多巴胺增加，跑步后多巴胺分泌量还会保持一定时间的增长。多巴胺影响着跑者的神经，使跑者产生幸福的感觉。在做瑜伽的过程中，身体也同样会释放大量的多巴胺，使人感到开心快乐，忘记焦虑。

一些心理学家研究发现，大量释放多巴胺可以让人上瘾。尤其在两性关系中，因此多巴胺也被称为“恋爱激素”，在遇见心爱的人时，身体会表现为心跳加速、身心愉悦，刺激全身中枢神经分泌更多的多巴胺，让人的精神处于兴奋状态。在感情的过程中，多巴胺的分泌能让人对异性产生恋爱兴奋的感觉，唤醒爱的力量，促进感情的诞生和稳固，特别是在两人一见钟情或彼此都有强烈好感的时候，多巴胺的大量分泌，更会使得爱情来得汹涌澎湃。

那多巴胺究竟是个啥？

瑞士弗里堡大学的神经生理学教授沃尔弗拉姆·舒尔茨（Wolfram Schultz）用猕猴做过这样一个研究，他把猕猴放到一个装置中，这个装置里有两个灯泡和两个盒子，两个盒子其中一个是空的，而另一个则放置了食物丸，每隔一段时间其中一个灯泡就会亮起来，当左边的灯亮起来时表示左边盒子里有食物丸，而当右边的灯亮起，则表示右边盒子有食物丸。同时，实验人员把微电极植入猕猴大脑中多巴胺聚集的地方以观察猕猴的大脑变化。结果发现，一开始猕猴会随机打开盒子，当它们发现盒子中出现食物丸后，大脑中的多巴胺就被激活。当猕猴找到灯泡亮起和食物丸之间的规律后，多巴胺释放的时间就会提前到灯亮起时。这一实验结果表明，多巴胺并不是快乐分子，而是对意外的反应，即对可能性和预期的反应，科学家将其命名为“奖赏预测误差”。

多巴胺（Dopamine，DA）又名 3- 羟胺、儿茶酚乙胺，是脑内重要的神经递质。含多巴胺的神经元，其细胞体主要分布在黑质、脚间核和丘脑下部等处。在这些区域多巴胺含量很高。科学家认为腹侧被盖区是愉悦系统或是奖励回路的一部分。当一个行动产生愉悦的时候，能够刺激腹侧被盖区，因此腹侧被盖区也被认为与神经生物学理论中成瘾现象有关。中脑腹侧被盖区（VTA）是中脑的一个区域，也称为腹侧盖区，这个区域富含多巴胺与血清素神经元，是两条主要的多巴胺神经通道的一部分，多巴胺的产生和传递路径主要有两条：一条是中脑边缘系统通道，即从 VTA 通往伏隔核；另一条是中脑皮层通道，即从 VTA 通往前额叶皮质。（图 1）

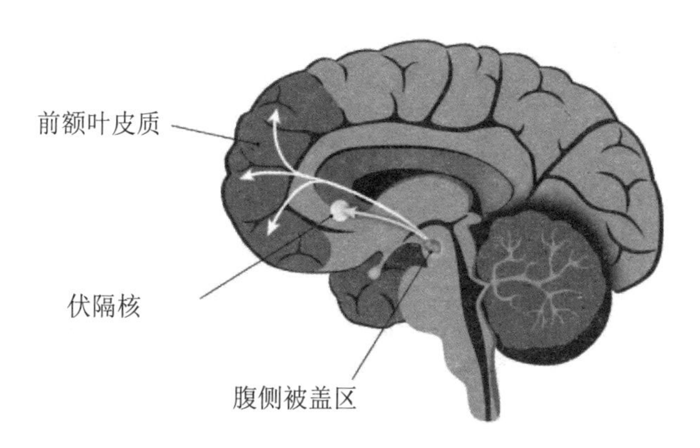

图1：多巴胺的两条分泌路径（箭头指示）

简单来说，多巴胺所带来的快乐事实上来自于预期之外的好消息或者让人期待的惊喜，例如当你发现这个月工资比上个月多了好几百时，你会感觉到很惊喜和愉快。恋爱时的新鲜感和浪漫、中奖时的惊喜等等，这些都能让你的大脑释放大量多巴胺，多巴胺奖赏回路的活性越高，人们的快感就越强烈，而当这些事情都习以为常时，新奇感消失，多巴胺的冲动也随之减少或消失。现实生活中让我们产生冲动、快感或满足感的，不是行动之后的结果，而是行动之前的期待。更准确地说，多巴胺不是为你提供快乐，而是承诺你做某事就能获得快乐。这种承诺往往是不分对错，也不管你是学习，还是沉迷网络、亦或是暴饮暴食。

多巴胺掌控着我们的欲望和快乐，同时它也控制着我们日常大多数的行为，让我们最大化利用未来的资源，追求更好的事物。那么，哪些行为会刺激我们多巴胺的分泌呢？图 2 中涵盖了心理学认为能够刺激人类多巴胺分泌的行为因素，还包含了刺激的强度（Y 坐标轴）和愉悦的强度（X 坐标轴）。

	愉悦强度Ⅰ	愉悦强度Ⅱ	愉悦强度Ⅲ	愉悦强度Ⅳ
刺激强度Ⅳ	异性关注	同性臣服	性	后代延续
刺激强度Ⅲ	高热量高糖	收纳收藏	有氧运动	领地占有
刺激强度Ⅱ	他人肯定	他人善意	竞争获胜	思想复制
刺激强度Ⅰ	随机奖励	认知闭合	目标达成	自我期望整

图2：导致多巴胺分泌的行为因素（刺激强度–Y轴与愉悦强度–X轴）

动机的制造者

1989 年，神经科学家肯特·贝里奇（Kent Berridge）做了一个实验：肯特向小白鼠注射一种能够杀死接受多巴胺细胞的毒素，在阻断了多巴胺之后，所有的小白鼠不再做任何事情，不会走动，甚至连东西都不吃；当实验人员向小白鼠嘴里滴入一些糖水时，白鼠们依然能够享受食物，表现出一些傻笑的面部表情。即使没有多巴胺，小白鼠依然能够感知到快乐，只不过却完全失去了追求快乐的动机罢了。简单的说：多巴胺不是快乐，而是产生让人追求快乐的动机。以嗑瓜子为例，我们嗑瓜子时候可以一个接一个不停地嗑，但是如果把瓜子仁全部剥好放在我们面前，我们却不想吃了，这是为什么呢？其实这就是一种奖赏机制，每嗑到一个瓜子，就会奖励自己一点香香的味道，于是我们可以不停地嗑下去，直到感到口渴乏味为止。这也像打游戏，我们在游戏里不断地闯关升级，每闯一关，每打一怪就得到一份奖励，于是我们乐此不疲，可以一直玩下去，可如果直接把大奖放在我们面前，我们反而没兴趣了。因此让我们上瘾的并不是快乐本身，而是不断地得到快乐的过程。让我们孜孜不倦或永不懈怠的，不是奖励本身，而是奖励机制。我们的快感不是来自于快乐本身，而是快乐来临的感觉，多巴胺控制的是行动，而不是快乐。奖励的承诺是保证了大家成功采取行动，从而获得奖励。当奖励系统活跃时，他们感受到的是期待，而不是快乐。任何让我们觉得自己高兴的东西，都会刺激奖励系统。比如令人垂涎的美食、咖啡的香味和性感的笑容等。

多巴胺并不是在人们得到奖励的时候出现，也不是在得到奖励之后出现。相反，多巴胺在奖励之前就会产生。你如果去市场买一块牛排，体验肯定和吃牛排完全不同，即使你只是在超市的肉铺上扫了几眼，大脑也会分泌多巴胺。这种奇怪的结果使得人们之后又开展了大量研究，以试图找到多巴胺的真正作用。在 2009 年的一个实验中，61 位参与者按照他们心里的向往程度对全世界各地的旅游胜地打分。其中一部分人被注射了“左旋多巴”（L–Dopa），一种加速分泌多巴胺的药物，另外一部分人则被注射了镇静剂。实验结果是注射了多巴胺的人不但想去更多向往的地方旅游，而且还希望行程更为紧凑。如果多巴胺是快乐，左旋多巴应该和连接大脑的电线一样会让人感到快乐，然而实际却相反，与注射了镇静剂的人相比，他们并不是感到快乐，而是被激发了某种动机（图 3）。

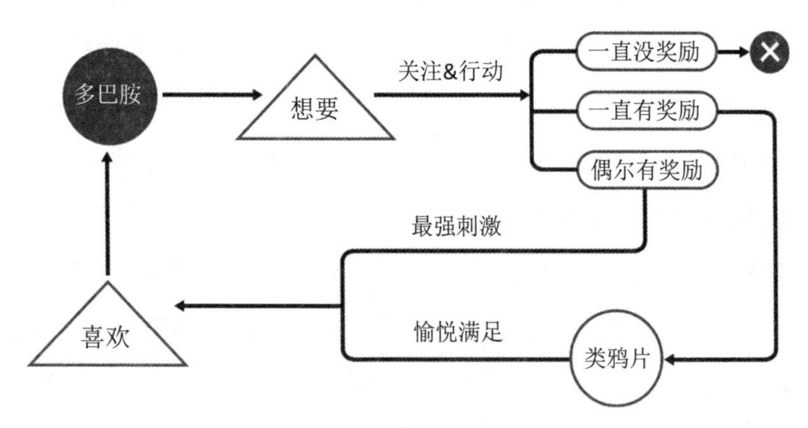

图3：多巴胺影响行为的流程图

事实上大脑在很大程度上是根据期望得到多少多巴胺来做出决

定的。如果一项活动释放的多巴胺太少，你就没有动力去做它。但如果一项活动释放大量多巴胺，你就会有动力一遍又一遍地重复，任何你认为有潜在回报的活动都可以释放它。但是如果你知道这种行为没有立即的回报，你的大脑就不会释放它。例如在我们享用美食之前，大脑会释放多巴胺，因为我们知道食物会让我们感觉满足，即使它实际上一点都不好吃，这是因为大脑根本不在乎高多巴胺活性是有害的，只是想要更多的多巴胺。有一个典型的例子就是吸毒者，吸毒者知道这样做对他身体不好，可卡因和海洛因会释放出非常多的多巴胺，除了让吸毒者兴奋，还会让吸毒者对毒品产生更强烈的渴望。从多巴胺的角度来说，它的指令就是“想要更多”，于它而言拥有是无趣的，追求获得的过程才有趣。因此，它会让你充满无穷无尽的欲望。在当今的数字社会，我们的大脑每天都充斥着大量的多巴胺，显然我们并没有在意这些。其中多巴胺含量高的行为包括浏览社交网站、玩电子游戏和观看网络色情等。

在我们中脑的位置，有一个“奖励承诺”系统，他们刺激的区域是人脑最原始动力系统的一部分。这个系统逐步进化，驱使我们采取行动和消耗体能，听起来就像是在“找虐”一样。我们制造多巴胺动机最主要的方法是制造令人期待的奖励，许多类型的奖励都可以激发出多巴胺动机，比如食物、水、性爱、安全、金钱、财产、力量以及社会地位等等。这些都是多巴胺驱动的奖励，当我们预期能够获得某些东西的时候，我们的大脑就会分泌出多巴胺，于是就增加了我们追求这些东西的期待，虚拟的奖励同样有刺激作用。人类的大脑并没有对应进化出特别强的区分现实和虚拟的能力，特别是当我们已经投入到一个游戏或产品里时，对里面的虚拟奖励同样会产生很强的期待。例如，几乎大部分的多人在线网络游戏中都会有金币（金钱）、等级（力量）、排行榜（地位）、公会（权力）和性感的女性角色（性暗示）等概念；虽然这些东西在游戏以外毫无作用，但是当玩家在玩游戏时，还是会乐此不疲地追求这些奖励。

奖励的承诺释放多巴胺时，会更容易受到其他形式的诱惑，比如：色情图片使男性更容易在经济方面冒险，幻想中乐透彩票会让人饮食过量。这两种对无法得到奖励的幻想会给你带来麻烦，多巴胺的大量分泌会放大“及时行乐”的快感，让你不再关心长期的后果。零售业的方方面面都设计得让我们更有购买欲，比如：大型食品公司在菜谱中搭配适当的糖类、盐类和脂肪，让你的多巴胺神经元处于兴奋状态；乐透彩票的广告则鼓励你去想象，自己中大奖后拿着 100 万美元会去做些什么。此外，还有价格上的巧妙设置，能保证你大脑的原始部分想储存这些稀有资源。从能让你觉得“买到便宜货”的东西，“买一送一”的承诺到高喊“减价 60%！”的招牌，都会打开分泌多巴胺的闸门。特别有效的方法是，在打折零售价旁边加一个高得离谱的“建议零售价”。

曾经大火的几款网络游戏产品，《旅行青蛙》中蛙崽不断给你寄回来的明信片，满足了你“收纳收藏”的欲望；《恋与制作人》让女性用户尽情享受了“异性关注”（即便这种关注是虚拟的）；风靡一时的直播竞答则让用户获得“竞争获胜”“目标达成”“随机奖励”的快感，这些爆款产品、活动的共同点都是能导致用户多巴胺的分泌。

不可预知的刺激

多巴胺受不可预知事物的刺激。当发生了不可预知的事，多巴胺系统会受到刺激。短信提示或者邮件视觉提示会刺激你产生更多的多巴胺，它会促使你去查询信息内容。多巴胺系统更容易受到少量信息的刺激，因为少量信息没能够满足多巴胺对更多、更完整信息的寻求。因此，微博的字数限制、文章的摘要提示可以诱发用户去点击查看更多信息。为用户提供需求更多信息的途径，能让用户变得更主动。

带有不确定性的奖赏更能激发人们的多巴胺分泌，你永远不知道抖音的下一个视频是怎样的，盲盒的下一只公仔是怎样的，直到你自己发现它，然后产生新的渴望。让我们兴奋的往往是不确定性，好比抽奖、彩票，其实都是利用了我们的多巴胺分泌，如果一件事你确定会有，或者确定没有，那就失去了尝试的动力，往往是你不知道下一个有没有的不确定性，让你的多巴胺大量分泌，产生快感。

当发生了不可预知的事，多巴胺系统就会受到刺激。多巴胺系统对能获得奖励的刺激尤其敏感，如果有特定的细节线索预示着即将发生什么，你的多巴胺系统立刻会有反应，经典的巴甫洛夫条件反射实验就很好地说明了这一点。想象你正走在上班的路上，这条熟悉的街道你此前已经走过很多遍。突然，你注意到街边开了一家新面包店，你之前从没见过，想马上进去看看里面卖什么。这就是多巴胺在发挥作用，它产生的感觉不同于享受舌尖之味、肌肤之感或悦目之景，这种快乐来自预期，来自陌生之物或更好之事的可能性。然而，在我们得到了想要的东西之后，它看起来就没有那么好了。多巴胺带来的兴奋并不持久，失望很快会乘虚而入。咖啡和牛角面包很美味，那家面包店成为你每日早餐的打卡之地，但几周之后，美味就变成了平淡的早餐。

在脸书（Facebook），用户同样可以体验到五花八门的社交酬赏。只要注册成功，你就可以看到源源不断的分享内容，查看评价，关注众人交口称赞的内容。用户无法预知下一次访问网站时会看到些什么，这种不确定性就像是一种无形的力量，推动着你一次又一次地重新登录。变化不定的内容驱使你在信息流中不停地搜索新鲜内容，而对于内容提供者来说，他们的奖赏来自别人的点“赞”（图 4）。点“赞”和发表评论是对这些内容提供者最好的肯定，正是在这种奖赏的激励下，他们才会继续写下去。

图4：脸书上来自别人点“赞”的奖赏

在推特（Twitter），“信息流”已经成为很多在线业务的基本组成部分。源源不断出现在滚动屏幕上的信息就像猎物一样让人们不停追逐。推特上以时间顺序排列的信息流就是一个典型。它用日常的、相关的内容填满了这个空间。内容的多变性为用户提供了不可预测的诱人体验。有时，你会在这个信息流上看到一条格外有趣的信息，而有时又看不到。但是为了继续这种狩猎的体验，你会不停地滑动手指或是滚动鼠标，目的就是寻找多变的奖励——相关内容的推文。

在拼趣（Pinterest），也有信息流业务，只不过它的信息全都是图片。网站上融汇了色彩丰富的各种图片，就像是虚拟世界中的一个大拼盘。这些图片由用户群负责选取和把关，每一张都引人入胜。网站上的内容会随时更新，因此拼趣的用户很难知道自己接下来会看到些什么。为了保持他们的好奇心，网站设计者想到了一个别出心裁的办法。用户在翻页时，下一页的图片会被截成两半，要想看到另一半，你就必须继续浏览。露出冰山一角的图片就像是一个诱饵，召唤着好奇心大发的人们。为了满足这份好奇，大家会继续滑动翻页，一睹神秘图片的全貌。随着越来越多的图片被加载，人们的这趟逐猎之旅将无休止地持续下去。

智能手机应用程序也是为了触发多巴胺的释放而设计的，当手机发出嗡嗡提醒声时，我们总是忍不住伸手去拿手机，就像在口袋里放了一台老虎机，它的目的就是让我们面对新消息的诱惑而很难自控。一项研究发现，过度使用社交媒体就像网络成瘾的症状一样，源源不断地刺激着大脑产生快感的多巴胺。在发出朋友圈的那刻，我们分泌的激素可以飙升到 13%，不亚于一些人在婚礼当天“新郎可以亲吻新娘了”的感受。当一个帖子比平时多了一些赞，我们就会想要更多，大脑中产生快感的多巴胺，已经不止在为我们创造快乐，而是通过“赞”不断地提升心理预期，让我们更难以满足。

影响行为的“老虎机”

你是否有这样的习惯：每隔一段时间就想看看朋友圈，刷刷微博，逛逛知乎？那是因为你大脑中的多巴胺在作祟。多巴胺会让人产生寻求信息的好奇心和热情，我们会受多巴胺的影响去不断寻求信息，进入多巴胺循环。在搜寻信息的需求得到满足后，多巴胺会刺激人们去寻求更多的信息，你会控制不住地想去拿出手机。多巴胺的存在甚至会让人们去想要获得一些自己根本不喜欢的东西，例如吸毒成瘾的人明明很讨厌毒品，却越来越想要获得毒品；又或是在刷抖音时发现明明时间不早了，不想熬夜，但是在看完一条视频后又忍不住滑动到下一条。

脸书曾经的联合创始人兼总裁肖恩 · 帕克（Sean Parker）坦承，创办脸书的目标不是让我们交流，而是让我们分心。“思考过程是这样的：‘我们如何尽可能多地占用你的时间和注意力？’”他说。脸书的设计者们利用了人类心理的弱点，每当你给帖子或者照片点赞或评论时，就相当于注射了一点多巴胺。“在心理劝诱技术兴起的一两年之前，多巴胺就已经在文化思潮中有了一定的地位和吸引力。”多巴胺实验室联合创始人拉姆齐 · 布朗（Ramsay Brown）说。多巴胺实验室是一家备受争议的公司，它承诺可以大幅提高任何跑步类、减肥类或游戏类 APP 的用户使用率。“心理劝诱技术”能够影响人们的行为，对于这一点，人们才刚刚开始理解，但吸毒者和烟民们早已熟知多巴胺系统有一种力量，能够改变人们的习惯。从安非他明，到可卡因、尼古丁，再到酒精，任何一种使人成瘾的麻醉药物都会影响多巴胺系统，使多巴胺的释放次数远超平时。这些药物会在连接奖赏回路和前额皮质的神经通道中肆虐。服用得越多，就越难戒除。

然而最关键的一点在于：人产生快感的阈值是会不断升高的。一个人要想一直获得快感，就得不断加强刺激的程度，你需要被更持续、更强烈的刺激，才能继续获得快感。比如有的人抽烟，从刚开始是两天一包，到一天一包，再到后来要一天两包，最后甚至要两根烟一起抽才有感觉，鸦片、吸毒、色情、偷窥、赌博都遵循这个逻辑。当我们刷短视频时，大脑也需要得到频率更快、更刺激的内容，才能让大脑持续愉悦。刷短视频的时间越长，你手指就会滑得越快……直到你的大脑内存变满为止，此时内容已经无法输入进你的大脑。

这时你不仅没有了快感，而且会对外界的一切都打不起精神，对人生也失去了兴趣，消沉沮丧，一切都是索然无味。当然，你此时的中枢神经疲劳与四肢身体肌肉疲劳不一致了，就会失眠……长此以往，对人体产生巨大的伤害！

曾经有这样一个实验，在小白鼠脑中埋个电极，让小鼠踩踏板放电，每踩一次，电极就会刺激产生多巴胺的神经元兴奋。结果小白鼠以每分钟几百次的速度踩踏，直到力竭而亡。想想我们现在的手机上瘾，无论是朋友圈的信息还是短视频，我们需要不停地点开"下一条"，这就是多巴胺主导的奖励机制在告诉你：下一条会更刺激。这种感觉似乎可以缓解我们的焦虑，但是当我们点开了新消息，又在期待下一条消息，于是不停地刷新下一条内容。每次刷完短视频、打完游戏或看完刺激的电影，放下手机，反而会觉得更焦虑，充满了无尽的空虚。在这种满足和刺激之下，我们已经不需要再去费心地做"选择"了，人变得越来越懒，甚至已经懒得选择和辨别了，丧失了独立思考能力，也就意味着人变得越来越愚蠢。最值得一提的是，在算法推荐的配合下，这种上瘾机制被平台玩到了极致："算法推荐"是一套非常高明的推荐机制，它不停地收集我们的数据，站在高维解读你、透视你、审视你，知道你喜欢什么，想要什么，然后无限满足我们的喜欢，你越喜欢什么，就反复给你推送什么，挖掘你内心深处的癖好，让你无限沉溺。如今我们刷到的绝大多数爆款内容，都是大量专业团队不断地钻研我们的喜好，为我们量身定做出各种反转剧、雷人剧、甜宠剧等各种短小的故事。这些故事在平台算法的帮助下，精准的推荐给每一个符合其口味的我们，让我们大笑、幻想、爽和刺激……

现在的每个手机 APP 应用背后都有一个强大的运营团队，他们用尽最前沿的科技、用更大运算和数据处理能力，通过声、光、交互、反馈等全方位途径，在各种心理学、消费行为学和神经科学等理论指导下，不断地给你刺激，让你持续地"爽"，离不开它们。

令人欣喜的是，多巴胺可以对抗多巴胺，欲望与控制可以互相平衡！多巴胺具有两种完全不同的功能，一种是让我们充满欲望，甚至使我们对某些事物成瘾，另一种是给予我们制定计划的能力，通过规划掌控我们周围的世界，让我们追求和实现自己的目标。好比宇宙飞船的火箭燃料，同一种化学物质，由于燃料在点燃前经过的路径不同，所以它既可以提供向前的力，也可以提供向后的力。多巴胺同样如此，多巴胺通过不同的大脑回路也会产生不同的功能，其中，科学家发现在大脑中的多巴胺的走向主要有两条路径，一条是从腹侧被盖区到伏隔核，多巴胺释放到伏隔核中，可以让我们产生做某事的动力。这个回路叫做中脑边缘通路，也称之为“多巴胺欲望回路”（图 5）。

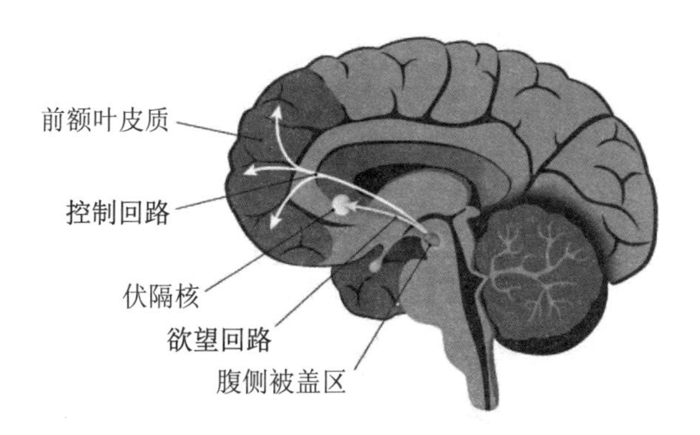

图5：多巴胺分泌路径（欲望回路、控制回路）示意图

这条回路保证了人类在进化过程中得以生存下来和繁衍下去，形象地解释一下：当你非常饥饿并看到眼前的一块饼干的时候，如果对你的大脑进行扫描，从扫描图上可以看到，此时可以看到“欲望回路”开始兴奋，促使你赶紧拿起饼干吃掉。

然而过度的欲望也可能会引导我们追求那些可能破坏我们生活的事物，导致失控的行为。当然，我们并不会完全受欲望的支配，我们的大脑还进化出了一条互补的多巴胺回路，它可以计算出有哪些东西是值得拥有更多的，计算和规划来自中脑皮层回路，科学家们将其称之为“多巴胺控制回路”。多巴胺控制回路可以管理欲望多巴胺不可控的冲动，将这种原始能量引导到对我们有利的道路上，它可以帮助我们制定更长远的计划，让我们克服复杂的情况、逆境、情绪和痛苦，让我们掌控周围的环境。

如果说欲望多巴胺代表感性，那么，控制多巴胺则代表着非常理性。这两条回路虽然都是从同一个地方开始，但欲望回路结束于大脑中激发兴奋和热情的区域，而控制回路则走向额叶这个大脑中专门负责逻辑思维的区域。举个例子，当你正在看书学习时，手机突然弹出一条信息，你一看标题，似乎很有趣，这时你有两种选择，一是立刻打开看，另一个则是先放下手机，专注于看书学习。此时，欲望多巴胺会诱惑你立刻打开看，对你说“你去看了，就会感受到快乐，会发现惊喜”；而控制多巴胺则会权衡得失，评估两项选择的后果，并尽可能让你作出最有利于未来的选择。

换言之，任何的选择或需要思考的行为，其实都是大脑权衡后的结果，而这些权衡过程，也与各种化学分子的活动有关。如果一件事很痛苦，人也会本能地逃离，寻找安逸和享受，这是人的本能。多巴胺是我们本能产生的，而内啡肽是我们反本能产生的。顺从本能只能产生快感，反本能或反人性才能产生幸福。世界上的快乐分为两种：消耗型的快乐和补充型的快乐，多巴胺是消耗型的快乐，而内啡肽是补充型的快乐。

多巴胺实验室的布朗和他的同事意识到是在玩火，他们声称，已经为企业和手机 APP 应用的客户制定了一个健全的道德框架。“我们花时间跟他们沟通，了解他们的产品和动机。”他说，“道德测试是这样的：在该 APP 中是否奏效？是否会改变人们的行为？这款 APP 是否有利于人类繁荣？”布朗声称，多巴胺实验室拒绝了跟博彩公司和免费电子游戏开发商的合作。希望利用“心理劝诱技术”系统产生正面影响，通过一种天然分子来有意识地培养好习惯，进化人们的头脑。“我们能弥合愿望与行为之间的差距，开发出提高人类能力、有益于人类繁荣的系统。”他说，“我们的产品也是一种老虎机，一种能影响你行为的老虎机。”

我们每天都在重塑大脑

大脑的能力

大脑一次只能有意识地处理少量信息。据估算，人每秒约处理400亿条信息，其中只有40条是有意识加工的。一般人的大脑一次只能记住四项事物，如果你熟悉可用性、心理学或记忆方面的研究，那么你可能听过所谓的神奇的“7±2”法则。1956年乔治·米勒（George A. Miller）在论文里提到，人一次能记住5至9件事或者处理5至9条信息（5至9就是7±2）。所以一个菜单里你只能放5至9项，一个页面只能放5至9个标签。但是，这个规则并不准确。心理学家艾伦·巴德利（Alan Baddeley）就曾质疑过7±2法则。巴德利翻出米勒的文章，发现那并不是真正的研究报告，只是一次专业会议的讲稿。米勒基本上是自言自语，猜想人能够同时处理的信息量有没有固有的限制。于是巴德利在1986年对人类记忆和信息处理进行了大量研究，纳尔逊·考恩（Nelson Cowan）等研究者后来也追随了他的脚步。现在的研究表明，那个“神奇的数字”其实是4。

如果人能够集中注意力，其信息处理过程也不受干扰，那么其工作记忆中能保存 3 至 4 项事物。为了改善不稳定的工作记忆，人们会采取一些有趣的策略。其中之一就是将信息“组块记忆”。我们记忆电话号码也常常利用了多个 4 的组块，例如：0523-8363-1637，记电话号码不用分别记 12 个数字，只要记住 3 组就行，每组有 4 个数字。你如果能记住区号，也就是说把它保存在长期记忆里，就不必再记忆那一块数字信息了。很多年前，电话号码是很好记的，因为联系人大都是本地的朋友，区号不必保存在工作记忆里，而是存储在长期记忆中。

2000 年的一项动物实验显示，四项事物法则同样适用于读、取和记。实验由川井伸之（Nobuyuki Kawai）和 松泽太郎（Tetsuro Matsuzawa）训练一只雌性黑猩猩，使它能完成类似人们做的记忆力测试。黑猩猩在记忆 4 个数字时以 95% 的准确率完成了测试，但记忆 5 个数字时就只有 65% 的准确率了。四项事物法则不仅适用于工作记忆，也适用于长期记忆。乔治 · 曼德勒（George Mandler）1969 年指出，人们能分门别类地记住信息，并且如果每个记忆类别里只有 1 至 3 条信息，那么人们能够出色地回忆起来。当每类超过 3 条信息时，记忆效果就会相应下降，每类有 4 至 6 条信息时，人能记住 80%；储存信息条数越多，记住的比例就越低，当每类有 80 条信息时，人只能记住 20%（图 1：记忆信息数量所示）。

唐纳德 · 布罗德本特（Donald Broadbent）1975 年的一个实验中，要求人们回忆不同类别的事物，例如七个小矮人的名字、彩虹的 7 种颜色、欧洲各国的名称和当前播放的电视节目名。他发现，人们一般只能记住一组事物中的 2 至 4 项。

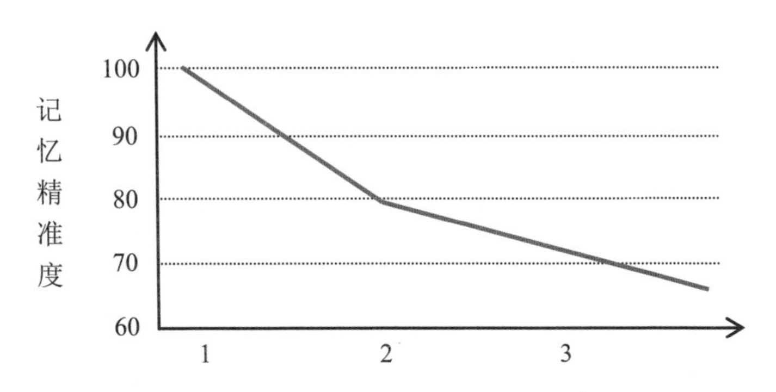

图1：记忆信息数量（X轴表示记忆精准度，Y轴表示记忆的内容数量）

一件事物进入大脑后，大脑会立刻对其作出回应。在最快时间内为脑中的该事物添加自己做出的判断，赋予其意义和说明，在此后会不断对上述“标签”进行修订。每个人的大脑中有一个专属于这个人的世界，所有现实或非现实中的事物进入后，都会成为这个世界的一部分。可理解为我们脑中对外部某事物的理解，其实是该事物在我们脑中的“投影”，而非该事物本身。

而与记忆相关的能力有两种：一是储存能力，一般情况下储存能力会越来越强，永远不会减弱。每一样我们刻意交代给记忆的东西都会被储存起来：那些有意义、有作用、有趣或将来会变得有意义、有作用、有趣的东西，大脑有足够大的储存空间。二是提取能力，其也是用于衡量某项信息被提取到意识中的难易程度。我们之所以想不起来，是因为提取能力的强弱导致我们无法提取出已存在于大脑中的记忆。在提取某项记忆时耗费的力气越大，在得到后，该项记忆的提取能力及储存能力会飙升得越高。如果得不到强化，该能力会迅速下降。通过遗忘可以过滤干扰自己的信息，激活和加深已学得的部分。每次提取记忆内容时，相当于在锻炼提取这部分记忆的肌肉，从而提高了提取能力。能够提取出来的记忆容量很小，在任意时间，只能提取与大脑发出的提示和给定的线索有关的记忆，且仅是非常有限的一小部分。

那为什么储存能力稳固不变，而提取能力转瞬即逝？这大概是因为早期游牧阶段，大脑需不断更新脑中地图来适应不同的环境，因此提取能力需要能迅速更新。储存能力为了保证一旦需要能立即“识旧途”，且气候和地形变迁更像是四季在往复变化而非每次都是全新。

大脑处理信息的第一个特点，就是倾向于相信优先听到的，可以说是先入为主。正是因为先入为主的思考机制，所以环境对人的影响很大。比如不同的国家、不同的城市、不同的家庭都会让每个人的认知产生差别。第二个特点是随着进一步的了解会降低相信的程度。比如小的时候，你对家庭的教育深信不疑。但随着融入社会，不断地学习，会降低你相信的程度。比如你出生在一个非常安全的城市，家庭教育告诉你，城里非常安全，不会有野兽。这个时候如果有人告诉你街上有头老虎，你应该是不会相信的，因为先入为主，你首先会觉得这是个谎言。接着又跑来一个人，告诉你街上有头老虎，这时你可能将信将疑。紧接着第三个人告诉你，街上有头老虎。这时多半你是信了，这就是“三人成虎”的故事。这个故事不仅说明了大脑处理信息的第一个特点：先入为主。也说明了大脑处理信息的第二个特点：随着进一步了解，会降低先入为主的程度。其实还说明了大脑处理信息的第三个特点：就是不断的重复，会让大脑更加相信。大脑处理信息的第四个特点，就是大脑储存信息会自动挑选和改动信息，比如你到一个风景很好的地方旅游，拿出相机拍照。有的人拍照会选择拍树，有的人会选择拍草，有的人会选择拍石头，最终都会存在着没有拍到的东西。大脑也是如此，会挑选自己感兴趣的信息记录。大脑处理信息的第五个特点是，大脑的系统适合展开观点，但不善于生成观点。就如我们看电影，可以提出很多观点，不管是表扬还是批评，还可以在观点上做延伸，但让你去拍出一部电影却是很难的。

大脑是一条记忆流水线

人之所以要具备快速而自动化的遗忘能力，就是为了把有限的空间清理出来，用来处理真正重要的信息；每时每刻，人的眼睛、耳朵、皮肤等感觉器官都会接收到海量的信息，这些信息会在感觉器官里短暂保存，这叫感觉记忆，如果这些感觉不快速遗忘会怎么样？如果旧的信息还保留在记忆里，在视觉上会出现严重的拖影。只有当物体停止不动时，我们才能看清楚是什么东西在动；整个视野会被重影涂抹得看不清任何东西，生活基本无法自理。感觉寄存器不能快速丢弃旧信息，除了图像会拖影，还会让声像拖音，听不清别人说什么；在触觉上会总觉得有什么东西一直粘在皮肤上；嗅觉可能是气味长期不消失；味觉则会是“酸甜苦咸鲜”的混合味道。所以遗忘的目的之一是防止旧的信息和新的信息发生冲突，特别是需要实时处理的信息，必须不断把旧信息自动化地抛弃掉。遗忘是大脑快速自动化的垃圾清理工具，是为了更好地记忆重要信息。

那你可能会担心，把旧的数据都扔了，那里面有价值的重要信息呢？会不会把婴儿和洗澡水一起倒掉？不用担心，这些感觉信息会送到大脑里做筛选，它们会进入一条漫长的信息流水线（图2），大脑会像淘金一样，把最宝贵的信息留下来；信息流水线是在感觉记忆里的信息被遗忘之前，大脑会把感觉记忆中的重要信息筛选出来，放到工作记忆里做进一步的加工；既然是筛选，在进入工作记忆之前，大部分数据已经被自动化的清洗和抛弃了；工作记忆的下一步是进入长期记忆，只有进入长期记忆才是真的记住了。但坏消息是在此之前仍然会有大部分信息被自动化地遗忘，信息要被真正记住，需要经历感觉记忆、工作记忆和长期记忆三个阶段，所以大脑并不是一个容器，而是一条信息处理的流水线，在每一个环节，都要进行大量的遗忘，真正跑到最后的少量信息才是真的记住了。为了易懂，这里把整个过程做了极大的简化，实际上信息的遗忘过程并不亚于亿万精子所经历的淘汰过程，因为感觉器官采集到的信息是海量的，而且每一秒都要快速刷新，这个数据量积累何止亿万？

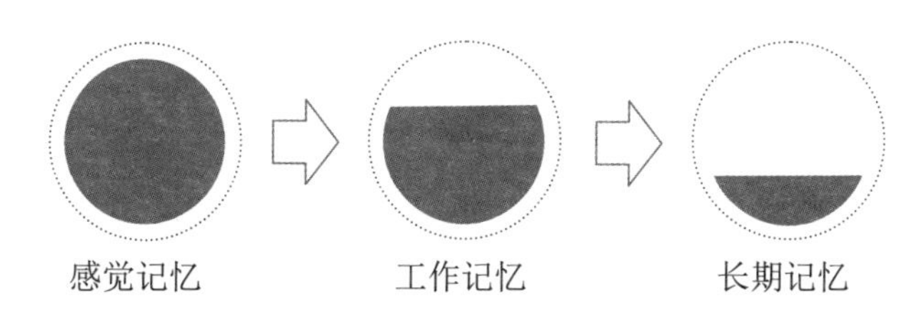

图2：信息记忆处理流水线

工作记忆中的信息就是在当下的意识里所能觉察的信息，例如你现在所看到的文字和图表，你的联想和思考，就是工作记忆里的内容；而长期记忆是隐藏在潜意识里，你暂时察觉不到，却能够提取出来的信息；例如，日本首都的名字是什么？这个问题的答案过去一直躺在潜意识里，不在当下的意识里，但提问却把它提取出来，放到了工作记忆里，让你的意识觉察到了。这种平时隐藏起来，但能提取的信息就是长期记忆。我们把人处理记忆的任务分为四个层次：工作记忆在意识层，长期记忆在潜意识层，而感觉记忆则在神经机能层（图 3）。

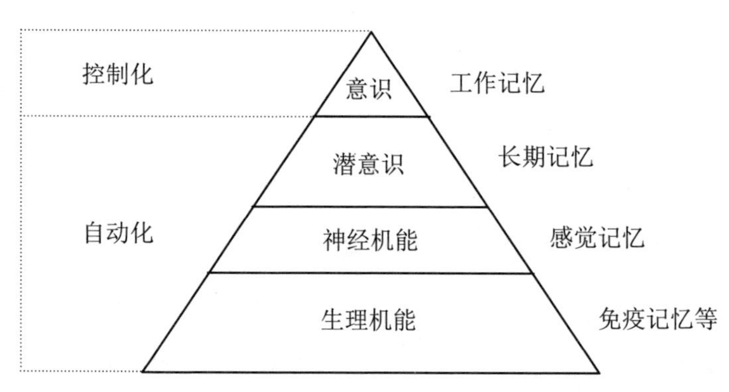

图3：图表中每个层次的高矮表示记忆保存的长短

工作记忆也是一种临时记忆，而且空间非常有限，所以也必须像感觉记忆一样，不断地把数据进行清理和保存；如果工作记忆是一座城市，“遗忘”就是负责清理垃圾的机器人，他们会自动收集垃圾，释放出垃圾所占据的有限记忆空间，留给重要的信息，工作记忆还会在意识里查找重要信息，存储到长期记忆里，时间越长，意识里保留下来的旧信息越少（图 4）。

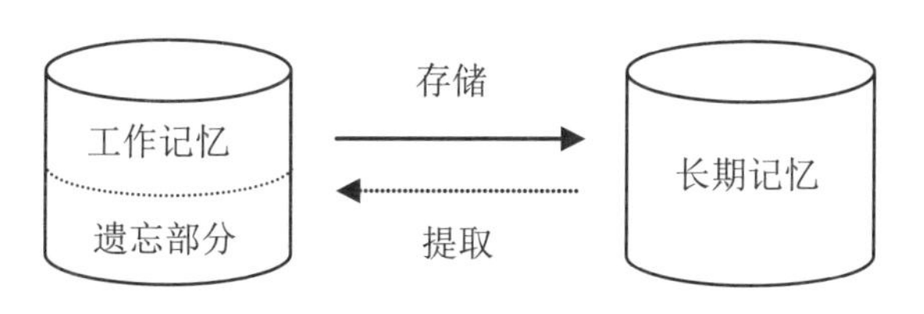

图4：记忆储存与提取的工作原理

购买重要的东西时，你会比购买不重要的东西花更长的时间，更深入地苦苦思索。心理学家说当消费者考虑那些“跟个人更密切相关”的产品时，其动力往往更大。设想一种花费不菲同时在某些方面（对买家）非常重要的东西，例如对于房子位于地震断层带悬崖峭壁上的人来说，地震保险正是与屋主关系密切的产品。购买一座价值数百万元的住宅，和买一包红烧牛肉味的方便面，两者的思维过程不会相同。购买这两种东西的决定需要不同层次、数量和深度的思考。考虑购房时，大脑由中央路径处理，这意味着你会仔细考虑所有的主张，并分析所有存在的因素：“让我想想……10 年期的按揭利息与 20 年的按揭相比虽合算，但每月还款额太高……如果再加上我和太太的住房公积金，这样每个月的还款额我们还是可以承受的。”

这个例子展示了左半脑是如何思考的，有关控制逻辑思维、推理、处理数据和衡量各种选择的那半个大脑。这是你在做出此类重要购买决定前应该考虑的。相比之下，当你拿着两包方便面时，你的大脑就按下了那个巨大的外围路径按钮，结果很简单：“红烧牛肉味的，好吃！”这里不涉及重大决定，也不需要耗费多少脑力。毕竟，如果你买错了方便面，你只需说：“哎呀，这口味的泡面受不了！”然后把它们扔掉就可以了。那么，产品购买所需的思考过程是哪一类呢？

思考决策	具体做法
中央路径决策	大量灌输各种事实、统计数据、证据、证书、研究、报告和历史档案。将它们融入到最有说服力的销售推广中。
外围路径决策	在广告中填满色彩缤纷、令人愉快的形象，幽默或受人欢迎的撩人主题，或者名人倡议等。

中央路径决策是利用逻辑、推理和深入思考来说服别人。昨天他们还争相购买你的产品，今天他们却连产品的名字都记不住。为什么？对于消费者为何终生都坚持某种态度而另外一些态度却不太稳定、容易改变，推敲可能性提供了一种解释。有研究发现，跟那些通过外围路径思考形成的态度相比，基于中央路径处理形成的态度更容易抵抗反面说服，并且态度与行为之间表现出更大的连贯性，这合情合理。因为使用中央路径处理时，你会用一些自己不断巩固和加深的深思熟虑的论据来支持你的决定。“毕竟……”你说，“我翻来覆去地想过……我知道这是正确的决定”，通过中央路径处理形成的态度是怎样和与之不可分割的自我紧密联系起来的。任何对你深思熟虑“考虑很久”的事情提出挑战的人，似乎都是在向你的智力挑衅！

现在，对同样的人换个问题：“你用什么洗发水？你早餐喝的牛奶是什么牌子的？”对于诸如此类的商品，他们或许各有偏好，但他们对这些商品的态度通常都很容易改变。运用中央路径决策形成的态度会比那些运用其他路径决策形成的态度更为持久。简单地说，逻辑和推理比视觉暗示或其他刺激情感的催化剂建立的好感在大脑中留下的痕迹更深。

第一感受

“别人都这么做”，这种群体的影响力比任何理性判断的力量都要更强大。如果一个学生考试作弊，很可能是因为他相信别人也在作弊，而不是认为作弊不会受到惩罚。如果你的朋友们都跳河了，你会跟着跳吗？你也许会说：“不，肯定不会！我是个有主见的人，其他人影响不了我！”但真实的情况可能是，你也许会的！

2004 年，一个耗费 700 万美元和三年时间，进行的一项关于消费者行为的研究实验显示：人的大多数消费行为都是趋向于“感情的模仿”，后期所谓的“我是自己理性购买的”，都是为自己感性决策所进行的辩驳，潜意识里完全是一种模仿行为。参与实验的研究员通过一系列的数据分析和对比，发现是大脑里的一种叫做“镜像神经元”的神经细胞在起着主导作用。比如当我们置身于一群跳舞的人群当中的时候，听着音乐，看着周围人的扭动，我们也会不自觉地想要跳动起来；我们看到路边的商店有一群人在排队，越排越多，闲来无事路过的你是不是也想跟着排了起来。

镜像神经元是近 30 年来才被提出来的一个概念，却改变了对人类理解方式的认知。科学家在实验中发现，猴子不仅在自己做出动作时大脑皮层会产生兴奋，而且在看到别的猴子或人做相似动作的时候，大脑皮层也会产生兴奋。比如人们剥花生吃，猴子看到了，尽管自己没有这个动作，但是却引起了它大脑的兴奋。科学家就把大脑中这种特有的神经元称为镜像神经元，意思是大脑能够像镜子一样通过模仿别人的动作行为，并在了解到这些动作行为意义的基础上，进而做出相应的情感反应。这就很好地解释了为什么出生几分钟的婴儿，看到大人做出伸舌头的动作也会做出同样的动作；球迷们在看比赛时可以为自己所热爱的球队狂欢或者哭泣，这些都是镜像神经元的作用。

镜像神经元也被称为角色模型神经元，它能够造成行为、情绪和欲望的传染。比如，仅仅是看到屏幕中有人抽烟，都会让烟民下意识地产生吸烟的冲动。镜像神经元是在人类脑科学领域中最重要的发现之一，我们每个人都有一个镜像神经元系统，观照我们自己的行动，或者其他人同样的行动。当孩子看到你注意力不那么集中的时候，她的镜像神经元系统就暗示她也应该是心不在焉的；如果她看到你是全神贯注的，她的镜像神经元系统则暗示她也应该聚精会神。他人的行为不仅仅在发生的当下会对我们造成影响，当我们想到一个意志力薄弱的朋友时，或者当我们看到一些失控行为造成的结果时，我们同样会受到“传染”，比如看到“禁止在此处扔垃圾”标志旁有别人丢弃的垃圾，会让更多人想要把垃圾扔在这里。社会心理学当中的“社会认同”理论也说明了这种传染现象，当群体里的其他人都在做某事，我们也会下意识地跟着这么做。对社会进步而言，我们天生就拥有了这套模仿他人的“内置程序”，我们会投射他人的行为。

我们的思维可以分为两种：由旧脑和中脑产生的无意识的、自动化的、情绪化的思维，称为系统一，也可称作为“第一感受”；由新脑产生的有意识的、理性的思维，称为系统二。

系统一只会根据自己已知的东西做判断，不在乎逻辑性和准确性，并且反应更加快速，它在大部分情况下都运作良好，因此也不需要系统二出马。比如：我们在买大米时，根本不会因为一个冗长的介绍广告就产生购买，因为我们对大米的认知能力早就由我们过去的经验形成，是长期经验的习得认知，是一种认知范围内的感觉、知觉、记忆、思维、想像和语言自然聚合，而非事实本身。

系统二掌管的是更加高级的认知能力，它往往在系统一无法做出合理反应、或者我们对反应结果的要求比较高的时候，才会亲自出马。就像我们在买化妆品时，我们对选什么样化妆品的认知能力有限，不知道哪款更适合自己，这时就需要根据自己皮肤的特点，仔细分析不同品牌的产品原料配方，找到适合自己的化妆品。所以系统二运作的成本较高，需要进行有意识地监控并消耗有限的注意力资源，并且只能按照顺序一件一件完成。

相比之下系统一的运作就轻松得多，也允许“多线程”操作。比如当你早晨刷牙时、打字时或开车时，都几乎不需要费力去想如何完成这些事情。因为这些是你已经习得的行为，只需要使用系统一就能够完成，你甚至可以一边唱着一首熟悉的歌曲，一边给自己做早餐。但是，要用到系统二时，比如算一道数学题、背出你部门里 30 个人的名字、决定今天中午吃什么，我们就会开始觉得这些事情“有难度”，它需要消耗我们的认知资源。

我们在设计一些和用户交互的应用时，尽量让用户使用系统一就能够完成操作，尽可能少消耗用户的认知资源，这样用户会觉得系统很“易用”。用户已经学会的操作可以用系统一轻松完成，因此在设计时尽量保持用户已有的操作习惯，让用户使用以往的经验、而不需要重新学习，就能完成任务。用户对交互应用存在着很多图式（即认知的基本单元，用于解释感知、调节行为和存储知识），所以他们往往根据对特定界面或控件的特定期望进行反应，而不仔细去看实际显示在界面上的内容。如果某个元素的设计符合用户对按钮的图式，用户就会认为它可以点击；如果用户的图式中对话框的确定操作在右边而取消操作在左边，他可能在意识到你调换了操作位置之前就已经完成了点击。我们要减少消耗用户的认知资源，就需要去了解、遵循用户已有的图式，以及在应用中建立稳定的图式，这也是为什么我们需要在设计中遵循一致性原则。不要让用户去思考：A 跟 B 的概念有什么区别？为什么没有反应、我到底操作成功了没？找不到删除订单的操作、它应该在哪里？这个东西选中后会有什么效果？用户对这些事情想得越多，就说明系统越难用。用户的注意力是有限的，应该尽量减少用户对工具的注意，这样他才能全神贯注去完成他的目标任务。

重塑大脑

Posit Science 在《美国国家科学院院刊》发表了一份研究报告，

他们发现60至87岁的老年人，经过一天一小时，一周5天，8至10周的听觉记忆训练后，他们的记忆力从一般70岁老年人的记忆力提升到五六十岁的记忆力，因此许多老人将他们记忆的时钟往回拨了十年左右，有的人甚至可以拨回25年。这个增进的效果在3个月后的追踪调查中仍然存在，加利福尼亚大学伯克利分校的威廉·贾格斯（William Jagust）研究团队做了上课之前和之后的正电子断层扫描（PET），发现他们的大脑并没有“新陈代谢退步”即神经元逐渐不活跃，这在老人大脑中常常可以看到。这个研究同时也比较了上过听觉记忆课程的71岁老人，跟没有上这些课但是用同样的时间在看报纸、听有声书或玩计算机游戏的同年龄老人，结果发现没有上过课的老人前额叶有新陈代谢继续下降的现象，而上过课的则没有。这些人的右顶叶及跟记忆和注意力测验有关的其他大脑区域的新陈代谢不降反升。这些研究显示大脑练习不但减低跟年龄有关的认知功能退化，而且反而可以增加认知能力。最主要的是这些进步其实只因为花了四五十个小时做大脑练习而已，假如花的时间更多，说不定效果会更好。

训练成功地逆转了老人认知功能的时钟，使他们的记忆、解决问题能力和语言能力更像年轻的时候，甚至二三十年前的他们，一个80岁的老人可以在操作行动方面像五六十岁的人。当我们年纪大时，视力逐渐退化，不只是眼球的关系，我们大脑视觉处理的能力也变弱了，老人比较容易分心，也比较容易失去他们的视觉注意力。Posit Science目前在发展计算机课程来使老人集中注意力到作业上，而且加速他们视觉处理的速度，他们让老人在计算机屏幕上搜索不同的对象。针对前额叶也有一些练习可以增加我们的“执行力”，如锁定目标，把目标从背景中抽离及做判断决策。这个练习也同时帮助老人分类，将同类东西放在一起，在听到复杂的指令后，能按部就班地执行，以及加强他们联结记忆的能力，这可以增进老人把人、事、物放在正确情境中的能力。

当我们年纪大时，许多人放弃了绘画、钩针、打毛线、弹奏乐器或木雕等年轻时的爱好，因为我们的手已经不能再做精细的工作了，Posit Science 精细运动控制的课程会使大脑中褪色的地图重新鲜明起来。粗略运动控制在我们年龄增加时，逐渐下降，使老人失去平衡，容易摔跤，走动不易。这个问题除了前庭功能的失常之外，还有一个原因是我们脚的感觉回馈系统衰退了。人们穿了几十年的鞋子，限制了从脚到大脑感觉的回馈，假如我们是打赤脚，我们的大脑会从脚踩在不同的地面上得到很多的回馈，鞋子是一个相当平扁的平台，把刺激分散掉，而且我们现在走的路面越来越人工化，越来越平坦，这使我们大脑脚底地图的分化越来越不显著。于是我们开始使用拐杖、走路器，或其他帮助我们平衡的东西，我们用补救的方法而不是去练习大脑退化的系统，就加速了这个系统的衰退。可塑性是我们的大脑每天锻炼的结果，利用核磁共振成像（MRI）对人脑的扫描表明，随着时间的推移，新的出租车司机会更加熟悉伦敦的道路，并进一步扩大大脑中负责导航的部分。那些音乐家的大脑——即使是成年后才学习音乐乐器的——他们手指对应的头部区域比不会乐器的人要发达得多。核磁共振成像还表明，每天打坐的佛教僧侣会增大大脑区域的体贴和反思区。由于成人大脑仍具有可塑性，因此你要小心选择你的做法和学习内容，你的大脑会永久记录下你的习惯。人们总是认为是大脑影响了人们的行为，而不是行为影响了大脑，但实际上你的大脑影响了你的行为，然后你的行为反过来塑造了你的大脑。

大脑中的神经元被激发后，头脑才开始重塑。时间和实践重塑大脑，这是一件好事。但我们并不希望我们的每一个思想、每一句话，或某个动作都成为我们行为变化的永久记录。大脑出现可塑性的迹象需要一个月左右。当非音乐家练习某种乐器的时候，功能性核磁共振显示出大脑大约在 3 至 4 个星期后出现活动模式的变化。如果要产生有意义的转变，大脑的可塑性需要更长的时间。比如伦敦的出租车司机需要两年的时间才能在市内熟练驾驶而不迷路；成功的弦乐演奏家至少需要 7 至 17 年时间的训练；佛教僧侣需要在 15 至 40 年中，10000 至 50000 个小时的冥思练习。

持续性注意是大脑可塑性形成的关键步骤。伦敦出租车司机、成功的弦乐演奏家和佛教僧侣都需要每天保持持续的注意力，每天练习好几个小时，最终才能形成大脑的可塑性。反复练习是我们塑造大脑的方法，保持长时间的持续注意力，形成经验并深入大脑，甚至进入我们的基因。

脑不是一个没有生命、任由我们填满的容器，它是一个活生生的东西，有自己的胃口，只要有恰当的营养和练习就可以生长和改变自己。长期以来，科学家认为，成人大脑是无法改变的，在过去 50 年中的新发现已经证明这种观点是错误的。脑细胞神经元可以以惊人的速度发展，成人大脑有 100 万亿至 1000 万亿个“突触”。“可塑性”被用来描述大脑在整个生命中变化的能力，从史前时代就存在于大脑中，虽然可塑性更容易发生在童年，但神经元细胞一直在不断取得新的连接，形成新的途径，并接通成人的大脑。这就是为什么重塑你的大脑永远不会太晚。大脑比我们所能想像的还更开放，大自然在尽力帮助我们知觉到并且了解身边的世界，它给了我们一个大脑，用改变它自己的方式在这个善变的世界中存活下来。

多变的酬赏

酬赏的价值

在非洲大陆，桑人对猎物的追逐精彩开演了。他们先引开一只身形硕大的公羚羊，让它脱离大部队。公羚羊头部长有笨重的羚羊角，这使得它无法像母羚羊一样灵活地奔跑。接着，一名桑人猎手开始不紧不慢地追击这只落单的公羚羊。乍看起来，猎手似乎永远也追不上这只向前飞速跃起的大家伙。有时候，公羚羊还会躲进干燥的灌木丛，而猎手必须拼尽全力才能不弄丢自己的目标。

但是猎手们很清楚，自己可以利用公羚羊的弱点来制服它。气力超凡的公羚羊在短距离奔跑时速度极快，但是覆盖全身的羚羊毛无法使它的皮肤像人的皮肤那样散热。利伯曼说过："四足动物无法在喘气的同时向前奔跑。"因此，当公羚羊停下来喘气时，猎手就可以借机靠近，目的不是抓捕，而是让对方在长距离的奔跑中渐渐耗尽体力。

在非洲大陆的似火骄阳下，公羚羊已经被连续追逐了 8 个小时，终于体力不支，倒在地上束手就擒了。身材精瘦、体重不过百斤的桑人猎手凭借耐力和智慧，耗尽了重达500多磅的大型动物的气力。他手脚麻利而又郑重其事地宰杀了眼前的战利品，为自己的孩子和部族同胞收获了一顿丰盛的晚餐。

多年来，科学家一直在尝试解答有关人类进化的一个核心问题：早期人类如何获取食物？大部分研究进化论的生物学家认为，食用动物蛋白质，是人类进化历史上一次里程碑式的事件。自此，人类的营养状况得到改善，大脑也更加发达。根据哈佛大学进化论生物学家丹尼尔·利伯曼的观点，人类最初是靠长途奔袭来获取食物。远古时期，人们利用一种叫做“耐力型捕猎”的方法来捕杀猎物。如今，我们在少数尚未进入农耕时代的社会里依然能够见到这种捕猎法。生活在南部非洲的桑人捕获非洲大羚羊的方法，就类似于利伯曼所描述的早期人类的捕猎方法。

靠两条腿奔跑，没有其他灵长类动物身上厚重的皮毛，这反而成了人类战胜大型哺乳动物的优势。稳定的追逐速度使人们有能力捕获大型的史前生物。然而，人类进行“耐力型捕猎”并不仅仅是因为身体条件更加有利，心理因素的影响也不可小觑。

在捕猎的过程中，猎手是为了追逐而追逐，这种心理机制有助于解释现代人需索无度的状态。桑人猎手追逐羚羊时，内心的执念在催促他不断向前；现代人没完没了购买商品时，同样受到了心中欲念的驱使。尽管原始人和现代人的生活天差地别，但大家对于猎物的渴求是相似的，这是一种猎物酬赏。

对具体物品——比如食物和生活必备品的需求，是人类最基本的需求之一。只不过在现代社会，有钱就能买到食物，更甚者，信息也能转化为钱，所以食物不再是我们猎取的目标，取而代之的是其他一些东西。早在电脑问世之前，人们就已经开始从猎物身上获取酬赏。但时至今日，我们可以看到数不清的事例都与“猎物酬赏”心理有关。人们追逐资源，追逐信息，其执着程度不亚于追逐猎物的桑人猎手。

酬赏的召唤

20 世纪 40 年代，詹姆斯·奥尔兹和彼得·米尔纳在研究中偶然发现，动物大脑中存在一个与欲望相关的特殊区域。这两位研究者在实验室老鼠的脑部植入了电极，每当老鼠压动电极控制杆，它脑部一个叫做“伏隔核”的区域就会受到微小的刺激。很快，老鼠就依赖上了这种感觉。

奥尔兹和米尔纳通过研究证实，老鼠宁肯不吃不喝，冒着被电击痛的可能也要跳上通电网格，目的就是触压操纵杆让自己的脑部受到电击。数年后，另一些研究者对人类大脑进行了相同的实验，实验结果与老鼠实验结果惊人地相似，被试者别无旁念，只求能按动对脑部发出电击的那个按钮。而且，即便电源被切断，他们还是会继续尝试按动按钮。由于被试者没完没了地重复这个动作，研究人员只能强行拆下安装在他们身上的设备。

依据动物实验的观察结果，奥尔兹和米尔纳认为他们发现了大脑中的愉悦点。我们现在知道，其他一些让我们愉悦的事物也会对这一神经区块产生刺激。性爱、美食、价廉物美的商品，甚至是手头的电子设备，都会对我们大脑中的这个隐秘所在产生刺激，从而驱使我们采取下一步行动。

心理学家斯金纳在20世纪50年代开展过鸽子的研究，试图了解多变性对动物行为的影响。斯金纳先是将鸽子放入装有操纵杆的笼子里，只要压动操纵杆，鸽子就能得到一个小球状的食物。和奥尔兹与米尔纳实验中的老鼠一样，鸽子很快就发现，压动操纵杆和获得食物这二者之间存在因果关系。

实验的第二阶段，斯金纳做了一点儿小小的变动。这一次，鸽子压动操纵杆后不再是每次都得到食物，而是变为间隔性地获取。也就是说，有时能得到，有时得不到。斯金纳发现，当鸽子只能间隔性地得到食物时，它压动操纵杆的次数明显增加了。多变性的介入使得它更加频繁地去做这个动作。

斯金纳的鸽子实验形象地解释了驱动人类行为的原因。最新的研究也证明，多变性会使大脑中的伏隔核更加活跃，并且会提升神经传递素多巴胺的含量，促使我们对酬赏产生迫切的渴望。研究测试表明，当赌博者赢了钱，或是异性恋男性看到美女的图片时，大脑伏隔核中的多巴胺含量会上升。我们能够在各种具备吸引力的产品和服务中找到多变的酬赏，在它们的召唤下，我们会查看邮件，浏览网页，或是逛名品折扣店。

如果你没在YouTube上观看过婴儿与狗初次相遇的视频片段，

那不妨可以去看看。视频不仅搞笑，还反映出了一些有关人脑运行机制非常重要的信息。一开始，婴儿脸上的表情好像在说："这个毛茸茸的东西在我的房子里干什么？它会不会伤害我？它接下来会干嘛？"婴儿被好奇心所包围，不知道这个小东西是否会对他造成伤害。但是很快，当他发现小狗并不构成威胁时，开始咯咯地笑了起来。研究人员认为，笑声就像是一个释放紧张的阀门，当我们并不担心受到伤害，但是因不确定而觉得不安或是兴奋时，我们就会笑。

视频中没有记录之后的情形。几年后，小狗身上曾经让孩子兴奋不已的特点已经不再有吸引力，孩子已经能预知小狗的下一个动作，所以觉得没有以前那么好玩了。如今他满脑子想的，都是翻斗车、消防车、自行车以及所有能够刺激他感官的新鲜玩具——直至他对这些东西也习以为常。我们和小孩一样，如果能够预测到下一步会发生什么，就不会产生喜出望外的感觉。产品就像是孩子生活中的小狗，要想留住用户的心，层出不穷的新意必不可少。

人类大脑经历过上百万年的进化才得以帮助我们看清楚事物发展的规律。当我们看懂某种因果关系时，大脑会把这份领悟记录下来。在遭遇相同情境时，大脑能够快速地从记忆库中调取信息，寻找最合理的应对方法，而这，就是我们所说的"习惯"。在习惯的指引下，我们会一边关注别的事情，一边在几乎无意识的状况下完成当前的任务。

然而，当我们习以为常的因果关系被打破，或是当事情没有按照常规发展时，我们的意识会再度复苏。新的特色激发了我们的兴趣，吸引了我们的关注，我们又会像初次见到小狗的婴儿一样，对新玩意一见倾心。

多变的酬赏

人类是社会化的物种，彼此依存。社交酬赏，也是人类社会原始阶段的部落酬赏，它源自我们和他人之间的互动关系。为了让自己觉得被接纳、被认同、被重视、被喜爱，我们的大脑会自动调试以获得酬赏。这世上之所以存在大大小小的机构和组织，是因为人们能够借助它来巩固自己的社交关系。人们参加民间组织、宗教团体，或是观看体育赛事和电视节目，无不是期望从中寻找一种社交联结感，这种需要会塑造我们的价值观，影响我们支配时间的方式。

正因为如此，社交媒体才会受到大众如此热情地追捧。微信、微博、陌陌、脸书（Facebook）和推特（Twitter）等社交平台为数以亿计用户提供的服务中，就包含了花样翻新的社交酬赏。人们通过发帖子，写推文，来期待属于自己的那份社交认同。社交酬赏会让用户念念不忘，并期待更多。

心理学家艾伯特·班杜拉曾提出的“社会学习理论”为社交网站的风行提供了理论上的注解。班杜拉认为，我们之所以会在社会生活中效仿他人，是因为我们具备向他人学习的能力。当看到他人因某种行为而得到酬赏时，我们跟风行事的可能性就更大。班杜拉特别指出，如果人们效仿的对象与他们自己很相似，或者比他们的经验略为丰富时，他们就特别容易将对方视作行为典范。对于微信和脸书这样的社交平台来说，上述这类人群恰恰就是他们重点培养的目标客户。

“多变的酬赏”还体现在人们对于个体愉悦感的渴望。在目标驱动下，我们会去克服障碍，即便仅仅是因为这个过程能带来满足感。很多时候，完成任务的强烈渴望是促使人们继续某种行为的主要因素。令人惊讶的是，就算人们表现得气定神闲，内心的这种渴望却从未止息。比如说拼图游戏爱好者。他们会为了完成一个桌面拼图而伤脑筋，甚至爆粗口。他们从拼图游戏中获得的唯一回报就是完成的满足感，寻找拼图的艰辛过程本身是他们着迷的根源。

人类对自我的酬赏源自“内部动机”，爱德华·德西和理查德·瑞安在其著作《自我决定理论》中对此概念作出过详细阐述。依据他们提出的自我决定论，人们在心怀其他欲望之外，还渴望“终结感”。如若给目标任务添加一点儿神秘元素，那么追逐“终结感”的过程将更加诱人。以下一些例子有助于理解自我酬赏：

视频游戏

玩视频游戏时，玩家努力掌握游戏技巧打通关的过程就是一种对自我的酬赏。升级、获取特权等游戏规则都可以满足玩家证明自己实力的欲望。在风靡全球的网络游戏“魔兽世界”中，玩家会随着角色级别的升高而获得新的能力。为了得到高级别武器，攻占未知的领地，增加角色的分值，玩家们会全情投入地沉浸于游戏中。

电子邮件

并非只有网络游戏才能对人产生如此强大的诱惑力。平淡无奇的电子邮件同样也能激发人们对操控感和完成感的渴望，在这种渴望的推动下，收发邮件会变成一种习惯性的，有时甚至是不自觉的动作。你有没有发现自己会无缘无故地打开邮箱？也许你只是无意识地期待新消息。邮箱中未读邮件的数量对很多人而言就像是任务，一项有待他们去完成的任务。但是，人们只有体验到终结感，才会觉得愉悦和满足。2013 年，Dropbox 以坊间风传的一亿美元高价收购了电子邮件应用程序 Mailbox。据称，这款应用程序能够消除用户整理收件箱时的困惑感。Mailbox 会智能地将邮件分门别类放在不同的文件夹里，大大提高了用户实现“未读邮件为零”的可能性，即所有邮件都是已读。当然，文件夹在筛选邮件时，会自动将低优先级别的邮件延后显示，但这会让用户觉得自己处理邮件的效率提高了。这正是 Mailbox 技高一筹的地方，因为它让用户体验到了掌控全局并终结任务的快乐。

无穷的多变性

Zynga 是一个社交游戏公司，总部位于美国旧金山。2009 年开发了脸书上的热门游戏《农场小镇》，这款游戏成了全世界玩家不可错过的一个经典游戏。凭借脸书这个平台，该游戏以每月吸引 8380 万活跃用户的优秀战绩破了纪录。照料庄稼是农场主人的份内事，因此用户最终必须花真金白银去购买游戏道具并提升等级。2010 年，仅这一项给 Zynga 带来的创收就高达 3600 万美元。看似一路高歌的 Zynga 紧接着将“农场小镇”的成功经验照搬到了新项目上。它接连推出了“城市小镇”“主厨小镇”“边境小镇”等数个以“小镇”为核心词的游戏，期待人们像当初追捧“农场小镇”时一样为之疯狂。截至 2012 年 3 月，该公司的股票价格大幅度上涨，公司市值高达 100 亿美元。

然而，同年 11 月，Zynga 的股票价格下跌了 80%。人们发现，它所开发的新游戏其实是新瓶装老酒，只是借用了《农场小镇》的外壳，所以玩家的热情很快消失，投资商也纷纷撤资。曾经引人瞩目的创新因为生搬硬套而变得索然无味。由于多变特性的缺失，“小镇”系列游戏风光不再。

Zynga 的故事告诉我们，要想使用户对产品抱有始终如一的兴趣，神秘元素是关键。《农场小镇》这类网络游戏最大的败笔就在于“有限的多变性”，也就是说，产品在被使用之后产生的“可预见性”。尽管《绝命毒师》中的悬疑剧情吊足了观众的胃口，但是当谜团揭晓、大结局最终呈现之时，大家的兴趣也会慢慢消退。幕布落下后，还会有多少人从头再看一遍？了然于心的剧情会让重温之旅少了很多趣味。也许将来续拍时新的剧情会再度调动观众的兴趣，但是看过的剧情永远都不会像新鲜出炉的剧集一样引发收视热潮。多变性元素并非取之不尽，而且会随着时间推移变得可以预测，因此人们投入的热情也会降低。

从本质上来看，这些公司并不会因为有限的多变性而失去竞争优势，只不过是运营机制不同罢了。所以，它们必须不停地制造新的亮点去迎合消费者，以满足他们无尽的好奇心。好莱坞电影工业和视频游戏行业在这一点上不谋而合，都在经营中用到了所谓的“工作室模式”，由财大气粗的企业为电影和游戏制作与发行提供后援，至于哪些作品会成为接下来的热门，就无人可以预知了。

与之相反，给产品附加“无穷的多变性”则有助于人们保持持久的兴趣。例如，单人通关游戏中包含的是“有限的多变性”元素，而联机多人游戏则包含“无穷的多变性”，因为整场游戏怎么玩全由玩家自己说了算。《魔兽世界》就是一款风靡全球的大型多人角色扮演类网络游戏，问世已有 8 年之久，至今依然拥有一千多万固定玩家。与单人参与的《农场小镇》不同，《魔兽世界》强调团队作战，因此团队其他成员在游戏中的表现就成为不可预知的因素，而这正是其经久不衰的魅力所在。

人们看电视时是在享受内容，从中体验到的是“有限的多变性”，而创造内容的过程则蕴含着“无穷的多变性”。Dribbble 网站就是一个例子，设计师和艺术家们通过这个平台来展示他们的作品，持久的参与热情恰恰来自网站上“无穷的多变性”。在这里，内容贡献者可以与其他艺术家分享自己的设计，交流自己的想法。当潮流趋势和设计范式发生变化时，Dribbble 的网页也会随之更新。用户在这里发表的内容千姿百态，异彩纷呈，而动态发展的网站始终会给他们带来新的惊喜。

诸如 YouTube、脸书、拼趣（Pinterest）和推特这样的网站都存在一个特性，那就是利用用户提供的内容来制造源源不绝的新意。当然，即便是这样的网站也不一定能确保自己永远是用户的宠儿。到了一定阶段，“新兴事物”总会涌现，消费者总会移情别恋。然而，蕴含“无穷的多变性”的产品赢得用户忠心的胜算要更大，所以那些在多变性上不具备优势的产品必须经常更新换代才能跟上时代的步伐。

所以不断创造新产品，及时淘汰老产品成了市场追求的共识，达维多定律就很好地说明了这种现象。1992年，曾任职于英特尔的副总裁威廉·达维多提出了一个观点，他认为：一家企业如果要在市场上占据主导地位，就必须第一个开发出新一代产品。如果被动的第二或者第三个推出新产品，那么获得的利益肯定就远不如第一家企业，此即为达维多定律。一款好的产品，一定要是某个领域的引领者，而不是追随者。当然这里并不是让你做出一款独一无二、前无古人后无来者的产品出来，这也不现实。最好的方式应该是站在巨人的肩膀上进行再次创新，找到自己的核心竞争力和创新点，并且是足够颠覆性的创新点。无独有偶，和英特尔有着重要合作关系的微软公司，也十分善于运用达维多定律，从Windows 1.0到Windows 97再到Windows 2000以及曾经被广泛使用的Windows XP和现在的Windows 10，微软这一系列操作系统的更新换代令人目不暇接，这其实并不是因为微软的竞争对手有多么强大，也不是因为消费者有着多么强烈的要求，而是微软主动做到不断创新，是对自我的一种不断颠覆，以此让消费者对其产品产生强烈的依赖性，在市场上牢牢占据霸主地位。达维多定律揭示了取得市场成功的真谛：不断创造新产品，及时淘汰老产品，使新产品尽快进入市场，并以自己成功的产品形成新的市场和产品标准，进而形成大规模生产，取得高额利润。

第一直觉决策

直觉的效率

美国人在英国开车，头一个星期会再次体验新司机的感觉。英国人第一次在英国以外的欧洲国家开车时也是如此。他们需要集中注意力，直到逐渐掌握了靠左或靠右行驶的技巧。随着时间的流逝，人们学会了驾驶，之后驾驶会逐渐成为“熟练化”的技能。像大多数生活技能一样，驾驶成了自动化的行为，意识被解放出来。当红灯亮时，我们会下意识地踩刹车，根本不需要有意识地做出决定。下班开车回家的路上，我们会边开车边聊天或想心事，其实手和脚才是司机，把我们带到了目的地。

甚至，有时我们想去其他地方，但手和脚却把我们送回了家。“心不在焉是自动化给我们带来的不利后果之一。”研究思维遗失的詹姆斯 · 里森（James Reason）说。如果老板不指定不同的路线，那么仆人就会按照他们受过的训练来做。不过意识老板随时可以进行干预，这与弗洛伊德的潜意识思维不同。在弗洛伊德的潜意识思维中充满了与管理者对着干的工人，他们受到压抑，具有反叛精神。认知科学中的无意识脑力工人更加友好，更加合作，也更迅速高效。

“如果我能想到它，它一定是重要的。”我们往往根据易得的信息来进行判断和决策，也就是说，当我们在做决策的时候，尽管脑海中存储着很多不同的信息，但我们会认为最先回想起来的那条信息是最重要的。有一些事情相对于其他事情更容易被想到，并不是因为这样的事情有着更高的发生概率，而是因为这样的事情在脑子里更加容易被“提取”。

人每秒接受400亿个感官输入，一次可以注意到40个，但是对40个东西产生直觉不一定意味着对他们产生有意识的加工。思考、记忆、加工和表达需要大量的脑力资源，于是我们庆幸人类具有了自动化的意识处理。

在生活中的大部分时间里，我们依靠着大脑的自动驾驶功能，它有效地行使着职责。有脑力大管家帮我们打点各种常规的、熟得不能再熟的任务，我们便可以把注意力放到大事上。因为有人照料白宫的草坪，有人负责配餐，有人负责接电话，所以美国总统才能有精力思考国内局势和国际危机。对你来说，情况也是如此。正如哲学家艾尔弗雷德·诺思·怀特海（Alfred North Whitehead）在1911年所说：“随着不需要思考就能完成的活动变得越来越多，文明得以进步。”

就像我们的大脑从双眼收到同一个物品略微不同的图像，在毫秒之间，大脑就可以分析出这些差异，推断出物体距离我们多远。

即使我们手里拿着计算器，有意识思维也很难完成这样的计算，而你的直觉已经知道了距离。为了发出“b”的声音，在你振动声带的时候要打开嘴唇。为了发出“p”的声音，在你振动声带是三分之一秒之前，嘴唇突然打开。它们之间的差别极其微小，但是你凭直觉毫不费力地、想也不用想地做到了。

我们都感受过这种的自动性，心不在焉的你应该非常了解这种现象，有时在离开洗手间后，还要摸一摸自己的脸，以确定你自己是否刮了胡子；有时快到中午时会去洗手间照照镜子，看看自己是不是还没梳头；常常从大厅径直走进了办公室，却不知道自己为什么要来这里，就像刮胡子和梳头一样，自动化的行走也不需要我们特别留意。

你不知道自己知道但事实上知道的事情，比你认为的更有影响力。这是从三百多个研究无意识学习力量的实验中得出的结论，认知科学家比较喜欢称之为“非意识学习”，以免与弗洛伊德的无意识心理发生混淆。这个实验得到了美国国家科学基金会的经费资助，由美国塔尔萨大学（University of Tulsa）非意识信息加工实验室的帕维尔·勒维克（Pawel Lewicki）及其同事实施的实验。勒维克的实验发现，多任务的非意识思维不只在处理着琐碎的日常事务，它在侦测复杂的信息模式方面也同样具有惊人的能力，既迅捷又灵活。

举一个例子，你凭直觉知道“一个大的红色谷仓”和“一个红色的大谷仓”这两种表述哪种更好，而你的有意识思维会去努力想清楚分辨优劣的规则是什么。与之类似，识别一个物体的形状和大小、将它置于三维空间中看似非常简单，其实需要一系列复杂的几何转换和计算，大多数人都无法说清楚或理解这个过程。不要费劲儿去让象棋大师解释他们为什么会走这一步，不要问诗人他们的想法来自哪里，也不要让情侣解释他们为什么会陷入热恋。“他们所知道的就是他们这样做了。”

塔尔萨大学的实验发现人们的非意识学习能够预期到，对意识来说太复杂、太混乱，甚至根本注意不到的模式。在一项研究中，研究者让其中一些学生观看数字“6”在电脑屏幕上到处跳动，从一个象限跳到另一个象限。尽管它的跳动似乎完全是随机的，也就是说不存在任何意识可以发觉的规则，但事先看过这种展示的学生能够比没有看过的学生更快地在满屏幕的数字中找到下一个隐藏的“6”。虽然不知道这是怎么回事，但他们追踪数字的能力确实提高了。当数字的运动真的完全随机时，学生的表现也随之变差了。

勒维克以自己心理学系的同事们为被试重复了这项实验。这些聪明的心理学教授知道他在研究非意识学习，他们也同样能够更快地跳到下一个位置上的目标，而且同样不知道为什么会这样。当最初的模式被换成数字随机跳动模式后，他们的表现也变差了，教授们开始纷纷推测各种表现变差的原因。对于表现出无意识学习的学生，勒维克甚至提出如果谁能发现其中的模式，就奖励 100 美元。有些学生花费很多时间来破解数字跳动的顺序，但没有人成功。

第一直觉决策

我们每次接触新事物，首先都是会根据已知信息，在大脑中形成一个预期，这个预期就是我们探索新事物的路标。比如拿到一部未拆封的新手机，虽然暂时看不见手机，但是根据经验，我们预期手机边缘会有一个电源按钮，这个按钮就是我们开启手机的路标。假设拆开后找不到电源按钮，大脑失去路标，就会变得烦躁不安。

信息符合预期的正面案例如拼多多。在使用之前对拼多多的预期是价格便宜，打开后看到满屏 5 块钱的指甲钳、9 块钱的数据线、10 块钱的中性笔等各种价格极低且熟悉的小商品，马上就有一种大脑预期得到眼前信息精准验证的确定感——我听说你们东西很便宜，进来一看果然很便宜。唯品会让人有一种迷路的感觉，它的卖点是“品牌特卖”，预期会看到“品牌货”与“价格低”；打开唯品会的感觉是品牌很多都不认识，价格也不确定是不是真便宜；看着满屏花花绿绿的页面，只有迷惑，这不就是一个很普通的卖衣服的 APP 吗，跟淘宝京东有什么区别？为什么要在这里买衣服？

品牌很多不认识，可能是我的问题，相信女性用户会认识更多；价格是不是真便宜，如果认真对着京东淘宝对比，应该也能找出不少有价格优势的产品。可惜我们的大脑，不是科学家思维——认真观察事实再总结观点；而是律师思维——先有观点再找验证的事实。我们不会从眼花缭乱的信息中，认真观察其中的品牌，再对比网络购物平台京东和淘宝，发现这里大多数的商品价格更低，从而得出结论，唯品会果真是品牌特卖；相反，我们是先有“品牌特卖”的预期，再花上几秒钟寻找可验证的事实，如果没有找到，就会直接放弃。我们简化了对于产品的认知，都是为了预期设置显眼的路标，在几秒钟之内就能快速验证，从而形成确定感与认同感。

你打算买一台电视机，于是先研究了一下要买什么样的，然后才去网上购买。这是一个再稀疏平常的一个决定过程，但过程可能并非你想的那样。人们总是认为自己在做决定前已经深思熟虑并且仔细权衡了所有相关因素。在买电视这个例子中，你考虑了最适合房间的电视尺寸、最可靠的品牌、最有竞争力的价格，以及当前是否是最佳购买时机等因素。你是有意识地考虑所有这些因素的，但是关于做决定这一行为的研究表明，你的决定实际是在潜意识中做出的，而潜意识中做决定涉及以下的几个因素：

其他人决定买什么："我发现这台电视机在网站上的评分和评价都很高。"

是否与你的个性相匹配："我是那种爱追新潮事物和最新科技产品的人。"

购买能否让你履行一些义务或偿还一些人情："一年来我哥哥一直请我去他家看比赛，我想我应该请他一次了，所以我最好买一台至少和他的一样好的电视机。"

对失去的恐惧："这台电视机在打折，如果我现在不买可能价格就会上涨，那么可能很长一段时间内我都买不起了。"

我们的大多数心理活动都是在这样的潜意识中进行的，大多数决定也是在潜意识中做出的，它会帮你考虑更多，对你的主观决策做出影响，但这不意味着它们是错误的、不理智的或者糟糕的。我们每天都要面对海量的数据，每秒都有上百万条信息涌入我们的大脑，而我们的意识不可能将其全部处理，尽管我们希望能有超出能力范围的选择和信息，但是选择过多会麻痹我们的思维过程，其实

3 ～ 4 种的选择才是最好的！潜意识可以帮助我们处理大部分涌入的数据，并根据那些大多数时候都能给我们带来最大利益的准则和经验法则来帮我们做决定。“相信你的直觉”就是这么来的，而且绝大多数时候都是奏效的。

人的决策容易受情绪、群体决策、强势者、从众心理影响。证书、评分、评论等会影响他人行为，越多，影响越大。我们也会认为眼前的实物才更有价值，真实的产品是一种条件刺激，引起大脑对应的反射。在淘宝京东平台上的购物者很多会受买家秀的影响。

“如果我能想到它，它一定是重要的。”我们也往往根据易得的信息来进行判断和决策，也就是说，当我们在做决策的时候，尽管脑海中存储着很多不同的信息，但我们会认为最先回想起来的那条信息是最重要的。人们的直觉会根据事件在大脑中唤起的难易程度来估计事件发生的可能性。由于交通事故、龙卷风或者谋杀几乎都是媒体的头条新闻，因此它比那些发生频率更高的事件：胃癌、雷电或者糖尿病更“容易提取”。

无论男性还是女性，为了得到具体有形的结果，男性思维是必然要使用的一种常识。我们经常处于线性的、男性化的左脑思维状态中，以至于认为这才是正常的。我们忘记了同样强有力的另一种意识状态，这种状态是安静的、不慌不忙的、没有压力与紧张，它就是女性思维。女性思维不以目标为导向，它只是在观察，包括欣赏，无论注意到的是什么，它都会关注当下。

直觉快思考

• 在开车去机场的路上，我们可能会为即将开始的飞行感到忧虑不安。然而在2015年的一项空难与车祸数据统计中，死于车祸的人数是死于空难的人数的1375倍。

• 在发生三里岛和切尔诺贝利核泄漏事故后，人们对核能的恐惧超过了对它的主要替代者——燃煤的恐惧。

• 人们对某些疾病的恐惧也超过了对其他疾病的恐惧。例如相对于心脏病，很多女性更害怕患上乳腺癌。

• 人们对社区附近用于让精神病患者康复的过渡疗养所很抗拒，因为他们脑子里盘旋着电影里疯狂杀手的形象。

人类的大脑天生就有一种尽快作出决定，以此消除怀疑及不确定的倾向。如果没有其他东西可供利用，你的大脑就会利用那些可用的东西。没有模式可供使用时，你的大脑就会创建一个模式。大脑中要是没有其他东西可以供其使用，大脑应该如何处理饮料的图像或疼痛的味道？它不知道，它选择走一条捷径，但我们有意识的思维却不会注意到这一点。所以当你问人们某件事是好是坏，他们给出的可能不是最可靠的答案。因为他们也不知道。所以你从他们那里得到的答案可能并非最可靠的。为什么？因为他们的大脑走了条捷径。

诺贝尔经济学奖得主丹尼尔·卡尼曼在其著作《思考，快与慢》中提出“直觉”和“理性”的两套系统，其中直觉产生快思考，而理性产生慢思考。这两套系统在我们大脑中同时存在，相互独立。

大多数时候，主导我们思考和决策的是直觉系统，因为我们的大脑也会“偷懒”，也会寻找捷径。我们习惯于在直觉的帮助下，自动快速地做出常规决定；而不是大量收集信息、反复比对，从而找到最优解，做出理性的判断。只有当直觉系统的运行遇到阻碍时，理性系统才会被激活，给出更详细和明确的处理方式。很显然，当我们在看直播时，帮助我们做出购买决策的是直觉系统。我们凭借对一件商品的第一印象和好感，快速决策，冲动消费。

每天我们会在匆忙中做出无数决策：我需要带伞吗？我应该小心那个蓬头垢面的人吗？坐高铁去北京还是坐飞机去，哪个更安全？我们通常会凭直觉做事。在对政府、企业及教育领域的政策制定者进行访谈后，已故社会心理学家欧文·贾妮斯（Irving Janis）得出结论：“这些人通常不会采用反思性的问题解决方法。那么他们的决策是如何做出的呢？如果你问他们，他们很可能会告诉你，大部分时候他们凭直觉。”

进化心理学家说，这并不出乎意料。通过进化，我们远古的祖先会思考有助于他们采集果实、生存与繁衍的策略。他们（和我们）天生都具有立即做出决策的思维能力，无论沙沙响的叶子后面躲的是狮子还是小鸟。罗伯特·奥恩斯泰因观察发现：“思维的作用是让我们豁出去拼一把，而不是进行推理或了解背后的原因。”人类思维的发展不是为了能够做到凭直觉判断股市的波动、让福利政策实现最优化，或者比较坐高铁与坐飞机的相对安全性。相对于现代环境，快速得出结论更适合人类诞生时的环境。

人脑的运算能力其实没有我们以为的那样强大，我们常常会有信息超载的情况。我们的认知系统如果要事事都考虑清楚，很明显是忙不过来的，于是我们会用一些“策略”来对事物进行简单“不费脑”的判断，这就是为什么我们需要启发式。启发式是一系列认知判断规则，我们根据这些规则对复杂信息进行简单快速的处理。

我们凭直觉做出的许多决策产生于思维的“启发式”，即我们认知工具箱中的一些简单规则，用于做出柏林心理学家格尔德·吉仁泽（Geld Gigerenzer）和彼得·托德（Peter M. Todd）所称的“快速而节约”的决策。从直觉角度看，这种方式使我们显得很聪明。相反，其他人可能会将启发式称为“快速而粗劣”的思维捷径，有时会因此犯错。启发式就像知觉线索，通常能够良好地运转，偶尔会引发幻觉或错觉。大脑凭直觉推断模糊的物体应该比清晰的物体远，通常情况确实如此。然而在雾气弥漫的早晨，迎面开过来的汽车其实比看起来的更近。

有许多研究的结果表明，决策者更加容易被生动的信息所影响，而不是平淡的、抽象的或者是统计的数据。生动信息的力量深得广告人、政客以及许多其他的“专业说服者”的青睐。而生动性能够起到决定性作用的一个领域是法庭，信息的生动性可以影响陪审团最后的决策。尽管生动效应在某些情境下是可以产生作用的，但是其适用的范围和效力都存在一定的局限性。同时，依据易得性直觉的一般原则，相对于平淡信息而言，对事件的生动描述可以提高人们对其发生概率和频率的判断。

通常而言，直觉可以得到一个令人相对较为满意的答案。但是利用直觉进行判断的缺点是，在某些情况下，直觉判断可能导致一些系统性的偏差。根据认知心理学家特韦尔斯基（Amos Tversky）和丹尼尔 · 卡内曼（Daniel Kahneman）的“代表性直觉”理论，人们通常会根据“A 在多大程度上能够代表 B，或者说是 A 在多大程度上与 B 相似”来判断事件发生的可能性。什么是 A 和 B？这将取决于你进行决策的情境。如果你在估计 A 来自 B 的可能性，那么 A 可能就是一个例子或者一个样本，而 B 则是一个种类或者样本总体。例如，A 可能是一个个体，而 B 则是一个群体，而决策的问题则可能是 A 成员属于 B 群体的可能性。另一方面，如果你试图判断 A 在多大程度上是 B 导致的，那么 A 可能是一个事件的结果，而 B 则是事件发生的过程或者原因。例如，B 可能是一个投掷硬币的过程，而 A 可能就是在一系列的投掷中有 6 次是人头，判断所关心的可能就是出现这种结果的可能性。

随着情境中细节数量的增加，该情境发生的概率只会逐渐降低，但是它的代表性和由此带来的外显的可能性却会上升。我们相信，基于代表性的决策判断是人们喜欢选择毫无根据的细节化情境的主要原因。例如，“被告离开犯罪现场”的陈述似乎比“被告由于害怕被起诉谋杀而离开犯罪现场”的陈述更没有说服力。绝大多数人都认为更为具体的事件比一个一般性的事件发生的可能性更大。相对于一般的情境而言，表述非常具体的事件似乎更可能发生，因为这样的情境与人们对于具体事件的想像是一致的。

美国著名社会心理学家乔纳森 · 海特（Jonathan Haidt）发现，大脑做出许多道德判断的方式与做出美学判断的方式是相同的，也就是快速而无意识的方式。之后我们会对自己即时的感受进行合理化。当看到有人做出卑鄙或不人道的行为时，我们会感到直觉性的厌恶。当看到人们做出慷慨、仁慈或富于勇气的行为时，我们会产生“崇敬”感，即胸口感到澎湃、温暖和炽热。我们还会受到激励，想以他们为榜样。海特将道德解释为一种社会直觉，他认为先产生感受，然后再出现理性。“人类的道德来自道德情绪，而趾高气昂的道德推理只是假装一切尽在掌握，真的是这样吗？”按照他的理论，“道德判断是通过快速或感情用事的直觉做出的，然后道德推理才被触发”。道德推理的目的是说服他人相信我们的直觉。

今天是周五，工作结束后你和朋友聚会吃个饭，去哪里吃呢？可以上点评网看看哪家店的评价好，消费的人多，这种数据就能对人产生选择影响。但如果一个人想报考一所大学，他会仅仅因为大学的评价数据高，报考的人多，就去做决定自己一生命运的选择吗？又或者一个人想找一个女朋友，他会仅仅因为这个女人的照片点赞人数多，人气最高，就考虑将自己的终生大事与她联系起来吗？再举一个比较极端的例子：你在一艘船上发生了海难，所有的人都需要寻找救生艇，你会在这个时候拿起手机查询哪个救生艇的人多，或者人少吗？

在今天大数据的时代，很多产品的市场决策取自大数据分析，似乎用户的行为开始变得具备可预见性，拥有大数据的人好像成为了上帝，还没有开始，就能预测出结果。但数据的理性与用户的感性之间却往往存在偏差。我们会发现，在人的一生中，真正重要的、关键的选择，并没有多少数据的成分，相反是人的经验和直觉占了大多数，这大概也是上帝创造人其中的一个奥秘。

直觉的陷阱

运动员在比赛中既表现出了直觉中存在的错误，也表现出了直觉的智慧。选股者表现出了不切实际的自信，而富有经验的企业管理者表现出了与习得的专家知识相伴而生的直觉。然而当赌徒有所预感的时候，他们应该得到的建议是：“直觉，退到我后面去吧！”

如果在赌博业中滋生出了虚假的直觉，散布着不切实际的希望，公共信息该如何加强人们对统计现实的认识？生动鲜明的产品警告是否会像药物和香烟产品说明中的警告一样有所帮助？获胜概率极小的赌博究竟意味着什么？下面是几种表达真相的方式：

- 如果你抛26次硬币，那么连续抛出26个正面的概率比你在强力球彩票中获头奖的概率大。
- 如果你每周购买一张马萨诸塞州的彩票，那么按照合理的概率计算，要连续购买160万年才能获头奖。
- 如果你开车16公里去买强力球彩票，那么你在路上死于车祸的概率是中奖概率的16倍。
- 如果你是一个普通的英国公民，每周一买张英国国家彩票，那么你在星期六开奖前离开人世的概率是中头奖概率的2500倍。每周观看开奖节目的观众，在节目播放的20分钟内死去的概率是中头奖概率的3倍。

美国国家赌博影响研究委员会提出了其他纠正建议，比如停止在便利店里运营赌博设施，限制赌博业在政治上的投入，限制针对穷人的彩票销售，控制具有欺骗性的广告，将允许赌博的年龄提高到 21 岁。委员会还建议取消赌博场所中的自动提款机和刷卡机，贴出警告语，告诉人们赌博的危险和赢钱的概率。

投资不可预知的股市、购买彩票或在赌场里玩玩都属于赌博。它们都能带来刺激感，都可能造成损失或带来收益。它们之间的差异在于，在过去 75 年中，投在公开交易股票上的钱平均每年有超过 11% 的回报率，而花在赌场里和买彩票上的钱的总体损失率差不多也是 11%。如果一个人很享受冒险的刺激感并希望变得富有，那为什么不把钱押在对自己有利的东西上呢？如果每周花 40 美元购买彩票的卡车司机，将钱投入股市中的指数基金，或者自己选 20 只股票买入并持有，那么如今他会富有得多。如果 25 岁时他开始每周将 40 美元放入年平均回报率为 11% 的退休基金中，那么在 65 岁退休时他将积累出自己的头奖——151 万美元。

希望通过赌博来赢钱、实则输钱的现象反映出了人们具有迷惑性的直觉，而不是经济受虐狂倾向。鉴于有关赌博的错误直觉是如此强大有力，确实需要用新的形式来让人们意识到风险。

进化心理学家马尔蒂耶·哈兹尔顿（Martie Haselton）和戴维·巴斯（David Buss）说："认知错误之所以存在，是因为在过去它们让人类拥有了生存和繁衍的优势"。错误的直觉往往是思维捷径的副产品，它们与我们的感知直觉同时存在。感知直觉通常是有效的，但有时会胡作非为。

人类的头颅中塞着大约 1.36 公斤湿湿的神经组织，由此我们成了世界上最了不起的奇迹。大脑中的神经回路比地球上的电话网络还复杂，我们有意识或无意识地加工着无数信息。就在此刻，你的视觉系统正将照射到视网膜上的光分解成数百万个神经冲动，同时对这些神经冲动进行加工，然后重新组合成一个清晰而色彩丰富的图像。从感知页面上的墨迹到看到图像，再到理解意义，所有这一切都发生在一瞬间。

多亏了人类的发明天赋，我们设计出了手机，培养出了干细胞，发现了原子的结构，绘制出了遗传图谱，登上了月球，造出了永不沉没的泰坦尼克号。想一想我们的 DNA 与奶牛的 DNA 有 90% 是相同的，这真的十分地神奇。在生活中我们获得了直觉性的专家技能，由此大部分生活变得容易起来。虽然我们误导性的直觉能力被证明是惊人的，那也请你放心，因为我们的思维是具有适应性的。

正如知觉研究者研究视错觉，从而揭示出正常的知觉机制一样，其他心理学家研究其他错误的直觉，从而揭示出正常的信息加工过程。这些研究者想要给我们描绘一幅日常社会思维的地图，并清楚地标出可能存在的危险。他们就像小说家，既要描写出庄严崇高，也要描写出荒唐可笑。科学、文学以及通识教育的目的都是培养人们对人类本质的欣赏与重视，同时也要表明我们的局限性。当我们回顾过往、解释当下和预测未来时，心理图表的绘制者希望能帮助人类更聪明地思考。

“烦人”的红点设计

为什么总是想点击

小红点，是我们惯用的叫法，它正式的名称应该叫做徽标。通常指出现在手机桌面或 APP 应用中图标右上角的红色圆点或带数字和文字的红点。它的主要作用有两个：一个是起到通知的作用，告诉用户有未读的消息或有未处理的任务；另一个是起到为入口导流的作用，引导用户点击进来，增加点击量。小红点为了“逼迫”人们点击，通常会使用高明度加高纯度的红色，因为红色色彩感知强烈，而且有警告、危险的含义。更容易和页面形成强烈的对比，引起人们的注意。QQ 中好友和系统的消息推送都使用了红色的小红点。但有时候为了不过多干扰用户，也会使用色彩感知较弱的蓝色。比如 QQ 群助手里的消息推送就使用了浅蓝色的小红点。

随着手机上 APP 应用功能不断地丰富，内容的更新日渐频繁，新增的各种业务需要曝光，提高业务页面的触达，大量的小红点被投放在各个业务入口。原本形式单一的小红点，也随之演化出各种不同的形式，以满足不同业务场景的需求。APP 功能和场景不断拓展，小红点形式也有了新的变化，和更多的形态，虽然与基础样式的小红点已经有很大差别，但是其仍然承担了小红点的功能，从一定意义上来说，它仍然是小红点。

人类似乎天生对不对称，不和谐的事物有厌烦心理，并且想要去纠正这些“错误”，简而言之就是大家平时所说的“强迫症”。而小红点则完美利用了这一人性的弱点，它就像白嫩脸颊上长出的一颗小痘痘，让人忍住不去要去挤破它。因此，小红点只要投放在某个业务入口，就几乎没有用户会对它熟视无睹，而当用户忍不住要去轻触消除它时，产品为业务导流的目的也就达到了。可见，虽然用户对小红点实在是喜欢不起来。但是，让用户如此厌烦的小红点真的就一无是处吗？如果没有小红点，用户将无法第一时间知道谁给自己回了微信，无法最快得知自己关注的网上店铺刚刚上架了新品，也会错过最新的优惠活动和刚刚上线的有趣功能。

我们总是想点击这个小红点，本来是想通过点击来了解和消除掉这个烦人的“小妖精”。而消除这个小红点也确实非常地简单，点击一下，小红点果然就消失了。这中间涉及到了“知觉流畅性”的理论：为什么人类会“喜欢”那些本来就整齐划一从而容易被大脑组织加工的东西呢？就是因为这个知觉流畅性。

知觉流畅性涉及个体对刺激较低水平的加工，反映了个体对知觉外部信息难易程度的主观感受。它本身并不是一种认知操作，只是一种有关认知操作的感受。比如，看到杂乱无章的房间，有的人就会觉得头很大，而看到收拾得井井有条的房间，可能就舒服多了。简单来说，就是人类的大脑在处理整齐划一的事物时，因为消耗的能量比较少，所以感觉很流畅，就会产生愉悦感，如下图：

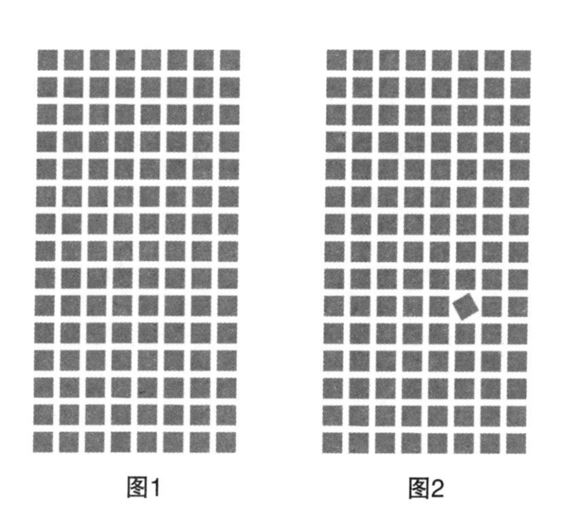

图1　　图2

图 1 中所有的矩形都整齐划一的排列，我们在浏览的时候很流畅，但图 2 中有一个矩形角度发生了变化，当我们浏览到这个矩形时，大脑忽然停顿了，是不是特别想把它摆正？同样的，小红点的出现就是打破了整体页面的流畅性，和页面形成特别强烈的对比，让人不得不把它点掉，以保持知觉的流畅性和大脑的愉悦感。

行为暗示与召唤

曾几何时，微信和“朋友圈”走入我们的生活，起初刚开始流行微信和“朋友圈”的时候，很多人狂热地沉溺其中，人们相当多的时间都耗在这个上面，天天没早没晚地刷微信、刷朋友圈，大家每天最牵挂、最关心的就是那个“小红点”和那个带阿拉伯数字的红圈。大家每天有一个很重要的内容就是不停地掏出手机，不时地拿出手机看看有没有那个“小红点”和“数字小红圈”，然后就会迅速的点开浏览。有时晚上熬到了深更半夜准备睡觉时，必做的动作就是再看一眼有没有“小红点”和“数字小红圈”，如果没有尚好，遗憾地熄灯睡觉。如果要是有小红点或小红圈，那就断不能熄灯睡觉，一定要点开小红点和小红圈看个究竟，甚至于引起兴趣又必然推迟睡觉，睡觉又不知何时。第二天大清早一睁开眼，起床第一件事也由原先的先上厕所，变成了先打开手机看看有没有“小红点”和“数字小红圈”，这已成为普遍的现象。

空调的出风口挂几根飘动的丝带，会让人觉得多几分凉爽。出门时看到一个人默默地看着天空，你大概率也会循着他目视的方向看去发生了什么。当通过视觉设计进行交流的时候，隐喻可以作为一个有力的解决方案，可以唤起人们已经熟悉的元素，或可视的对象使用户快速地理解内容和功能。拟物化就是视觉隐喻的极致使用，界面元素被设计成与现实世界中的事物完全相似的图形对象，模拟成真实生活中的元素，使其概念传达变得更加清晰明了。例如Windows 和 iOS 系统中的桌面和系统图标，都在使用简单的拟物化隐喻界面设计。这些设计可以在有限的屏幕空间允许快速交流和传达复杂的概念与信息，一些图标甚至已经形成了大众的认知标准：如可被删除的垃圾箱、文件夹、照相机的摄像头和邮箱的信件等，人们可以不需要解释也可以一目了然。

暗示，影响着我们一步步走向购买。在非对抗的条件下，通过语言、表情、姿势及动作等对他人的心理与行为发生影响，使其接受暗示者的意见和观点或者按所暗示的方式去活动。在设计的时候，我们会利用暗示，去引导用户操作。按钮置灰暗示着不能点击；内容放在一起暗示着有一定相关性；物品飞向购物车，暗示着添加到购物车。作为购物网站，好的暗示，可以提高购物率；游戏利用好暗示，可以让用户购买更多的装备。而暗示者的权力、威望、社会地位和人格魅力对暗示效果有明显的影响；被暗示者如果独立性差，缺乏自信心，知识水平低，暗示效果就更加明显；被暗示者的年龄越小，越容易接受暗示，一般女性比男性易受暗示；被暗示的个体在处于困难情境且缺乏社会支持时，往往更容易接受暗示。

手机桌面上APP的图标右上角圆圈有多少条新通知，现代产品设计无形中融合着“知觉流畅性”的心理学小知识，小红点抓住了人们喜欢流畅、统一的心理。让原本和谐统一的屏幕变得不流畅、不统一。带有小红点的图标在一堆没有小红点的图标中起到了聚焦的作用，引起了人的注意力。这中间其实还受到蔡格尼克效应的影响，该效应是指人类有一种自然倾向去完成一个行为单位，如去解答一个谜语，学习一本书等。因为完成欲望得到满足，故此对已经完成的工作比较健忘；而尚未完成的工作因为完成欲望没有得到满足，导致心中放不下，并会倾向于继续完成它，于是脑袋中时刻记忆着这些内容。小红点标记的信息代表着没有看过，完成欲望没有得到满足，心里始终惦记放不下，这也会让人下意识地去点击查看。只有完成的时候，完成欲望才能得到满足，焦虑才会消失。这简直就是拖延症的克星。

定向反应

定向反应是我们祖先内置在大脑中的一套安全装置。直到今天这个装置仍然是有用的，但有时这个功能让你很难保持注意力集中。假设你是一个新石器时代的人，与你的同伴围坐在一起听着部落里的人讲故事。这时，你听到身后丛林中有沙沙的声响。于是，你可能会屏住呼吸仔细聆听：这是什么声音呢？响尾蛇的声音！注意到周围的声音，对新石器时代的人来说可是件好事情。由于大脑总是倾向于关注新的迹象和声音，于是你关注的是丛林中不同寻常的声响，而不再是别人讲的故事。如果新的迹象和声音的速度更快而且难以预测，那么定向反应将有强烈的反应。你没想到会听到响尾蛇的声音，但是一旦你听到了它的声音，你的大脑会自动地判定，哪个更重要、需要更多的注意力——是响尾蛇还是后面要听到的故事。

从心理学上讲，人会更关注与周围对比明显的事物。在一筐绿苹果中有一只红苹果，我们会快速地关注那个红色的苹果。在产品设计中，我们会使用对比来让用户快速识别关键的信息，或是突出更高频的操作，通常对比的方式有颜色和形状两种。

俄罗斯生理学家谢切诺夫于 19 世纪 50 年代第一次确定了定向反应，在其 70 年后的巴甫洛夫才系统地研究它。根据巴甫洛夫的研究结果，对身体器官来说，如果有新奇的事情发生，大脑会停止正在做的事情，并“把传感部分转向刺激来源”。对于人类来说，反应的方式包括瞳孔扩张、皮肤电阻降低、心率的短暂下降。换句话说，我们的眼睛睁大，我们的皮肤更加敏感，而且被新奇事物所吸引。

身体希望得到新的刺激，并在未来采取进一步处理措施。巴甫洛夫把这种“生存反应”称之为“‘这是什么’反应。”

定向反应的能力一直是数千年来猎人的财富，这能力挽救了我们祖先的生命，而且有时对如今的我们也同样有用——当你穿过繁忙的街道或在高速路上驰骋的时候，能注意到周围的声音变化显然是有用的。然而在我们严重分心的社会中，如果任由定向反应发展，你会失去选择和保持自己注意力的能力。

与定向反应相对应的就是“注意广度”，是指同一时间内能清楚地把握对象的数量，也即我们在某项事物上自主选择行为中保持集中注意力的时间。但当你看电视保持较长时间时，并不能说你的注意广度的时间很长，因为看电视这个行为并不是我们主观上选择的、免于其他方式来控制你大脑的方式。电视里快速闪过的画面和电子影像激活了人脑中有力的但也是经常被滥用的部分，那就是“定向反应”。

时间就是一切。如果谢切诺夫和巴甫洛夫今天还活着，他们会在麦迪逊大道可能要大赚一笔了。主流广告界可是研究定向反应的专家，能捕捉到广告受众的定向反应就是广告界的顶级水平。曾经有过这样一个小实验：在晚上昏黄的灯光下，把你的头放置在电视前的某个角度（看电视屏幕旁的任意一点），等待播出广告。然后，试着尽量不看电视屏幕。但是你会发现，你根本不可能不看电视。屏幕上快速变化的图像激活了大脑的“定向反应”……我们人类已经被设计好，那就是要观察在我们周围视野中突然的变化。这也是我们的生存法则。

广告总是有着快速闪动的画面，但是几乎所有的电视节目都会激发我们的定向反应。一般来说，电视节目的画面每 4 秒就会变化。这种持续的、重复的定向反应很自然地就增加了我们的肾上腺素分泌水平，而且从来没有给我们一个公平的机会拒绝。本能的驱使让我们注意到周围的变化，偶尔增加的刺激水平使我们在注意力专区内保持警觉。但是一旦超过正常程度，受到过度刺激后，激增的肾上腺素将会把你推进注意力专区。

想想你以前坐在沙发上，看了太长时间电视的时候。当你终于关上电视，你是不是觉得无精打采或心烦气躁？下次当你家里有人已经连续看了好几个小时的电视或玩了好几个小时电子游戏时，观察一下当他最终关上电视时候的情绪，是不是与平常相比有点无精打采？

注意力粉碎机

根据美国加州大学伯克利分校的研究，2002 年总共发出了 310 亿封电子邮件，2006 年就翻了一倍。微软公司进行的一项调查表明，仅 2005 年，平均一个美国职员一天要收到 56 封电子邮件。仅以每封邮件 2 分钟计算，一个工作人员每天要花将近两个小时的时间阅读和回复电子邮件，微软公司前副总裁琳达 · 斯通（Linda Stone）把电子邮件称为“注意力粉碎机”。

新的信息不断在网上出现。在你看遍所有感兴趣的东西之前，大部分令你觉得有趣的内容已经在那儿了。宽带网和电子邮件使人们很容易陷入漫无目的的、无休止的网络浏览。朋友发给你一个链接，那个网页又有很多相关的链接。反正也不用等，为什么不打开这些链接，然后再打开链接里的链接？

于是互联网就像薯片的诱惑一样，难以抗拒。于是你在一项没什么实际好处的工作上花费了太长的时间，最后还觉得头昏脑胀，很不满意。试想一下，你没有管住自己，在一番尽情的网上浏览后从椅子上站起来时会是什么感觉？时间流走了，就像那些被吃掉的卡路里。没有享受营养餐那样的满足感，相反，你觉得昏昏欲睡，后悔吃掉了整包薯片。

为什么会这样？回忆一下刚刚开始浏览网页的时候，你觉得如饥似渴，就像刚刚拿到一袋薯片的感觉。你需要一些刺激，譬如最新的消息或者最有趣的视频。然后，随着你点开一个又一个链接，此时的你进入了另一种状态——心不在焉、犹豫不决、过度兴奋。在这种情况下，关闭网页要比停吃薯片还难，对于薯片，起码有吃完的时候。网上冲浪的陷阱在于，你从注意力兴奋的一端冲到另外一端，却跳过了自己本该专注的注意力专区。你开始觉得饱胀，但是毫无营养，甚至比以前更饿。当你为自己的网上冲浪设置头脑过滤时，要规定自己只能看有营养的信息。

在《世界是平的》的一书中，托马斯·弗里德曼指出谷歌现在每天要处理大约10亿条搜索信息，而3年前每天的搜索量只有1.5亿条。互联网搜索让我们可以接触到大量的有用信息，但是大部分的网络搜索可以查到超过100万个匹配项目。正如理查德·沃尔曼发现的那样，“机会在于其中包含很多信息，而灾难是 99% 的信息是毫无意义的”。一个有目的的网络搜索经常会变成漫无目的的浏览。就好像去超市买面包和牛奶，却被目之所及的其他冲动消费品吸引，然后带着那些诱人的新产品——还有一包薯片回了家，可是忘了本该买的面包和牛奶。

或许就在五年前，“随时”以最快的速度收到新邮件通知，尽可能“实时”看到新闻快报，通知列表上排满了“待办事项”……这些都是让我们感觉“很酷”的事情。但今时今日，随着身边的资讯和信息越来越多，我们开始清楚地意识到，自己常常在某一个“坑”中愈陷愈深，时间在不知不觉间呼啸而过，然后在追逐新信息的过程中，我们开始陷入某种压力与焦虑的循环。

不可否认，我们正生活在一个被技术包围的时代，每个人都在手机上耗费了太多的时间——随时都想跟上新进度的压力；跟上更多信息，读完了，反而有了空虚的焦虑；于是又花更多时间来看新信息，想要填满这样的焦虑。这好似一种无限的循环，面对层出不穷的新资讯，我们在心理上为何没有“获得”的快感，反而会感觉不适呢?

“曾经有一份伦敦大学研究者的报告说，信息过度对人的影响可能比吸大麻还糟。他们声称，如果你吸一支大麻烟，你的智商可能暂时会减少四分；可是只要处于随时收发资讯的状态，你的脑袋甚至可能完全关机，智商的整个十分都会丧失，有点像夜晚睡不着而导致头昏脑胀的那种感觉。”心理学专家刘百里说，道理很简单，是因为我们不断觉得必须停下来检查有没有“新资讯”，以致把专注力都耗竭了。这份来自英国的研究报告，对这种“看见小红点就忍不住想去点击”的强迫性行为，创造了一个时髦的名称——信息狂躁症。这种持续处于分心状况下的心理状态，还会使我们分辨不出那些原本可提高生产力的有用资讯，结果减损了应有的生产力。换句话说，就是工作效率下降。

信息狂躁症的根源深植在人类的进化心理学里。在祖先进化的热带大草原上，人类必须提高警觉，充分运用自己所拥有的信息，去满足内心对待外界的所有好奇。这种新奇感，会激起早期人类强烈的好奇心，让他们克服绝种的恐惧，然后去探索可能大有所获的问题；同时也会鼓励身处当今时代的我们，去收集各种外界信息，以此探索未知。

意识不到的无意识

隐藏的秩序

跑步的时候，我们时常会走神儿，心思会游离到别处，不再去想当下正在干什么。每天固定的晨跑，能让人觉得神清气爽，活力焕发。但如果你的这个规律被打破会是一个什么样的结果呢？因为一个临时的重要安排，你取消了一次晨跑。“没什么大不了的，”你可能会想，“晚上再跑。”然而，这个简单的时间调整可能让你在这天晚上干出你意想不到的荒唐事。

你改成了傍晚出来跑步，在经过一位外出倒垃圾的熟人时，你看到她冲你笑着打招呼，于是下意识礼貌地回应了一句“早上好”，随即你也可能意识到了口误，马上纠正道，“抱歉，我想说‘晚上好’来着”。这位出门倒垃圾的熟人应该是皱皱眉头，脸上挤出一丝不自然的笑意。尴尬之余，你才发现自己已全然忘记了当时的时间。于是你暗自提醒自个儿别再犯糊涂，但是没过几分钟，在经过另一位跑步者时，很可能会像中了邪一般，冷不丁再次冒出一句“早上好”。

这究竟是怎么了？跑完步，回到家中冲澡，你如往常一样又开始神游。大脑中的自动控制开关已然开启，你开始在无意识中按部就班地完成每日的固定事项。直到剃须刀的刀锋触碰到你的脸颊，你才意识到自己已经抹好剃须膏准备刮胡子了。虽然这是你每天必做的习惯性功课，但无论如何也不应在大晚上刮胡子。可是，你的确这样做了，而且全然未觉。将晨跑改为夜跑，可我的身体却依然跟随晨跑时的行为模式去做出反应，一切都发生在不经意间，这就是所谓的根深蒂固的习惯，是人在几乎无意识的状态下做出的举动。据统计，人类将近一半的日常活动都受制于习惯。

习惯是大脑借以掌握复杂举动的途径之一。神经系统科学家指出，人脑中存在一个负责无意识行为的基底神经节，那些无意中产生的条件反射会以习惯的形式存储在基底神经节中，从而使人们腾出精力来关注其他的事物。当大脑试图走捷径而不再主动思考接下来该做些什么时，习惯就养成了。

为解决当下面临的问题，大脑会在极短的时间内从行为存储库里提取出相宜的对策。以咬指甲这个习惯为例。一般说来，这是人们的下意识举动。一开始，可能是出于某种原因才咬指甲，比方说是为了咬掉不美观的肉刺。然而，如果无缘无故也会这样做，那就说明习惯已经形成。对于那些爱咬指甲的人而言，压力产生的不良情绪往往会触发这种无意识行为。咬指甲时体验到的片刻宽慰会使他们认为这二者之间存在相关性，他们越是肯定这种相关性，就越是难以戒掉这种条件反射。

同样地，我们在生活中做很多选择时，都会倾向于那些曾经被证明行之有效的做法。我们的大脑会自动推导出一个结论，如果这个办法在过去有效，那今天就依然是保险的选择，固定的行为模式就这样形成了。跑步时，我的大脑预设的行为模式是见人打招呼要说“早上好”，所以我才会在不同的时间段不合时宜地冒出这几个字。

想想看：有多少人有这样的习惯？自己桌上的东西看上去很凌乱，最怕别人来给我收拾东西。这是因为是我们的“愿望线”破坏了原始的办公桌布局，大家眼中的“整齐”并没有满足我们的需求。换句话说，因为我们懒惰，不想把精力分散到整理办公桌上边，所以我们发明了一套属于自己的物品摆放秩序。对于不能觉察到这种“隐藏的秩序”的人来说，我们自己的办公桌看起来是混乱且难以理解的。而当这种“隐藏的秩序”显露出来并被理解后，复杂的凌乱状况就消失了。对我们的科技来说也同样如此，现代大型民航客机驾驶舱中的各种按钮与仪表，对普通人来说可谓眼花缭乱，复杂得无处下手。但对飞行员来说，仪表和按钮都被合情合理地、令人满意地进行了有目的的分组。在物理学中，这被称为“能量最小化”原理。所有的物理系统都会采取尽量减少能源消耗的状态。熟识度和组织性是使物体简化的两个秘密，我们遵循自己的秩序，只有我们自己深谙其道。我们能够拨开世界的纷杂，看到隐藏在其中的秩序和条理，我们看到的世界和别人不一样。

隐藏在人性化设计中的哲理是：为使用者的利益服务，考虑到他们的真正需要和愿望。尽管术语“ 愿望线 ”最初是用来表示人们所寻找最有效率的路径，也可以扩大到包括任何人类自然行为的内在指示器。一个叫卡尔·迈希尔（Carl Myhill）的研究员，显示了在使用糟糕设计的系统时，人们作出的尝试所留下的痕迹与愿望线基本相同。道路上的刹车痕迹，长椅和楼梯上的磨损痕迹，甚至填写了正确文字信息并不是在设计师预设好的表格里。迈希尔表示，如果只是简单地观察人们的行为，设计师的意图和观察到的行为之间的差异，就能够提供给我们有价值的设计信息。

愿望线是人们期望行为的重要语义符号。我们在设计和规划时应重视这些语义符号，并作出适当的响应。简化设计的方法，使用人们实际行为所留下的痕迹，设计出符合人们愿望的系统。愿望线在物质世界中是可见的，当人们漫步穿过土地时，他们踩乱的地面，留下痕迹并损坏植物。越多的人走过相同的路径，就留下越强烈的标记，对地面和植物生命的影响就越大，每个行动都会留下一些使用的痕迹。当人们读书时，可以根据纸上的污迹、翻卷的页角、折痕和书上的批注来找到他们的痕迹。即使书脊也反映了使用信息，可以很容易地翻到经常使用的那一段。在电子世界里，我们也会留下浏览和操作痕迹，只是这些痕迹不借助技术的辅助不易捕捉，即使一个不起眼的行为也很容易留下痕迹。穿过走廊时，一个摄像机记录了通过的情况；使用信用卡时，留下了购买了什么、多少钱、你在哪里使用的这些记录信息；查询一些数字信息时，留下了关于你问了什么的信息，还留下了提问之前和之后一刹那的活动信息。信息，不论是通过语音还是数字通信服务，都会被记录下来以传递给收件人，接收人在收到信息后，虽然他和发件人都可能会试图删除或销毁数据信息，但还是会留下了他们的痕迹。

我们留下的痕迹能够提供有价值的信息，不仅与我们自己的行为有关，还与普遍的人类行为有关。现在有越来越多的科学家致力于研究这些由此产生的互联网络：人关联到人，人关联到物理位置，关联到系统和组织。这些痕迹能够用来简化我们的生活或是使生活更复杂。

无意识行为

能够让用户对产品形成依赖性，对企业而言是求之不得的事情。然而，对于试图打破现状的新公司来说，这种依赖性只会降低它们成功创新的可能性。事实上，能够改变用户由来已久的习惯的案例少之又少。要想改变用户的习惯，仅凭说服对方尝试新事物，比如让他们平生第一次安装微信，是远远不够的，你还得引导他们在今后很长一段时间内——最好是他们的余生——重复这个行为。一些公司之所以能成功地打造习惯养成类产品，是因为它们进行了颠覆性的大胆创新。但是，和其他实践活动一样，这种创新设计也要遵照一定的规律和原则，来界定、解释为什么一些产品在改变后存活了下来，而另一些产品没有。

我们的大脑往往会沿用既有的思维模式，因此新的行为方式总是难以持久。实验表明，实验室里的动物在习惯某种新的行为方式之后，会随着时间的推移发生行为回转，重拾过去的老一套。就像会计学里的一个术语“后进先出”所描述的，最新收获的东西往往最先失去。这就解释了为什么人们很难彻底戒掉某种习惯。在接受过戒酒治疗的嗜酒者中，约有三分之二的人会在一年之内重拾旧习。另有研究显示，通过节食减肥的人几乎无一例外地在两年之内再度发胖。

培养新习惯的过程中，最大的阻碍就是旧习惯，研究表明，这些旧习惯根深蒂固。即便我们调整了自己的行为，大脑中的神经通路还是停留在以前的状态，随时都可能被再次激活。对于那些想要推出新产品的设计者或企业来说，这无疑是一个超难对付的拦路虎。

要想让新习惯在用户的生活中生根发芽，就必须增加它的出现频率。在伦敦大学学院开展的一项近期研究中，研究人员观察了被试者培养牙线使用习惯的整个过程。结果显示，新习惯出现的频率越高，稳定性就越强。与使用牙线一样，如果用户频繁地接触某个产品，尤其是在较短的时间内，那么他形成新的行为习惯的可能性就会加大。

谷歌（Google）搜索引擎就是一个很典型的例子。它表明，一旦用户开始频繁地使用某项服务，那就一定会将这项服务纳入自己固定的行为习惯中。如果你对谷歌影响用户习惯的能力心存怀疑，那就不妨试用一下必应搜索（Bing）。在对这两个都提供匿名搜索服务的平台进行效能比较时，我们会发现它们没什么两样。

尽管在天才设计者的技术努力优化下，谷歌的搜索系统运行速度要稍快一些，这个差别可以用毫秒来计算，我们几乎察觉得到与必应有什么差别。这并不是说毫秒无关紧要，只是这样微小的时间差异不可能成为钩住用户的诱饵。既然如此，那为什么没有更多的谷歌用户转而投向必应的怀抱呢？这就是习惯的力量，是习惯让谷歌拥有了如此众多的忠实用户。在他们已经熟悉谷歌操作界面的情况下，转而使用必应只会增加他们的认知负担。虽然必应在很多方面都与谷歌类似，但即使是一个微小的像素设置差异都有可能迫使用户适应新的访问方式。适应必应的操作界面实际上降低了这些谷歌用户的搜索效率，会让他们觉得必应稍逊一筹，这种感觉与技术无关。人们会频繁地在网络上进行搜索这个行为，因此谷歌完全有能力巩固自己的地位，成为老用户心目中的不二之选。用户不会再纠结于该不该选择谷歌，他们仅仅是按直觉和习惯行事。

作为消费者的你，如果头脑中仍然抱有传统的电商购买思维的话，购物的心理一定是这样的：我想买东西，然后是通过京东、淘宝进行主动索引选择。整个的心理状态就是：我要买这个东西，我们也非常清楚我们的“购物”心态，整个大脑中装着的都是为完成此次购买的潜在“目标”或“任务”。当我们的心态处于“主动索引”心理，我们可能只对我们要购买的相关商品的信息感兴趣和更敏感，而对其他的无关联的产品信息来说就不那么敏感。如果换个选择方式，在内容电商的环境中，我们的心理变化如何？首先是我们正处于聚精会神地浏览自媒体公众号里的内容或是专心于网红直播，突然，看到一个隐形植入的产品信息，一个和内容相关联的商品。此时，我们接受到的产品信息，是被动的，是无意识的，是“被动接受”的心理过程。

消费者心理研究发现，消费者在主动索引或主动搜索行为驱动下的心理，会格外地关注直接信息或是关联信息，会屏蔽对购买产品无关的信息。比如：你在挑一款婴儿的尿不湿，会在我们主动索引的大量相关商品中，进行对比，对婴儿尿不湿的关联信息非常感兴趣。而此时，如果突然看到了一款成人尿不湿的产品信息，你压根儿就不会关心，即使它能够帮助我们解决问题，你会很自然地屏蔽掉这样的信息。因此在传统电商平台上，各种未知的、奇特的且品质也很好的产品，有时也不一定会好卖，就与用户的这种心理有关。

当我们在认真地进行着某个任务的时候，这时来自外部的任何干扰，都不会让我们主动地放弃或是减少对完成“任务”的信心。在这个过程中，我们大多数人会无形地屏蔽或是忽略干扰的信息。我们在内容型电商环境里，用户事先没有要购买任何东西的想法，仅仅是在看一档教你如何美妆面部的“节目”。这个时候，我们通常会因为“身临其境”的体验，轻而易举地接受了这样一种新型的美妆方式。因为我们身临其境般地感受了其情景化的体验，让我们和“节目”内容产生了共鸣。

内容型电商相较传统型电商，销售及宣传的过程是隐性的、是潜意识的、是“情景化”的模拟，和“内容化”的熏陶和感染，形成共鸣或共识，来抵消我们产生购买时的抵触心理，欣然接受的心理变得越加强烈。在内容型电商环境中，我们通常会被作者带入一种情景，比如我们在观看文章内容是说卖“凯迪拉克”，即便以前你对这个美国的大牌已经有所了解，但通过文章的细致分析解读，突然豁然开朗，原来这个车也挺不错啊！当你在看这篇“凯迪拉克”

文章内容的时候，其实，你是完全处在一种情境中。换句话说，你是进入了“自我评估”的心理状态，你不会在意这款车性能的好坏。你直观的感觉就是，有历史、有文化，更重要的是价格也不算太高，而此时你的经济能力是你考虑的主要因素。此时你正有换车或是买新车的打算，这款凯迪拉克，正好在你预算范围之内的话，你也许就会购买了。即便你不采取行动（毕竟这是个大件），这款车的悠久历史也已经成为你茶余饭后的说辞了。可实际上，你已经在充当品牌的传播载体了。

而如果我们不是在文章内容里看到的这个商品，而是通过网络汽车销售平台查找比较。此时此刻你的心理可能就不一样了，会受到其他信息的干扰。除非你的目标非常明确，非它不买。否则，你就会受到“全面评估”心理的影响，继续比较和纠结下去。在传统型的电商平台，消费者一般都会处于这样的“全面评估”购买心理状态中。

在影响他人的想法、感受和行为时，小改变能够产生大影响，它们极少引起人们的猜疑或注意。相反，它们静悄悄地改变了我们的决定，影响了我们的行为，我们几乎是自动自发地、下意识地跟着走了。

无意识设计

物体会提示人应该如何使用。你可能经历过这样的事：你以为自己应该拉门把手，其实要推才能开门。生活中，物体会提示其使用方法。例如，球形门把手的尺寸和形状暗示用户要握住并转动它；咖啡杯把手告诉用户要弯曲手指穿过把手来举起杯子；剪刀暗示用户用手指穿过环形手柄，通过手指的张合来控制剪刀。如果某个物体给用户错误的暗示，用户始终无法正常使用，就会让人恼火。物体给用户的提示称为“功能可见性”。

詹姆斯·吉布森（James Gibson）于 1979 年创造出了功能可见性的概念，把它定义为环境中各种行为的可能性。1988 年，唐纳德·诺曼（Donald Arthur Norman）在《设计心理学》一书中进一步限定了该概念的范围，提出了“感知功能可见性”，即无论是在生活中还是在电脑屏幕上，如果想让用户使用一个物体，就要保证能够让他们轻易地察觉并理解它是什么，明白应该怎么用。

人在试图完成开门或者网上购书之类的任务时，总会自动寻找周围可以使用的物体和工具，而自己往往不会意识到这一点。如果你负责为该任务设计周边环境，一定要确保环境里的物体一目了然并具有清晰的功能可见性。

一个横着的门把手柄，看到这样的形状，人们往往会握住它向下旋转。如果它就是这么用的，那么它的设计就很好，功能可见性很清晰。

一个门上安装了竖型拉环门把手上写着“PUSH”，门把手的形状暗示人们应该抓住把手往外拉，但“PUSH”的标记却告诉人们应该推，这就是错误的功能可见性，应该推的门却错用了暗示“拉”的把手。 屏幕上的感知功能可见性。设计网页或程序时，要多考虑屏幕上物体的功能可见性。例如：有没有想过怎样的按钮让人想要点击它？屏幕上带阴影边沿的按钮让人知道，它可以像真实的按钮一样按下去。

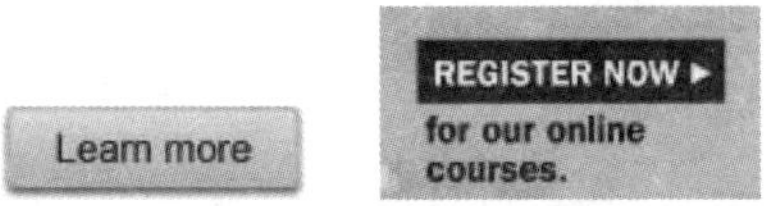

图1：网页阴影按钮与扁平化按钮

视觉暗示很微妙却很重要。网页上许多按钮都有视觉暗示，例如：图 1 中按钮，随着 WEB 扁平化的设计趋势，近来这种暗示渐渐变少了。图 1 中右侧的按钮仅是用深色色块衬托文字。

超链接的功能可见性暗示正在减少。有一类功能可见性暗示众所周知：蓝色带下划线的文字是超链接，点击就跳转到新页面。不过现在很多超链接不再设计得这么明显，只有鼠标悬停时才会出现点击的提示。用户要多做一步操作才能看到提示。而且如果是在手机或 iPad 上阅读，就完全看不到这些提示，因为没有手指悬停的操作，用户的手指触碰屏幕的那一刻就点击了超链接。

从心理学上来看，“无意识”并不是真的没有意识去参与，而只是我们大概感觉自己需要某些东西，但还没意识到自己到底想要什么。所以，利用无意识进行产品设计，就可以给用户一种“这正是我想要的”感觉。日本设计大师深泽直人最著名的设计理念“无意识设计”，他曾说：“在日本，物与环境之间的关系比物体本身更重要，物体是一种和谐的一部分，我开始停止构想仅仅是有趣的外形设计，而去考虑物体之间的关系”。“无意识设计”就像用户的“无意识”行为和隐性需求一样，是提高产品和服务体验的加速器。

“有凹槽的雨伞”是深泽直人知名作品之一，其实它也没什么特别之处，仅仅是在手柄上设计了一个凹槽。因为深泽发现很多人都有把袋子挂在伞上的行为，但挂在伞柄上的袋子会时不时地滑落，所以人们就不得不一次又一次地将袋子拖放到最顶部。其实，深泽正是从对使用者的观察中发现，用户有拿伞的同时借助伞柄置物的隐性需求，然后通过“无意识”引导，设计出凹槽来满足用户的隐性需求。这便是利用“无意识”满足用户隐性需求的一个快捷方式，也是让用户几乎最舒服的一种方式。深泽关注细节，因而才会把我们生活无意识的细节转化为产品设计。这些不起眼的细节，成就了伟大的产品，也打动了用户的心。

图2：有两个圆孔的直饮机

图 2 中的饮水机，大家一定在很多地方见过类似的饮水机。可以很清楚地看到有红蓝两个手指按柄和出水圆孔，不用我说大家肯定知道它的作用，每次我们打水的时候都不会考虑这个是干嘛的，自然而然的把杯子放到了圆孔下方，按动按柄开始接水。这就是无

意识设计带给了我们这种顺其自然。好的设计不一定具有亮丽的外观、奢华的装饰与昂贵的价格，而是在某些细节之处能够带给使用者意想不到的便利，甚至它是那么自然地存在，以至于让你认为它就应该是这样。

相对于 PC 时代单调的人机输入和输出，移动互联网更强调人与人之间的信息与内容交互。尤其是“无意识”行为，对于移动互联网交互设计更加有意义和有价值。当你刚拍完一张照片或者刚截一张图，要通过微信发给某位好友时，微信会自动将你刚刚拍摄的相片或截的图进行预判断，在输入框的发送图片按钮上方提示你“那张可能要发送的图片”。微信的这个设计，就是通过对用户“无意识”行为去引导实现产品功能的强化，并在这一过程里顺其自然地解决了用户的需求。每一个“无意识”设计都是有意识的设计，其背后源于对事物深度的思考，对细节极致的关注。可以说，“无意识设计”是通过有意识的设计，实现无意识的行为，给人有意识的享受。

扫描二维码已是现代生活中最平常不过的事了。从字眼儿上理解，“扫描”是电子束在水平方向和垂直方向按序移动的过程。所以不管是日常生活中的扫描仪，还是电影大片中的智能扫描设备，都是按照一定方向进行扫描的。进而，人们心中也形成了扫描的过程就应该水平或垂直运动扫。但事实上，二维码的实现原理并非如此。现在常见的二维码都是以 QR 码作为编码的码制。QR 码是矩阵式二维码，它是在一个矩形空间内，通过黑、白像素在矩阵中的不同分布，来进行编码的，最终经过一系列复杂的算法后，二维码图形中的深色和浅色（黑色和白色）区域能够比率最优的分布。所以，二维码就是一个整体，并没有所谓的位置顺序。因此，扫描二维码或者条形码的过程，并不用从上而下地扫描。但是，因为大众心里已经理所当然地认为扫描就是水平或垂直的过程。所以很多产品，就用这种按序扫描二维码的方式进行设计。既可以在遭遇扫描不出时，提高用户对产品出错的宽容度；又可以利用用户这种“先天性的潜意识”，使用户快速上手，降低认知成本，使产品的设计与用户认知和操作习惯保持一致。

无意识的有意识

美国伊利诺伊大学心理学教授丹尼尔·西蒙斯（Daniel Simons）曾经做过一个经典的“看不见的大猩猩”实验。在这个实验里，主试要求被试看一小段视频，视频展现的是 6 个年轻人在玩两个球。其中 3 个人穿白上衣，另外 3 个人穿黑上衣。情节很平淡：穿白上衣的人两两传球，穿黑上衣的人在传另外一个球。被试要做的只是数穿白上衣的人传了多少次球。视频持续几十秒，看完之后被试需要回答传球次数，再说一下视频里是否有什么让他感到意外的东西。大多数被试都能正确回答第一个问题，而且不觉得视频里有什么不对劲的。此后，主试再给被试放一遍视频，让他们注意一个特别的事件：在视频放到一半的时候，一个装扮成大猩猩的人穿过人群，朝镜头打了个招呼，然后从另一边出去了。之前没看到大猩猩的被试感到非常震惊，不敢相信：“不可能，这不是之前的视频！”但他很快就会承认，是他自己漏过了大猩猩的出场。当然了，他以后再看这段视频的时候，一定会看到大猩猩的。

为什么有人能看到有人看不到呢？那些声称自己没看到的人，是真的没看到吗？当把眼动仪与这个实验结合后，研究人员发现那些声称没“看到”的人，其实是“看到”了的，他们的眼动轨迹有足够长的时间是落在大猩猩上的。那为什么看到的人声称没看到呢？是因为人的注意力是有选择性的，我们在知觉事物的时候，总是关注特定的对象，而把其余对象当做背景，当你仔细数着黑衣学生传球次数时，就会尽可能地撇除其他干扰物，因此就算大猩猩站在影片中央且大力捶胸，你也会无视它的存在。

心理学史上最知名的实验之一，“看不见的大猩猩”打破了“眼见为真”。这个实验告诉我们：即使最明显的信息也会被我们漏掉。当大脑的注意力资源被占据时，人们会忽略发生在眼前的事件，就算它明显如一只大猩猩！在当今这个信息快速流通、新事物大量塞满我们生活的时代，生活中的“大猩猩”更是无处不在。

“大猩猩视频”是“无意视盲”和“变化视盲”的一个例子，它揭示了一个现象：人经常对重大变化视而不见。在 2010 年出版的《看不见的大猩猩》（The Invisible Gorilla）一书中，作者克里斯托弗 · 查布里斯（Christopher Chabris）和丹尼尔 · 西蒙斯（Daniel Simons）描述了使用眼动仪做的其他实验。眼动跟踪技术可以跟踪记录人眼观察的方向，确切地说，是中心凹注视方向，也就是中央视觉而非周边视觉的区域。针对大猩猩视频的眼动研究显示，所有看视频的人都曾注视大猩猩处，也就是说都看到了大猩猩，但只有一半人意识到他们看到了大猩猩。查布里斯和西蒙斯对该现象进行了多次研究，并得到结论：如果人把注意力集中在一件事物上，没有预期可能发生其他改变，就很容易忽略实际发生的变化。

持久？当然

有力？不然

这里说的是网络横幅广告，就是你在浏览社交媒体、在线新闻、八卦专栏时蹦出来的那些广告，那些你自以为可以轻易忽略的广告。这些广告当然不是特别有效，与其说它们有影响力，不如说它们是有点儿烦人吧。根据广告行业的相关数据统计分析显示，这些为了争取你一丝丝注意力的小广告的价格那是非常昂贵！这一块儿的广告投入费用大约在每年 1500 亿美元——相当于谷歌和微软合起来的年销售额。从费用来看，在线广告市场确实很吃香，有没有效果，想要用说服力科学来评估，那比想象中复杂得多。

无论你是用笔记本电脑还是台式电脑或者手机浏览信息，你会以为自己的注意力全都放在了真正感兴趣的事情上。其实，德国科隆大学的社会心理学家凯・卡斯帕（Kai Kaspar）等研究人员进行过眼球追踪研究，结果显示，人们的注意力确实主要集中在页面的主体内容上，但这并不是人们全部的注意力。我们的眼球会动，我们无意间就会瞄到其他的带有刺激因素的页面，但事后我们往往想不起来这个细节。

只是短暂扫了一眼这些无足轻重的小广告，或者飞快瞟了一眼广告词，这不足以影响我们的决定或者消费，是吗？事实并非如此。20 世纪 60 年代，社会心理学家罗伯特・扎荣茨（Robert Zaionc）提出了心理学中的“多看效应”，即人们会喜好之前看到过的图像。即便看到仅有毫秒，甚至不在意识之内，这个效应依然存在。

在美国威斯康星大学商学院方湘主持的研究中，参与者需要在线阅读一篇文章，电脑屏幕上方会显示不同的横幅广告，5 秒一换，其中有一则是照相机广告。阅读完成后，参与者需要回答几个和文章相关的问题，然后他们要在展示出的两款照相机中（仅有一款出现在广告中）选择刚刚在网页上看到的那个。没有人记得自己看到了哪款照相机，不过，虽然表面上看，是没看见，但广告中出现的照相机明显更受欢迎，获得了参与者的青睐。而且，当照相机广告的播放频次从 5 次上升到 20 次时，参与者对这款照相机的好感也大大增强。

最后一个发现尤其令人意外，之前有很多证据表明，很多广告因为出现次数太多造成了“磨损效应”（即播放次数过多之后对销量已不再有影响），而上文中的实验结果恰恰相反。在为数不多的页面上显示了 20 次的横幅广告为什么没有遭此厄运？原因在于这些广告并没有得到受众有意识地处理，它们只是作用于受众的潜意识，根本没有打扰到已经信息超载受众的意识状态。按照这样的推理，我们在网络宣传的投入上不惜重金也就可以理解了，将来的回报数额应该是只升不降了。

“失控”的意志力

我要、我想要、我不要

在生活中，你的内心会时常发出这样的呐喊吗？

我要早起，我要健身，我要按时还信用卡

我不要吸烟，我不要熬夜，我不要再去想那个可恶的人

我想要健康，我想要幸福，我想要有学识

……

这些“我要”“我不要”和“我想要”的力量，就是意志力。意志力，也叫自控力，说白了就是控制自己注意力、情绪和欲望的能力。心理学家把它的控制作用（即意志力的挑战）分成这三类：“我要”，指的是面对有益的、应该做的事，即便不情愿也依然坚持去做，比如去健身房跑步。“我不要”指的是面对有害的、不应该做的事，即便很诱人，也依然坚持说不，比如戒烟者拒绝别人递给他的烟。而“我想要”则是时刻牢记自己真正的远期目标是什么，并以

此作为做任何选择、决定的第一参考法则，比如追求健康的人会吃更多素食，参与更多运动，不轻易生气。意志力的挑战其实就是两个自我之间的对抗，一个是更为原始的、冲动的与放纵的自我；另一个则是进化后形成的、理智的与有约束力的自我。这就是为什么我们时常感觉内心有两个小人在争执不休的原因，两个自我都各自有其价值，它们相互制衡与协调，帮助我们更好地适应环境。

意志力是人的一种本能，有着生理的基础。脑科学家已经发现了意志力发挥作用的脑部区域，即大脑的前额皮质。三种意志力的控制作用在前额皮质里都有其专属的区域："我要"位于我们大脑的左侧，"我不要"位于右侧，"我想要"位于中间靠下区域。

很多人以为意志力是一种个人特征、美德与神秘力量。一种你可能有，也可能没有的东西。然而事实上，意志力是我们每个人都与生俱来的能力。它和应激反应一样，都有生理基础，都是人类本能的保护机制。原始的应激反应可以让我们在老虎面前不假思索地拔腿就跑，脱离险境。而意志力的"三思而后行"反应则让我们在诱人的甜食面前能够深谋远虑，抑制冲动。在这种状态下，人的副交感神经开始进行主导，心跳和呼吸会放缓，感到平静而放松。

我们的意志力缘何"失控"

你也许会问，既然意志力是人人都有的本能，而且可以通过训练提升，那为什么我们会感到越努力自控就越是失控呢？那当我们失控的时候，到底发生了什么？你最先想到的答案，也许就是外界的诱惑。没错，复杂的现代商业社会涌现出许多令人欲罢不能、防不胜防的诱惑，唯利是图的商家会采取各种营销手段让消费者掏出自己的钱包。然而，诱惑来自外界，大都是不可控的，过分强调诱惑的因素会让我们忽略自己的责任，也错失许多改变的机会。事实上，还有许多内在的生理和心理因素，都解释了我们为什么失控。我们亟需知道，当我们失控的时候，自己的内在究竟发生了什么。

大脑中有一个区域叫作“奖励系统”，每当它受到刺激时，它就会释放出一种叫做多巴胺的神经递质，它们让你产生欲望，仿佛大脑在做奖励的承诺：“再来一次吧！感觉会很好的！”注意，多巴胺并不能使人产生真正的快乐，而仅仅是产生对快乐的渴望和行动，它更像是大脑在期待奖励时流出的口水。如果奖励迟迟没有到来，奖励的承诺足以让我们一直上瘾。

在原始社会，这样的系统帮助我们获取食物，延续基因。而在充斥着高科技和广告营销的现代社会，我们很可能沦为多巴胺的奴隶：不停地刷新朋友圈、寻找下一个放入购物车的商品，或是在虚拟游戏中废寝忘食……那点击鼠标和手机屏的动作，简直就是实验室小白鼠狂按杠杆电击自己脑中“奖励系统”的升级版。有一个颇受争议的学科领域正在崛起，叫做“神经营销学”，它正是研究人脑的“奖励系统”如何刺激消费者的多巴胺分泌，并激发他们的购买欲望，从而达到营销的目的。

现实中，我们总会自信满满地认为自己对广告和促销有足够的抵抗力，而事实上，这种神经营销的强大威力甚至让专家都感到始料未及。比如，研究发现，在卖场试吃甜食不仅不会抑制人的购买欲，反而使人更容易冲动消费，因为免费甜食挑逗了消费者的“奖励系统”，引起多巴胺泛滥。你可能有过这样的经历，在商场看到一件光鲜十足的衣服，当时它是那么完美，可是买回家之后就黯然失色了，这正是多巴胺的诡计。

生理上和情绪上的种种压力，都可能是意志力的杀手。这些压力包括忧虑、愤怒、悲伤、自责、恐惧、疲劳、身体疼痛和慢性疾病等等。“听说吸烟会导致肺癌，吓得我赶紧点了根烟，猛吸了两口压压惊……”。研究发现，烟盒上令人恐惧的吸烟警示却反而可能导致香烟的销量增加。这样的例子比比皆是：

对自己经济状况担忧的女性可能会疯狂购物来排解焦虑；

因节食失败而感到羞愧的暴食者会吃更多东西来安慰自己；

发现自己远远落后于进度的拖延症患者会索性永远拖延下去，进入眼不见为净的鸵鸟心理状态……

消极情绪会让人在诱惑面前毫无抵抗力。这是因为，情绪低落时，应激反应释放出压力荷尔蒙让人感到压力，于是想要寻求慰藉。这时大脑的“奖励系统”就会释放出大量多巴胺，做出“缓解压力的（虚假）承诺”，诱使我们继续放纵。然而问题在于，当你发现放纵后结果更糟时，羞耻感并不会使你“吃一堑，长一智”，从此洗心革面，而是反而用更大的放纵来试图抚慰自己受伤的心。如此恶性循环，造成破罐子破摔心理：“反正计划也泡汤了，不如及时行乐吧！”这样的人更有可能患上“虚假希望综合症”。

心理层面上，“道德许可”效应同样会让我们在追求意志力的道路上事与愿违。所谓“道德许可”，是指当你做善事时，会感觉良好，因此更可能相信自己的冲动，然后做出不好的事。比如，研究发现，明确驳斥了性别歧视言论的学生更可能在一个模拟招聘场景中做出对男性候选人有利的决策。

所有被道德化的东西都不可避免地受到“道德许可”的影响。似乎好的行为总会允许我们做一点坏事，并把它视为对自己“美德”的奖赏。早上锻炼三小时就说自己很“好”，那你晚上很可能会觉得理所应当地拿一块巧克力蛋糕犒劳自己。甚至我们还会为自己的冲动消费引以为傲：“我愿意向慈善机构捐款，所以我理应买更多衣服”。“道德许可”不只计算过去的善行，未来可能的善行也不放过。只是“想”去锻炼，你就可能在晚餐吃更多东西。一项研究发现，麦当劳菜单上增加健康食品时，反而引起了巨无霸汉堡销量暴涨。这正是因为，顾客把健康食品的选项当成了未来补救的机会，于是在购买的当下反而选择了更不健康的食品。而且讽刺的是，那些自认为自控力很强的受试者最可能选择不健康的食品。“光环效应”也很好地诠释了“道德许可”的陷阱，一点点的美好可能会让所有其他不怎么好的部分都显得光芒四射。一块巨无霸汉堡旁边配一盘蔬菜沙拉，会让你觉得自己摄入了更少的卡路里，吃了一顿健康的美餐；超市里那些标有“零脂肪”“有机”“无糖”与“环保”的食品，可能会让你不知不觉吃成个胖子。

有一项经典的自控力研究在人类和黑猩猩之间展开，他们可以选择立刻吃到 2 份零食，或是在等待 2 分钟之后可以吃到 6 份。结果发现，如果不需等待，黑猩猩和人类都更想要更多的零食，但如果更大的奖励需要等待，72% 的黑猩猩选择了等待，而只有 19% 的人类愿意等待。这项研究显示的正是人类心理特有的“延迟折扣”效应：等待奖励的时间越长，奖励对你来说价值越低。对人类来说，未来的奖励只是一个模糊、抽象的概念，而眼前的诱惑总是那么实实在在与不可抗拒，正是这种距离感给未来的奖励打了折扣。这就是为什么我们在使用今天的化石燃料时不去考虑未来的能源危机。这就是为什么我们信用卡负债累累，却不去考虑高昂的利率。

心理学家还发现，我们对未来抱有一种不现实的乐观主义精神，我们总是认为未来的自己有更多的时间、精力、钱财、能力……所以总是允许在当下放纵自己，把困难的事都扔给未来的那个自己，仿佛未来的自己和陌生人没什么两样。可是很多时候，这样的未来就像可望而不可及的海市蜃楼一般，永远停留在远处。

人是社会性动物，个人的选择很大程度上会受他人想法、意愿和行为的影响。正所谓“近朱者赤，近墨者黑”。研究发现，无论是好习惯还是坏习惯，都会被“传染”。如果一个人是烟鬼，那么他周围的人也很有可能染上烟瘾；而如果一个人戒烟了，那么他家人和朋友戒烟的概率也会增加。而且越是你喜欢的人，对你的影响就会越大。在我们的大脑中有一种专门的脑细胞，负责让我们与他人建立联系的“镜像神经元”，它通过在大脑中模拟他人的行为，让我们感同身受，并对他们的感觉做出回应。“镜像神经元”能造成行为、情绪和欲望的传染。比如，仅仅是看到屏幕中有人抽烟，都会让烟民下意识地产生吸烟的冲动。他人的行为不仅仅在发生的当下会对我们造成影响，当我们想到一个意志力薄弱的朋友时，或者当我们看到一些失控行为造成的结果时，我们同样会受到“传染”。比如，想到一位吸大麻的同学会让大学生更想得到刺激的体验；看到“禁止在此处扔垃圾”标志旁有别人丢弃的垃圾，会让更多人想要把垃圾扔在这里。

社会心理学当中的“社会认同”理论也进一步解释了这种传染现象，当群体里的其他人都在做某事，我们也会下意识地跟着这么做。“别人都这么做”，这种群体的影响力比任何理性判断的力量都要更强大。如果一个学生考试作弊，很可能是因为他相信别人也在作弊，而不是认为作弊不会受到惩罚。如果你的朋友们都跳河了，你会跟着跳吗？你也许会说：“不，肯定不会！我是个有主见的人，其他人影响不了我！”但真实的情况可能是，你也跳下去了！

在北极的茫茫冰面上，你看到一只白熊在缓慢地走着。此刻，在接下来的 5 分钟里，你可以想任何东西，但请不要去想这只白熊。你能做到吗？这是 1985 年哈佛大学心理学教授丹尼尔·韦格纳（Daniel Wegner）进行的一项经典思维实验。结果受试者们发现，他们无法不去想那只白熊。越是不去想，白熊的身影就越是在脑海中挥之不去。当人们试着不去想某件事时，反而会比平时想得更多，甚至比自己有意去想的时候还要多。这个效应在人处于紧张、疲劳或烦乱状态时最严重，韦格纳称其为“讽刺性反弹”。一项对比实验研究发现，与自由表达出自己不喜欢巧克力想法的受试者相比，努力抑制此想法的受试者在接下来的测试中吃了更多的巧克力。之所以出现这种现象，是因为当我们试图压抑一些想法或冲动时，我们的大脑要做两件事，一是试图把注意力移开，一是监控自己是否做到了。如果我们的意志力足够强，我们可以做好第一件事，这样就直接达成了目的。但如果我们意志力薄弱，则很难做好第一件事，而“监控机制”反而会自发地反复进行，不断提醒自己那个想法，导致它在脑海中不断强化。甚至，这些原本不想要的想法，反而会变成实实在在的行动。

诱惑、欲望、压力、“道德许可”“延迟折扣”“传染”和“讽刺性反弹”，上面的这些因素大都会导致一种匪夷所思的现象：越是努力自控，就越是狼狈失控。

疯狂的“双11”，放纵的“黑五”

2019 年 11月 11 日 0 时，中国网络购物平台天猫“双 11”全球购物狂欢节正式开启。购物平台实时监控的大屏幕上，不断刷新的实时交易数据，让人瞠目结舌：

1 分 36 秒，成交额突破 100 亿元

12 分 49 秒，成交额突破 500 亿元

1 小时 3 分 59 秒，成交额突破 1000 亿元

14 时 21 分 27 秒，成交额突破了 2000 亿元大关……

24 时，天猫双 11 成交额最终落地，达到 2684 亿元，同比 2018 年的 2135 亿增长 25.71%。天猫双 11 再次突破和刷新了新的交易纪录。2019 年的整个双 11 也同时创造了一次奇迹，综合各大电商平台的战报，双 11 促销期间电商平台整体的成交额大约在 5000 亿人民币左右。双 11 过后的 11 月 12 日，中国人民银行首次发布了双 11 期间的资金交易数据。数据显示：双 11 当天网联、银联共处理网络支付业务 17.79 亿笔，金额为 14820.70 亿元，较上一年同期上涨 162.6%。相当于全中国每人下单超过 1 笔，人均下单 1000 元。

这背后让无数的商家狂欢，也让无数消费者掏空了钱包。在盲目的消费下，中国的年轻人走向了另外一个非常危险的处境，消费时钱不够，他们就开始盲目地负债。过度的消费，产生了“隐形贫困人”群体。据中国人民银行公布的数据显示，2018 年第三季度，信用卡逾期半年未偿信贷总额达到了 880.98 亿元。这个数据，在 7 月份的时候，还只是 756.67 亿元，在 2010 年，是 76.86 亿元。短短八年时间，数据翻了超过 11 倍。这数据不断攀升的背后，是大家消费观念和消费习惯的巨大转变，信用卡、支付宝花呗、京东白条和微信微粒贷等等，就算是一个普通的外卖平台，只需要填写相关资料就可以轻松贷款，而拿到钱的人们转身就可以尽情地消费。那些每天在朋友圈岁月静好的年轻人，很可能就在负“债”前行；那些天天鸡血的年轻人，说不定超前消费已经到了几年后。

说到买买买，2019 年的美国“黑色星期五（Black Friday）”圣诞促销季，也创造了一个新纪录。美国消费者在这一年的“黑五”，仅在线上购物，就花了 74 亿美元（约合当时人民币 520 亿元）。成为黑色星期五有史以来销售额最高的一天，仅次于上一年“网购星期一（Cyber Monday）”的 79 亿美元，成为有史以来在线交易第二高的一天。

“黑五”对商家来说，是摩拳擦掌要大卖一场的日子；对消费者来说，是个“剁手”的好日子。大家追求的都是一场“好生意”。不过，据美国某民意调查机构的调研发现，有超过 4800 万的美国人还在还上一年“黑五”所欠下的债务。

有美国的媒体打了个比方：在“黑色星期五”的时候不去购物，就好比面对一桌子的美食而不去吃。确实，折扣当前，诱惑难挡，精于销售的商家们自然也深深明白这一点。“黑五”期间，各大品牌都在广告中极力宣传打折时购物的乐趣；社交媒体上的网红们也在大肆渲染买买买的快感。身处这样的欢腾气氛中，似乎的确没有理由去按住准备下单的手。于是，商家们在“黑五”期间，自然会取得金光闪闪的销售业绩。但对于消费者来说则是被刷爆的信用卡。

但美国消费者信心指数显示，在“黑五”来临前的 11 月份，消费者信心指数已连续第四次下降，有 31% 的受访民众在 11 月前后最担心超支。纽约联储也公布，美国家庭总负债在 2019 年第三季度增长了 920 亿美元，逼近 14 万亿美元。此外，还款拖欠率也在 2019 年第三季度不断恶化，有超过 4800 万人还没有还完去年“黑五”欠下的卡债。即便如此，仍有 51% 信用卡用户在仍有高额债务的情况下，依然决定在节日期间消费，背上更多债务。“先买后付”新金融模式的出现，也是促成消费者非理性购物，欠下高额债务的另一大诱因。

“先买后付”顾名思义就是先购买取得货物，在限定的时间内再付款，付款形式还可以再进行分期支付，是升级的超前消费。在2019 年的“黑五”整个购物旺季，美国人“先买后付”分期付款方式使用率呈上升趋势，大多数在线零售商都提供了“先买后付”选项，支持消费者在结账时分期付款购买。纵使消费者兜里空空，也仍旧不能磨灭他们在大促节消费的热情。一些信用卡公司的数据显示，当年的黑五期间，大约有 60% 的美国用户使用了“先买后付”的计划，提供这些计划的消费信用贷款公司每周都有数以万计的新客户。纵使兜里空空，也仍旧不能磨灭消费者在大促节消费的热情。据 PayPal 首席执行官丹 · 舒尔曼（Dan Schulman）表示，在黑五大促当天，其“先买后付”的交易量同比增长了近 400%，一天内完成了约 75 万笔交易。舒尔曼还说，黑五的活动延续了 PayPal 在整个11 月观察到的趋势，这是该公司首次在单月内通过“先买后付”选项获得超过 10 亿美元的销售额，目前使用“先买后付”业务的消费者超过了 1000 万。

在“双 11”和“黑五”促销季的刺激和欲望放纵下，人们不会再仔细思考自己的负债情况，和自己实际挣钱偿还的能力。如果花时间去仔细思考欠债的原因，那么欠下高额消费债的人中过度消费的人应该会少很多。

意志力是有限的资源

心理学家罗伊·鲍迈斯特（Roy F. Baumeister）提出了意志力的“肌肉模式”，说意志力就像肌肉力量一样，储备有限，用多了就会消耗殆尽。凡是需要集中注意力、克服困难的事情都会消耗我们的意志力；从早到晚，随着时间的推移，意志力逐渐减弱；越是疲劳，就越感到难以自控。如果短期内感到疲惫，补充少许糖分就能恢复意志力；而平时如果做一些意志力训练，则可以持久地提升意志力。简单地说，每个人都有一个“意志力账户”，就像银行账户一样，你存进去提升意志力货币越多，意志力就增强。换言之，你提出来的意志力货币越多，你户头的数字就会变小。

白天我们处理各种事情不断消耗意志力货币，如果没有及时存入，你的意志力就会越来越薄弱，存入任何对我们身心灵有益处的都能让意志力货币变多。换言之，只出不进，或是做消耗意志力的事情都让意志力变得薄弱。这也是为什么我白天比较理智，总是在夜里买买买；很多商品都要在零点抢才有更大的优惠，这是商家瞄准了我们的心理波动曲线。晚上是大部分人都想放松的时间段，我们都有想要取悦自己的念头，所以晚上就更容易产生消费购物的冲动。大脑在精神状态比较好的时候，自控力会比较好。到了晚上，大脑控制力下降，意志力偏薄弱，一般在晚上 11 点以后，尤其是凌晨一两点，人的意志力更是降低到最薄弱的时刻。

人们的意志力并不是天生的，有人高有人低。但总体来说，意志力都会随着时间的推移而消耗殆尽。而且，我们只有一定量的意志力，一旦你将它消耗殆尽，你在诱惑面前就会毫无防备力。研究发现，人们早晨的意志力最强，然后意志力会随着时间的推移逐渐减弱。当你下班之后想要去运动健身、处理重大项目或是想读书学习时，你会发现自己毫无意志力。这其实并不是因为你的意志力低，而是你的意志力能量缺乏所导致的。越是到晚上，人的意志力就越低。就像是早晨带着一部充满电的手机出门，等傍晚回家时手机电量也就基本见底了。你不能指望再用这部手机做些什么，让它保持待机，以备不时之需更加明智。这和人的意志力基本相同，早上你的意志力最高昂，而晚上的意志力最缺乏。但人们看不到自己意志力的能量还有多少，即便是意志力能量不足，也很少有人意识到自己该休息了。而是任由注意力失控，开启了自动巡航模式。比如在手机上做向上刷的动作，而且这个动作能做上一整晚的时间。

意志力很容易被耗尽，而日常生活中又有太多的琐事需要耗费意志力能量。我们每一次的自控都会消耗意志力的储备，越是自控就越会使人们变得更虚弱无力。自控力就像肌肉一样有极限，它被使用之后会渐渐疲惫。如果你不让肌肉休息，你就会完全失去力量。每当你试图对抗冲动的时候，无论是集中注意力、权衡目标、缓解压力还是克制欲望，所有这些脑力工作都需要消耗能量。甚至很多你认为不需要意志力的事情，其实都是需要消耗意志力能量的。比如：试图打动约会对象、在糟糕的路况中上下班或者是干坐着熬过无聊的会议，以及在网络上几十、上百种同类商品中选购的时候。

当大脑发现可用能量减少时，它便会紧张起来，它会决定不再支出能量，而是保存能量。大脑这么做的时候，第一项被削减的支出便是自控。因为自控是所有大脑活动中耗能最高的一项。为了保存能量，大脑不愿意给你充足的能量去抵抗诱惑、集中注意力和控制情绪。因为大脑的首要任务是获得更多能量，让你生存下去。而不是保证你作出明智的决定，以实现你的长远目标。

很多人认为意志力是一种个人特征和一种美德。但从科学的角度来说，意志力其实是每个人都拥有的本能。有些人的意志力高，有些人的意志力低。这其中的关键在于，除了消耗意志力的活动之外，意志力高的人还会做能够增强意志力的活动。而意志力较低的人，活动模式基本是："消耗、睡觉、消耗、睡觉"。好好睡上一觉确实能恢复精力与意志力能量，但睡觉并不能锻炼意志力。坚持锻炼意志力才能增加意志力储备的最大值，运动与冥想练习是非常有效的训练方法，不仅能增强意志力的上限，还能恢复意志力能量的储备。

欲望与安全

欲望的产生

在严寒地方的人想去暖暖的海边

在炎热地方的人想看雪

天天坐在办公室里的白领想出去玩

天天飞来飞去的商务人士就想好好休息……

每天，欲望会发生几百次变化，呈现无数副面孔和伪装。它可能表现为性欲，或对食物、酒精、药物的嗜好，它也可能展现为对金钱地位的渴望，对组织归属感的需求，时而融入群体、时而展现自我的需要；它还可能是与另一个人共度今生，与自然、音乐和通常所说的“宇宙”和谐相处的渴望。我们渴望留住过去，这是欲望。我们渴望未来的美好，这也是欲望。为了“变得”让别人更满意，我们刷牙、擦脸霜、刮胡子、买新衣服亦或是订购新眼镜。欲望是难以捉摸的，你以为捕捉到它了，它却慢慢消逝了，过了几秒钟，它又出现了。全世界范围内，每一种文化都能通向欲望和消遣。巴西人去海滩，跟悉尼人和洛杉矶人去海滩一样。美国人、中东人和印度人成群结队去电影院，或去商场，英国人聚集在足球赛场或酒吧里。要是你住在沙特阿拉伯，消遣可能就是去阿曼旅行。要是你住在阿曼，消遣就是去迪拜旅行。对于迪拜人来说，消遣可能就是去伦敦。对伦敦人而言，消遣大概就是去西班牙的安达卢西亚海岸、法国南部、美国加利福尼亚或佛罗里达。我们渴望的，就是我们以为缺乏的某个人、某个地方、某件东西或是生命中的某段时间。

我们经常会做用户调研，问他们你有什么需求？然后他 / 她就会告诉你，我想要什么样的功能。我们都了解挖掘需求的方法，去聆听用户的真实需求，而不仅仅是一项功能。但是我们有想过隐藏在用户内心里的欲望吗？

在马丁 · 林斯特龙（Martin Lindstrom）所著的《痛点》这本书里，作者提到了一个案例，说他受邀在俄罗斯境内挖掘商业机会，邀请方并没有局限他去做什么，于是他开始观察俄罗斯人的生活细节。作者用“没有色彩”来形容这个国家，一模一样的建筑，灰白相间的风景，男人们喜欢酗酒，女人们操持着整个家。所以她们表现得严肃沉默，不善表达，但这代表她们什么都不需要吗？他注意到了两个细节；第一是俄罗斯的女性喜欢涂大红唇；第二是俄罗斯家庭的冰箱上，都会有一些冰箱贴，这些冰箱贴看起来诙谐有趣，而且在孩子够得到的高度。这说明什么？作者是这么解读的：她们虽然习惯沉默，但是内心并不甘于沉默，大红唇表达自己的一种渴望。她们想要换一种生活，但是却没有钱去旅游，所以只能把小小的心愿寄托在有美丽风景的冰箱贴上；还有对于孩子，她们希望孩子们过得更自由、更精致，不要再像她们一样辛苦，所以把冰箱贴放在了孩子们够得到的地方。

最后，作者给出的解决方案是一个专门为俄罗斯女性服务的电商网站——妈妈的店。虽然俄罗斯的女性负责管家，但是没有人去倾听她们的观点，帮助她们解决问题，这家网站就解决了这个问题。除了基本的服务，它还是妈妈们交流经验的地方，同时还允许妈妈们结伴购物，用一个订单来分担运费，分享商品。除此之外，网站还打造了一个全国性的节日——妈妈节，邀请家庭来现场互动游戏。最后这家网站被俄罗斯妈妈们评为“最吸引人的网站”。这个案例告诉我们，告诉我们用户内心深处欲望的，不会是用户自己，而是一系列的小细节。

亚伯拉罕·马斯洛（Abraham Maslow）是美国著名的社会心理学家，人本主义心理学的主要奠基人。他在 1943 年提出了需求层次理论，一共分为五层，这五层需求是与生俱来的并且由低级向高级循序渐进，可以绘制成金字塔模式。

第一层需求：生理需求。即满足我们温饱的需求，比如食物、水和空气等最基础也是最重要的需求。在满足了这一需求之后，我们才会产生追求更高阶需求的欲望。

第二层需求：安全需求。满足温饱之后就要建立安全保障，安全需求是指一个人对自身的人身安全、生活稳定有一定的需要。比如稳定住所、稳定的收入、文明有秩序的社会环境等。

第三层需求：归属和爱的需要。满足自我安全需要之后人就开始追求归属和爱，比如人际关系、谈恋爱与建立婚姻关系等。相对于前两个需求不同的是，前者是物质追求，第三层需求是一种心理追求。

第四层需求：尊重需要。尊重需要既包括自己对自己的认同，也包括他人对自己的尊重与认可。满足前三种需求后人们就会追求自我价值、社会地位、个人成就和名誉等等，以满足尊重需要。

第五层需求：自我实现的需要。在满足前四种需求之后，人们追求实现自己的能力或者潜能，并使之完善化。比如，一位已经打破世界纪录的冠军，仍然努力训练追求更高的成绩，他不仅仅要战胜他人，更是一种自我超越。一个成功企业家，在创造了个人财富拥有了庞大的商业帝国之后，开始投入贡献他人的慈善事业中，并不是他的钱花不完，而是一种满足自我实现的需要。

马斯洛需求层次理论把需要分成生理需要、安全需要、社交需要、尊重需要和自我实现需要五类，依次由较低层次到较高层次。从消费者的需求和满意度角度来看，每一个需求层次上的消费者对产品的要求都不一样，即不同的产品满足不同的需求层次。将营销方法建立在消费者需求的基础之上，不同的需求也即产生不同的营销策略。根据五个需要层次，划分出了五个消费者市场：

1. 生理需要：满足最低需求层次的市场，消费者只要求产品具有一般功能即可；

2. 安全需要：满足对“安全”有要求的市场，消费者关注产品对身体的影响；

3. 归属和爱的需要：满足对“交际”有要求的市场，消费者关注产品是否有助提高自己的交际形象；

4. 尊重需要：满足对产品有与众不同要求的市场，消费者关注产品的象征意义；

5. 自我实现需要：满足对产品有自己判断标准的市场，消费者拥有自己固定的品牌需求层次越高，消费者就越不容易被满足。

经济学上，“消费者愿意支付的价格≌消费者获得的满意度”，也就是说，同样的洗衣粉，满足消费者需求层次越高，消费者能接受的产品定价就越高。市场的竞争，总是越低端越激烈，价格竞争显然是将“需求层次”降到最低，消费者感觉不到其他层次的“满意”，愿意支付的价格当然也低。欲望本就一直存在于人们的心中，随着每个人现实状态和理想状态的变化而变化，它不是产品创造出来的，更不是营销制造出来的。欲望在前，产品需求在后。就像尤金·舒瓦兹（Eugene M. Schwartz）在《突破性广告》中说的：“广告无法创造购买商品的欲望，只能唤起原本就存在于百万人心中的希望、梦想、恐惧或渴望。”然后将这些“原本就存在的渴望”导向特定的产品与服务。所以，我们要思考的，不是创造大众的欲望，而是如何发掘和点燃人们的欲望。

点燃欲望

欲望是我们生命中最急要、最强劲的驱动力。所有的宗教中都说到若要忠于神明，便要克服欲望、毁灭欲望和控制欲望。所有的宗教教义中都提到用一种思想创造出的形象来替代欲望，基督教如此，印度教等其他宗教亦然，即用某种形象替代实在，而实在便是欲望，熊熊燃烧的欲望。

食欲是人类最原始的消费冲动。从有人类开始，最先进行交易的商品恐怕就是食物了。而被公认为全世界最会经商的民族——犹太人有一句谚语："赚女人和小孩子的钱。"这句话的表面意思是满足女人和小孩的需求，深层次的含义是满足食物获得过程中处于相对弱势的群体。任何动物生命中最重要的活动目的，就是获取食物。直到现在，食物对于人类的重要性依然不言而喻，尤其是面对战乱、灾荒等极端情况，价格最先受到影响的商品就是食物和水。广告商们对于食品的营销策略可谓是登峰造极，分析这些营销策略背后的目的只有一个：引起消费者的唾液反应，也就是"流口水"。

中国人用"垂涎欲滴"来形容人们非常想要得到某种东西，某种程度上，"口水决定论"是可以适用于所有食品的营销策略。"商家要卖的不是牛排，而是煎牛排的吱吱声"就是这个意思，靠视觉、听觉、嗅觉，有的甚至是触觉和直觉，来勾起消费者的食欲；红烧牛肉方便面的外包装一定要有大块的热气腾腾的牛肉，但现实中的泡面根本不是那个样子；"像丝般顺滑"的巧克力一瞬间就能激发大脑中美味的画面感；买薯片时，是为了享受嚼起来"咔哧咔哧"的声响。对于食物外包装的设计策略，广告商一般都会用明亮、鲜艳、色彩丰富的设计方案，中国人历来强调和讲究"菜要有卖相"。

在零售食品行业，商家更加深谙一个这样的原则：如果没有限制，零食的外包装一般都会选择透明材料，因为食物真实的样子更容易引起消费者的购买行为，除非食物的外观确实没有什么诱惑力。外观、设计、色彩等等元素，又特别容易激起女性消费者的购买欲。所以，相比起男性，女性对于食物的消费欲望更加难以克制，“好看”的食物更容易被女性购买。

性欲，背后隐藏的则是成功欲。相比起女性，男人对食物的欲望是容易克制的，也更加理智。而最让男人们无法抵抗的，是对性的欲望。有心理学调查表明：一个成年男性，每 7 分钟就会在大脑中想起一件关于性的事情。性刺激是男性大脑多巴胺的主要来源，可以说，男人比女人更接近动物本能。因此，针对于男性的营销多会加入性的元素。汽车、酒精和网游等针对男性的产品营销，常常会加入“美女”元素。连宝马汽车的商标 BMW 也被戏谑为“生意 Business、金钱 Money、女人 Woman”，对男人最有诱惑的三大终极目标。“美女营销”进一步就可能堕落为“低俗营销”，相关的市场监管部门也一直在监管广告的内容，但从欲望的根源上来看，这些营销策略却仍然具有极强的生命力。

对于正经的商人来说，色情营销自然是不齿的行为，所以广告商们也很轻易地找到了性对于男性背后的真正刺激——对成就感的追求和征服欲的野心。汽车广告也不再是单一的妖娆美女，而是温柔贤良的妻子和活泼天真的孩子，构建出“成功人士的标准就是美满家庭”的概念。男人对于成功的渴望，某些时候可以克制住对性的冲动。所以，对于男性成功元素的营销渲染，是源自性刺激、高于性刺激的欲望营销策略，同时又可以避免落入低俗营销的陷阱。

你取得的进展可以用两种方式描述：你已经走完了 20% 的路，或者你还有 80% 的路要走。哪个说法更能激励你完成任务？原来，这个问题的答案不仅对想赢得忠诚客户的咖啡店老板有用，对任何一个想要说服别人完成任务的人，这个答案都是有意义的。

在执行任务的早期，盯着小数字能够唤起人们尽可能高效做事的欲望。从完成了 20% 进步到 40%，这相当于进展翻了倍，行动看起来非常高效。相比之下，如果进度从 60% 增加到 80%，同样都是 20% 的增量，但感觉上不过是已完成任务的四分之一。因此，当我们想激励员工积极实现销售或绩效目标的时候，应该针对大家已经取得的成绩给出反馈，借此来保持最初的冲劲儿。比如："新季度刚开始一周，大家就已经完成了季度目标的 15%"，而不是"咱们头一个星期干得不错，现在还有 85% 的任务有待完成。"同样，如果我们想督促自己定期存钱，去买一台新的高清电视，或是夫妻俩想要还掉信用卡或个人贷款，就应该把注意力放在虽小却很重要的、已经取得的进展上，激励自己坚持下去。银行和金融机构甚至可以用这种方法来协助顾客：把顾客已经取得的存款或还贷进展放到报表和网银页面上去，就像领英（LinkedIn）做的那样——把会员的线上简历完成进度标出来。

从航空公司、酒店、咖啡馆，到化妆品零售店，许多商业机构都设有自己的客户奖励计划。顾客们都知道自己在实现目标的路上已经走了多远，比如：即将获得的航空公司免费升舱服务、酒店免费的住宿和咖啡店的一杯免费双份巧克力摩卡等。“小数字假说”建议我们：无论顾客处于路程的哪个阶段，反馈的重点应该始终放在较小的数字上——无论这个数字指的是已经取得的进展，还是有待完成的任务。常常坐飞机的旅客收到的通知单上，应当标出顾客已经积攒了多少里程，一旦里程数过半之后，通知单上就应该强调还差多少里程就可以享受升舱服务。咖啡师应当在给顾客盖印戳时告诉客户，他们已经积攒了几个印花，或是还差几个印花就可以兑换免费饮品了。同样，从事教育和培训行业的人应当用心地构思给学员反馈和建议的措辞，强调那些较小的数字，比如：学员初步取得的成绩，或是余下的为数不多的任务。如果你需要激励自己完成一小时的活力单车课程，或是下周的十公里长跑，那么在任务的早期，你应该关注“我已经完成了多少”，然后再把关注点转换到“我还剩下多少”，这个方法能够帮助你坚持下来。同样，为了鼓励自己完成瘦身计划，刚开始的时候，你应该想的是已经减掉了多少体重。到了后期，换个视角想想还差几斤没有减掉，如此这般，相信你的瘦身计划应该已经快实现了。

欲望与安全

产品策略的一个目标就是让消费者和产品的形象紧密地结合起来，将他们的自我意识加以“变形”以适合你的产品，让产品形象成为消费者自身身份的一部分。如果你能通过精心挑选的形象和人物来表现产品，那你就能说服潜在客户相信：购买或使用你的产品，他们就会立刻和这些形象、态度联系起来。用这种方式，你不需要费太大精力就能说服一个女人，让她想变得更加性感、更有控制权；或让一个男人希望自己变得更强大、自信，对女性更有吸引力。这些都是每个人所固有的、与生俱来的欲望。因此，你只需把产品和这些与生俱来的欲望接通即可，你是在出售一条轻松满足顾客需要的途径！这意味着：致力于向潜在顾客展示他们想要的形象，无需劝说性的观点或证据，你就能投合他们的虚荣心和自我意识。例如，你不妨留意一下，奢侈品广告中使用的劝说性文字是多么多么的少。它们都是“感觉良好”的广告，会呈现一个精心制作的形象来激发人的欲望，进而对广告所宣传的产品产生情感反应。我们来看看一位真正的潜在顾客是怎样通过观看一则广告画面时做出购买决定的：

“哇——看看那个家伙，他穿着超酷的霍利斯特（Hollister）牌牛仔裤，身边簇拥着性感的姑娘。我也想要那种牛仔裤。”别笑，只需这样就可以了。如果这不奏效，那霍利斯特和 A&F（Abercrombie & Fitch）等很多零售商就不会花那么多钱做这样的广告了。这真的有用吗？看看香水和古龙水行业：除了在其产品中夹入纸片好让人们吸一点香气外，这些广告客户也是这样劝说潜在顾客购买其产品的事情：展示俊男靓女的照片，让我们以为他们都是顾客。在拍照片时，这些模特甚至都没喷香水和古龙水！这些广告有 99.9% 都跟它宣传的产品毫无关系。它只是一些形象，但生产商显然知道这样做很管用：2008 年，古龙水的销售额达到 16 亿美元。女性香水呢？再加 32 亿美元。

这种投合人的虚荣心和自我意识的方法，在用于塑造那些芸芸众生心向往之的特征，如身体魅力、智慧、经济成功和性能力时，是非常成功的。正如斯特克和博恩斯坦在《平衡理论》一书中提出的那样：如果向消费者呈现“正确的”形象，那么拥有这些特征的人会为了让人注意他们的自我形象而购买产品；而那些不具备的人会为了让自己显得拥有这些特征而购买产品。因此，考虑一下你的产品，拥有或使用它是否能暗示出一些人们喜欢炫耀的品质。

除了拥有可以让人可以炫耀的品质外，如果你的产品能够缓解某种能造成恐惧的问题，那么对于潜在顾客来说力量更为强大。恐惧给人带来了压力，压力导致人产生做点什么的欲望。错过一次大减价造成失落的压力；选择可靠的轮胎会影响个人对于安全的压力；没为新车选择侧帘式安全气囊会造成将来后悔的压力和身体受伤的幻想。恐惧意味着损失，它告诉你的潜在顾客，他或她将以某种方式受到损害，这对人们追求的自我保护的安全需要造成了威胁。

在《宣传力》一书中，作者安东尼·普拉卡尼斯（Anthony Pratkanis）和埃利奥特·阿伦森（Elliot Aronson)提到恐惧心理让人采取行动最有效的四个条件：

1. 把人吓得失魂落魄时；
2. 能为战胜那种引起恐惧的威胁提供具体建议时；
3. 对方认为推荐的行为能够有效地降低威胁时；
4. 信息接收者相信自己能够实施广告推荐的行为时。

上面的四个条件因素，缺少其中任何一个，都不会奏效。此外，如果你在人们心里引起过多的恐惧，结果也会适得其反，那可能把人吓得不敢采取行动。只有在潜在客户相信自己有力量改变自己的处境时，恐惧才会激发他行动起来。这意味着，为了巧妙而有效地引起恐惧，你在宣传时，推荐降低威胁的方法必须具体、可靠，又有可行性。假设有一家空手道学校，向人们提供自卫训练，能教人们像训练有素的保镖那样自信地走过充满暴力和最危险的街道，让他们能够对抗世界上最可怕、最丑恶的暴徒发起的最恶毒的攻击。事实上，你需要做得不仅仅是呈现惊人的犯罪统计数字，还必须让潜在客户相信，使用你教的方法，他们可以轻松地击退进攻者。如果忽略了这个关键步骤，那你获得的唯一结果就是把客户吓跑。你还必须（使用各种增强信心的媒介，如奖状、录像带和免费课程等手段）让客户确信，你提出的主张是真的，他们确实能够享受你许诺给他们的好处。他们需要相信你，因为你正在提出一个很有吸引力的主张。帮助他们相信你，这应该是你分内的事。

在利用人们的恐惧心理时，如果你针对的那种恐惧具体且得到了广泛认可，那你会更加成功。例如：每个人都知道太阳会像烤火腿一样把人的皮肤晒黑，因此出售防晒霜要容易得多。相比之下，出售一种保护衣物免受紫外线破坏的洗衣液就要困难得多。为什么呢？因为很少有人关心紫外线对衣物的破坏。尽管这种恐惧确实很具体，但它并未获得广 泛认可。要知道，你的目标不是创造新的恐惧，而是利用已有的恐惧，不管它们是消费者最关心的还是需要稍微挖掘才会发现的。

用恐惧来激发行动的一种常见方式是利用最后期限和稀缺性。诸如“限量供应”“仅此一天促销”和“售完为止”之类的措辞和标语，具有警示消费者相信省钱机会千载难逢的效果，利用了“次要人类需求”——对物美价廉商品的需求。最后期限的策略遵循这个原则，即向消费者提供了趁早出击购物的方式来解除那个“威胁”的方法。然而，恐惧并非魔棒，只是激发潜在顾客对产品加以深入调查的一种方式。你仍然需要让他们确信：你的产品为你刚刚引发的恐惧提供了行之有效的解决办法。你仍然需要说服并激发他们采取行动：拿起他们的钱包，访问在线网站或手机 APP，亦或拨通你的订购咨询电话。

理解欲望

日常生活中，我们身边总有想要追求生活安全感的朋友，但是我们会看到，经历了多年之后他们依然处在追逐安全感的途中。你可能也有这样的疑问：安全感有那么难以驯服和找到吗？是的，安全感的追求和人的欲望一样，你没有办法停止自己的欲望，那你也就无法追逐到你想要的安全感。生活不是一成不变，想要渴望安全感的人，往往一直把自己置身在无限的恐慌之中。追求对于他来说是种本能，而安全感已经不是他的最终目的。

我们生活中常看到这样的人，大家眼中非常地乖巧听话，对于家里的安排是百依百顺地服从，考取了好的大学，学校毕业进入事业单位工作，一切顺风顺水，堪称人生赢家。但是，过了十年，他的成长却几乎原地踏步。刚开始的时候，他可能觉得自己的工作很好，对生活充满安全感。但慢慢地他发现，身边的朋友薪资在逐步攀升，或者有的人开始创业取得了成就。这个时候他内心开始被击碎，伴随而来的就是不安全感。这种焦虑源自自己的过分安逸，但是内心的攀比心理又让他不得不清醒自己已经落后太多。和当初的所有人相比，他才是最落后的那个。当初家庭呵护培养，考入名校，毕业后进入事业单位就只是为了一份安全感。而安稳的生活让他忘记了自己追求的是什么，他忘记了选择事业单位的原因，此刻他的内心只想着和别人做比较。

安全感适用于所有地方，但是你不可能全部都能拥有。贪婪总是无止境的，如果你去询问一个人，觉得自己生活需要哪些方面的安全感？我想他应该可以罗列出一个笔记本。但是在家庭中，我们往往会很在意这几个方面的安全感：

成家之后感情趋于稳定，感情方面的安全感得到满足；

孩子出生之后，家庭稳定，传宗接代的安全感得到满足；

拥有足够的经济作为自由支配，在物质上的安全感得到满足；

事业稳定收入稳定，同事关系和睦，事业上的安全感得到满足；

然后就是父母身体安康，朋友忠义可以常伴身边，这样所有的东西都有安全感。

啊！如果真的有人可以获得以上所有的安全感，那这个人绝对是幸运的，因为这样的人生是非常完美的，每天不会有烦恼，家庭和睦，朋友忠义。但现实生活中，即使再聪明、再努力，如果没有上天的特别眷顾是不可能获得如此完美的人生。所以，绝大多数人之所以缺乏安全感，是因为自己的所有安全感没有全部获得满足。

每个人都想要获得安全感，却不知道安全感从何而来。安全感是一种非常模糊的概念，很多人一生都在追求安全感，然而它看不到也摸不着。为了让自己的安全感具象化，房子、车子就开始成为了它的代名词。所以说，安全感本身并不存在，只是人们将自己的欲望具象化，好让自己需要的东西变得更加好把控一些。安全感的源泉是你的欲望，欲望越少，你的安全感越强。

只有拥有，才知道自己缺乏的不是安全感。有这样一位朋友在经历了多年的工作打拼后，靠自己的努力买了属于自己的房子。然后在他父母的资助下，房子很快就装修好了。但在搬家的那天他却发现，一切并没有像他想像的那样变好，该烦恼的东西还是在烦恼，该想要的东西还是继续想要。这时我们也才似乎明白：内心安全感的匮乏是因为我的欲望太大。有的人追求名牌包包，有的人追求口红化妆品，有的人追求名贵衣服，这些是他们快乐的源泉，但也是让他们安全感慢慢流逝的罪魁祸首。当你获得了名牌包包的时候，你会想获得名牌衣服；当你获得了名牌衣服的时候，你会想获得豪华车子；当你获得了豪华车子的时候，你会想要大的房子……循环递进，永远无法满足。最后他们可能才会明白：所有的安全感都是自己给自己的，所有的不安全感是因为自己的欲望太大而无法得到满足。

当你看到某些东西，这种“看”便会使你产生某种反应。比如：你看到一件绿色衬衫，或者是一条绿色的裙子时，你的反应机制便会被唤醒，然后就会发生“接触”。紧接着，你的想象又会通过这种接触创造出你穿上这件衬衫或者这件裙子的形象；或是你在路上看到了一辆汽车，线条流畅优美，车面光滑锃亮，引擎动力十足。于是你绕车一周，看了看汽车的发动机，这时想象便会创造出你坐进车中，启动引擎，踩动油门，开动汽车的情景形象。欲望由此开始，在此之前并无欲望的存在。感官的反应本无可厚非，但是当想象创造出形象的那一刻，欲望便开始了。当你看清了欲望的整个运动过程，你就会发现想象以及其创造的形象就不会介入打扰了，你可能就只是注视和感受：这有什么不对的吗？

欲望会产生出矛盾，我们都不愿居住在矛盾之间。因此，我们也会试图摆脱欲望。但是如果我们能够理解欲望，而不试图将其抹掉，不说“这是个更好的欲望，那是个更糟的欲望，我要留住这个，抛弃那个”，如果能觉察到欲望的各个角落，不拒绝、不挑选和不责备，那么你会看到心灵就是欲望，它与欲望并不是分离的。我们的内心会对事物有所反应，否则，它就不是活的。这种反应也只是表面的，不会生下根来。这就是为什么理解欲望的整个过程是如此地重要，我们多数人常陷在欲望之中。陷入之后，我们感觉到了矛盾与巨大的痛苦，我们尝试与欲望斗争，而这种斗争却使痛苦加倍。然而，如果我们能不做判断、不做评估与不去责备地直视欲望，那么我们会发现欲望不再生根。

所以，我们的问题不在于如何解放摆脱那些痛苦的欲望，而又想留住那些快乐的欲望，而是要理解它。不是要解除欲望，而是尝试去理解欲望。如果我们能够直视欲望的各个角落，而不去留住或摆脱什么，那么我们就会发现欲望有着全然不同的意义。

第二章

感 官

漆黑的环境中，站在高处你能看到48千米外的烛光

安静的房间里，你能听到6米外手表的滴答声

你能够闻出75平方米范围内的一滴香水味

你的皮肤能感觉到一根头发

一小勺糖溶解在约7.5升的水里，你也能尝出甜味

碎片化的感觉

人的五种感官

在完全漆黑的环境中，站在高处你能看到 48 千米外的烛光。

在一个非常安静的房间里，你能听到 6 米外手表的滴答声。

你能够闻出 75 平方米范围内的一滴香水味。

你的皮肤能感觉到一根头发。

一小勺糖溶解在约 7.5 升的水里，你也能尝出甜味……

作为感官之首，我们 70% ～ 80% 的信息都是由视觉提供的，视觉的作用不言自明。视觉形成的部位是大脑皮层的神经中枢，而不是视网膜，视网膜上成的是倒像。视觉形成的过程是：外界物体反射来的光线，经过角膜、房水，由瞳孔进入眼球内部，再经过晶状体和玻璃体的折射作用，在视网膜上能形成清晰的物像，物像刺激了视网膜上的感光细胞，这些感光细胞产生的神经冲动，沿着视神经传到大脑皮层的视觉中枢，这就形成了我们看到的东西。

相比听觉和触觉，视觉更有冲击力。眼睛是我们探测周围物体光线的接收器，它为我们探测了物体的明暗、颜色、形状和空间关系，理解外部事物的过程通常就是视觉感知。视觉感知是一种直观而内在的观察和理解过程，外部的视觉通过眼睛传递给大脑后，视觉神经几乎同时会对线条、质地、颜色、形状的空间关系、距离和其他大脑里已有的视觉进行加工。视觉自身具有无需努力的特性，我们几乎把它的认知过程当作理所当然的。只要我们睁开眼睛就不会闯红灯、撞电线杆、跳楼等等，因为视觉认知会潜意识地告诉我们那样做很危险。日常生活中也存在着许多视觉感知的偏见或幻想，比如说：我们通常认为瘦高的容器会比矮胖的容器装更多的水，可实际上我们会发现矮胖的容器装的水更多，这时候他们就会不断去调整期望值，以适应客观真实的世界。

嗅觉是一种远感，意思是说，它是通过长距离感受化学刺激的感觉。人其实有四个鼻孔，两个在外部，两个在鼻腔内部通向咽喉的位置。这些鼻孔交替行动，让我们清楚复杂气味的组成，以及它们产生的位置。外部的每个鼻孔里都生长着数千根毛发。以气味编码的信息，已经被证明更持久，并且能比其他感官编码在记忆中保存更久。我们敏感的嗅球能记录下种种的化学物质，从花束中玫瑰醚异构体的单一芳香到上百种物质组成的咖啡香气，我们的大脑都能欣赏。随着时间的流逝，人们依然可以辨认出气味，利用气味可以提示各种自传式的记忆，香气也被证实可以提高对人、环境和产品的评价。

当你准备走进一个地方的时候，嗅觉是除了视觉之外第二重要的“第一印象”。嗅觉也有一个环境适应的功能，就是我们的鼻子每7分钟会重置一次，如果在一个空间呆久了，在不断的嗅觉重置下，我们就闻不到异味了。还有研究表明，吸入垃圾的味道能改变人的道德判断，让你在政治上更加保守。现代商业社会留住消费者的有效方式之一，就是香气留人。

听觉是复杂的系统，声音的振动频率是指每秒钟发声源振动的次数，衡量单位为Hz。人耳能够听到的声音的整个范围是20～20000Hz，低于20Hz我们称为次声波，高于2000Hz我们称为超声波。当频率和人体各部分的被动震动频率接近时，将能引起共振，人的情绪也能被调动。比如说当声音的频率接近人的心脏搏动频率时，人的情绪将会躁动和兴奋起来。你可以回想一下你听到鼓声的时候是什么样的感觉，你会感到心潮涌动，为什么会这样，因为鼓声的频率是几十到200多Hz，你的心脏频率是多少，刚好也是在这个范围。所以你可能有这样的体验，有时放一些单调有节奏的调子，你听到了会莫名地激动。

人类的听觉功能已经达到了高度分化的水平，它对声音感觉的敏感性几乎是难以想象的。人们对任何声音都有明显的主观意识，受兴趣及注意力的影响。一个情绪低落、焦虑的人，对周围的事情都漠不关心，他愿意找一个僻静的地方。而一个乐观、开朗，对生活充满热情的人，自然愿意去热闹、人多的地方。这也就是为什么咖啡厅、茶馆、书店总是有柔和精美的音乐，而酒吧总是那么吵杂。因为声音在左右你的情绪，从而影响你做出判断。最经典的例子，莫过于可口可乐拧开瓶盖的那一声“噗呲”的声音。

人类的味觉只能区分五种口味：甜、咸、酸、苦、鲜，但大部分只能区分出前四种。所以基本味觉只有酸、甜、苦、咸四种，其余都是混合味觉，是基本味觉的不同组合。四种基本味觉由四种不同的味细胞感受，它们不均匀地分布在我们的舌面上。味觉的感受器是味蕾，主要分布在舌表面和舌缘，口腔和咽部黏膜的表面也有零星地分布。人的味蕾总数约有 8 万个，儿童味蕾较多，老年时因萎缩而减少。味蕾是由味觉细胞组成的，其上表达味觉受体，可检测和辨别各种味道。不同部位的味蕾对不同味刺激的敏感度不同，一般舌尖对甜味比较敏感，舌两侧对酸味比较敏感，舌两侧前部对咸味比较敏感，而软腭和舌根部则对苦味敏感。味觉的敏感度常受食物或刺激物本身温度的影响，在 20℃～ 30℃之间，味觉的敏感度最高。味觉同其他感觉，特别是同嗅觉、皮肤觉相联系，如辣觉是热觉、痛觉和基本味觉的混合。

味觉营销难度最大，因为味道需要用户亲自品尝才行，而品尝的前提是，你的宣传、文案打动了他。所以，味觉营销需要视觉、听觉、嗅觉的全方位配合。

触－压觉是触觉和压觉的统称，它们是皮肤受到触或压等机械刺激时所引起的感觉，两者在性质上类似。触点和压点在皮肤表面的分布密度以及大脑皮层对应的感受区域面积与该部位对触－压觉的敏感程度呈正相关。人触－压觉感受器在鼻、口唇和指尖分布密度最高。人们可以通过触摸快速、准确地识别三维物体。他们通过使用探索性程序来做到这一点，例如将手指移到物体的外表面上或将整个物体握在手中。皮肤的表面散布着触点，触点的大小不尽相同，分布不规则，一般情况下指腹最多，其次是头部，背部和小腿最少，所以指腹的触觉最灵敏，而小腿和背部的触觉则比较迟钝。若用纤细的毛轻触皮肤表面时，只有当某些特殊的点被触及时，才能引起触觉。皮肤的深层存在着触觉小体，椎体里存在敏感的神经细胞，当神经细胞感受到触摸带来的压迫，就会马上发出一个微小的电流信号，电流信号就会随神经纤维到达大脑，这样就能感受到这次触摸，大脑可以马上分辨出触摸的程度以及信号的位置。

感官的生理反应

视觉，冲击力巨大的核弹。眼睛接收的信息是极其庞大的，人们的注意力很容易被目之所及的任何一样事物吸引，然后很快又为另一物而转移。所以如果一样东西能在瞬间抓住我们的视觉，那它必定是极具冲击力的。这种冲击力有可能是浓郁的色彩，或是怪诞的形状。然而，要让人记住，我们还需要赋予它意义，这才能使它在目不暇接的无数画面中脱颖而出，被深深记住。如你能想象出一个身着绿衣的圣诞老人吗？没错，20 世纪 50 年代前的圣诞老人都是那样。在此之后，可口可乐将自己品牌那红白相间的简单配色应用到圣诞老人服上，并进行大力推广，圣诞老人就变成你熟悉的那个模样了！

声音的变化非常容易影响人们的情绪，声音甚至创造了心情、感受和情感。想像一下，当你将《咒怨》的背景音乐换成《欢乐颂》的话，你还会感觉到那种背后发凉的恐惧吗？神奇的“莫扎特效应”

也很好地说明了这一点。1993 年，美国加利福尼亚大学欧文分校的戈登・肖教授进行了一项实验。他们让大学生在听完莫扎特的《双钢琴奏鸣曲》后马上进行空间推理的测验，结果发现大学生们的空间推理能力发生了明显的提高，后来他们将这种现象称作“莫扎特效应”。科学家们研究也发现：当人听到欧洲 18 世纪的巴洛克音乐时，心跳、脑电波、脉搏等会逐渐与音乐的节奏同步，从而变得缓慢和协调，血压也会相应地下降。这时，整个人会有一种轻松舒畅的感受。同时，实验证据还表明，如果经常聆听巴洛克音乐，还对人的身心健康有很大的帮助，特别是对一些心因性疾病，如高血压、心脏言不由衷、失眠、糖尿病等，有非常好的预防和缓解作用。

从冰箱里拿出牛奶，你都要先闻一下，检查是否有变酸的迹象。每一份被我们放进购物车的水果或者肉类都必须成功地通过我们的嗅觉测试。令我们不安的味道，会引起担忧；而令人安心的味道，就容易带来舒适的感觉。我们对味道的记忆是深刻而久远的，利用气味将品牌的独特性植入消费者记忆，通常收效都是令人满意的。如新买的车里总会有一股刚拆封的“新车味”，这通常是我们的共识。事实上，当你到汽车制造厂的车间里，你会发现居然能找到罐装的“新车味”！当新车出厂时，工人就往汽车内部喷上这种气味，而消费者试坐时就会闻到“新车味”了。

2005 年，荷兰乌特勒支大学的汉克・阿兹（Hank Arts）对他的学生进行了一项测试。他让两组人填写一些问卷，作为奖励，他们会得到一块饼干：一组人坐在一个充满着干净气味的房间里，而另一组人什么都没有闻到。最后，受到干净气味影响的那组人，在填完问卷后自主打扫的可能性是另一组人的三倍。有些杂货店也注意到了类似的效果：他们发现新鲜的烤面包气味会增加销售额，这种新鲜出炉的味道会刺激人们购买更多的食物。

“她滑滑的明亮着，像涂了‘明油’一般，有鸡蛋清那样软，那样嫩……”这是朱自清的散文《绿》中对梅雨潭的一段描写。“滑”“软”“嫩”是对触觉赋予意蕴的独特表达，这些我们一旦听到就会在脑海里浮现画面的描述是来自于生活中无数次触觉带给我们的独特体验。皮肤是人体中面积最大的器官，我们对冷热变化、疼痛和压力都能产生即时的反应。而当其他感官失效时，皮肤仍有触觉。触觉与味觉一样，需要切实的边沿相接来触发。它连接着外部世界与居于体内的灵魂，通过最真实细腻的触感编织关于此物的知觉与感想，然后铭刻在灵魂深处，写成记忆之书。可口可乐的玻璃瓶，一百多年来为何总是引领潮流？因为它的设计灵感来自女性的完美身形结构，且瓶身下半部分纤细有条纹，当人们用手握住瓶身的时候，就会拥有非常完美的触感。

感官的“印象”

视觉第一，魅力很大。一般来说，眼睛应该是被传统营销开发最多的感官，我们记得的品牌，多半都先有视觉印象（包装、LOGO、广告和活动等）。巧妙地利用光线、形状、颜色等视觉基本要素，可以创造出超出预期的用户体验。

光线强度对我们的心情有着很大的影响，因为光线起到挑战我们生物钟的作用。在连续的下雨天或光线不佳时，一些人就会因为生物钟的问题而出现情绪低落，从而导致产品销量下降和体验感下降。一个很好的解决办法就是用带“光线传感器”的灯，让我们眼前的光线尽量不受阳光的影响，在晴天或者阴天都可以保持类似的亮度。

不同的颜色可以激发不同的情绪反应，比如蓝色和粉色一起会让人联想到“女性、温柔、童年”等印象，很多卫生巾的外包装都会采用这两种颜色；黑色和红色会让人联想到“男子气概”的印象，定位商务人士的 Thinkpad 笔记本电脑就是使用的这两种配色。最引人注目的“黑白红”颜色组合，可以让你的招牌瞬间吸引注意，并令人“印象深刻”。想在会议中“引人注目”，最好的服装搭配非“黑西装、白衬衣、红领带”莫属了。很多国家的国旗色就选择了这个颜色组合。

在视觉上，形状也非常重要。你的视觉系统往往在 1 秒以内就通过形状产生了偏见，并且难以改变。比如在全球大部分人看到“高、瘦、腹部平坦的男性”就会觉得很权威而且很有智力，即使身材和智力并没有显著关系。对于产品或者店内摆设，很重要的一个原则就是：让你的一切东西越像一个面孔越好。如果你的产品外形在无意识中激活了人类大脑中的面孔识别区域，往往会提高人们对你的喜好。比如甲壳虫汽车，如果你能进一步激活这样的面孔感觉：圆的、对称的、小鼻子、大眼睛、高额头、笑的……那么恭喜你，你已经被用户的大脑在 1 秒内归类到了“很重要很好的产品”类别中去了。

听觉系统具有非独占性。不同于视觉，如你在看一个广告画面的时候就无法同时观看另一个广告信息。但听觉系统不同，用户可以在同一时间同一场景，同时接受多种声音信息。也就是说视觉具有排他性的，而听觉系统具有非独占性。听觉的接收上通常分为前景音和背景音，二者能够同时接收。前景音通常是用户主动行为选择的，比如说与人交谈，看电视时电视剧的声音；背景音通常是用户被动选择的环境音，能够潜移默化地影响用户。许多家庭主妇在家通常把电视打开当做背景音来放，当她们去超市选择日用品时自然更倾向选择电视广告中播出的品牌。

声音连接记忆和心情，更能打造品牌符号的记忆点。如果说，视觉的标准是过目不忘，听觉的选择，就是耳熟能详。比如田七牙膏，拍照时大声喊出“田……七……”就是典型的听觉符号。在品牌广告中使用固定的音乐旋律也是常用的听觉识别手段，如英特尔的广告：“灯，等灯等灯”，已经成了用户识别英特尔的听觉标志。田七的听觉识别和英特尔的听觉标志，它们的性质并不一样，英特尔是把一个音乐旋律，长期重复，成为了一个符号，这个旋律并不是英特尔本身，甚至和英特尔也没有必然关系。田七的照相大声喊“田……七……”，则是品牌名称的独特听觉符号，它甚至也同时是广告口号，咧开嘴，露出牙齿，也传达了品牌的身份、价值和体验。听觉有视觉无法比拟的优势，就是不需要看见。视觉只使用了眼睛这一个感官，而听觉可同时启动受众的耳朵和嘴巴，口耳相传。

“听觉”直接作用于人大脑中负责情感和情绪的部分。所以，如果你想激怒一个人，相同的文字，发语音给他远远比发文字给 TA 要效果显著的多。同样，如果真正想打动一个人，也一定要让他听到你的声音。很多的线下店铺，利用不同声音对情绪的影响来改变顾客的体验和购买。有研究发现：在超市的音乐中加入微不足道的婴儿哭声，结果女性购买了比平时更多的食物——细微的婴儿哭声激发了她们潜意识中母性的本能，但是这些消费者往往不会意识到也不会承认这一点。当播放意大利音乐后，超市中的意大利面销量就会上升，而德国酱菜的销量下降，即使所有的消费者都觉得自己是“理智购买”。如果想要表达“主导感、成熟感和安全感”，没有什么比低沉的声音更好的了——甚至动物都会倾向于主动跟随发出低音的个体。如果经营咖啡厅，播放一曲缓慢的音乐可能比降价 20% 的促销效果更好，而前者不需要牺牲利润。相比于文字信息，声音的作用如此隐形，可以不知不觉间改变人的体验。

嗅觉，引发回忆。你早上路过一家糕点店，即使他们还没有开始做糕点，你已经闻到了蛋糕的芳香，很想走进去。但这往往不是因为蛋糕很香，而是一种食用香精经过扩香机扩散的结果。你刚刚打开一本期待已久的纸质新书，一阵油墨香扑面而来，瞬间增加了你阅读和学习的欲望。坐进高档的新车，立马闻到一股新鲜皮革的味道，让你觉得这部车真是物有所值！气味无处不在，大部分我们都没有意识到，但却极大地影响着我们的体验。如果线下店铺仔细设计自己的气味，就会让消费者感觉到莫名其妙的开心和“物有所值”。在大脑中，嗅觉神经是距离大脑负责决策的区域最近的感官。酒店行业是嗅觉营销的先锋，你走进任何一间香格里拉酒店，都是一个味道。所以，如果你想提高线下场所的体验，一定要巧妙地控制气味。比如一家银行，什么气味合适呢？经研究发现类似“香草”的气味最合适，因为香草气味直接刺激的大脑区域是：“信心”的心理感知区域，香草的气味会让你的银行更加可信。

迪士尼美食大街烤面包的香味，诱惑着每一位路过的游客。超高的人气，让乐园里的爆米花摊前都时常排着长龙，即便定价高达数十元一盒。迪士尼乐园中爆米花的浓郁香气依旧吸引着众多孩子，让他们拉着父母“乖乖”掏钱。可你知道吗，乐园里爆米花的香气，其实是一场“骗局”，你闻到的，并不全是爆米花散发出的香气。

迪士尼乐园拥有一种获得专利的香气发生器 Smellitzer，这种香气发生器类似于空气清新器，能释放香气来改变空气中的气味。Smellitzer 可调节香味扩散的速度，让人能逐步适应迪士尼刻意释放的香气，避免空气中突然出现香气带来的“突兀感”，给人带来更好的感官体验。每当乐园正门的爆米花摊人流量变小，工作人员就会使用这种 Smellitzer 来释放通过技术调香所模拟的爆米花香，不过多久香气扩散开，游客闻到就纷纷来买。Smellitzer 能散发的香味可不止爆米花一种，迪士尼的冰淇淋店和糖果店也使用 Smellitzer 香气发生器释放香草味，香草味能提升人们食欲，让路过的游客增加进店购买冰淇淋和糖果的冲动。

用香气影响消费者的决策，这并不是迪士尼的童话故事，而是真实发生的现实。英国雷丁大学的一项研究显示，在食品饮料中共含有约 10000 种不同的挥发性化合物。在咖啡、肉类等工艺复杂的食品饮料中，甚至一款产品就可以含有超过 1000 种香气化合物。这些香气化合物通过各种复杂的化学反应，给消费者带来不同的体验。

香草的香气可以让人感觉心情愉悦、薄荷香气可以让人感觉神清气爽、烤肉的香气可以让人感到瞬间饥饿…… 这些一瞬间的感受，最终就能吸引消费者不由自主地做出“购买”的决定。

而我们的味觉产生自味蕾，当食物进入口腔时，味觉才发生作用。因此比起其他四种感官，味觉相对更难触发到。食物带给我们的满足感通常由口味与口感决定，失去味觉，通常会引发强烈的抑郁。试想一下，如果你失去了味觉，那么顶级的芝士意粉，你也只能感觉到它的材料和温度。需要指出的是，当嗅觉失灵时，80% 的味觉也会跟着失灵，味觉与嗅觉是紧密相连的。

在你看到一个东西时，在无意识中你的大脑前运动皮层就会自动开始计算它的重量（以防你需要拿起它）。而假设拿起的东西重于或者轻于刚刚大脑计算的重量，人就会不由自主地把东西放回去，往往不会购买。比如我在某手机体验店中见到消费者拿起一个手机，然后惊呼“啊，怎么这么轻啊！”接着立刻把产品放了回去。所以，有时你需要根据消费者的感知来设计某个产品的重量。比如人潜意识觉得贵的东西就是重的，那么如果你卖一个很贵的东西但是又特别轻，怎么办呢？那你最好还是在包装中略微增加些重量吧。

触觉最直观的就是来自于双手，双手上面布满了神经元，当你触摸过一件物品的时候，你的大脑立刻会做出判断这个东西精美还是廉价，并且不同的人对触觉感官的需求是不同的。为什么手机有磨砂、拉丝金属这种外壳材质？因为他们都在用触觉让你产生愉悦感和满足感！当你去买车的时候，为什么总要先试驾呢？有数据显示：49% 的人在买车的时候，一定要亲自坐在驾驶室，手握方向盘，感受到最真切的品质才会购买。线下实体店的主要优势，就是触觉优势。很多人逛商店，特别是女人，喜欢把商品一路摸过去。即便她没有摸来摸去的习惯，在决定买之前，也总想去摸一摸。买车要摸一摸、买衣服要摸一摸，甚至买房子也要摸一摸房子的墙壁。

视觉空间的联想

重力的概念经常运用在物体和图形上，也包括视觉设计。这也许听上去有些不可思议，不过这里说的可不是现实生活中的物理重力，它也不能把一个二维物体往下拉动，而是一个我们基于视觉空间的联想。我们潜意识中对于重力的概念已经根深蒂固了，如果我们也把它转化到二维物体上，会是一个什么效果呢？以下面的左侧图（图 1）为例，这个圆球让人感觉随时都有可能从上方降落，让人感到压抑和不安，有些惴惴不安。我们再看看下面右侧图（图 2）这个相反的图像，这个结构的圆球应该不会让人觉得它会往下落了，而是更像稳稳停在页面的底部，让人看起来很安心。

图1　图2

在大多数情况下，人们的阅读顺序是从左到右，从上到下的。正因为这样，左边的物体一般被认为是将要进入到画面中，右边的物体则被认为是离开。图 3 中左侧有一个左侧半圆，受我们从左到右阅读顺序习惯的影响，这个半圆看上去像是进入这个画面，而它的另外一半圆似乎是被遮挡，还没有进入。而图 4 中出现的右侧半圆则感觉像是要走出去，而它的另外一半圆似乎已经走出了画面，已经看不见了。通过视觉习惯性的动线，你还可以用同样的方式去表达出一些特定的情感。比如：图 5 中左下角的 1/4 圆，看起来是不是有从角落里偷偷伸出来张望的感觉。当然你想传递一个物体（或角色）落荒而逃的感觉，把画面设计成下面图 6 的样子，因为这里是视觉动线结束和离开的地方。

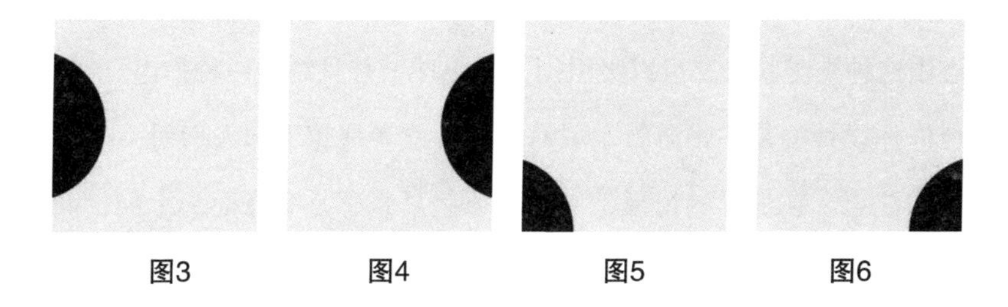

图3　图4　图5　图6

由于受阅读顺序习惯的影响，我们自然而然地会先注意左上角的物体，然后视觉动线会移动到右下角以及接下来其他的内容元素。就算所有的东西在形状、颜色或大小上一致，根据物体摆放位置的不同，它们的重要性也会不一样。图 7 中左上角和右下角的圆，如果你从小到大的环境用的是从左到右，从上到下的阅读顺序习惯，那么你的视觉动线顺序应该是先看到左上角的圆，然后才是右下角的。基于这样的动线路径，那么左上角的圆感觉上要比右下角的圆更优先地抓住吸引我们的眼球和注意力。

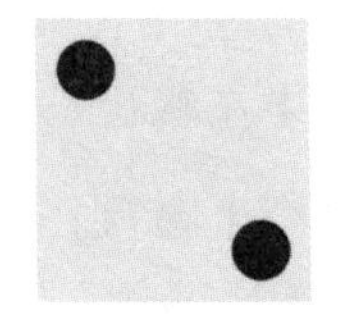

图7

图 8 中都是大小不一、排序杂乱的尖锐三角形，就好似不同形状的尖锐石块凌乱堆砌在一起，随意都有倒塌和坠落的风险，让人心生一种紧张的感觉，我们日常中一些视觉空间上的紧张感常与其相关。图 9 中圈出的区域是引起我们的紧张点。这些紧张点都有一些特征就是尖角的连接处，或尖角伸出画面的延伸处，这些地方让我们联想到尖锐物体相互碰撞将会产生的伤害和破损有关。刻意地运用这种视觉紧张感可以吸引别人的眼球，并且制造一种焦虑气氛。也许你设计的是一张游行示威海报，又或者你想引起人们对一些事物的注意。在那样的情形下，确保那些紧张感是有意而为之的，而不是看起来像个失误。同样的构图下，图 10 这个设计有意地让紧张感集中在了一个特别的位置。

图8

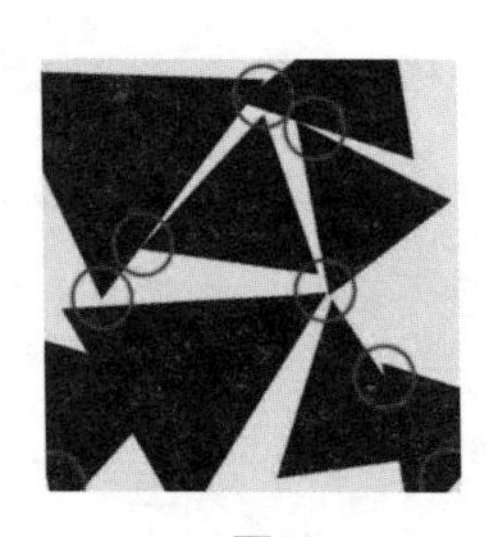

图9

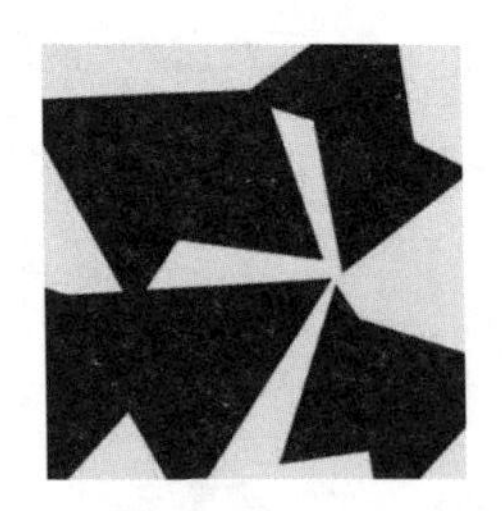

图10

静态水平的构图时常让人感到平淡无奇。一个水平线倾斜的画面会让人觉得更富有动感，180° 水平线的图片看起来会是一幅平淡无奇的静态图，如果将它的水平线倾斜后，整个城市风光看起来是不是更具动感了。如果想让构图变得更有具有活力，可以利用物体的边缘特点将其图形往画面外延伸的成角透视构图。

负空间也指物体之间的空间。你可以用具有方向性的形状把负空间激活到一个特定点。方向力过小的话，和负空间之间起到的效果不会太大。图 14 是一个把你的注意力往上吸引到右边的图形例子。可问题在于，当你的视线到达页面最右上角时，你的注意力也差不多到头了。右上角的空间没有足够让你的眼球定格在那的吸引力。那块空间仍然是静态的。不过如果你尝试裁剪图片大小或按比例重新排版的话（图 15）：图像周围的空间一瞬间变得有意义且复活了。这说明，如果你想让人们的视线在画面上游动，可以想象一下静态负空间所能产生的作用。还有一个简单的办法，就是用你的手指指着某个物体，来引导大家的视线顺着你指的方向望去。当然你也可以来尝试调整你的排版（ 可以是图形或边缘线 ）让负空间活跃起来。

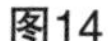

图14

图15

感官的混合体

感官的混合

“绿杨烟外晓寒轻，红杏枝头春意闹”

“声声燕语明如剪，呖呖莺歌溜的圆”

一首好的诗词中，视觉、听觉、触觉等感觉信息经常被糅合在一起来表情达意。“红杏”是如何“闹”在枝头？“燕语”如“剪”，“莺歌”似“圆”又是怎样一种体验？语文老师告诉我们这种修辞方式称为通感或联觉，指在描述事物的时候用不同感知觉间的相互整合使得表达更为生动鲜明。钱钟书先生的《通感》一文中讲到“在日常经验里，视觉、听觉、触觉、嗅觉、味觉往往可以彼此打通或交通，眼、耳、舌、鼻、身各个官能的领域可以不分界限。”颜色似乎会有温度，声音似乎会有形象，冷暖似乎会有重量，气味似乎会有锋芒……不仅诗文如此，日常生活中我们会用“尖锐”和“低沉”形容声音的高低，用“冷”和“暖”形容颜色给人的感觉。那么，感觉信息间的这种互通果真只是“修辞手法”这么简单么?

早在现代科学产生前的古希腊,亚里士多德在《心灵论》(On the Soul)中就对这种感官互相模拟的现象进行了讨论,而另外一位哲学家毕达哥拉斯也曾探讨过颜色和声音之间的关联性。中国春秋战国时期的《列子·黄帝篇》也阐述了“眼如耳,耳如鼻,鼻如口,无不同也”的朴素认知。这些早期的哲学思辨说明联觉并不只是简单的文学表现手法,而有可能是一种非常重要的五感相通的认知体验。尽管那时候还不能对联觉现象进行科学合理的解释,但先哲们早已意识到不同感觉通道的信息是可以互通和整合的。联觉现象最早记录于1690年,英国牛津大学的学者和哲学家约翰·洛克(John Locke)研究记录了一个盲人案例,该盲人报告当他听到喇叭声时,体验到了猩红色。到了1968年,前苏联著名的心理学家卢里亚(Aleksandr R. Luria),在对一位叫谢雷舍夫斯基的人进行研究时发现,当谢雷舍夫斯基听到音乐声时眼前会立刻呈现出色彩,而触摸东西能够诱发不同的味觉。2006年,《Nature》杂志上的一篇研究报告,描述了一名27岁的音乐家E.S.在听到不同音调的声音时会“品尝”到不同的味道。研究人员通过精巧的实验发现E.S.的联觉能力不仅远高于正常人,并且表现出相当的一致性和可重复性。尽管这些有联觉能力的人表现出异于常人的“病症”,但随着研究的深入,人们逐渐承认联觉其实是一种正常的大脑功能,全世界大约23个人里面就有一个拥有明显的联觉能力。

科学研究中经常会采用不同的实验任务来研究或者诱导联觉产生。法国的神经科学家斯坦尼斯拉斯·迪昂(Stanislas Dehaene)等人在数字认知研究中，要求参与者判断看到的数字比 5 大还是小，同时按键作反应。研究发现：当人们看到比 5 大的数字（例如 7，8，9）会加速对右侧空间信息的处理；而看到比 5 小的数字（例如 1，2，3）会加速对左侧空间信息的处理。此后更多的研究发现这种联合作用还发生在不同颜色、物体大小，甚至语义之间。可见联觉现象不仅存在于不同感觉通道之间，也存在于同一感觉通道内不同类型的信息加工之间。

由于联觉现象的发现和运用远早于科学的产生，早期在音乐绘画等领域产生的联觉效应更多的是无意识和直观的运用。而今天，人们已经开始有意识地在各个领域利用联觉效应来达到不同的目的。麦当劳、肯德基和汉堡王等知名快餐店的 LOGO 大都选用红色、橙色和黄色等鲜亮明快的颜色。这是因为研究发现这几种颜色能够更好地引起饥饿感，有利于吸引客人进门消费。伦敦泰晤士河上的波利菲尔大桥（Blackfriars Bridge）一度成为自杀大桥，而自从大桥颜色由最初的黑色重新喷涂成绿色后，自杀率下降了 30%。还有类似色彩心理学、音乐治疗、芳香疗法等等，其实都和联觉有着密切关系。除此之外，科研工作者们正在尝试将大脑的神经活动转换成音乐，通过这种途径来评估大脑功能和情绪状态。能够直接用耳朵“听到”原本神秘而又多变的思想，应该更是一种乐趣吧。

从最初在音乐和颜色之间发现有联觉效应以来，越来越多的研究发现大量不同的信息加工之间都可能存在联觉，比如听觉与触觉、嗅觉与颜色、数字认知与空间认知、空间认知与时间认知等等。为什么这些看似截然不同的感知觉信息间存在着如此密切的关系呢?回答这个问题的关键就是解释这些不同通道的信息在大脑中是如何被加工处理的。比如视觉信息的加工主要依赖于初级视皮层以及相关高级脑区；听觉信息主要集中在颞叶；体感信息的处理则依赖于位于中央沟后的顶叶。与单一感知觉信息加工相比，不同信息之间的整合在大脑中也存在一些特定的区域。研究发现字母和颜色间的联觉效应主要激活了视觉加工相关的 V4 区以及下颞叶的一部分，而数字和空间的信息整合则主要发生在顶叶，以及角回。正是由于这些负责整合信息的脑区存在，不同的大脑感觉中枢能相互交流，不同类型的信息才能被关联起来。

大脑中这种加工方式很可能是源于大脑对物体的整体加工，例如看到熟悉的朋友或亲人的照片，我们耳边会“响起”这个人的声音，“看到”他的生活片段，甚至“感觉”到对方的碰触。而联觉可能只是这种整体加工机制的副产品，就像睡前闭上眼睛后闪过白天生活的残像，品完一杯好茶后舌尖留有的余香。科学家肖恩·戴把联觉分为了 40 个类别，他认为感官混合可以是各种各样的，一个人可以同时拥有不同的感官混合现象。例如：字形与颜色联觉，是指联觉者会把黑白色的字母或数字看成彩色的；视觉与触觉联觉，当你看到别人切菜切到了手指出血时，你也会感觉自己的手指疼痛并在流血，该联觉也被称为“镜像触控联觉”；听觉与视觉联觉，当你听到声音，比如说话声、汽车喇叭声等，会触发你看到不同的颜色；视觉与嗅觉联觉，当你看到一些画面，会闻到不同的气味；空间序列联觉，是指将数字视为眼前实体空间中有序列排列的点，或是在周围空间看见如月份、日期等的实体投射等。尽管对跨通道信息整合的研究仍在继续，但并不妨碍联觉在我们生活中的大量运用。比如一部好的文学艺术作品是否能够打动人，往往要看它能否调动起不同的感知觉参与。也就是说越多的感觉通道被唤起，越能给人不同层面的体验和享受。也正是由于我们大脑中存在这样的功能，诗人们才能写出“红杏枝头春意闹”的美妙诗句。

感官协同

宋代的大学者朱熹发明了一种“三到”读书法：“读书有三到，谓心到、眼到、口到。心不在此，则眼看不仔细，心眼既不专一，却只漫浪诵读，绝不能记，记亦不能久也。三到之中，心到最急，心既到矣，眼口岂不到乎？”朱熹的这个理论被后代的许多文人奉为有效的学习方法。它之所以有效，就是因为它包含了两种感官的协同作用——视觉和听觉。

心理学研究也表明，参与收集信息的感官越多，信息就越丰富，所学的知识也就越扎实。就是说多种感觉器官齐上阵，能够提高感知的效果。科学家发现，人从听觉获得的知识能够记住15%；从视觉获得的知识能够记住25%；但是如果把听觉和视觉结合起来，就能记住知识的65%。而且，所有的感觉是以颇为直接的方式相互联系的。如果嗅觉受到抑制，那么味觉也会受到严重影响。同样，视觉主要凭借着声音而得到加强（如电影）。美国心理学家格斯塔做过一个实验，也证明了这个效应。他把智商相近的10个学生均分为两组，第一组在屋里只有5张椅子和5本《圣经》，第二组在室内除5本《圣经》之外，还有几本宗教故事画集，并播放宗教音乐，然后要求两组被试者都背诵《圣经》。结果发现第二组成绩远优于第一组，这是因为第二组学习《圣经》时使用的感官比较多的缘故。

有这样一个身体触碰的实验：三个年轻英俊程度相当的法国男人在街上随机找年轻的独行女士搭讪，他们共接近了240名女性，对每个女性说的都是同样的话："嗨，我叫安东尼，我只是想说你今天真的很漂亮。我下午马上就要去上班了，所以你介意把电话号码给我吗？稍后我会给你打电话的，咱俩可以出去喝一杯什么的。"如果该女士拒绝了他，他会说："真糟糕，我今天运气不佳，祝你心情愉快！"随后继续寻找下一位女士，如果女士给了他号码，他会告诉他这次搭讪完全以科学之名，多数女性都会一笑了之。这个实验的关键是，他们搭讪的女性中，有一半的女性会被他们轻轻地碰一下手臂，而另一半女性则没有被触碰。结果，当他们不触碰女士时，他们的成功率是10%，当他们稍微触碰一下时，成功率增加到20%。事实是，在潜意识层面，触碰看起来有爱护和感情维系的味道。触碰在增强社会交往、合作和维系中起了如此大的作用，以至于我们的身体进化出了一条特殊的途径，从皮肤直达大脑。

苹果公司设计部高级副总裁乔纳森·艾夫斯（Jonathan Ives）在设计iPod时参照了卫生间所使用的材质，即"闪耀着白色光泽的瓷质浴缸和洗手池上反射着镀铬光泽的水龙头"，使大家认为iPod是一个"干净的"的设备。当苹果公司开发出iPod音乐播放器时，曾直接拿来与口香糖做比较，这让用户得出iPod和一盒口香糖的尺寸差不多的结论。这是概念隐喻的典型例子，即把新信息与人们已经熟悉的事物联系起来，通过这种方法来阐释它们的意义。我们在使用苹果笔记本电脑时会发现，当电脑进入睡眠状态时，会出现舒缓的睡眠指示灯，这个指示灯的闪烁频率竟和成人的呼吸频率相一致，大概每分钟 12 到 20 次。当然不是巧合，苹果拥有呼吸状态 LED 指示灯专利，它模拟出“动人的呼吸韵律”。

高朋（Groupon）网站是美国著名的团购网站，提供数量惊人的优惠券，同时涉及有特色的高品位领域，如音乐沙龙和购物场所等。事实上，高朋的设计力图避免廉价的感觉，从他们商品的照片和排版就可以看出来。但翻看高朋早期的页面，拥有大量的裁剪和剪刀的设计。他们为什么抛弃了这些能让人联想到裁剪优惠券的设计？猜测高朋不想给人带来廉价的暗示，也是为了避免这种负面的联想所采取的措施。

如果我告诉你，其中一个形状叫“波巴”（bouba），另一个叫“奇奇”（kiki），在没有实物的条件下，让你判断哪一个形状是“圆润”的，哪个形状是“尖锐”的，相信你应该比较轻松地分辨出来。一般情况下，我们都会猜那个圆润的形状叫“bouba”，尖锐的叫“kiki”。这主要是因为单词的口型和发音，在“kiki”中发出刺耳的“k”声音可能会被认为类似于尖刺形状的尖点，而在“bouba”中间发出的拉长“ooo”声音可能会让人联想到松软的边缘或更圆的形状。这就是著名的“波巴 – 奇奇效应”（Bouba–Kiki），强调了形状和声音之间的关系。研究人员调查了 9 个语系和 10 个书写系统 25 种不同语言的 917 名语言使用者，他们发现：全球 71.1% 的参与者将“bouba”与圆形相匹配，“kiki”与尖刺相匹配。这种效果在日语、瑞典语、韩语和英语中最强，在罗马尼亚语、普通话、土耳其语和阿尔巴尼亚语中表现相对较弱。研究结果还显示：世界上大多数人都表现出“波巴 - 奇奇效应”，包括讲各种语言的人，无论他们使用何种书写系统。我们的祖先可以利用语音和视觉特性之间的联系来创造一些最早的口语，这种影响源于“根深蒂固的人类能力”，将语音与视觉特性联系起来，而不仅仅是说英语的怪癖，或其他语言的习惯。几千年后的今天，英文单词 balloon 的圆润感可能不仅仅是巧合。

感官融合

“感官印记”是美国的阿瑞娜 · 克里希纳（Aradhna Krishna）博士在《感官营销力》中提出的一个概念。她认为，如果某种特定的感官体验（如听到了某个音符），能够令消费者想到某个具体的品牌（如 Intel），或是反之亦然。那么，这个品牌就成功地塑造了一种感官印记。在五感当中，营销人员最广泛使用的感官印记是视觉印记，其次是听觉。近年来研究发现，嗅觉和触觉感官也能令消费者的身体形成有意识或无意识的记忆，而味觉方面虽然难以形成明确的印记，但可以和其他感官相结合发挥作用。而广泛被采用的视觉和听觉的感官印记设计，其实也有值得改进的空间。

视觉是消费者最依赖的感官，我们最熟悉的感官印记莫过于被视觉感知的品牌标识。营销人员往往认为品牌标识最重要的功能就是与其他企业或产品形成区隔和识别，主要会从美感和记忆度方面来展开标识的设计，但是有关研究发现，品牌标识的形状、文字字体的完整性、画面动态感等都会影响消费者对品牌的感知。例如，同样面积大小的品牌，长方形的标识与正方形的相比会让消费者觉得产品的使用时间更长；品牌标识采用笔画线条不完整的字体设计（如 IBM 的标识百叶窗式的视觉呈现），会使得消费者觉得品牌更有趣、企业更有创新力；具有较高动态性的品牌标识（如标识图形为一端翘起的、不平衡的跷跷板）能让消费者注意更多、评价更高。

英特尔芯片（Intel）的例子无疑是最成功的听觉印记之一。除了听觉标识、广告歌等这些听觉印记手段，在为产品起名字的时候还应该充分考虑读音。例如，研究发现大开口的元音意味着物体内容更多，因此名为 Frosh 的雪糕比叫 Frish 的雪糕给人感觉更加香浓，而消费者并不会意识到名字的发音改变了他们的判断。

除了少部分专家型消费者能够仅凭触觉识别出品牌，大部分消费者不具备这种能力。但有趣的是，消费者喜欢通过触觉判断产品的质量和技术含量，因此营销人员还是应当避免让消费者形成消极的触觉印记。《乔布斯传》记录下了乔布斯对产品触觉的一个观点："当你打开 iPhone 或者 iPad 的包装盒时，我们希望那种触觉体验可以为你定下感知产品的基调。"

克里希纳博士认为，嗅觉信息的运转机制直接与记忆连接，这与其他感官都不相同。许多品牌都努力开发自己独有的专属香味以形成"嗅觉印记"，并增加消费者对品牌的识别，这些品牌包括：新加坡航空、维多利亚的秘密、万豪酒店、凯迪拉克和劳斯莱斯等。

味觉本身就是一个综合性感官，味觉体验的形成除了依靠味蕾捕获的刺激，还需要依赖嗅觉和触觉等其他感官。人类对味觉的判断力其实并不强大，很容易被其他感官的信息所影响，而味觉偏好往往是在幼年形成的。因此，有的食品企业打怀旧牌或亲情牌是一种聪明的营销手段。如果一个味道并无特别之处的肉干，强调这是“妈妈的手艺”，尽管每个人的妈妈做出来的肉干都不一样，但只要能从味觉中找出一些记忆中的味道，而又没有明显不同于儿时记忆的感受，这种味道标签就很可能获得正面的评价。

新加坡航空是实施“顾客感官体验”的先驱和典范，强调要全方位地在服务中提升顾客的感官体验。视觉上，空姐制服采用知名设计师设计的马来纱笼服饰，形成独到的感官印记；触觉上，它是全球首家为顾客提供热毛巾的航空公司；嗅觉上，专门为空姐和机舱开发斯蒂芬·佛罗里达香水，还为香水申请专利，确保嗅觉印记的独特；味觉上，它聘用国际顶级厨师专门针对人们在机舱气压下的味觉变化设计了飞机餐饮，让乘客在空中也能享用美食；听觉上，在其枢纽机场新加坡樟宜机场对行李车进行降噪处理。那么新加坡航空是如何产生这些创新服务想法的呢？不仅公司高层具有顾客感官体验的理念，同时新加坡航空还会定期组成由一线空乘和飞行员构成的委员会，专门针对服务过程中的顾客体验改进提出方案。因此，它的感官营销力是由自上而下的体系统一体打造的。

当下，“产品服务化”的主导逻辑，越来越成为企业与消费者关系的主流态势。赋予顾客感官体验，应当对顾客从信息搜寻，到完成购买，再到产品使用及售后服务的全过程进行仔细拆解分析。将顾客与相关信息媒介、企业人员、供应链服务人员、产品包装和产品本身每一次可能的接触场景化，再分析这个环节发生前顾客“视、听、嗅、触、味”五种感官可能的初始状态，最后考虑感官的接触机会并对可能出现的情况给出应对方案。

感官升华

“天苍苍，野茫茫，风吹草低见牛羊。”

如此快乐的心境、如此美好的景致，一群奶牛就沐浴这样缕缕清风与花香里，蓝天白云下，喝着山泉水，听着优美的音乐，悠闲地漫步、吃着草……处于此情此景下的奶牛自然产好奶了。蒙牛特仑苏品牌牛奶就是通过场景化视频广告的描绘，让消费者在想象中看、听、嗅、触、品，给消费者展现了一幅美丽的风景画，而在此条件下，消费者对产品自然而然就有了不同寻常的认知。此时的蒙牛卖的不是牛奶，而是一种想像，一种渴望。

麦当劳是什么？是美味可口的汉堡、炸鸡与可乐，但麦当劳也是服务员带领儿童一起玩耍的儿童乐园、是孩童庆祝生日的集聚地、是清爽洁净的就餐环境……企业通过一切可以运用的感官和感知手段，增进消费者印象与好感，从而让其更频繁地光顾麦当劳，成为忠诚消费者。消费者购买产品，就是购买一种感觉，企业只有尽可能激发消费者的感官神经末梢，才能引导消费者从感知到认知，从感性到理性，从理解到信赖，进而购买，更进一步达到营销的终极目的。

大家有没有这样一种感觉，当你去某地旅游时，吃到了一种美食，然后脑海里突然出现一种熟悉的味道和感觉，这种感觉似曾相似，却十分深刻，原来是小时候吃过的味道。这样的心智烙印，相信你我都有。当你很小的时候，或者还在妈妈肚子里的时候，妈妈也会经常逛逛商场，商场里的音乐四起，在妈妈肚子里的你，是可以听见的。研究表明，正在生长的胎儿，可以听见的声音范围更广，包括来自母体之外的声音。当一个品牌，持续的播放品牌音乐时，在母体肚子的你，经常受到这种声音的刺激和感染，这些音乐可能会给胎儿留下强烈而持久的印象，进而影响他们成年后的品位。从刚出生的那刻起，生理上已经喜欢那些在子宫里的声音和音乐了。比如有些人特别爱吃某个品牌巧克力，或许就是在子宫里听到了这个品牌的音乐之后，留下了深刻的记忆认知。同样的，气味也能成为胎儿记忆里的印象。国外一家连锁购物中心，实验气味和声音在潜意识中的力量。他们在购物中心每个角落喷洒婴儿爽身粉，然后在食品饮料区注入樱桃的气味，并播放舒缓的音乐，给孕妇们听。实验一年后，妈妈们的孩子“迷住了”这家购物中心，进来这家购物中心立刻安静下来，变得有安全感。像婴儿爽身粉、樱桃气味以及舒缓的音乐，统统渗透进入了子宫，进而造就了新一代消费者，从潜意识里对他们进行耳濡目染。这种潜移默化的渗透，足以让品牌成为新生代消费者的青睐！

在现有以沉浸式体验著称的 VR 虚拟现实中，我们的五官好像是被削掉了三官，只剩下视觉和听觉两个感官以供使用，这无疑也是让 VR 沉浸式的体验大打折扣。五个感官同时协调发挥作用，才是虚拟现实技术的终极目标，这就留下了一个备受争议的疑问，VR 虚拟现实中五大感官协同体验什么时候到来？

全球知名谷物早餐和零食制造商家乐氏（Kellogg）公司为了宣传他们旗下的古代传奇（Ancient Legends）麦片，制造了一段与埃及艳后克莉奥帕特拉（Cleopatra）共进早餐的 VR 体验。尽管活动的参与者佩戴 Oculus Rift 头显，手持 Razer Hydra 手柄，但他们也难感到个中趣味，毕竟在艳后克莉奥帕特拉旁边拿着 3D 的勺子胡乱挥舞，在旁人看来实在是有点令人发笑，这不得不让我们感到沮丧。为了解决这个问题，家乐氏给每个参与者都配备了一个略显滑稽的肚兜，并将真实的牛奶和麦片摆上餐桌以供他们食用。除了需要承担将食物洒满一地的风险外，这倒是在一定程度上给 VR 的世界带来了香气和味道，恐怕在 VR 的周边设备完善之前，这是解决味觉与嗅觉缺失的最佳方式，虽然并没有完美解决五大感官同时协调作用的问题，但毕竟是接近目的的很大一步。

虚拟现实中最让人称道的视听体验，尚且还不能用尽善尽美来形容。且不提众说纷纭的 3D 晕眩症，当前技术下，几乎所有的设备均存在使用时的漏光问题，而对于需要佩戴眼镜的体验者来说，头绳和焦距的反复调节实在是令人沮丧。3D 音效的制作也是一个难题，在狭小的房间内，我们无法让声音在空间中占据一个绝对位置，而声音在传播途径中的受阻感，就更加难以实现了。不过，耳机声效的体验目前还算做得不错，比如 Oculus 中的 VisiSonic 音频技术，它就能通过耳机来精准定位空间中的声音位置。

目前已经有许多企业试图完善VR体验中的感官缺失，包括一家名为哈尔斯泰德（Halstead）的美国地产公司，在成功还原了他们所要售卖的地产环境之后，哈尔斯泰德地产公司意图将其他感官也带入VR情境之中，同时来自中国的多家科技公司也正致力于将嗅觉带入VR情境。我们有理由相信，经过长时间的努力和尝试，虚拟现实中五大感官协同作用，让我们离更立体、生动体检的那一刻并不遥远。

这条裙子到底什么颜色

白金色还是蓝黑色？

一条裙子竟能掀起一场波澜，不得不让人叹服网络世界的火速与神奇。2015 年 2 月 25 日，当时全球最大的轻博客网站汤博乐（Tumblr）上用户账号为 @swiked 的一个美国女孩上传了一张照片，图 1 中是一条横条纹的连衣裙。她觉得这条裙子的颜色是白色和金色相间，而她的朋友们则很坚持地认为是蓝色和黑色。双方争执不下，又都说服不了对方，她只好将照片发到网上。没想到，这张照片迅速地火了起来，网友们纷纷指出自己认为的颜色，截止到 27 日仅在汤博乐网站上就已经被转发了 36 万次。然后，争论迅速蔓延到了推特（Twitter）和脸书（Facebook）等其他社交网络，最终演变成了一场互联网大战，蔓延到全球。

在 @swiked 将照片发上网络仅半天的时间就被快速转发，整个社交网络上的人都在讨论这件漂亮的修身蕾丝连衣裙到底是蓝黑相间，还是白金相间，两个观点的阵营互不相让。这不只是关于社交媒体，已经开始涉及关于灵长类生物学，以及人的眼睛和大脑如何演化成适合在阳光照亮的世界里看东西。光透过晶状体进入眼睛，不同波长的光对应不一样的颜色。光线打在眼球后部的视网膜上，色素感光后通过神经连接将信号传入视觉中枢。在那里，大脑将这些信号处理成图像。虽然严格来说，这些光是受限于光源的波长组成，但也不用担心，你的大脑会自动辨认从你所视之处反射过来的光是什么颜色的，并将这个颜色从该物体的“真实”颜色中消去。“我们的视觉系统会舍弃掉有关光源的信息，而提取反射光的信息。”美国华盛顿大学的神经科学家杰伊·内兹（Jay Neitz）说，“我研究彩色视觉的个体差异研究了 30 年，这（白色和金色）是我见过最大的个体差异案例之一了。”

以美国新闻聚合网站 Buzzfeed 上的图片版本为例，图片中的颜色通过 Photoshop 数据提取分析后显示，蓝色确实是蓝色，但这很可能是因为背景的关系，而非其真实的颜色。“看看 RGB 值等于 R93，G76，B50 的地方，如果只是看着这些数字，让你说出这是什么颜色，你会说什么？”美国麻省理工学院神经科学家比维尔·康威（Biville Conway）问。

“呃……有点儿橙？”

“没错”康威说。“但你玩了个糟糕的花招——这是以白色为背景的前提下。如果把这个颜色放在中性黑色的背景中，我打赌它将会呈现橙色。”他说这些也只是在 Photoshop 上试了一下，他认为，裙子的颜色应该是蓝色和橙色。

重点在于，你的大脑试图从照片外推出环境光，然后再判断裙子的颜色。即使是认为裙子是白色和金色的神经科学家杰伊 · 内兹，也承认裙子很可能是蓝色的。他表示："我还把照片打印出来了。然后剪下了一小部分仔细看了看。在完全排除了环境色后，裙子的颜色则是介于两者之间的，而不是这样的深蓝色。我的大脑认为蓝色来自于外部光源。其他人则认为蓝色是裙子本身的颜色。"

"我最初以为是白色和金色的"尼尔 · 哈里斯，一位高级图片编辑说："当我基于这个想法来调整这张图片的白平衡时，我发现怎么都调不好。"他在高光处看到的蓝色，告诉他，他曾看到的白色其实是蓝色，而金色其实是黑色。当他反应过来之后，以图片中最暗的像素来调整白平衡，裙子就变成蓝色和黑色的了。"事情搞清楚了，要调整这张图片的白平衡，合适的点是暗处。"哈里斯说。

当环境变化的时候，人的视觉也会相应发生改变。康威说："大部分人都会觉得白色背景上的蓝色就是蓝色，但有些人可能会把黑色背景上的蓝色看成白色。"他甚至提出了一个猜想：既然白色和金色的视觉偏差能够解释在强烈的日光下看到的裙子的颜色，那么"我想昼伏夜出的猫头鹰大概更有可能认为裙子是蓝色和黑色的"。

感知视觉刺激

古希腊哲学家亚里士多德认为：光即是色彩，有光的存在才能有色彩，因为没有它就没有任何景象。光是一切物体颜色的唯一来源，光刺激到人的视网膜时形成色觉，没有光就没有色彩。光是来源于太阳、其他天体、火焰以及人工光源的一种电磁波。它的范围很广，当波长过长（红外光区）或过短（紫外光区）时，人的肉眼就无法分辨。只有波长范围在 380 ～ 760 纳米之间的狭窄光区才是人眼可见光区。已探知该可见光区的几种均衡分布的颜色波长最长的是红色，随后依次是橙色、黄色、绿色、蓝色和紫色，在雨后的彩虹中我们可以看到这一效果，或者当光线穿过棱镜分离成光谱的时候也可以看到。人眼有 700 万对亮光灵敏的视锥细胞和 1.25 亿对弱光灵敏的视杆细胞。视锥细胞集中于视网膜中央凹处，在视觉的中心区域，而视杆细胞则主要散布在外围。所以在弱光环境下，运用余光调查会比直视看得更清楚。

光源的种类、物体吸收及反射光线的方式可以决定我们所看到的物体颜色。当光线照射到一个不透明的物体上时，物体表面会吸收大部分可见光，而将一部分可见光反射出来，反射光线的颜色即是物体的本色。比如一块柠檬黄和黄色的织物会吸收光线中除了黄色以外几乎所有的颜色。白色物体几乎反射光线中所有的颜色，而黑色物体则几乎吸收所有的颜色。任何一个物体固有的颜色只有在白光下才可见，事实上，光线本身并不是完全无色的。

色彩三要素是指色相、明度和纯度。它们在设计中有着重要的作用。比如色相，它是指色彩的相貌，每一种颜色都有其具体的相貌特征。若在设计中很好地应用不同色相的颜色来创作一个系列的不同产品，消费者就会感受到产品丰富，同时也容易区别各种不同性质的产品。现代设计对色彩的应用多种多样，其中应用较多的是对比色。对比色是指在色环上相差 120 度的色彩。其特点是能产生比较效果，甚至发生错觉，它包括明度对比、色相对比、纯度对比、面积对比及冷暖对比。对比色能丰富设计的色彩，可以呈现出新的色彩效果，达到美化的作用，在许多的设计中经常用到。实验研究表明：人眼对不同颜色的亮色度变化敏感性不一，影响该敏感性顺序的因素主要是亮度和色度。

颜色视觉理论中还有一种“颜色视觉颉颃理论”，亦称“四色说”“对抗过程理论”或“对抗过程假说”等，是德国生理学家艾沃德·黑林（Edward Hering）1874 年提出。该理论建立在颜色的互补或对抗这一事实基础之上，认为存在红、黄、绿和蓝四种原色。假定视觉神经中存在红绿感受器、黄蓝感受器和白黑感受器，每种感受器受到色光刺激时，能发生对抗互补作用。20 世纪 60 年代，美国心理学家用显微光谱光度计对视网膜和视神经通路进行实验时，发现了三类神经节细胞：一类细胞对客观光谱全部波长的光都发生反应，负责报告明度信息；一类细胞对红光发生正电位反应，对绿光发生负电位反应；一类细胞对黄光发生正电位反应，对蓝光发生负电位反应。这些细胞由于能估量一类相反颜色的相对强度，被称为对立细胞或颉颃细胞。这一发现也有力地支撑了颜色视觉颉颃理论。

人类都有一种不因光源或者外界环境因素，而改变对某一个特定物体色彩判断的心理倾向，这种倾向即为色彩恒常性。某一个特定物体，由于环境（尤其特指光照环境）的变化，该物体表面的反射也会有不同。人类的视觉识别系统能够识别出这种变化，并能够判断出该变化是由光照环境的变化而产生，当光照变化在一定范围内变动时，人类识别机制会在这一变化范围内认为该物体表面颜色是恒定不变的。颜色知觉的恒常性与人的生活经验密切相关，一个由于眼疾从未见过红旗的人，在痊愈后的光亮中初次见到红旗，可能确定它是红色的。但是如果他在黑暗处初次见到红旗，就不一定能把它知觉为红色。因此，颜色恒常性是指人对物体颜色的知觉，与人的知识经验、心理倾向有关，不是指物体本身颜色的恒定不变。

为何产生这样的主观个体差异呢？一言以蔽之——知觉的恒常性。在心理学上，感觉和知觉是有区别的。感觉一般指感受器官所接受到的刺激，而知觉则指对一般性的刺激进行了进一步的认知加工。为何一条裙子颜色的认知会产生如此大的差异？大家的感觉都是相同的，知觉可能却不同，这是知觉恒常性在从中作祟。所谓知觉恒常性，即不会因为感觉的变化而改变知觉认识。如大小恒常性：大象在你面前 1 米，和距离你 100 米，在你的视网膜投影大小不同（感觉不同），但你的大脑依旧能将这两种感觉知觉为同一对象即大象（而非一个大象或一只蚂蚁），这便是恒常性。同样的，存在颜色恒常性，前文中说到的裙子就是在不同条件下的知觉现象。有人可以知觉其受光照影响（恒常蓝黑），有人不可以（知觉白金）。

有人要问为什么一开始看到白金，后来变成蓝黑，这便是恒常性的习得。心理学教材中有一个案例，科学家发现非洲某部落的野人因为常年生活在雨林中（视野范围很小），走出雨林后不相信远处的大象是大象，认为是蚂蚁，直到走近大象才大吃一惊，并认为这是魔法。后来时间久了，这些野人也就慢慢学会认知远处的东西，这就是大小恒常性的习得。还有人要问为什么单独看裙子还是黄色的呢？因为，它本来就是土黄色的，当你不进行恒常性加工时就是这个结果。小方块给那些看成蓝黑的人看，他们就会发现区别，当进行恒常性加工时，会说这是黑色，单独看色块时，是土黄。

当我们的感知遇到复杂元素时，在看到各个部分之前首先看到的是整体，德国心理学家马克斯·韦特海默（Max Wertheimer）在1923年提出的格式塔理论——知觉组织的“普雷格郎茨原则”，描述了心理倾向如何被感知视觉刺激。其中：“接近性法则”指出当对象彼此接近时，他们往往被认为是一个整体。如果我们使用清晰的结构和视觉层次，我们将不再被有限的用户认知所指责，所以他们才能快速辨认和给出反应。“相似性法则”表明外表相近的元素会被视为一组，也就是说如果有着相同功能、意义或层级的元素应当视为整体。“连续性法则”，即如果元素共享具有明确界限的区域，则它们倾向于分成一个组。在设计中我们经常使用卡片式来将相关元素组合起来，如在相似的情况下应当需要连续一贯的动作；在提示、菜单和帮助页面中使用相同的术语；并且始终保证颜色、布局、大小写、字体、字号等保证统一性等。“封闭性法则”意为当我们去设计一个缺失或者断开部分的复杂视觉对象时，会寻找一个连续、平滑的样式，换句话，就是我们有意识去填补空白，著名的“卡尼萨三角”就是一个很好的案例，在下文中会有介绍。

主观的颜色

光线通过棱镜进入眼睛，不同波长对应不同颜色。光线到达眼睛后面的视网膜后，视网膜上的色素就会开启和视觉皮质的神经联系，视觉皮质就会将这些信号转化成图像。重要的是，第一束光线的波长成分取决于世界的发光体，反映了你所看到的任何东西。不用自己操心这些东西，大脑就会理解眼睛看到的东西颜色，但这个过程会去掉很多物体的真实色彩。华盛顿大学的神经科学家杰伊·内兹说："我们的视觉系统会丢弃发光体的一些信息，然后提取出实际反射率。我研究不同人的颜色视觉差异长达30年，这是我所看到的最大的个体差异之一。"（内兹说看到的连衣裙是白色和金色的）。

视觉系统通常情况下都能工作正常，但这张连衣裙的图片涉及到了一些知觉边界。这些知觉边界的形成可能和人们的进化过程有关，人类最终进化成了只在日光下才有视觉的生物。日光会变色，黎明是粉红色，正午变成蓝白色，到了黄昏又成了红色。美国威尔斯利学院研究色彩和视觉的神经学家贝维尔·康威（Bevil Conway）说："实际情况是，人的视觉系统看东西时，会尝试忽视日光的颜色变化。最终，有的人会忽视蓝边，看到了白色和金色，有的人忽视金边，就会看到蓝色和褐色。"（不知为何，康威看连衣裙是蓝色和橙色）。

人有着两种视觉系统，中央视觉和周边视觉。中央视觉用来直视事物观察细节，而周边视觉则展现视野中的其他区域，也就是人眼能看到的周边区域。人可以用眼角的余光观察事物，这当然很有用。不过，美国堪萨斯州立大学最新研究表明，多数人都低估了它对于我们理解事物的重要性，人对场景的认知似乎都来自周边视觉。

光线经过角膜与晶状体进入眼球，晶状体将印象聚焦在视网膜表面。在视网膜上，即使是三维的物体，呈现出的印象也是二维的。这些印象被传送到大脑视觉皮质并被辨认，如大脑会想：“哦，我认出那是一扇门”。在这里，光变成电子讯号，由神经元传送到大脑后面的视觉中心。美国研究人脑发展基因以及精神病遗传学问题的分子生物学家约翰·梅迪纳（John Medina）以为，视觉信息以电信号方式传输到视网膜后，会汇总为多达 12 条不同的信息。其中，有几条阴影信息，还有几条运动信息，诸如此类。大脑视觉皮质接纳这些信息后，不同区域分别响应和处理对应的信息，比如一处专门处理 40 度角的斜线，一处专门处理颜色，一处专门处理移动状况，另一处专门处理边线等等。最终一切信息只被整合为两条信息：一条是移动状况（物体是否正在移动），另一条是方位（物体和调查者的方位关系怎么样）。

视觉的效果，实际上是在脑里的视觉中心产生的。我们在生活中看见的所有影像及所有的体验，实际上都在这个微小和黑暗的地方产生。当我们说“我们看见”的时候，我们实际上是看见光到达我们的眼睛，然后在我们的脑子里转换成电子讯号的效果。还有一点：大脑是密封的，与外界的光隔绝，它内部是绝对漆黑的。在绝对漆黑的脑子里，“外部世界”的光，从未照亮我们的大脑和视觉中心。然而，我们却“感知到”了种种颜色，这种种颜色再通过意识的分析处理，就成了我们“看到的”五颜六色的世界。颜色给我们带来了不同情绪的美丽事物，我们会用它去区分相似的事物。颜色在人脑的视觉系统中被建立，这意味着，颜色在本质上是主观的，而非客观的。所以说在真实生活中，颜色并不存在。

同样，这种情况也适用于我们其他的感官。在大脑里，我们以电子讯号的形式，来领会所有感知，如声音、触觉、味道和气味。我们的大脑在我们的一生中，从不与“原物”的物质直接产生作用，它只与这个物质在我们大脑里形成的电子版本产生作用。我们以为我们生活在屋子里，其实屋子在我们的意识里。我们认为我们的意识之外还存在着一个客观的“外部世界”，事实上，我们看见、接触、听见和理解为“物质”的一切，“这个世界”或“宇宙”，只是在我们的脑子里形成的影像而已。例如，我们看见外面的一只鸟，其实这只鸟并不在外在世界，而是在我们的大脑里。光从这只鸟反射到达我们的眼睛，并且被转换成电子讯号，这些讯号由神经元传送到大脑里的视觉中心，我们看见的鸟，实际上是我们大脑里的电子讯号经由意识翻译产生的结果。如果连接眼睛至脑部的视觉神经元被切断，这只鸟的影像便会突然消失。同样，我们听见的鸟声，也是在我们的脑子里，如果连接耳朵至脑部的神经元被切断，我们也就听不到声音了。

所以说，我们看见鸟的形状，听见它的声音，其实只是我们意识翻译电子讯号产生的结果，这是我们所有认知、想法的唯一依据。如果我们的意识不工作，它睡觉、晕厥或注意力不集中，我们就“看”不到东西了，因为意识不给我们翻译了。也可以说，我们认为我们“看到”的东西，其实是意识展现给我们的一个“景象”，我们认为有一个所谓的“客观外境”引起了我们的这个主观感觉，其实我们是完全无法确定的，而且一个所谓的“客观外境”也并不是必要的。比方说做梦，在梦里我们的意识给我们“创造”出了“梦体”（清醒梦的感念，在梦里我们认为有一个客观的“我”），创造出了“外境”。事实上我们知道，梦里头有什么？什么都没有，既没有梦中的“自我”，也没有梦里的“外境”，这些画面的产生都是意识的胡思乱想，都是意识的错觉，是假象，是不存在的。在每个人的梦里，我们升起的都是自己的主观感觉，我们每个人的主观感觉却是不同的。举个例子：假如我们现实当中的人经过盗梦空间与造梦机连到一起，共同来做“同一个梦”，在这个梦里我们都有自己的主观感觉，当然每个人的感觉是不同的。在这个梦里，每个梦中的“人”都共同认为有一个“外境”，因为在梦里“你”“我”都“看到”了相同的“东西”。可是真实情况是，梦里的“你”的意识给你分析出这是一张桌子，梦里的“我”的意识给你分析出这也是一张桌子，我们都认为我们看到了一张桌子，于是这个“重合”的“桌子”感觉，使我们认为“外部”有一个“客观的桌子”。事实上，这个“桌子”它根本不存在，它是我们共同的错觉，连同我们依据的色声香味触都是错觉。

回到梦外所谓的“真实世界”，因为每个人眼中的颜色都是自己的意识语言翻译出来的，我们每个人“看到”的颜色也各不相同。我们以为我们每个人看到的“颜色”是相同的，其实并不是，在一些特殊的情况下，会暴露出我们意识中的景象或者说颜色并不相同。引起全球网友大讨论的蓝黑或者说白金裙子例子就能说明这一点，一张图片让互联网用户们分成两大相互攻击的阵营“白金党”和“蓝黑党”，大家都在讨论这件连衣裙到底是蓝黑相间还是白金相间。正因为我们所有的直觉都是主观感觉，我们凭借直觉分析出的“客观世界”是只存在我们脑子里的想法，我们对于真正的“客观世界”一无所知，甚至连有没有一个“客观世界”都不能确定。

眼见非脑见

视觉是一切感觉之首，人的大脑有一半的资源都用于接收和解析眼睛所见。但眼睛所见并非全部，因为视觉信息还要经过大脑转换和解析。真正用来“观察”的其实是大脑。为了更快地解析周围的世界，大脑会偷懒：大脑每秒要接收约4000万次的感官信息输入，并试图完全解析出它们的意义，所以它会根据以往的经验，猜测我们看见了什么。

我们一般认为，当我们观察周围的一切时，眼睛会将看到的信息传输给大脑，大脑再对信息进行处理，让我们感受到真实的世界。但其实不然，脑见并非眼见，因为大脑总会解析眼睛看到的所有信息。从图1中，你看见了什么？你第一眼可能会看到一个黑边三角形，上面叠了个白色倒三角。其实图上什么三角形都没有，有的只是些零碎的线条和3个有缺口的圆。大脑认为图上应该有一个倒三角形，于是就凭空创造出了一个。1955年，这一独特的错觉由意大利心理学家加埃塔诺·卡尼萨（Gaetano Kanizsa）发现，后以他的姓氏命名为“卡尼萨三角”。再看看图2，这次的错觉图形是一个矩形。

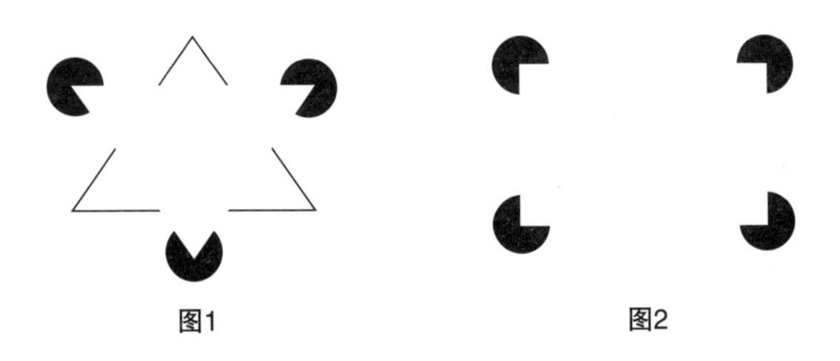

图1　　　　图2

为了更快地解析周围的世界，大脑会投机取巧地偷懒。大脑每秒要接收约 4000 万次的感官信息输入，并试图完全解析出它们的意义，所以它会根据以往的经验，猜测我们看见了什么。经验法则虽说十拿九稳，但有时也会出错。

合理运用形状和色彩可以影响人们所见。图 3 展示了色彩如何使人注意到特定的信息，通过变化颜色区域，传达出的两条信息截然相反。

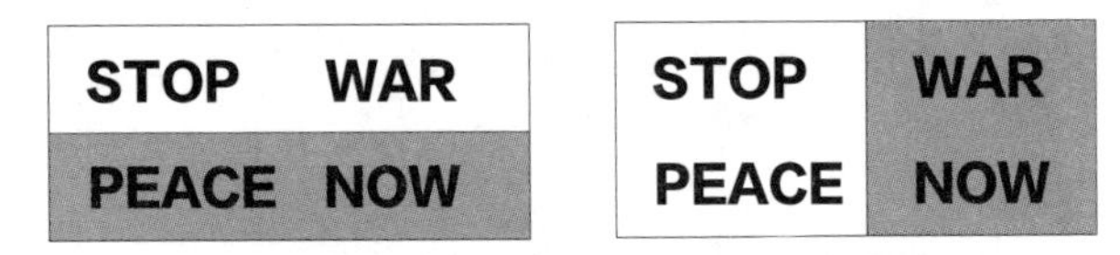

图3：变化颜色区域，传达出的两条信息截然相反

视错觉是大脑错误解析视觉信息的现象。在图 4 中，左边的竖线看上去比右边的长，但其实两条线一样长。1889 年，德国生理学家米勒 · 莱尔（Franz Carl Müller-Lyer）设计了这一图案，因此该图被称为“米勒 · 莱尔错觉”。这也是最早的视错觉图案之一。

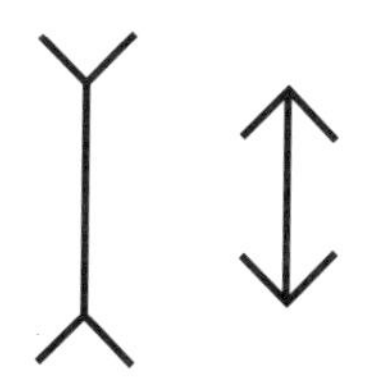

图4：左右两竖线其实等长

在呈现或印刷线条和文字时，不同的颜色会产生不同的立体效果。有的颜色似乎向外凸起，有的则向内凹陷。这种效果称为“色彩实体视觉”。红蓝搭配的效果最为强烈，但其他颜色也有这种现象，比如红绿搭配。阅读这些颜色组合非常吃力。图 5 给出了三个例子。

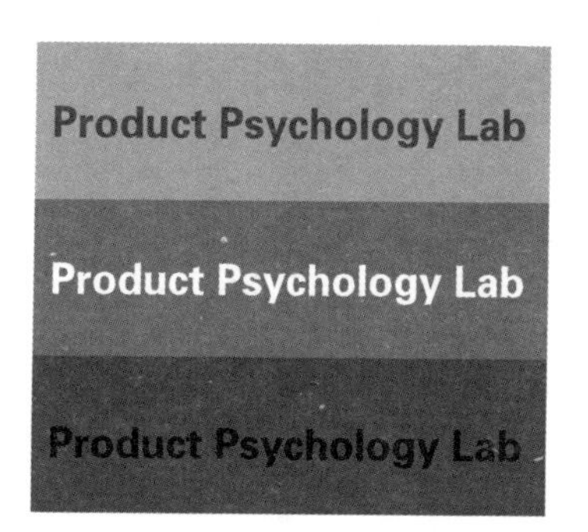

图5：色彩实体视觉可能导致难以阅读

视觉上的色彩错觉或误差是人们在感知外部世界时经常体验到的一种知觉状态。其具体表现在眼睛感知的色彩效果（心理上的真实）与客观存在的色彩实体（物理上的真实）之间存在着一定的差距。色彩视错的产生除以生理特征为前提条件外，还与物理因素、心理作用密切关联，并且各具特点。色彩视觉错觉主要包括：物理性视错与心理性视错。

物理性视错，是指色彩视觉因主要受物理因素——色光的影响而产生的一种错误的色彩感应现象。这种错觉集中反映在色彩的膨胀感、进退感、冷暖感和轻重感等方面。就色彩的膨胀与收缩感觉而言，它的成因包含了物理上的色光现象和生理上的成像位置两个方面。通过研究光的性质我们得知，各种色彩的波长有长短之别，然而这种差异是非常微小的。由于人眼水晶体自动调节的灵敏度有限，所以不同波长的光波在视网膜上的映像，就有了前后位置上的差异。如光波长的红、橙、黄等色，在视网膜的内侧成像，而光波短的绿、蓝、紫等色，则在视网膜的外侧成像，以致造成了图 5 各色显得比实际位置离眼睛近一些，后者诸色显得远一些的视错印象。一般情形下，暖色、亮色和纯色等具有膨胀、前进与轻盈的感觉，而冷色、暗色和浊色等则极富收缩、后退与沉重的意味，色彩的膨胀感同时也揭示了冷暖感、进退感和轻重感的视错现象。在协调与运用色彩的膨胀感等规律进行设计中，法国蓝白红三色国旗的色彩表达最具代表性。该旗帜的最初色彩搭配方案，为完全符合物理真实的三条等距色带，可是这种色彩构成的效果，总使人感到三色间的比例不够统一，即蓝色显窄，白色显宽，红色居中。后在色彩专家的建议下，将蓝白红三色面积比例调整为 33：30：37 的搭配关系（图 6）。至此，法国国旗呈现出符合视觉生理和距离感的特殊色彩效果，并给人以庄重神圣的感受。

图6：法国蓝白红三色国旗

心理性视错，是色彩视觉因主要受心理因素——知觉活动的影响，而产生的一种错误的色彩感应现象，而连续对比与同时对比都属于心理性视错的范畴。连续对比指人眼在不同时间段内所观察与感受到的色彩对比视觉现象。从生理学角度讲，物体对视觉的刺激作用突然停止后，人的视觉感应并非立刻全部消失，而是该物的映像仍然暂时存留，这种现象也称作“视觉残像”。视觉残像形成的原理是，因为神经兴奋所留下的痕迹而引发，是眼睛连续注视的结果，所以称之为“连续对比”。

视觉残像又分为正残像和负残像两类。所谓的正残像，又称“正后像”，是连续对比中的一种色觉现象。它是指在停止物体的视觉刺激后，视觉仍然暂时保留原有物色映像的状态，也是神经兴奋有余的产物。如凝注红色，当将其移开后，眼前还会感到有红色浮现。通常，残像暂留时间在 0.1 秒左右。大家喜爱的影视艺术就是根据这一视觉生理特性而创作完成的。如把每秒 24 个静止画面连续放映时，眼睛就可体验到与生活中的运动节奏相对应的印象，因而使人感到栩栩如生。所谓的负残像，又称“负后像”，是连续对比中的又一种色觉现象。它是指在停止物体的视觉刺激后，视觉依旧暂时保留与原有物色成补色映像的视觉状态。通常，负残像的反映强度同凝视物色的时间长短有关，即持续观看时间越长，负残像的转换效果越鲜明。例如，当久视红色后，视觉迅速移向白色时，看到的并非白色而是红色的补色——绿色；如久视红色后，再转向绿色时，则会觉得绿色更绿；而凝注红色后，再移视橙色时，则会感到该色呈暗。

同时对比，是指人眼在同一空间和时间内所观察与感受到的色彩对比视错现象。即眼睛同时接受到迥异色彩的刺激后，使色觉发生相互冲突和干扰而造成的特殊视觉色彩效果。包豪斯的颜色大师约翰内斯·伊顿（Jogannes ltten）就指出："这种同时出现的色彩，绝非客观存在，而只是发生于眼睛之中，它会引起一种兴奋的感觉和强度不断变化的充满活力的颤动。"其基本规律是在同时对比时，相邻接的色彩会改变或失掉原来的某些物质属性，并向对应的方面转换，从而展示出新的色彩效果和活力。一般地说，色彩对比愈强烈，视错效果愈明显。例如，当明度各异的色彩参与同时对比时，明亮的颜色显得更加明亮，而黯淡的颜色则会更加暗淡；当色相各异的色彩同时对比时，邻接的各色会偏向于将自己的补色残像推向对方，如红色与黄色搭配，眼睛时而把红色感觉为带紫味的颜色，时而又把黄色视为带绿味的颜色。同时对比这种视错现象在人类创造色彩美的历史长河中，曾被许多艺术家们关注与运用。

不论是同时对比还是连续对比，其实质都是为了适合于视觉生理与视觉心理平衡的需要。从生理上分析，视觉器官对色彩具有协调与舒适的要求，凡满足这种条件的色彩或色彩关系，就能取得色彩的生理和谐效果。例如，连续对比中的负残像和同时对比中的色相对比等所体现的色觉现象，均是视觉生理寻求色彩互补性平衡所致。从物理角度看，凡补色对比做色光的混合，即可取得白色光；而做色料混合则可获得灰黑色。不管白色或黑色，他们都是视觉感应中最不带尖锐刺激的中性色彩，故而最能够满足视觉生理平衡的需要，科学研究进一步证实，视觉生理变化与视觉心理变化，是构成知觉活动两个必不可分的统一整体关系，是彼此相互作用的产物。因此，如果我们的视觉器官得到了生理上的和谐满足，也就意味着一种相应的平衡状态会应运而生。

蓝色抑制你的食欲

色彩与认知

色彩在给人以美的同时，也从多方面影响着人们的心理活动。从直接视觉刺激产生，到通过间接联想产生，这些影响总是能够在不知不觉中发生作用，从而形成人们对色彩不同的心理感受。这种感受包括：冷暖感、轻重感、进退感和胀缩感等。色彩的冷与暖是因为物理光与人的视觉经验以及心理联想而形成的一种作用于人心理的感觉。色彩的各种感觉中，首先感觉到的是冷暖感。比如：红色和橙色等，可以让人们联想到熊熊烈火，或者热辣辣的太阳，这样就会产生明亮温暖的心理感受，便称为暖色。蓝色、绿色和蓝绿色等，能使人们联想到大海、冰雪或者树荫等，有冷艳、寒冷的感觉，称之为冷色。各种色彩给人的轻重感相差很远，大不相同。色彩的轻重感主要是由明度和纯度决定，明度与纯度高的颜色，能展现出轻柔和明亮的映像；明度与纯度低的颜色，则可表现出重量感或坚固度。不同的色彩也会引起人们在距离感觉上的差异，前进色、后退色就是模拟光影关系的配色，“暖色”可以感觉到“近”一些，而“冷色”则感觉到“远”一点。但在底色不同的画面中，色彩就会体现不同的“进退”感。而色彩的胀缩感，是指两个以上的色彩在对比过程中，某些色彩给人以胀大或者缩小的感觉。色彩的胀缩感是一种视觉错觉，一般来说光亮浅淡的颜色给人以面积大的感觉；深暗的颜色给人以面积小的感觉。明度的不同是形成色彩胀缩感的主要因素。

色彩影响人类心情与思考这件事情是真的，当眼睛看到某种颜色时，会将此讯息传回大脑的下视丘，经由一系列的神经传达，刺激甲状腺分泌荷尔蒙，进而造成情绪、情感或是实际反应。人们接收外界信息，大部分都是由视觉器官输入大脑的。来自外界的一切视觉形象，比如物体的形状、位置以及与别的物体的区别等，都是通过色彩和明暗关系来体现的。我们在观察物体时，第一感觉就是对色彩的感觉。因为人类眼睛的视网膜上有锥状细胞，它除了能够感光以外，还有感觉和分辨色彩的能力。锥状细胞分为感红色素、感蓝色素和感绿色素三种，这和色彩学中的红、黄、蓝三原色近似。其中，感红色素对红光最为敏感，感绿色素对黄绿光最敏感，而感蓝色素对蓝光最敏感。几乎全世界的色彩学家和心理学家都认为，色彩不光是色彩，它对人的心理状态有着神奇的作用，甚至能够左右我们的情绪和生活的意向。可以这样说，色彩与心理，其实密不可分。

在心理学中，蓝色一般指波长为 450 ～ 475nm（频率为 631 ～ 668THz）的可见光投射在人视网膜上形成的视觉体验。与其他颜色相比，蓝色更受人欢迎，40% 的男性和 36% 的女性表示最喜欢的颜色就是蓝色，而且几乎没有人不喜欢蓝色，只有 2% 的男性和 1% 的女性，表示不喜欢蓝色。蓝色如此受欢迎，是因为这种颜色象征着许多美好的东西，它代表着好感、和谐、友好和友谊；蓝色象征着真实，它洁净而清爽，能与许多颜色形成和谐的配色；蓝色是高远、智慧和诚实的颜色，它可以增强人的独立自主性，激发精神上的努力，并能够将理性与情感联系在一起。蓝色还可以消除由于生活压力而导致的紧张情绪，促进平静而有条理的思考，蓝色可以令人联想到一望无垠的大海和蓝天，给人舒适惬意的感受。蓝色还具有令人冷静和镇定的功效，因而当兴奋，愤怒或者不安情绪无法抑制的时候，穿蓝色衣服可以让内心变得冷静，此外如果在周围大量地使用蓝色，有助于慎重的处理事情，可以让浮动的心变得镇定，从而获得心灵上的平和。

蓝色事实上是最被普遍使用的颜色，而且被很多人喜欢。虽然蓝色被大量使用，不过千万切记别将蓝色套用在与食物有关网站上，多半只有节食的人用蓝色来帮助节食，而且从演化的角度来看，蓝色的食物通常都被认为是有毒的，除了蓝莓之外，能想到什么蓝色食物是无害的吗？好像没有。

食物的色、香、味，我们把颜色排在第一位，是因为眼睛是心灵的窗口，通过眼睛，我们试图去“看”到一种食物是否美味，这是人类与生俱来的心理。视觉在人们靠近食物时，充当了极为重要的参考角色。那么人不希望食物中出现哪些颜色呢？答案是蓝色、紫色和黑色食品。我们的原始天性一直在帮助我们避开有毒的食物，当我们早期的祖先觅食时，蓝色、紫色和黑色是潜在致命食物的“颜色警告标志”，即这些颜色的食物基本上都是有毒或者是已经变质的。人类基因中对这些颜色评价都是趋于负面甚至理解为是致命的。常见的天然食品中，含有这些颜色的除了蓝莓、葡萄、紫甘蓝和茄子等，在其他的食物中极为少见。而且，一些好吃的食物被染成这些颜色后，就“看起来”不再好吃了。

色彩改变行为

把监狱的墙壁刷成粉红色，同狱犯人的暴力就会减少。将婴儿放在一个黄色的房间里，小家伙就会开始哭。同样的，红色的教室会让孩子们变得活跃，而蓝色的房间会让他们冷静下来。穿着粉红色制服的筹款志愿者会获得更多捐款，灰绿色的医院走廊会放松患者疲惫的神经。色彩会对我们造成强烈的影响，包括我们对重量的感觉。例如，整天扛箱子真的很费力。1940 年，美国纽约的码头工人因搬运的弹药箱太重而举行罢工，一位颜色专家出了个主意，把弹药箱的深绿色改漆为浅绿色，弹药箱的重量并没有改变，但颜色使工人觉得它变轻了，罢工终于停止了。一些食品制造商为了让自己生产的食物看起来更重，就把其包装改为更深的颜色。

别把这种现象跟时尚专家让人穿黑色衣服以获得“苗条”效果的建议混淆起来。黑色衣服能够隐藏“啤酒和果仁巧克力大肚腩”形成的阴影，所以有助于让身体轮廓线变得更流畅。反过来，由于把身体轮廓作为没有特定兴趣点的唯一选择单位来呈现，因此投向单独的“问题区域”的注意力就更少了。健美者穿白色和淡色衬衣看起来更健壮，原因就在于此。所有那些阴影很容易跟淡色布料形成对比——为他们的肌肉系统增加了深度。这种“颜色更深显得更重”的错觉也被称为“表观重量”。这不过是选择合适的色彩来让你获得自己想要的体重感觉罢了。

在设计中，常常会利用色彩的轻重感来求得视觉和心理平衡。比如民用飞机的色彩就适合使用轻色，如果使用重色则在心理上很难让人接受。通常室内色彩设计大多采用上轻下重的手法，天花顶棚适宜采用明亮的浅色，而地面一般采用较深沉的色彩。上轻下重的服饰色给人以沉静、稳重的感觉，因此也是服装设计师常用的配色手法。

美国心理学家沃登（Warden）和弗林（Flynn）在《美国心理学杂志》上发表了一篇题为“颜色对表面大小和重量的影响”的文章。他们将 8 个盒子都是同样大小一一放进一个玻璃陈列箱里，接着让人们随意地按照各种变化的顺序看每个盒子，然后要求他们按照自己认为的盒子轻重排列盒子。下面是从轻到重的排列结果：

盒子颜色	分数（分越越高 = 分量越重）
白色	3.1
黄色	3.5
绿色	4.1
蓝色	4.7
紫色	4.8
灰色	4.8
红色	4.9
黑色	5.8

颜色甚至会影响味觉。澎泉思蓝宝集团的广告宣称其桶盖无糖沙士是散装啤酒风格的醇厚沙士。当包装专家本尼公司将这种无糖饮料罐上的背景颜色从蓝色改为淡棕色时，尽管配方并未改变，但消费者说它品尝起来更像以前装在灰白色大杯子里的美味老式沙士。类似的，消费者还说色彩更深的橘子汁饮料尝起来更甜。如果跟其他产品牢固地联系起来，色彩也会产生混乱。例如，在饮料业内，可口可乐“拥有”红色。当本尼公司的设计师将加拿大淡味啤酒公司的无糖姜汁啤酒罐的颜色从红色改成绿白相间时，其销量提高了 25% 以上。以前的红色饮料罐让消费者想到“可乐”。由于颜色不仅能吸引人的注意力，还会以专家都无法解释的方式改变人的感知，因此广告公司对于怎样在广告和包装中使用色彩高度敏感。英国牛津大学食品研究领域的实验心理学家查尔斯·斯彭斯（Charles Spence）曾表示：“视觉有优先权，它们会给我们要品尝的食品预设出味道和口感来。视觉期望对我们品尝食物的感觉影响颇大。”这也就解释了为什么人们在评价一道菜时，会将“色”放在第一位。

想压制你的食欲吗？可以试试“蓝色节食计划”。美国国家地理频道在 2014 年做过一个实验，让新泽西州的卡车司机吃自助餐，在窗帘和桌布全部换成蓝色的房间，他们明显吃得少很多。至于原因，分析认为一是蓝色让人心情平静，进食速度变慢；二是除了蓝莓等个例，大自然里极少有天然的蓝色食物，看到蓝色，我们从食欲上会本能地产生排斥感。有减肥专家也建议，如果你自己煮饭又想节食，可以在米饭、面包或意面中使用少量蓝色的食物染色剂。

美国《食欲》杂志刊登的一项新研究发现，在蓝色灯光下进食有助于防止暴饮暴食，原因是蓝色灯光会让食物看起来更令人不愉快。研究是由美国阿肯色大学研究员徐汉石博士及其同事对 112 名参试者进行了研究，研究团队让参试者在不同颜色的灯光下吃同样的饭菜，之后参试者回答有关食物满意度、食量及对饮食环境印象等问题。结果发现，尽管所吃煎饼和各种煎蛋价格不同，但是参试者对食物满意度基本一致。在就餐环境灯光方面，蓝色最能防止过量饮食。研究人员分析指出，呈现自然蓝色的食物十分罕见，人们在看到蓝色之后，也很难联想到食物，因而往往让人对食物的安全性产生怀疑，不快的感觉自然会让人食欲大减。再往前追溯，在人类还在依靠打猎、挖野菜来生存的时候，无数次试错经验都告诉他们：蓝色的食物并不好吃，还可能有毒！所以，如果想少吃点肉的话，换套蓝色的餐具或许会有用。蓝色盘子还是现下最流行的冷淡北欧风，简直一举两得！

蓝色的明度和饱和度偏低，会令人的血管收缩，兴奋神经得以抑制，“食欲”本身作为一种大脑内产生的“兴奋”自然也得到了抑制。都说自然的都是最好的，下面这几样都是纯天然的：蝴蝶花茶（呈蓝色）、萨尔茨堡的蓝色鱼还有新鲜出锅的蓝色鸡翅，你会有食欲吗？想象一下都可能会反胃。还好日常生活中蓝色食物比较少，不然真的要练练胆量才能吃下去。为什么蓝色的食物看起来那么怪异，让人没食欲？

蓝色抑制了大脑的神经系统，对人的食欲产生影响。蓝色，英文“blue”，一直作为忧郁与冷静的代表色。蓝色，它是红绿蓝光的三原色中的一员，在这三种原色中它的波长最短，属于短波长。在不同波长的光中，蓝光频段是最容易激活黑视蛋白感光系统的。它会唤醒大脑皮层的觉醒，让本身更加冷静。如染成蓝色的炸鸡，因为蓝色的明度和饱和度偏低，会令人的血管收缩，兴奋神经得以抑制，“食欲”本身作为一种大脑内产生的“兴奋”自然也得到了抑制。不仅如此，这种现象还与“色彩心理学”中的“关联组合心理”有关。有研究表明，人们已经习惯于将食物的味道和颜色进行特定的组合，就像我们已经自然而然地认为“红色”的汽水是草莓味的，但真相却是“红色的汽水”可能是辣椒味甚至是“添加了红色素的白水”。也就是说，人的习惯意识会不由自主地将“食物味道”与颜色配对。这样的关联性影响了人们对食品的观感。因为“草莓红”“柠檬黄”等颜色可以让人联想到某种可口的食物时，所以这种颜色起到了“激发食欲”的作用。而蓝色的美味食物实在太少，自然就不会将蓝色与食物划等号。

色彩的情绪

长期以来，人们逐步形成了对不同色彩的不同理解和情感上的共鸣。有的色彩给人以华丽、朴素、雅致、秀美、鲜明和热烈的感觉；有的色彩使人感到喜庆、欢快、愉快、舒适、甜美、忧郁……相同的色彩运用于不同的时间和场合、装饰不同的器物，使人产生的情绪和美感都不尽相同。不同时代、民族、地区以至于个人，由于生活习惯、地理环境和文化修养等方面的区别。对色彩各有偏爱，每个人都会根据自己的喜爱和感受去评价和选择色彩，并用合乎自己审美要求的色彩去装饰衣食住行。

色彩的情感化反应主要有色彩的冷暖和色彩的兴奋与沉静感。其中色彩的冷暖，顾名思义是色彩有冷暖之分，这主要是由于人的感官在受到色彩的刺激后，引起心理上的反应，并产生联想所形成的。红、橙、黄色常常使人联想到东方的太阳和燃烧的火焰，给人以一种热烈、温暖、积极和热情的视觉感受，因此有温暖的感觉，称为暖色系；蓝、青和蓝紫色常常使人联想到大海、晴空和阴影，给人以一种寒冷、严峻、冷静和收缩的视觉感受，因此有寒冷的感觉，称为冷色系。凡是带红、橙、黄的色调称为暖色调，凡是带青、蓝、蓝紫的色调称为冷色调。黄绿与紫红是不暖不冷的中性色。无彩色系的白是冷色，黑则是暖色，灰色是中性色。

色彩的冷暖是比较而言的，由于色彩的对比，其冷暖性质可能发生变化，如紫与红相比，紫显得冷一些，而紫与蓝相比，紫就显得暖一些；同属红色系，玫红比大红冷，而大红比朱红冷；同属蓝色系，钴蓝比湖蓝暖，而群青又比钴蓝暖。因此孤立地讨论色彩的冷暖是不确切的。色彩的冷暖与明度、纯度变化有关，如：加白会提高明度，使色彩变冷；加黑会降低明度，使色彩变暖。此外，纯度高的色一般比纯度低的色要暖一些。色彩的冷暖还与物体的表面肌理有关，表面光亮的倾向于冷，而粗糙的表面倾向于暖。

色彩的兴奋与沉静感。色彩的兴奋与沉静感取决于刺激视觉的强弱，与色相、明度、纯度都有关，其中纯度的作用最为明显。在色相方面，凡是偏红、橙、黄等鲜艳而明亮的暖色系能促使人的生物钟加快，给人以动感、兴奋感；凡属青、蓝、蓝紫色等冷色系则能给人以沉着、平静感；绿和紫为中性色，没有兴奋或沉静的感觉。

偏暖的色系容易使人兴奋，即所谓的“热闹”；偏冷的色系容易使人沉静，即所谓的“冷静”。在明度方面，高明度之色具有沉静感。因此，暖色系中明度最高、纯度也最高的色兴奋感最强，冷色系中明度低、纯度低的色最有沉静感。色彩组合的对比强弱程度直接影响兴奋与沉静感，对比强容易使人兴奋，对比弱容易使人沉静。

蓝色是我们最常见的一种天然色，在历史上，只有超级富豪才能用蓝色。12 世纪的时候，蓝色是一种特别昂贵的绘画颜料，仅次于金色。由于这个原因——以及蓝色让人悲哀的象征特点——在中世纪欧洲宗教绘画中，圣母玛利亚总是穿戴着蓝色的物件。蓝色是人们最爱歌颂的内容，我们的办公室里也处处可以见到蓝色的踪影，蓝色的文件夹、蓝色的便签条和蓝色的圆珠笔芯等等。微软公司开发出来的电脑软件的界面也是蓝色居多，因为它令人舒适镇定，具有缓解工作压力的作用。蓝色的一个重要的功能就是刺激人的左脑，在需要理性对文件进行确认的时候，使用蓝色按钮是个不错的选择。不管是蓝色的手帕还是蓝色的衬衣，都会帮助我们放得轻松一些，蓝色有平和紧张的作用。美国的色彩研究专家路易斯，通过实验发现安抚歇斯底里病人的最好的办法之一，就是把他们带去有蓝色装饰的地方，原因就是蓝色具有很好的镇静效果，可以缓解身心，对于那些一遇到堵车就焦虑不安的人，建议在方向盘周围摆一些蓝色的装饰，可以缓解焦躁的心情。

手术服为什么要用蓝绿色呢。原因之一就是手术时不可避免的，有血四处飞溅，如果这时身着白色手术服的话，就会留下非常明显的血迹，触目惊心，给人造成一定的压力。如果穿的是蓝绿色的衣服，血迹就不会那么明显了，另外手术室的紧张也是不可避免的。使用蓝绿色的手术服可以稳定心情，也可以放松。再者长时间的手术会使医生的眼睛很疲惫，而蓝色和绿色正好具有减轻视疲劳的效果。因而用在这里正合适，如果穿白色手术服的话，光线反射过程中很容易造成眼睛疲劳，而长时间看红色血的话，眼睛会闪动蓝绿色的惨象，疲劳的时候眼前忽闪的这些惨象就无法集中注意力，所以从色彩心理学的角度讲，手术服用了绿色也是有道理的。

同样美国的一项研究显示，高血压患者家里不妨用一些蓝绿色的装饰品，对调节血压也具有一定的作用。因为看到蓝色会让人想到天空和无尽的海洋，使人情绪平和，这些感觉可以使血压下降。在人前会紧张的时候，可以选用蓝色的内衣穿在里面，可能会起到身体和心灵的放松；做事畏首畏尾，相对腼腆的人可以选用调动积极性的红色的内衣；而做事稳重，不慌不忙的人，必要的时候可以选用黄色的内衣，帮助你提升效率。

蓝色具有责任信赖、正直诚实和效率的积极含义。这种颜色代表着沟通和逻辑，也代表着冷静、沉思和平静。因为蓝色与心灵有着密切联系，能够影响我们的心理状态。蓝色也有消极的一面，它给人冷淡、冷漠和漠不关心的感觉。不过，一家选择了蓝色作为主要品牌色彩的企业当然不是想要把自己的品牌形象和蓝色的这些负面特质联系在一起。

社交媒体公司选择蓝色是因为蓝色代表着沟通。相信你也注意到了，他们所使用的蓝色是不一样的。推特（Twitter）的浅蓝色配上一些黄色作为辅色，传达出了社交媒体欢乐的特点。尽管蓝色通常会给人以冷淡的感觉，但在设计数字交互界面时，这是个非常中立的色彩。我们电脑里的应用程序中经常可以看到，某个目标被选中了或者在起作用的时候用的也是蓝色！在社交媒体中，蓝色是一种很安全的颜色，在互动时看到蓝色比看到红色或绿色之类的颜色要舒服得多。

健康的色彩

湛蓝的天空、碧绿的草原、黑色的牛、白色的马和勤劳幸福的人们，在欢快的音乐声中笑得比阳光还灿烂……这个户外广告提示我们——环境的丰富色彩，可以让你生活得更精彩。然而，色彩给我们带来的并不仅仅是视觉上愉悦享受，它还能平衡我们的身心。医学专家认为，生活中的各种颜色都具有其生理作用，正确使用颜色，可以消除疲劳、抑制烦躁、控制情绪与调整和改善人的机体功能。

现代社会紧张的生活节奏令人窒息，人们开始把目光转向自然、返璞归真，重新挖掘远古时代祛病保健的良方妙法。颜色疗法便是近年来一种重放异彩的古代疗法。人类关于色彩及其对人体影响的研究已有漫长的历史，它是古代文明的精神基础。希腊哲学家和科学家亚里士多德就对色彩进行了广泛的研究，著名医生阿尔韦托·

马格诺在中世纪发表的关于颜色的论著，至今仍有非常珍贵的意义。根据研究，一些疾病在很大程度上是由于人体内色谱失衡或缺少某种颜色造成的。在我们体内有七种腺体中心，分布在脊柱的不同部位。每种颜色都能产生一种电磁波长，这些波长由视觉神经传递给大脑，促使腺体分泌激素，从而影响人的心理与机体，达到医疗作用。每种颜色有其独特的作用，令人产生不同的情感，在环境中合理使用色彩可以取得宜人的效果。除了医疗作用外，颜色还有一定的象征意义和社会属性，对人类生活有着举足轻重的影响。

近年来，各国科学家和心理学家对颜色进行了深入细致的研究，并且得出了“颜色能治病”的结论。专家们曾做过一个有趣的实验，题目叫做“色彩与人”。实验的目的是为了了解人在不同颜色房间里的工作及心理状况。研究结果发现，长期处在黑色调房间的人，即使不做任何体力及脑力活动，也会感到心烦意乱、情绪低沉、躁动不安和极度疲劳；在淡蓝色、粉红色和其他一些温柔色调的房屋里工作的人，一般比较宁静和友好，性情比较柔和；在红色房间里工作的人，会感到心情压抑与疲劳。实验还表明，改变环境的色彩能够立即改变人们的心情。烈日炎炎的夏季，人们走在拥挤不堪的大街上，进入琳琅满目与色彩缤纷的商店都会感到心中烦躁不安。相反，进入清爽与凉气袭人的冰淇淋室，望着墙壁上一幅幅引人食欲的消暑佳品广告，会觉得温度下降了许多，一种清凉之感便油然而生。毫无疑问，这种心理上的感受是由周围环境色彩的变化造成的。可见，创造良好的环境，对于人们的健康有着多么重要的作用。

每一种颜色都会发出不同的频率，当皮肤接触到不同的频率时会反应到不同的部位，每种颜色都会对身体的特定部位及器官发生作用，有些颜色还会对人的心理产生影响。色彩疗法正是在此理论基础上对人的身体、心理进行调节，从而达到治疗效果。

我们的生活由五彩缤纷的颜色组成，善用颜色也是一种养生技巧。近年来，多项国际研究赋予橙色越来越多的健康意义，专家指出，衣食住行中如能善用橙色，利于快乐生活、延年益寿。穿橙色，不仅可以调节情绪，橙色衣服还利于交友，不同颜色的着装给人留下的印象不同。日本研究发现，橙色着装可以给人带来活泼、爽朗、容易亲近的感觉。聚会、交流会上穿件橙色衣服能吸引他人与你交谈，有助于给人留下美好的印象。老人多穿橙色，心情更舒畅。很多老年人的衣物都以黑色、灰色等深沉的颜色为主，这种穿着的确稳妥，却少了活力和精气神儿。老年人若能穿件橙色的衣服，可利于摆脱焦躁烦闷和情绪低落，给生活注入生机。性格保守的老人可以试着戴顶橙色的帽子、佩戴橙色的首饰，也能在不知不觉中调节情绪。在与橙色搭配的颜色选择中，白色、黑色和橙色搭配更显合理。白色可以提升橙色的亮度，给人健康活泼、活力四射的感觉。而黑色与橙色搭配，不仅显眼，也不失沉稳、庄重。

橙色食物让人胃口大开。生活中常见的橙色食物主要包括：胡萝卜、南瓜，以及橙色果肉的芒果、木瓜、柑橘和红薯等。日本色彩治疗师、作家山里三津子曾在其著作中写道，这些橙色食物最能刺激食欲，即使人们心情不好、没有胃口也愿意大快朵颐，每周至少要吃两次橙色食物。美国农业部专家指出，每周摄入两次以上橙色食物可延缓衰老、预防年龄增长带来的多种疾病。橙色食物富含胡萝卜素，且橙色越深，胡萝卜素含量越高，足量摄入还利于保护眼睛、预防癌症等。研究也显示，以橙子为代表的柑橘类水果，其维生素 C 含量远远高于苹果、梨、桃等。橙子富含的橙皮素和柚皮素，拥有极强的抗氧化、抗炎症作用。肉质发橙色的三文鱼，含有非常丰富的欧米伽 3 脂肪酸，有助于预防心脏病和促进大脑发育。此外，三文鱼还有抗氧化作用，可延缓衰老，预防老年痴呆和视力减退。

橙色餐具促进食欲。英国牛津大学和西班牙瓦伦西亚理工大学共同研究发现，橙色对味蕾会产生影响，用橙色杯子喝巧克力热饮，受试者普遍觉得味道更好。研究人员认为，对不同颜色，大脑处理视觉信息的方式不同，从而影响味觉。因此，大家不妨在餐桌上多用橙色餐具，可能让食物变得更好吃。由于橙色能促进食欲，许多购物、餐饮网站都会选用橙色作为主色调。生活中我们也可尝试用橙色来改善生活，如常见小孩挑食偏食、老人食欲不振，这时铺块橙色的桌布，可有助于提高食欲，增加食量。橙色还可以减少老人避免跌倒的产生，研究发现，老人对橙色等鲜艳颜色的识别能力比较敏感。老人常用的物品不妨可以多用橙色，比如橙色的手机壳、橙色的钥匙包等；老人房间内的开关、把手等处贴上橙色标志，以便老人寻找，降低摔倒风险；当然最好是在透明玻璃推拉门上挂个橙色的装饰，以防老人误撞受伤。

橙色灯光还可以提高学习效率。发表在《美国国家科学院院刊》

上的一项研究指出，橙色光线和大脑中负责认知功能和警觉程度的区域相关，橙色灯光能让人们保持警觉，并提高学习和工作效率。建议人们不妨用橙色灯光代替喝杯咖啡，因为它们的效果类似。

多感官交互反馈

感官触点

我们大部分人应该都去过星巴克，去星巴克的时候，我们其实是在享受一种服务。当我们花了几十块买一杯星巴克的咖啡时，我们所花的钱并不只是在于咖啡本身，而是包括咖啡、咖啡杯、餐巾、纪念品、时间、星巴克的室内环境、星巴克的专业咖啡设备和烹调知识、管理成本和与星巴克工作人员的交互体验等。其中一部分是物质的，一部分是非物质的。物质的如咖啡、杯子、空间、座位和餐巾纸；非物质如时间、专业技能和职业态度等，这些都是我们去任何一家咖啡厅预期它应该有的服务。那么还有一部分则是惊喜，比如：主题化的空间和个性化的服务等。

星巴克卖的并不是咖啡，而是环境氛围与卓越的交互体验。如果纯粹以味道论，它的咖啡在行家之中并不出众，但这不妨碍它成为全球最大的咖啡连锁店之一。星巴克的巨大是源于长期以来对人文特质和用户体验的坚持：采购全球最好的高原咖啡豆；拥有深厚的文化底蕴，不懈地追求品位，向顾客营造出一种家庭和工作以外的“第三空间”，一个时尚而温馨优雅的环境。这一切都为顾客创造了一种独特的星巴克感官和心理体验。

星巴克认为他们的产品不单是咖啡，咖啡只是一种载体，通过这种载体，把一种独特的体验传送给顾客。为体现品牌定位，星巴克店铺进行了特意的设计，店内独特的环境布置和装饰、器具、音乐、优雅的氛围等，使人流连忘返。顾客一旦步入店堂，从选购产品到整个消费过程无不感觉到深刻的品牌内涵，从而使消费者从内心认可品牌内涵，并开始向熟识的家人、同事和朋友推荐和宣传，这使得星巴克的体验式营销影响得以迅速扩大。体验营销是伴随着体验经济的产生而发展出的新营销方式，它不同于传统营销。传统营销过分强调产品的功能利益，而忽视了消费者所需要的感受和体验。体验营销是从消费者的感官、情感、思考、行动和关联五个方面重新定义和设计，认为消费者消费时是理性与感性兼顾的。企业以客户为中心、以产品为道具、以服务为舞台，以满足消费者的心理与精神需求为出发点，通过对事件、情景的安排以及特定体验过程的设计，让客户在体验中产生美妙而深刻的印象或体验，获得最大程度上的精神满足。视觉体验上，咖啡厅环境比一般的餐厅要暗，创造出舒适安逸的照明氛围，给人以安定感。在星巴克，他们特别强调光环境塑造的必要性。通过照明形成趣味，对咖啡制作的区域进行突出，展示出咖啡的烘焙过程来提升氛围。而且空间内其他区域的色温均较为温和，光照也比较均匀。星巴克公司通过准确地选址定位，辅以高级设计团队的精美打造，将星巴克咖啡店与周围环境最恰当地融合在一起。听觉体验上，利用音乐效果烘托是常采用的战略手段。星巴克经常播放一些爵士乐、美国乡村音乐以及钢琴独奏等。这些正好迎合了那些时尚、新潮、追求前卫的白领阶层。触觉体验上，选择符合品牌特征的装饰，比如星巴克在桌椅及柜子甚至还包括地板都倾向使用木质材料，让消费者感受到高雅、稳重及温馨的感觉，而星巴克的沙发更是让人爱不释手，坐起来很舒服。味觉上，星巴克咖啡具有一流的纯正口味，他们常年与印度尼西亚、东非和拉丁美洲一带的咖啡种植者、出口商交流沟通，为的是能够购买到世界上最好的咖啡豆。他们工作的最终目的是让所有星巴克的顾客都能体验到：星巴克所使用的咖啡豆都是来自世界主要的咖啡豆产地的极品。

星巴克属于美国式消费文化，在店内顾客可以任意挪动桌椅、自在谈笑，并提供数据介绍咖啡的调制和喝法。除了卖咖啡以外，更重要的是让顾客感受到消费时的气氛，因此他们打造周边的环境，从店内的装潢设计到播送的音乐，让消费者觉得这是一个舒适的空间。煮咖啡时的嘶嘶声，将咖啡粉末从过滤器敲击下来时发出的啪啪声，用金属勺子铲出咖啡豆时发出的沙沙声，都是顾客熟悉的、感到舒服的声音，都烘托出一种“星巴克情调”。

“认真对待每一位顾客，一次只烹调顾客那一杯咖啡。”这句取材自意大利，老咖啡馆工艺精神的企业理念，贯穿了星巴克的服务。为了保证服务的高质量，所有在星巴克咖啡店的雇员都是经过严格而系统的训练，对于咖啡知识及制作咖啡饮料的方法，都有一致的标准。星巴克使顾客除了能品尝绝对纯正的星巴克咖啡之外，同时也可与雇员们产生良好的互动。

星巴克强调它的文化品位。星巴克这个名称暗含了其对顾客的定位：它不是普通的大众，而是有些社会地位、有较高收入、有一定生活情调的人群。因此，出入星巴克，也给人们打上了地位、身份的标记，满足了顾客的社会性需求和体验。星巴克一般选址在人流，特别是有钱人多的商场与写字楼。星巴克内有一个特别的做法，店里许多东西的包装像小礼品一样精致，从杯子、杯垫，咖啡壶的图案与包装，都独具匠心，于是顾客把这些带回家做纪念。而现场钢琴演奏欧美经典音乐背景、流行时尚报刊杂志和精美欧式饰品等配套设施，力求给顾客一种高贵的感觉。让喝咖啡变成一种生活体验，让喝咖啡的人自觉十分时尚和放松。

好的产品让你感觉很好，甚至有触及灵魂之感。就像你第一次拿 iPod、电脑鼠标，甚至枪的时候一样，它们就是非常合手。在心理学和设计中，有一个术语来描述这种契合就是“刺激 - 反应相容性”，对应在人体工程学中称之为“触及内心”。它是指一个人对世界的感知与要求反应相容的程度，如当你握着劳力士的重量，在法拉利上踩下加速器，或者用手工锻造的日本厨师刀切洋葱时，这种产品在多种感官上发挥作用，增加了反馈和终极价值。

当一个顾客走进门的那一瞬间，他会接触无数的点。他会看到你的招牌、你的门、你门的手把、你的前台、你的服务员、你的背景墙、你的墙面、你的货柜、你的展架、你的地板砖、你的天花板、你的灯和你的各种装饰品……这些都将会是他接触到的每一个点。

当然，还没有来之前，他可能就已经接触到了你的广告，接触到了别人给他推荐的信息。

品牌营销成功的秘诀之一就是让消费者和品牌之间建立亲密关系，而这种亲密关系首先是由感官体验所带来的。对于品牌营销来说，需要从视觉、听觉、嗅觉、味觉、触觉五大感官体验入手，大开脑洞，寻找品牌与五种感官的接触点，把原来消费者只能通过视觉和听觉被动接受的信息，转化为可以通过立体感官来进行主动体验。比如现在很多新开业的餐厅，除了菜品色香味俱全，店内的装修、播放的音乐，甚至座位餐桌的质感都决定了客户最终能否买单，很多顾客都有这样一个诉求，吃的不仅仅是菜品，吃的还有环境。尤其是宴请宾客或是好友聚会，全方位的感官体验变得尤为重要。

感官体验对于建立品牌忠诚度来说至关重要，不同的感官在促使消费者对品牌产生认同、信赖等亲密关系时，发挥着不同的作用。在五大感官中最强大的感官是视觉，视觉会带给我们整个品牌的第一印象，是品牌营销中最被重视的要素。而在视觉元素中，色彩元素使用尤为重要，几乎所有知名品牌都有自己严格的配色要求，比如红白相间的配色和动态丝带字样，会让我们一眼认出是可口可乐；看到广告上露出的红色咖啡杯，我们立刻会联想到雀巢咖啡。

除了视觉，听觉也在影响消费者决策和提升品牌形象方面有很关键的作用。英特尔在这方面的应用，应该算是行业中的翘楚。作为一款消费者平时很难看到的芯片产品，英特尔曾经也在如何增强用户的品牌认知上费了很多脑筋，聪明的英特尔营销团队采用了一个非常巧妙的办法，它在为合作伙伴提供营销赞助的时候，要求合作伙伴在广告后面加上“内含英特尔处理器”的标语，以经典的“灯，等灯等灯”背景音结束广告的播放，而这个背景音已经成为了英特尔最知名的声音 LOGO 了。

而一直被品牌忽略的嗅觉、味觉、触觉同样可以爆发出惊人的能量。其中嗅觉是最容易唤醒回忆、触动情感的感官，巧妙应用嗅觉能够唤起消费者美好的回忆，产生情感或消费冲动。豪车品牌劳斯莱斯就是使用嗅觉来树立品牌独特性的典范，一直以来劳斯莱斯都通过经典气味成为同行业的领先品牌。但在新款车型上市以后却收到了很多差评，经过走访调研之后他们发现，问题就出在新旧两款车型的气味不同。原来老款使用了很多天然的原材料，比如木头皮革、亚麻和羊毛，这种气味让人觉得有种天然高贵的感觉。但随着技术的发展，这些原材料被其他材质所代替。所以劳斯莱斯为了配置这种经典气味，花重金进行气味分析，在将 800 多种气体元素混合之后，终于配置出了同款气味，后来每辆劳斯莱斯的汽车都标配这种经典气味。而味觉与嗅觉通常联合使用，很少有品牌单独用味觉作为卖点招揽客户，在个人口腔护理用品方面是个例外。品牌方们研发出各种不同口味的牙膏来满足消费者的需求：如薄荷味的，人们认为它让口气清新；草本口味的，可以增进牙齿健康，还有各种各样水果味的，可以让人们觉得口气香甜。最后就是触觉，一个在连接我们内心与外部世界上发挥着重大作用的感官，我们会通过皮肤传递的触感来评估我们对外部物品的接受度，评估它的质感。在我们消费行为中，触觉对于我们决策经常产生特别大的影响。比如衣服的材质、手感和穿在身上的触感会成为我们服装购买决策时最重要的指标；购买汽车时，我们会在乎方向盘的手感、离合器的脚感、内饰的触感，在一项覆盖 13 个国家的调研中，有 49% 的消费者表示，触觉是他们购车主要考虑的因素。

环境影响行为

气象心理学家指出，人的身体与精神反应都深受气象因素影响，进而影响到人的行为。美国的研究人员发现：气温升高，攻击行为和暴力犯罪增加；淫雨霏霏，会使人情绪低落，使犯罪率降低；云量递增，盗窃与攻击行为也随之增加；气压降低，常使人焦躁不安，自杀事件增多等等。由于气候可影响人的情绪，因而又会影响人的工作效率。有利的气象条件（气温、湿度、气流、光照等）可使人的情绪高涨，干劲充足，工作效率倍增；反之就会使人情绪低落，效率下降。

光线暗淡容易使人精神萎靡不振，正如古诗所说的那样“天昏昏兮人郁郁。”所以在法国，每当阴雨连绵的季节，一些工厂就用灯光把车间打扮成旭日东升、曙光万道的景象；临近中午时，则华灯齐射，呈现出晴空万里，“阳光”灿烂的气氛；快下班了，车间里又是一番“太阳”西沉、霞光四射的景色。据说，这样的人造环境能振奋人的精神，提高工作效率。

色彩作用于人们的感官，可刺激人们的联想，对人们的心理产生影响。如看到红色，会使人联想到太阳、火焰，整个人感到暖洋洋，很兴奋；见到蓝色，会使人联想到海洋、蓝天，因而感到清凉、宁静；见到橙色，会使人联想到柑橘，因而感到甜美，引发食欲；见到黑色或深蓝色，则会感到抑郁、恐惧、紧张。所以，要消除烦躁和愤怒，应避免红色。要化解沮丧，应避免接近黑色和深蓝色等令人情绪低落的颜色，而应选用能使人心情愉快的色调。要减轻焦虑与紧张，应选择一些具有缓和及镇静作用的清淡颜色，例如医院就常采用浅蓝色来安定病人的情绪。

人们生活在噪声的环境中，倍觉紧张烦恼，焦虑不安。人们耐受噪声的程度是有限度的，当受到他人刺激或挑衅时，有的人往往会丧失对自己的控制，甚至会引发暴力行为。美国心理学家兰斯·凯恩认为，噪声对人的身体和心理都会产生刺激，并影响人与人之间的友善程度。而孕妇听旋律优美的音乐，可使胎儿发育良好；产妇听音乐可以镇静，减少疼痛，促进胎儿顺利娩出，并可以使乳汁分泌增多。情绪忧郁的患者，可选听欢乐、兴奋、旋律流畅的乐曲；情绪不安、焦虑烦闷的患者，可以选听情调优美、风格典雅的古曲。高血压病人不宜听节奏快的兴奋性音乐；忧郁悲伤的人不宜听低沉伤感的音乐。曾经有人做过一项实验，他们想知道如果在葡萄酒商店播放来自不同国家的音乐会不会给葡萄酒的销售带来影响。实际上，实验结束之后发现，当播放法国音乐的时候，法国的葡萄酒的销量会更容易超过德国葡萄酒的销量，反之亦然。而在后续的跟踪调查当中发现，仅有 2% 的用户在后续调研中提到音乐这件事的影响。环境所带来的影响，对于不同的感官带来的影响层级深浅各不相同，带来的影响，有显性的也有隐性的。

此外，在拥挤的环境中，由于相互干扰、接触和碰撞，人们很容易精神疲劳，从而引起急躁、紧张、烦恼与不安。

当你准备走进一个地方的时候，嗅觉是除了视觉之外第二重要的“第一印象”。一些国际知名品牌连锁酒店已采用气味营销的方式，就像喜达屋集团旗下的多个连锁酒店都有自己的专属味道，目的就是给消费者制造难以忘怀的记忆。视觉比嗅觉记忆的遗忘时间线短，遗忘速度快，而嗅觉感觉深刻，遗忘速度慢，更能唤醒记忆系统。审美疲劳的现代，留住消费者的有效方式之一，就是香气留人。持续不断的气味摄入，让消费者习惯且离不开专属香味，提高了消费者的忠诚度，同时无形中在消费者心中形成了一张“气味名片”。所以现在很多高档的酒店，在其大厅、客房等位置都会放置香薰或者香水，味道很淡很柔和。其就是营造出一种温馨、放松和舒适的感觉。还有 VIP 候机室、高档私人会所和茶馆等。这些地方都会放置香薰或者香水，淡淡的味道就是不停地刺激你的大脑，告诉你，既来之则安之，好好享受当下的场景，从而获得情绪上的共振。更为普遍的例子就是超市的熟食区，任何一家超市，熟食区永远都会有热气腾腾的食物摆在那里，未必真的好吃，但是一定特别香。通过嗅觉营造出一种饥肠辘辘的感觉，这个就是商家用来刺激你购买的利器，让你在不知不觉中买了很多东西。

嗅觉是一种远感，意思是说，它是通过长距离感受化学刺激的感觉。以气味编码的信息，已经被证明更持久，并且能比其他感官编码在记忆中保存更久。随着时间的流逝，人们依然可以辨认出气味，利用气味可以提示各种自传式的记忆，香气也被证实可以提高对产品和店铺的评价。《感官品牌》作者马丁·林斯特龙（Martin Lindstrom）指出："人的情绪有75%是由嗅觉产生。当我们嗅闻某样事物，鼻子中的气味接收部位会辟出一条畅通无阻且最短的道路直达大脑的边缘系统，而这一处刚好是控制情绪、记忆与幸福感的区域。人对照片的记忆，在三个月后剩下50%，但回忆气味的准确度高达65%。"法国作家马塞尔·普鲁斯特在《追忆似水年华》中写道："即使物毁人亡，久远的往事了无痕迹，唯独气味和滋味虽说脆弱却更有生命力。虽说虚幻却更经久不散，更忠贞不渝，它们仍然对依稀的往事寄托着回忆期待和希望，它们以无从辨认的蛛丝马迹，坚强不屈地支撑起整座回忆的巨厦。"

美国摩内尔化学香气中心的研究也指出："消费者如果身处宜人气味的环境，像是充满了咖啡香或饼干香的空间，不但心情会变好，也可能让他们的行为举止更为迷人，甚至出现利他的友善表现。"美国杜克大学的学者曾做过实验，把香草和巧克力的香味喷洒在纽约地铁中，结果吵架、推、挤的现象大幅度降低，利用气味是把人的情绪从急躁调整到平和。迪士尼乐园的爆米花摊，在生意清淡时，会打开"人工爆米花香味"，不久顾客就闻着香味来买爆米花了，这是利用气味把人的情绪从冷淡调到冲动。

可见，良好的气味，让人们一闻就心生好感。其次，嗅觉的标签性，可以帮助品牌通过特定的气味让消费者产生美好的印象甚至依赖。社会学家克雷蒂安·范·坎彭（Cretien van Campen）曾说过："过去的记忆是非自愿的，感官诱导的、生动的与情绪化的重现。"美国知名百货商店布鲁明戴尔（Bloomingdale）在不同的部门释放相应的气味，内衣区是丁香气味、泳装区是椰子香味，你猜母婴区是什么香味？强生婴儿粉。因为强生婴儿粉的香味能唤起母亲对亲子时光的回忆：胖胖的娃娃洗白白了抱在怀里，母亲给她搽婴儿粉。这个气味唤起了消费者的母爱，妈妈们根本控制不住给孩子多买点好东西。法国农业银行（Credit Agricole）选择了一款辨识度极高的香氛——浓浓的忍冬花香味，不愧是农业银行啊，一闻到这个香味，就能让你联想到法国乡村那浓浓的田园气息。如果你乘坐过新加坡航空的航班，你就会对他们的气味印象深刻。不论是空姐身上的，还是递给你的热毛巾，香味都是一样的。这个香味名字叫做“斯蒂芬佛罗里达水”（Stefan Floridian Waters），是由美国著名香氛公司 Scent Air 的调香大师斯蒂芬 • 佛罗里达专门调制的。新加坡航空已经注册了这个香味的嗅觉商标，现在已经成了新航公司品牌形象的一部分。新加坡是一个原来连航线都没有的国家，现在拥有着世界一流的航空公司。不得不说，新航真的很“香”。可见，独特的气味，让人们闻了就“三月不知肉味”，日久难忘。

感官交互体验

听觉是人类非常复杂的系统，人类的听觉功能，已经达到了高度分化的水平，它对声音感觉的敏感性几乎是很难想像的。人们对任何声音都有明显的主观意识，都受兴趣及注意力的影响。一个情绪低落、焦虑的人，对周围的事情都漠不关心，他愿意找一个僻静的地方。而一个乐观、开朗，对生活充满热情的人，自然愿意去热闹、人多的地方。这也就是为什么咖啡厅、茶馆、书店总是有柔和精美的音乐，而酒吧总是那么吵杂。因为声音在左右你的情绪，从而影响你做出判断。最经典的例子，莫过于可口可乐拧开瓶盖的声音。可口可乐里面灌装了大量的二氧化碳，当你拧开瓶盖的时候瓶内外的压强差急剧变化。瞬间会有二氧化碳被释放出来，所以有了那么经典的“呲”的一声。可口可乐经过大量的调研发现：拧开瓶盖瞬间“呲”的一声，对口渴的人来说获得了极大的满足感，那个瞬间他们对可乐的好感达到了顶峰。世界上每天都会消耗几亿瓶可乐，这种快感和满足感就会释放几亿次，这对可口可乐来说是一次绝佳的免费营销。

其次，是汽车的关门声。大部分用户认为，德国车普遍比日本车安全，评价标准之一即是用力地关车门，如果关门声非常厚重，说明车门防护系统精良，从而判断整车比较安全。如果关门声非常清脆或者力度不足，那么就说明车门防护系统一般。很多国内的车商都非常注重这个细节，力求关门声都非常厚重从而给用户吃一颗“定心丸”。这里我们不讨论这个方法是否公平科学，只是单纯地说这一点。声音已经影响了用户的理性思维，影响了对产品的主观判断和分析。听觉作为人类高级感官之一，在适合的场景下是完全可以左右用户情绪，从而让用户做产生认为“理性”的购买动机。

折扣店通常把灯光打得很亮，因为明亮的灯光可以充分展示产品的优势；高档化妆品店可能会选择柔和的灯光，以便让顾客在镜中发现更美的自己；在许多赌场，空气中的芳香能创造出一种让玩家放松的气氛，让他们感到时间的速度都放缓了；店内背景音乐的节奏会影响消费者的步频，这些“氛围”以无法被察觉与掌控的方式影响着消费者的思维与行为。行为经济学家也会通过改变人们的选择架构，从而改变其选择结果，操纵人们的潜意识。不过，对于人脑机能更为全面深入的了解只构成了该领域现有成果中的一部分。诸如互联网、社交媒体和移动终端等全新信息获取媒介的出现，以及个性化的广告信息，大大增强了感官交互的力量。例如当你打开某个网页时，电脑会发出与该网页相关的声音；或是当你点击一家餐馆的页面时，会发出牛排被烤得嗞嗞作响的声音；当你点击一家旅行社的网页时，会发出浪花拍击海岸的声音……

电动汽车的无噪音行驶新理念通常被认为是一个主要优点，然而，随着电动车型阵容不断扩大，驾驶者也开始追求不同的驾驶体验。宝马集团启动的“BMW 电动车声浪模拟”项目，为 BMW 电动汽车设计具有未来感的声音。“我们希望让‘BMW 电动车声浪模拟’适合那些重视感性化声音的客户，人们将在所有感官上体验宝马纯粹的驾驶乐趣，”BMW 品牌管理及市场营销负责人延斯·塞门尔（Jens Thiemer）表示。“当驾驶者踩油门踏板时，它不仅是一个机械接触的过程，同时也是开启汽车表演的触发点。加速的过程是驾驶员穿过一系列渐变声音纹理的奇妙情感体验。”BMW 电动车声浪模拟设计者，来自德国电影配乐作曲家兼音乐制作人，同时也是奥斯卡获奖者的汉斯 · 季默（Hans Zimmer）解释说。

声学表现是保障驾乘舒适性的关键因素之一。BMW 研发工程师针对原型车进行了一系列声学测试项目，将各种潜在噪声源纳入测试范围，以确保这款纯电动大型豪华旗舰轿车的卓越降噪隔音效果和驾乘体验。工程师们进行了全方位的声音释放与吸收的测试，详细分析了电机和滚动噪声、气动声学和振动噪声等不同维度的声学特性，并对车辆内部的电动车声浪模拟进行了精准调适。

工程师们在声学试验台真实模拟了车辆在世界各种交通路面的行驶声音和轮胎噪声，记录下了所有刺激性的噪音，并有选择性地消除这些噪音，从而使车辆在不同路况中均可实现的声学舒适体验。为了能够在极端气候条件下测试所有降噪措施的有效性，研发工程师还模拟了世界各地的气候环境，对噪声源进行分析和优化。例如在极高和极低温度下，针对车辆的空调和通风系统的声学表现进行针对性地调校。而在声学风洞实验中，BMW i7 电动车的简约流畅车身表面、嵌入式门把手、经过空气动力学优化的后视镜和几乎完全封闭的车身底部，大大减低了这款大型豪华轿车的空气阻力，使 BMW i7 的气动声学表现得到了进一步的完善。

此外，研发和测试工程师还对电磁兼容性进行了详细分析和精确优化。工程师将原型车暴露于强大的电磁场中，以测试其电气系统对电磁干扰的敏感度。通过实时数据分析测试结果，确保车辆悬架控制系统和辅助系统的可靠运行，以及在线数据、电话、广播、视频和导航信号的无干扰接收。除车辆本身发出的噪声和振动之外，车外的噪声源也会影响驾乘的舒适性。工程师通过模拟日常交通状况，包括道路施工现场以及货车经过时产生的各种噪音，测试车内的隔音效果。借助创新材料的使用，在车辆支柱饰板、座椅、车顶衬垫和后隔板中添加融入吸音材质，有效地屏蔽了车内外噪音。车门、车窗架和轮拱部位配有毛绒织物，轮胎内侧使用泡沫吸收层，以进一步减少车辆行驶时发出的噪声。隔音的玻璃窗更是有效地控制了车外噪音通过玻璃传入车内，为车辆带来更加安静的驾乘体验。

虚拟感官交互

可爱的魔镜，请你告诉我，我最漂亮，我最漂亮……

这是一首非常欢快的儿歌，描述的场景也非常让人向往。每当听到这首歌的时候，都会不由自主想起魔妆镜，跟儿歌中的魔镜一样，魔妆镜无论何时都会告诉你，你有多漂亮。运用了 AR 试妆技术的魔妆镜是一款专业的智能镜，根据实际视效分层叠加质感、纹理、明暗等效果，实现贴近真实的妆感。为顾客提供逼真、稳定的虚拟试妆服务。从单品试妆，实现唇膏（口红）、眉毛、睫毛、眼线、眼影、腮红和底妆单品的局部上妆，方便搭配已有妆容挑选单品，也可以挑选自己喜欢的单品来搭配整脸妆容，还支持调整厚涂与薄涂，满足一些特殊的妆容效果。到整妆试妆，将单品组合成整脸妆容，一键试妆，3D 动态展示全脸试妆效果，还可以根据脸部特征推荐合适妆容。

AR 试妆是魔妆镜的主打功能，除了试妆，魔妆镜还可以拓展更多意想不到的功能，例如 AR 试眼镜、AR 美瞳、AR 试耳环和 AR 染发等。其中 AR 试眼镜，采用摄像头识别到人脸关键位置，然后在捕捉到的人脸上模拟眼镜试戴效果，3D 实时动态试戴，所见即所得；AR 试美瞳，运用普通摄像头实时采集用户眼部图像数据，3D 实时真人试戴，让用户在没有实物产品的情况下，直观体验美瞳佩戴的效果；AR 试耳环，采用摄像头识别耳朵的位置，3D 动态试戴，可转动头部多角度查看试戴效果；AR 试帽子：使用摄像头直接扫描头型参数，进行帽子试戴，可转动头部多角度查看试戴效果；AR 染发，通过人脸检测，自动识别发型轮廓，迅速将发型和非发型区域进行分割，然后针对发型区域进行发色调整，模拟现实染发。从 AR 试妆到 AR 染发，魔妆镜让变美有了更多的可能。你想要什么，也许魔妆镜就有什么。

增强现实技术（Augmented Reality，简称 AR），是一种将真实世界信息和虚拟世界信息“无缝”集成的新技术，是把原本在现实世界的一定时间空间范围内很难体验到的实体信息（视觉、声音、味道和触觉等），通过电脑等科学技术，模拟仿真后再叠加，将虚拟的信息应用到真实世界，被人类感官所感知，从而达到超越现实的感官体验。真实的环境和虚拟的物体实时地叠加到了同一个画面或空间同时存在。如著名的美妆连锁门店丝芙兰，在门店中就引入了 AR 试妆魔镜。通过人脸识别技术捕捉用户脸部特征，再通过对摄像头视频流的加工让口红、眼影等化妆品实时显示在人脸上。这种新奇的体验让很多社恐患者避免了和导购交流的尴尬，甚至为丝芙兰省下了不少小样。

2014 年，脸书（Facebook）花费 20 亿美金收购了电子游戏头戴式显示器 Oculus Rift。同年谷歌（Google）发布了 Cardboard，一款利用廉价纸板和手机屏幕就可以实现虚拟现实的 DIY 设备。2015 年初，微软（Microsoft）公开了一款介于虚拟与增强现实的头戴设备

HoloLens，产品演示时惊艳了全场。此外各大公司与游戏厂商都纷纷在虚拟现实（Virtual Reality，简称 VR）领域布局，众多初创公司也在摩拳擦掌，彼时 VR 顿时成了一个炙手可热的话题。虽然黑客帝国中描述的故事不太可能在现实发生，但 VR 以及 VR 所带来的全新体验已然走进了寻常百姓家，为人津津乐道。

VR 的目的是要通过模拟各种声光色电信号来还原真实或者虚拟的场景，超越时空的距离，并且制造逼真的具有代入感的体验。作为输入信号的感官模拟自然首当其冲。目前大部分的 VR 设备主要侧重在重构视觉与听觉，然而这仅仅是虚拟现实技术中的冰山一角，未来的 VR 可以同时传递多种感官信号。想像你住在北京的胡同里，戴着 VR 头盔在游览意大利佛罗伦萨街角的一家水果店。你看到了水果店周围的古朴建筑和主人的微笑，同时你闻到了新鲜水果的味道。于是你伸出手，居然还能感受到水果的质地，仿佛置身当地一般，毫无二致。

视觉上如何保证 VR 屏幕上得到的影像是逼真的呢？目前的技术主要是融合左眼和右眼的图像来获得场景的纵深感：对于虚拟场景的重现，主要是通过计算机图形学对合成物体作逼真的渲染，然后分别投影到头盔佩戴者的左右眼来实现；而对于真实场景的重现来说，侧重在于如何采集现场画面，且能够完整地记录下场景的几何信息。这个可以通过体感相机（如 Microsoft Kinect）或者相机阵列实现。谷歌推出的 Jump 则采用了 16 台 GoPro 来制作虚拟场景的内容，以达到可以逼真还原现场拍摄的效果。

听觉上，声音配合画面才能淋漓尽致地展现现场效果。一般的声音录制方法并不能完整还原环境的三维信息，而三维声音，也称为虚拟声和双耳音频，利用了间隔一个头部宽度的两个麦克风同时录制现场声音。该方法可以完整地保存声音源到双耳的信号幅度以及相位的差别，让听众仿佛置身现场一般。颇有意思的是，麦克风的外围竟有人耳的造型以及由类似皮肤的材料构成，这样可以最大限度地保存外部声音导入人耳的整个过程。更有甚者，有人构建出了三维声音阵列，可以将 360 度全景声音全部录入，然后通过头部的转动选择性地播放出来，音质极佳，令人震撼。

嗅觉上，如何让 VR 盒子带来“暗香浮动月黄昏”的感受？嗅觉虽然并不是 VR 必须的输入信号，但能够极大地丰富 VR 的体验。将嗅觉嵌入到影片里的尝试可以追溯到多个世纪前的久远历史。合成气味的方式通常是由一堆塞满了香料的小盒子组成，也被称作气味工厂。每一个小盒子可以单独地被电阻丝加热并散发出对应的气味，同时加热多个小盒子就可以将不同的气味混在一起。FeelReal 就曾宣称采用了拥有 7 个小盒子的气味工厂来合成气味。当然，这项技术距离实际应用还有一段距离，主要难点在于如何精确地采集分析，以及合成环境中的任意气味。

触觉上，可以将虚拟的对象实物化，不仅看得见，还能“摸得着”。如何模拟不同物体的触感是一个非常热门的研究课题。最简单的触感可以通过不同频率的器件震动来实现，条件是皮肤与头盔或者手套相接触。触感的获得甚至可以隔空完成。如 VR 触觉技术公司 Ultrahaptics，通过聚焦超声波到人的皮肤来实现“隔空打耳光”的功能；迪士尼公司的 Aireal，可以通过精确地压缩和释放空气产生空气漩涡来“打击”到皮肤表面，类似的还有通过镭射激光来实现的触感。

“你选择红色药丸还是蓝色药丸？”影片黑客帝国抛出了这样一个令人深思的问题，选择蓝色药丸可以一如往常地生活在虚拟世界里；选择红色药丸则必须鼓起勇气面对真相。AR 或者 VR 技术可以帮助人们更好地体验真实的世界，从感官到人机交互上会给人更多想象空间。

感官世界的旋转木马

用感觉表达感觉

树上的知了泼泻下来百合花似的声音。

——荷马史诗

绿树长到了我的窗前，仿佛是喑哑的大地，发出渴望的声音。

——泰戈尔《飞鸟集》

“在日常经验里，视觉、听觉、触觉、嗅觉和味觉往往可以彼此打动或交通，眼、耳、舌、鼻、身各个感官领域可以不分界限。颜色似乎会有温度，声音似乎会有形象，冷暖似乎会有重量，气味似乎会有锋芒。”简言之，通感就是把不同感官的感觉沟通起来，借联想引起感觉转移，“以感觉写感觉”。

通感修辞还有个别称，叫做“移觉”。怎么样，是不是像某种超能力的名字？在某些天才文学家的笔下，的确能调用“超能力”的笔法，传达出贯通感官功能的神奇体验。比如张爱玲，她在《天才梦》一文中说："我对色彩，音符，字眼极为敏感。"在张爱玲的笔下，音符是有色彩的，高音浅淡明亮，低音深沉灰暗，法兰西这三个字潮湿多雨，英格兰就清爽洁净，桃红色是香香的，橘红和粉色映在绿油油的海水里，便能产生异常热闹的厮杀感。法国大诗人波德莱尔也具有这样的神通：他在《感应》一诗中写道："有些芳香鲜嫩得如同孩子的肌肤，柔和得像双簧管，绿油油的像牧场……"明明是在进行味觉描写，却在触觉、听觉与视觉上全面开花，神奇地给你的感官坐上了旋转木马。

在一项研究中，Adrian North 发现音乐可能改变了葡萄酒的口感。参与者有区别地描述了他们喝的葡萄酒口感，而这取决于所播放的音乐类型。在这项研究中，他们选择了四首与不同情感相对应的歌曲：

强劲有力（奥尔夫的《布兰诗歌》）

细腻轻柔（柴可夫斯基胡桃夹子中的《花之圆舞曲》）

清新活泼（Nouvelle Vague的《Just Can’t Get Enough》）

轻松柔和（Michael Brook的《Slow Breakdown》）

音乐可以激发特定的想法，这使我们更有可能在随后被要求思考或采取行动时，去调用这些想法。四组参与者喝了同样的酒，但喝酒时，每个小组分别播放了不同的歌。听了《布兰诗歌》的小组更倾向于将这款酒形容为烈性和浓重的葡萄酒；听了《花之圆舞曲》更有可能将其描述为细腻和温柔；而其他组也倾向于用形容刚刚听到的音乐的词语来描述葡萄酒。这是一个声音类"启动效应"的例子，它会影响和刺激你对某一种产品的偏好。

进入新时代，认知心理学、认知语言学等学科研究，伴随生物学领域的实验研究，为通感研究提供了扎实的物质理论基础。在体验时代到来的今天，通感真正展示出巨大的潜在价值。通感作为一种特殊的体验过程，能够满足用户兴奋型需求，创设更为惊喜和丰富的体验感受。

通感在设计领域主要应用在广告设计、平面设计、视觉传达设计与产品服务设计等多个方面。主要借助基于感知觉经验的触发和联想，把用户不同的感官体验综合融通，触发多维度的用户体验，从而带给用户丰富而美好的体验过程。我就曾经经历过这样一场手术台上的“惊悚”，因为一颗牙齿松动，痛得厉害且已无法进食，到了牙科诊所做了各项检查后，医生说要拔掉这颗牙才行。于是按照医生的建议忍痛躺上了手术台，等待拔牙。护士准备着医生拔牙用的各种工具，当拔牙钳放进不锈钢材质的手术工具盘，发出金属撞击的声响“咣–啷，咣–啷”。仅是局部麻醉但头脑清醒，我开始紧张了起来，头脑中浮现出铁钳拔牙血淋淋的画面，越思越恐。随着“咯吱”一声牙齿被拔掉了，心于是才慢慢放了下来。

设计者运用通感设计能够突破单一感官体验的表达形式，丰富表情达意的设计语言，激发用户对设计及产品的情感维系，提升用户对世界的心灵感知。美国心理学家内森·谢佐夫在《体验设计》中指出，体验设计是将用户的参与融入设计当中，以服务作为“舞台”，产品作为“道具”，环境作为“布景”，使用户在事件过程中感受到美好的体验过程，甚至在活动过程结束后，体验价值仍长留脑海，为用户创造了一项美好的回忆、值得纪念的产品及其活动过程的设计。随着以“用户为中心”的设计思想越来越被重视，体验设计也逐渐被社会各界熟知和重视。

通感作为一种特殊的体验过程，在多重感知觉的共同作用下，使用户获得“1+1>2”的情感体验，从而丰富用户的情感内涵。通感在体验设计中的应用路径主要包括其在感官体验、行为体验、情感体验和思考体验中的应用。

通感设计中的感官体验

任何一次经历，都是以用户的感官感受作为最直接的呈现方式，感官体验无时无刻地不发生在我们身上。韩国工业设计师 Jinsop Lee 的五感设计理论中提出，五感的唤醒程度越高，用户的体验感则越强，由此说明在设计中使用通感达成丰富用户体验的能力也越强。通感设计中的感官体验，强调用户在本能地受到视觉、听觉、触觉、味觉或嗅觉等感官刺激的基础上，通过调取已有的认知经验和联想，唤起一种或多种其他感官体验的交融转换，使用户有强烈的共鸣和代入感。例如原研哉为梅田医院的标识系统设计，该标识用棉布制成，从视觉的白色棉布标识及其优美的弧度，唤起用户触觉上的柔软、洁净、温暖和舒适的质地感，使用户在整个空间中达成如同棉布触觉般柔和的舒适宜人感，这种由感官触发的人性化关怀会使用户缓解就医的紧张感，进而增加对该医院的好感。

通感设计中的行为体验

当人们追求产品的互动体验时，更倾向于行为带来的体验。通感设计中的行为体验则希望能够使用户的行为体验变得更为生动，即用户在产品使用的过程中，借由通感唤起用户以往的认知经验，产生联想和推测，以用户已有的丰富认知感受融入到特定的行为体验中，从而打开并交融认知经验中不同的体验感受，使用户感知错差而惊喜的行为体验。如由中国江南大学廖婵、管静两位学生毕业设计的作品“灯光的重量”中，利用了传统杆称计重的行为方式与光的强弱调节互通，通过视觉和触觉的转换，使用户感受到光是有重量的。行为经验成为通感的触发器，使用户顺畅地完成通感体验，产生良好的互动。

通感设计中的情感体验

通感设计中，感知觉的唤起和转换能够激发用户丰富的情感回应。当某些感知觉被唤醒时，伴随而来的便是回忆及其感受，其情感的再现性体验会使用户记忆中的感受被附加到当下的设计中，而这个设计对于用户而言就更加具有意义。因此，通感设计会使用户产生更为丰富的情感体验，带来更为深刻的体验回忆，从而加深产品和用户之间的情感纽带。如 1998 年 5 月，苹果电脑公司发布了设计独特的 iMac，当即掀起了电子设备的时尚热潮。透明水果色的机壳一举打破传统个人电脑的呆板沉重的形象，深得用户喜爱。跳跃的水果色激发用户对水果糖的记忆，引起用户甜蜜、愉悦、幸福的情感和回忆，并将这种美好、沁人心脾的幸福体验附加于 iMac 之上，强化用户对设计的认可程度。

通感设计中的思考体验

人只有经历了某种场面、某种事件和某种情境才能够称得上是体验过，除此之外，还有想象性、思维性的体验。思维体验就是启发用户获得认识和解决问题的体验，它运用情绪、记忆的激发来引发用户进行发散性思维或收敛性思维，产生统一或各异的想法，启发人们的智慧。在通感设计中，某种感官的唤起，却移置到不同感官中，从而引发用户自身的感官与思维的转变，带给用户奇妙的思维乐趣。同时，在体验过后，当用户在回忆或向身边好友讲述这段有趣深刻的体验时，也能在与其相关联的思维过程中获得更多的思考，进而提升产品的体验价值。如 Well 是一款由斯洛伐克 Mejd Studio 工作室设计的一款漂亮台灯，其灵感源于传统水井。灯泡在底部的磨砂玻璃环绕下光线难以穿透，而随着用手柄将线缆收短，灯泡渐升光线却会越来越亮，仿佛明亮的光线是可以被打捞一样，使用户将以往对辘轴井绳“重量”的行为感受添加到光的亮度上，本是强弱的视觉光线，却产生出辘轴井绳机体觉的重量感，其思维错差会使用户自身的思考变得有意思起来。另外，对辘轴井绳打水的重量回忆引发“水是来之不易的”的思考，转而感受光（电）同样的来之不易。

“设计的目的是人而不是产品”，“以用户为本”的体验经济时代的到来，更关注非物质层面上的情感需求与心理体验。通感手法在体验设计领域的应用，触发多维度的用户体验。

可感知的价值

用户能感知的产品价值，才是他们真正想要购买的价值。在绝大部分营销里面，创造消费者感知往往比产品事实更重要。如小米的体重秤“喝杯水都可感知的精准”，就是利用了事实来让用户感知到产品价值，从而赢得信任。常用体重秤的人最大的烦恼就是担心秤测量不精确，而对于减肥的人来说，每天都要上秤几次，分毫必究，当一款秤可以精确到 100 克，能做到喝杯水都能感知，你会不会心动呢？“喝杯水都可感知的精准”“100g 精准度”，这就是可以感知到的价值，这要比直接说“我们的体重秤非常精准”好太多；泰国某乳胶枕生产商发布了一张宣传图，图中显示一个凌晨静谧的泰国橡胶树林，一群采集橡胶汁的工作人员头顶灯光，已经开始在割胶采汁，并告诉用户你购买的乳胶枕就来自这里。这样画面给人身临其境的感觉，让你感知到他们生产的乳胶枕纯天然与亲近大自然，以及一只天然乳胶枕的来之不易；迪士尼乐园中的垃圾桶颜色，跟该区域的主色调呼应，而且设定为每 7.5 米左右一个，垃圾桶间隔的密度是根据顾客手持垃圾的忍耐时长数据测算，这样顾客就不会把垃圾丢在地上。乐园中的糖果店里，有一间玻璃窗封起来的小屋子。里面在做花生糖，可以透过玻璃窗观看。通过特制的通风系统，将花生糖的香味飘散出来，飘到迪士尼的美国小镇大街上，大街上的顾客呼吸到花生糖的甜香味道。据说这个装置首次投入使用，让花生糖销量增长了 3 倍。夜幕降临下的迪士尼乐园灯光璀璨，每一盏街灯也都呼应着每个主题区域的主色调，做到不破坏视觉整体性。除了传统产品与服务中存在的大量可感知价值点外，我们在阅读电子设备中文字时也同样能感知到字体的“甜点”。屏幕上的字体最佳状态通常是顺畅的线条流动，清晰的空间层次和充足的对比度，对于移动终端的屏幕显示来说这三个原则尤其如此。

眼前的实物更具价值，当你去网站上订购一盒你最喜欢的钢笔。如果产品页面上不仅有一段文字描述，还有一张钢笔的实物图，你是否会觉得钢笔更有价值？如果你是在办公用品商店，这些钢笔就摆在你面前，你是否会觉得这些钢笔更有价值？这与你购买的是钢笔还是食物或者其他产品是否有关系？当你决定购买时，产品的展示方式是否会影响你愿意为其支付的价格？ Ben Bushong（2010）和一组研究员决定通过实验解答这些疑问。

在第一组实验中，研究员使用了零食（薯片、糖果等），他们给被试者一些钱来购买这些东西，被试者有很多种选择，可以随意挑选想要的零食。被试者（实验没有选取正在减肥的人和饮食失调的人）需要竞价购买零食，这样研究者就能知道被试者愿意为每件产品花多少钱。一些被试者只看了产品的名称和一段简短的描述，例如，“乐事薯片，50 克装”，一些被试者看到了产品的图片，还有一些被试者看到了实物。图 6 展示了实验结果。

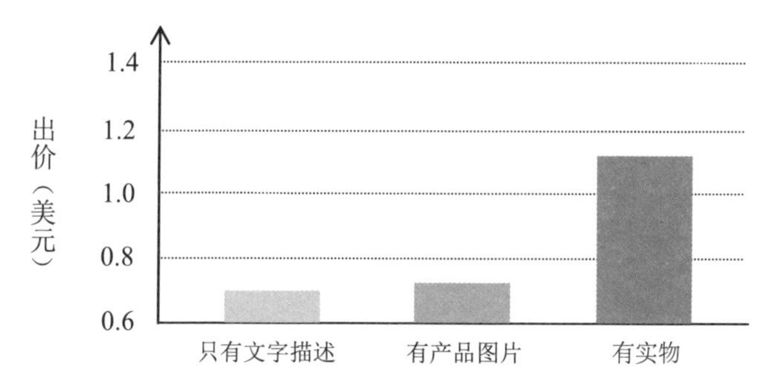

图6：被试者看到实物出价更高

附有图片时，被试者的出价并没有提高，但是摆出产品实物时，出价却提高了，甚至提高了 60%。有趣的是，产品的展现形式并没有影响被试者对产品喜爱程度的评价，仅影响了他们的出价。事实上，一些产品在实验前他们说并不喜欢，但当实物摆在面前时，他们的出价却提高了。接下来研究者们尝试用玩具和饰品代替食物。图 7 所示是实验结果。这个图表看起来和图 6（食物的实验结果）一样。

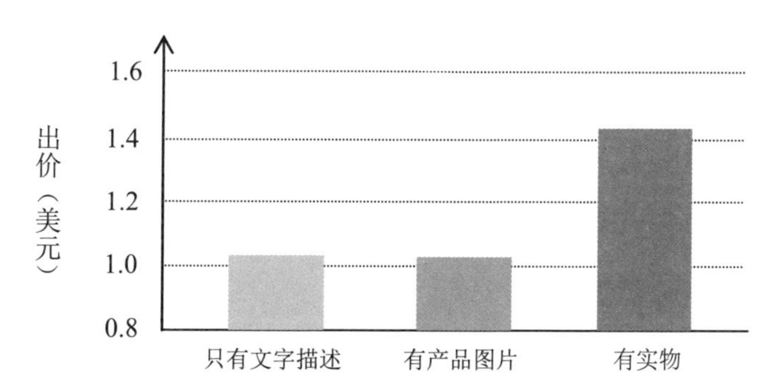

图7：当玩具和饰品的实物摆在眼前时，被试者出价更高

如果是样品会怎样呢？研究者决定采用另一种方法，于是又拿食物来做实验，但是这次他们让被试者观看并品尝样品。虽然没有真正的产品，但是有样品。研究者认为，样品和真正产品的效果肯定是一样的，但他们又错了。图 8 显示，样品也不如真正的产品那么具有说服力。

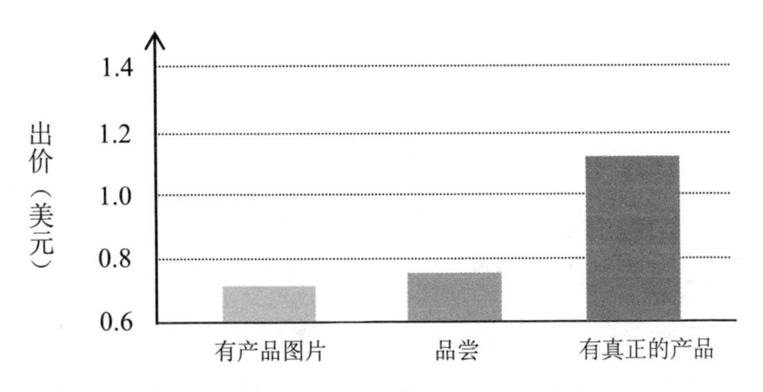

图8：样品（品尝）的效果不如真正的产品

研究者注意到，在品尝环节，被试者甚至看都不看样品，因为他们知道纸杯里的样品与包装袋里的食品是一样的。是气味的原因吗？研究者们很疑惑，是不是食物散发了某种难以察觉的气味从而刺激了大脑，于是他们做了另一组实验，把食物放在了树脂玻璃后面。如果食物可以看得到，但是放在玻璃后面，被试者出价会高一些，但是仍然低于可触摸的实物。“啊！”研究者想，“一定是和味道有关！”但是随后发现，其他非食物产品的实验结果也是一样的，可见气味并不是诱因。图 9 展示了树脂玻璃实验的结果。

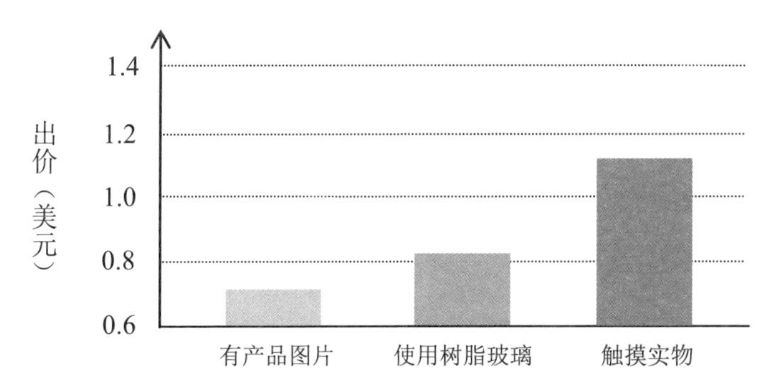

图9：置于玻璃后时被试者出价更高，但仍低于可触摸实物

触感的魔力

身体接触会影响成年人做出妥协、帮助他人，以及敢于冒险的概率。在一项调查中，超市营业员主动推荐顾客品尝一种新零食，在邀请顾客的同时，营业员会特意触摸一部分顾客的上臂。这种身体上的接触，提高了顾客同意品尝样品甚至购买产品的概率。一个最近的研究发现，在肩膀上轻轻一拍竟能增加人们愿意承担经济风险的概率，这或许是由于这一身体接触加强了人们的安全感。另一项研究发现，那些轻触顾客手或肩膀约一秒钟的女服务员，会得到更多的小费。然而有趣的是，这短暂的身体接触并不会影响到顾客对女服务员或餐厅环境的评价。也就是说，顾客本人并没有意识到身体接触对其产生的影响。接触他人的身体对信任和配合有积极影响，不但能解除我们的戒心，增强我们的安全感，还能平抚紧张感。触摸他人的身体或与别人握手对情绪焦虑的人有益。当病人到医院接受痛苦的手术时，医务人员如能轻轻触摸病人的额头或肩膀，会对其焦虑起到抚慰作用。辛苦工作一天后，即使我的肌肉和精神并不是很紧绷，按摩身体仍然能帮我放松下来。

人们对触摸的需求激发了科学家们的灵感，促使他们设计和创造出能够模拟人类触感的产品。如“抱抱我”衬衣就是这样的产品，这种衬衣用舒适柔软的面料做成，附有敏感的压力感应装置，可由手机应用程序调适。它可以模拟出触感，甚至连心跳减速等拥抱过后出现的感情反应也能模拟。另一项发明则是一款特殊的玩偶，孩子们如果身穿特制的“电子睡衣”，就可以感受到玩偶传达的拥抱触感。为了“接触”这些新奇的发明，也为了在久别之后的长久一抱，人们心甘情愿地投入了时间和金钱。

我们的触觉感官所涉及的范围并不仅仅包括人与人之间的接触。触感是无所不在的，而我们常常意识不到它的存在。我们每天都会穿衣服，也会手拿书本、包包、电脑、智能手机和 iPad（平板电脑）等物件，从而感知到柔软或坚硬、粗糙或顺滑等不同的质感。办公室、家中或旅店里的坐垫、枕头和椅子也都各具或硬或软的质地。一天即将结束时，我们会躺在自己的床上，而这床的软硬也是由我们自己选择的。当我们用毛巾擦手时，或当我们在薄毯或厚垫子上练习瑜伽……触感无时无刻不存在于我们的生活中。

我们常用与触感有关的词汇来做比喻。如英文中“rough”一词本指粗糙，但从这种坑洼不平的触感加以发散衍生，也能用它来形容一段不愉快的经历或时间。如果某人没什么脾气或容易随波逐流，那么我们可以说此人像易屈服的物质一样，是个“软弱”之人。而与“软弱”的寓意相反的“硬骨头”一词，则可以用来形容那些不易变通且难以相处的古板之人，与那些坚硬的物质大有相似之处。这并不仅仅是简单的修辞手法，这些比喻中包含着我们的体感与行为和判断之间的联系。由此我们可以看出，我们所触摸的物体材质，或许真的能够影响我们的行为。将来需要进行激烈的谈判时，我们是不是需要认真地对我们座椅的软硬进行小心选择呢。

2008 年，耶鲁大学一位名叫罗伦斯 · 威廉姆斯的学生和他大名鼎鼎的老师约翰 · 巴奇一起，召集了 41 名学生参加一项心理学研究。这些学生被一个个地带进走廊，在走廊里迎接他们的是一名年轻的实验助理，由她带领学生走进电梯，然后到达位于 4 楼的实验室。按照实验规定，这位助理双手抱着一摞书、一块剪贴板和一杯咖啡。进到电梯后，助理随口让学生帮她拿一下咖啡杯，好腾出手把学生的名字和信息写下来。这看似无意的一举，其实就是整个实验中最重要的组成环节。参加实验的人中有一半接过的是一杯热咖啡，另一半接过的则是冰咖啡，在不知不觉间让他们对温度有了不同的感知。然而实验参与者并不知道，这小小的细节竟隐含着不容小觑的意义！

这些学生走出电梯间，来到实验室里，另一位组织者让他们落座，并要求他们阅读一篇描写人物的文章。文中人物没有使用真名，而用“甲”来指代，那是个机智灵巧、坚定踏实和勤奋谨慎的人。而学生们并不知道，“甲”其实是个汇集了多人特征的虚拟出来的人物。接下来，学生们要按照要求用 10 个文中没有出现的人物特征来给“甲”评分，其中5个特征都是易与温度联系起来的“冷暖”特征，比如大方或小气、招人喜爱或惹人讨厌、随和或孤僻，以及热心或自私。剩下的性格特征与温度不相关，比如健谈和安静、坚强和懦弱，以及诚实和虚伪等。

让我们来看看热咖啡的魔力吧，与在电梯里接过冰咖啡的学生相比，在接过热咖啡的学生眼中，人物甲的性格明显要更加大方、热心、招人喜爱；而接过冰咖啡的学生则更容易把人物甲看成惹人讨厌、孤僻自私的人。但是，无论学生在阅读文章前接过的咖啡是冷是热，他们对于与冷暖无关的性格特征的评分却基本一致。

在电梯里接过一杯热咖啡这样无足轻重的细节，真的能让你把身边的人看得更友善吗？从心理学上来说，这背后到底有什么玄机呢？

身体感应到的温度居然能够影响人与人之间情感的“温度”，这令人咂舌的研究结果受到不少科学家的质疑。但是，读者们很快就会看到，温度不仅会影响到参加实验者对从纸上读到的匿名人物的印象，还会影响到我们对活生生存在的真人的看法。温度甚至会影响到我们对亲密程度和沟通的感觉。每个人对亲密度的需求各不相同，能与他人走得有多近也因人而异。尽管如此，亲密关系仍然是绝大多数人与人关系中不可或缺的组成部分。2009年，两名荷兰研究员做了一项实验，探寻温度是否能影响我们对自己与他人亲近程度的判断。就像上文提到的咖啡实验一样，研究员要求一部分参与者手拿热咖啡，另一些则拿冰咖啡。为了达到实验目的，实验者假装要把一份调查问卷拷进电脑里，趁这机会让参与者帮忙拿了几分钟咖啡杯。之后，实验者从参与者手中取回咖啡，然后让其想出生活中的一个真实存在的人，并判断自己与此人有多亲近。与那些接过冰咖啡的人相比，接过热咖啡的人认为自己在感情上与所想的人更加亲近。这个结果的确让人难以置信，因为我们中的绝大多数人都觉得，我们与他人的亲密关系几乎都是日积月累稳步积攒的，不会因手中饮品的温度而受到影响。然而我们的思想并不处在真空之中，因此我们的感情和价值观也会受到周围环境中细节的影响。那些我们通过身体和感官所感受到的看似无足轻重的东西，却能在无意之间实实在在地影响到我们的思维。

虚拟的“色香味”

一道有食欲的菜，往往需要同时兼顾色、香、味等方方面面，口感好还不够，闻起来和看起来也要给人一种好吃的感觉。也就是说，食物的色彩、饱和度和形状都可能影响对味道的预期。同样，近期日本科研人员在一项实验中也发现，尽管食物的口感取决于其内含的化学成分，而色彩鲜艳的外观也可以给食物的口感加分。日本横滨国立大学的科研团队指出，人们选择食物的时候通常受到视觉线索驱动，也就是说你会根据视觉来选择想要吃的东西。正如罗马美食家阿比修斯说过的一句名言：吃饭先靠眼（We eat first with our eyes），视觉与味觉之间确实存在一定关联。

研究团队设计了一款支持 AR 透视的头显方案，其特点是无需 AR 标记即可实时调整环境画面中特定物体的亮度和色彩，以此来欺骗人对于真实物体的感知，同时也希望了解食物外观的变化是否会影响人对其口感的期待感知。比如，是否会以为 AR 眼镜中看到的普通食物会具有更湿润、更干爽和更美味等额外的特性。多项实验结果显示，食物的颜色会对口感产生影响，比如在白葡萄酒里加入红色素，会让人产生一种红葡萄酒的错觉。一些人习惯将酸味食物和气泡饮料与更尖锐的图形联想起来，或是将非气泡饮料与细腻的食物与圆润的图形联想到一起。据称，这种现象与光在物体上反射的方式或亮度分布有关。该团队还将设计一种可以实时改变任何食物视觉观感的系统，通过它来继续寻找视觉数据对口感的影响，并试图解释大脑处理感官信息的具体方式。

将 AR/VR 等技术与美食结合已经不是首次，比如此前意大利艺术家马蒂亚 · 卡萨莱尼奥（Mattia Casalegno）设计的 VR 分子料理体验《航空宴会 RMX》，就利用 VR 虚拟视觉内容来提升美食的口感，模糊了科技与感官体验之间存在的单一划分，展开了更加深入的叙事，聚焦于共同进餐行为的参与性与相关性。利用这种方式，即使是普通的食物，在改变视觉外观的情况下，也有可能提升甚至改变口感。将科技与美食结合的未来感体验，你是否也想试一试？

参照英国《泰晤士报》美食专栏作家妮姬 · 萨格尼特（Niki Segnit）撰写的《风味事典》中精心设计的“风味轮盘”的指导，VR 视觉设计师会将甜味生成曲线，咸味则表现为锐利的线条；如果原料是海鲜，会生成蓝色，奶油或乳酪则对应白色，辣椒会呈现为红色……每一个由多种主要口味和原料组成的菜肴，都会在马蒂亚的

VR 虚拟视觉系统中形成一个包含多种视觉元素的复杂图像。马蒂亚觉得，这种方式可以让我们去感受和探究“在食物表面之后的样子”，它更接近“食物的本质”。

然而，这个《航空宴会 RMX》设计中所有的食物情感都基于马蒂亚的主观感受研发，甚至就餐过程中的虚拟场景和音乐也会跟随菜品的意境设计发生转变。“这一灵感来源于四季的轮回。但它们都不是具象的风景画，而是由抽象的色彩和意象组成”，马蒂亚表示：“我想传递的是一种情感。黑白的画面会让你感到寒冷、海平面让你想到初夏、鲜艳的黄色和律动的音乐又将你带到了盛夏……甚至每一道餐点的风味也是以四季交替为基础的。”令人记忆比较深刻的一个场景是，在海边的白色度假岛上无限延展的餐桌。用餐的同时，你会发现另外两位食客变成了矗立在海边的两座会移动的山峰。在完全苍茫的地中海场景中，主厨显然用石斑鱼鞑靼、浮游生物蛋黄酱、海藻和石榴犒赏你的味蕾。可能你的胃并不完全接受这样的食材组合，有些菜品吃不出什么特殊，有些杏仁蛋糕味道奇佳，然后有些食材吃起来腥气有余，良莠不齐。随着海平面不断升高，音乐变得越来越空灵，海水逐渐涨潮直到淹没你的视线范围，你沉浸在 VR 带来的无限空旷感和虚无缥缈的绝望快感中。切换到下一段全黑场景中，时不时有人在虚拟脚手架附近浮现、闪烁和走动。视线时而光亮、时而模糊，这样的玄幻体验有点类似 VR 电影或游戏的既视感，也让人得以深陷其中从而逃离现实世界的缠绕。马蒂亚说，这一虚拟环境的建构基于他的主观想法，但观众仍可以在里面发现不同的东西，也会产生非常个人化的体验和情感。“比如说，如果你不是那么害羞、或者很有好奇心的话，你甚至可以不用一直坐在座位上，可以站起身来探索在你身后、或者头顶有些什么。这些是隐藏的体验。”马蒂亚说。

与菲利普·马里内蒂（Philip Marinetti）在 1932 年谱写的《未来主义食谱》理念不谋而合的也许是，《航空宴会 RMX》的创作者马蒂亚将进食看作是一个感官的“剧场”。食物的视觉效果、餐具的选择、音乐的配合和宾客之间的交流话题等都是饮食体验的重要组成部分，它们都需要被重新规范。马蒂亚也说到，他创作的目的并不是提升大众菜肴的口感，而是表达对艺术和社会的特定构想。在讲求快速、高效的都市生活中，食物在人们印象中的角色往往都是外卖或速食，这样一场体验更像进影院看了一场电影，告诉我食物还可以这样被感知。

洛杉矶科克瑞实验室（Kokiri Lab）推出的疗养项目（Project Nourished），已经设计出未来虚拟餐饮大餐，它可将用户带到另一个世界，让他们在那里尽情品尝“禁忌”食物，同时又不必担心长膘。这个未来美食体验的设想灵感源自 1991 年的美国电影《霍克船长》。在电影中，彼得·潘（Peter Pan）学习利用想象看到空无一物的桌子上出现食物。科克瑞创始人安珍秀（Jinsoo An）认为，疗养项目将可开拓全新的饮食方式。那些担心卡路里摄入过量或患有健康相关疾病的人，能够不受限制地品尝美味食物。

安珍秀表示：“我对长期以来饮食方式没有太大改变感到失望，我希望能帮助人们意识到：他们不必遵循旧有传统。我还希望表明，我不是想用这种方式取代我们的真正饮食，它只是另外一种有益的替代方案。”尽管安珍秀的灵感源自 20 世纪 90 年代的电影，但这个概念却非常先进。按照他们的设计，体验虚拟大餐不需要刀叉、餐巾、碗碟等，只需要芳香扩散器、骨传导传感器、陀螺仪、虚拟鸡尾酒杯以及 3D 打印食物。用户可以戴上看起来更像艺术品的虚拟现实头盔，它是帮助用户进入另一个世界的门户，他们将会沉迷于这个世界的美食中。骨传导传感器绑定在脖子上，可以模仿咀嚼的动作。通过软组织和骨骼作为传输通道，咀嚼的感觉被从佩戴者的嘴部传送到耳膜。一旦你进入到虚拟世界，会发现自己坐在桌子旁，芳香扩散器会利用超声波和加热的方式，散发出各种美食的香味。现在，你已经可以闻到在烹饪何种美食的香味，配有传感器的陀螺仪可追踪你的动作，并将其转化为虚拟世界中的相应行为。还有内置传感器的酒杯，它可以模拟饮料或酒的芳香，让人陶醉不已。用餐包中还包括一小管 3D 打印食物，它可充当人们品尝美食味道、观赏纹理的完美载体。这个新概念不仅是为那些想要减肥或对某些食物过敏的人设计的，科克瑞发现它们的产品还有助于患有饮食紊乱症的病人康复，帮助孩子学习如何吃健康食物，甚至让宇航员在太空中依然能够享受他们最喜欢的食物。

科克瑞解释称：“我们对美食的感知来自不同的感官，这些感官又源自我们对所吃下食物的视觉、味觉、听觉以及气味、纹理等的反馈。通过分离各种气味，并重塑食物的口味和纹理剖面，再与虚拟现实、芳香扩散以及感官相结合，我们就可以模仿惊人的饮食体验。”疗养项目已经可以接受预订，“佩帕 001 新手包（Pepa 001

Starter Kit）”套餐包括气味盘、可下载的 360 度全景 VR 视频等，价格为 59.84 美元。但是用户必须自备智能手机，才能享受 VR 美食体验。

压抑环境带来的伤害

压抑的空间

第二次世界大战结束后日军离开香港时，留下了一座摇摇欲坠、面积约有 6 个足球场大的围城。难民进入了这一建筑，住在数以百计的临时窝棚里，直到 20 世纪 60 年代，政府才在这里修建了水管和高大的水泥公寓楼。人们将这个地区称为“九龙寨城”，它成了人口过剩的象征。寨城里的许多公寓比一张办公桌大不了多少，巷道仅有一米来宽，大部分地方都笼罩在永恒的黑暗当中。医生和牙医非法执业，三合会开设妓院、赌场和鸦片馆。到了 1987 年，九龙寨城这座迷你城里的居民数量攀升至 33000 人，密度是当时人口最为稠密的摩纳哥的 75 倍。按照同样的密度，美国小小的特拉华州就足以容纳整个地球的人口了。

20 世纪 60 年代中期，在九龙寨城的人口暴涨后没多久，来自英国牛津一家医院的两名研究人员让一群年轻患者参与了一项争议性的实验，实验内容和人口过分拥挤有关。在这个实验中，研究人员排查了医院的病房，找到了 15 名 3 ～ 8 岁的儿童，其中一些孩子患有自闭症或严重脑损伤，还有一些是健康的孩子。每天，孩子们聚在房间里“自由玩耍”，但研究人员有意识地将他们分成小群体。有时，研究人员会保证房间里同时玩耍的孩子不超过 6 名，这对房间的大小来说正合适；另一些时候，他们让十多个孩子同时在房间里玩耍。在孩子们玩耍的 15 分钟里，护士和研究人员会进行观察并记录其行为。和预料中一样，患有自闭症的孩子很少跟其他伙伴互动，当房间里人数太多的时候，他们也会花更长时间待在房间的外围。如果房间里只有三四个玩伴，患有自闭症的孩子平均只会在房间外围待 3 分钟，但如果房间里有十多个孩子，自闭症孩子待在外围的时间立刻会跃升到 8 分钟。健康的孩子和脑损伤的孩子在人口过分稠密的房间里也不见得好多少。如果人数较少，他们会开心地玩上 10 分钟，但如果房间里人太多，他们就只在一起玩 5 ～ 6 分钟。同时，房间里人数少时，孩子们争抢玩具和打斗的时间很少超过30秒，可是如果房间里塞满了人，他们吵闹的时间会延长到 4 分钟。有两个孩子甚至因为撕咬玩伴而被看管起来。

“九龙城寨”的案例故事表明，在过分拥挤的房间里只待了几分钟，合群的孩子就开始对他人有了敌意，而焦虑的孩子则加倍退缩。牛津这家医院的研究颇具开创性，但它留下了大量未被解答的重要问题。他们的观察结果仅适用于这项研究的受试者（一小群受暂时或持续性心理创伤折磨的儿童）吗？还是说，这些结果也适用于更广泛的群体，比如身体机能完备的健康成年人？为了回答这些问题，一大群心理学家和建筑师对美国马萨诸塞州和宾夕法尼亚州 3 所大学的8000名大学生进行了两项实验。有的学生住在高密度的塔楼里，有些住在中等密度的公寓大楼里，还有些人住在人口密度较低的宿舍里。研究人员使用两种微妙的技术来衡量学生是否与邻居建立了强大的社会纽带。他们在建筑里随意散发了一系列盖了邮戳、写有地址的信封，让人以为这些信件是在送到邮箱的路上遗失的。他们把这些信件丢弃在显眼的地方，学生们不可能错过它们。有的学生看到信件，就以为是舍友们遗失的，并友好地代为寄出，这是暗示社交亲密的一个小小姿态。研究人员于4小时后返回，他们发现在低密度的宿舍里，100%的信件都被寄了出去；在中等密度的公寓里，87%的信件被寄了出去；在高密度的塔楼里，只有63%的信件被寄了出去。

在另一座密度存在类似差异的公寓大楼中，研究人员安放了捐赠箱，请住在里面的学生将用过的牛奶盒放在里面，供艺术项目使用。他们计算了公寓住户捐出的牛奶盒数量，同样发现，高密度大楼里的居民不怎么乐于助人。在低密度和中等密度的大楼里，学生捐出了55%的牛奶盒，而住在高密度大楼里的学生只捐出了37%的牛奶盒。这些结果表明，高密度的生活会影响人们的慷慨度，另一些研究人员则证明，过分拥挤还会引发精神疾病、药物上瘾、酗酒、家庭解体以及整体生活质量的下降。

极度拥挤还与幽闭恐惧症有关，有幽闭恐惧症的人会害怕封闭空间或人口非常密集的空间。有一些恐惧症是由人过往的经历造成的，比如13恐惧症（害怕数字13）、街道横穿恐惧症等，与此相比，幽闭恐惧症似乎是天生的。幽闭恐惧症患者与数千年前蜷缩在黑暗小洞穴里的祖先们一样，害怕小而黑暗的空间。我们天生对个人空间有所要求，这就是人为什么会对短暂而意外的身体接触产生强烈的反应。在一项研究中，营销专家帕科 · 昂德希尔（Paco Underhill）暗中拍摄了浏览一家大型百货商店货架的购物者。有一些货架的过道特别狭窄，购物者停在较窄的过道浏览商品时，往往会被其他挣扎着想通过过道的人推挤。几秒钟后，驻足浏览的顾客感到非常不安，大半都离开了商店。昂德希尔事后询问了一些顾客，他们完全没意识到自己离开商店是因为被他人推挤，但实验结果已经证明了这一点，并且也提出了解决方法：如果过道足够宽敞，能避免哪怕是轻微的碰撞“臀部摩擦”（这是昂德希尔的叫法），那么顾客留在商店里的可能性会变大。

过度拥挤还会带来噪音问题。研究人员发现，日常生活中持续的嗡嗡声会扼杀创造力，阻碍学习。20 世纪 70 年代初，心理学家走访了美国纽约曼哈顿上城区 4 栋 32 层的公寓楼。这些公寓正对着 95 号州际公路，那是东海岸最繁忙的高速公路之一。公寓里住着 73 名小学生，每天都能听到高速公路车流发出持续的隆隆声，高达 84 分贝。有些量表将 84 分贝划入了“非常响亮”的范畴，这么大的音量跟一辆没有配备消声器的卡车或者一座闹哄哄的工厂发出的声音相当。长时间暴露在该强度的噪音之下有时甚至可能损伤听力，而这噪音哪怕在公寓里听起来也震耳欲聋。住在较低楼层的孩子们承受的噪音强度比住在高层的孩子们高了近 10 倍。因此，研究人员在进行听力测试的时候发现，在较低楼层住了至少 4 年的孩子们，几乎很难分辨发音类似但意思迥异的单词，如“gear”（齿轮）和“beer”（啤酒）、“cope”（应付）和“coke”（可乐）这样的单词。如果说话声音低，或者受背景噪音影响，他们就难以区分这些单词。

研究人员推断，听力较差的孩子参与谈话的可能性较低，因此也就有更大的概率出现智力问题。这正是他们发现的情形：与同龄的孩子相比，在较低楼层居住多年的孩子还会在阅读方面遇到困难。最令人痛心的是，如果孩子在该建筑里住了 6 年以上，研究人员只用一个问题就能惊人地准确预测其阅读分数：“你住在几楼？”由于噪音的影响会随着时间的流逝而加大，研究人员得以排除了其他的可能性，比如住在较高楼层的居民更聪明、更富裕或是更关注孩子的教育。长时间地将孩子暴露在杂乱的噪音下（哪怕是来自城市生活的背景噪音），也足以妨碍孩子的智力发展。

过度拥挤和噪音污染都是较新出现的问题。几百年前，工业革命的号角尚未吹响，发电机、发动机亦未出现，那时候，这两个问题几乎还不存在。可突然之间，大城市取代了零散的城镇和村庄，修建这些城市的机器本身又会带来大量噪音。面对这些现代化的问题，最好的解决办法往往是这样的：把世界还原成它们先前的样子。

消极的感官反应

在很多公共场合手机铃声让人很闹心，如医院、图书阅览室、学生课堂和电影院等。如果突然响起一些怪异且嘈杂的手机铃声，你是不是觉得很不和谐。然而，这种不和谐现象似乎并不少见。在很多公共场合，总有人习惯于我行我素，并不在意自己的手机铃声设置得太怪异或音量超大是否会对他人造成不良影响。在乘坐公共交通过程中，一路上不断听见有手机铃声响起。印象深刻的是一段《上海滩》的高分贝手机铃声，一位坐在地铁车厢里的乘客手机突然响起嘹亮的《上海滩》电话铃声，周围的乘客冷不丁被吓了一跳，纷纷抬起头望向这位尴尬的乘客。而该乘客不知何故并没有接起电话，每次手机铃声响起时他都直接挂断，以至于该铃声响起至少好几遍，此时周围乘客表情各异；有过在图书馆看书经历的人都有这样体会，就是特别反感在安静的阅读室看书时被手机铃声打断。空旷安静的空间里手机突然响起来，看书的氛围被侵扰了不说，有时候还吓人一大跳；在病房里术后康复的病人最需要安静的休息，但一个冷不丁的手机铃声，会吵醒安静休养的病人，影响他们的休息，甚至产生焦躁情绪，电话铃声噪音已经影响到我们的生活。

音乐的增加表明了音乐在我们情感生活中的重要作用，韵律、节奏和旋律是我们情感的基础。音乐还具有美感和性的暗示，所有这些都致使许多政治和宗教团体试图禁止或者控制音乐和舞蹈。音乐充当了我们全天情感状态的微妙潜意识强化器，这是为什么在商店、办公室和家庭里播放背景音乐的原因。每个地方适合一种不同风格的音乐：强劲令人振奋的节奏不适合大部分办公室工作（或者殡仪馆），悲伤催人泪下的音乐也不会对高效率的制造业有益。然而，伴随而来的问题是音乐也可以令人烦恼——如果音乐声音太大，如果把音乐强加于人，或者如果音乐表达的心情与聆听者的期望和心情相冲突。背景音乐是美好的，只要它待在背景中。无论什么时候它扰乱了我们的思想，它就不再起促进作用而是变成了一个分心的、惹人生气的噪音。音乐应该被细致地运用，它既可以是有害的也可以是有益的。

今天具有干扰性质的嘟嘟声、嗡嗡声和各种电子设备的响声，都是猖獗的噪音污染。如果音乐是积极情感的来源，那么电子声音就是消极情感的来源。起初是嘟嘟地叫，工程师们想用信号表示已完成了一些操作，他们播放了一个简短的调子。结果，所有的设备都向我们发出了嘟嘟声，令人恼火而又普遍的嘟嘟声。当我们在厨房工作时，切断、剁碎、裹上面包粉和煎炒的愉快活动不断被定时器、键盘和其他构想拙劣的设备叮当声和嘟嘟声破坏。我们身边有太多的电器低低地发出无思想的难听声音，这些噪音一起产生了令人讨厌与刺耳的嘟嘟声或者其他使人不安的声音，给声音赋予了一个坏的名誉。不过，当恰当地使用时，声音仍然在情感上令人满足，并且具有丰富的信息。自然声音是意图的最好表达方式：儿童的笑声、生气的声音和做工考究的汽车门关闭时结实的门与框碰撞的声音，一个做工粗糙的门关闭时令人不满的微小声音，一个石头落入水中时“扑通”的声音……

利用气味来描述负面事物的例子比比皆是：“这件事一股腥臭味，其中必有蹊跷”“这个点子真臭”“我能嗅到其中必有诈”等句子中，嗅觉都被作为一种侦测仪器来使用。当某件事引起我们的怀疑时，我们常说“这件事闻起来腥腥怪怪的”。两名研究人员先后进行了两次实验，想要看一看真正的鱼腥味是否能够让我们心生疑窦。两次实验都使用游戏的方式来检测人们与怀疑这种情绪相关的行为，实验中使用的不是类似“大富翁”或篮球比赛这样的游戏，而是针对研究课题精心设定的游戏，以便在可控环境下激起实验对象的特殊反应。通过这些规则严谨的游戏，研究人员能够监测出实验对象是否信任他人、是否慷慨以及对于地心论学说的态度等。利用游戏间接引出实验对象的态度要比直接询问效果更好，也比实际观察实验对象在日常生活中的行动更容易操作，因为生活中变量太多，不好掌握。

研究人员召集了 45 名学生为一个投资项目做决策，而实际上，这是一次关于信任的演练。每位实验对象都与另一位“参与者”结伴共赴实验室，而这所谓的“参与者”其实是研究人员安排好的。这一真一假两位实验对象会收到 20 枚 25 美分的硬币。在游戏中，一人担任送钱人，一人则是借钱人，由送钱人决定送给借钱人的钱款数。送出的钱数会增值 4 倍，然后由借钱人决定交还送钱人的款额。送钱人越信任借钱人，越是相信对方会合理地归还更多的钱，送出的钱也就越多。例如，如果送钱人从 20 枚硬币中分出 10 个交给对方，那么送出的这笔钱就会立马增值为 40 枚硬币。假设借钱人没什么私心，拿出 20 枚归还给送钱人，那么送钱人就能收到 20 枚硬币，也就是其送出资金的两倍。而从另一方面来讲，如果借钱人决定把多数钱据为己有，只归还给送钱人 5 枚硬币的话，送钱人就亏大了。越是相信借钱人，送钱人交出的钱也就越多。事情就是这么简单。由于这次实验的目的是调查人的疑心，而非公正，因此研究人员将真正的实验对象清一色安排作为送钱人，把决定交出钱款多少的权利全数交给他们，并告诉他们，游戏结束后，他们可以把手中的钱拿走。

实验对象被分为 3 组，每组进行游戏的区域都喷上了不同的气味。其中包括鱼腥味、屁臭味，以及无味的自来水喷雾。研究人员之所以选择屁臭味，是为了看一看是否任何不好闻的气味都能影响人们的疑心，亦或只有鱼腥味（也就是我们用来比喻疑心的那种味道）才有这个效果。不出所料，研究人员发现，与处于屁臭或无味环境中的实验对象相比，那些嗅到了鱼腥味的实验对象交出的钱更少。换言之，这些人的疑心更重，更加不易相信别人。在实验中，所有实验对象都没能猜出实验的真正目的是什么。

第二项实验同样还是针对疑心，但这次实验并没有利用信任游戏，而是利用公共财产游戏进行研究。在游戏中，每位实验对象都会得到 20 枚 25 美分的硬币，可以依己所好把钱投入公共资产库中。研究人员告诉他们，投资的钱款会成倍增值，无论每人投资的钱数多少，这笔钱最后都可以按人数平摊，由实验对象将自己的一份带走。因为投资是会翻倍的，实验对象投入的钱越多，每人平分到的钱也就越多。疑心大的实验对象可能会觉得别人投入公共资金库的钱比自己投入的少，而因为最后的钱款是大家平分的，因此投钱多的人就亏大了。有这样的心态作祟，疑心大的人就不会投入那么多钱了。换句话说，实验对象越是怀疑别人的用心，投入的钱也就越少。与第一项实验相似，由于共有 3 个气味不同的场所，研究人员也将实验对象分成了 3 组。果然，与嗅到屁臭和无味水喷雾的人相比，嗅到鱼腥味的实验对象往公共资金库里投资的钱更少。

上面这两个实验告诉我们，单凭鱼腥的气味，就足以勾起我们的疑心了。在修辞中，鱼腥味与疑心是有所联系的，而这种联系虽对实验对象有所影响，却没有人能意识到。感官体验会引发我们的抽象概念，从而进一步影响我们的心理状态和判断力。接下来，研究人员想要看看气味与疑心之间的影响关系是否是双向的。也就是说，那些疑心重的人是否对鱼腥味也更加敏感呢？为证实这一假设，研究人员让 80 名学生来到实验室，并将他们分为“疑心组”和“信任组”。按照要求，两组学生都需要闻 5 种气味，并把自己闻到的气味写下来。其中一种气味是鱼油味，另 4 种分别是柑橘花蜜、洋葱末、秋苹果香氛精油以及奶油焦糖味。信任组的学生，只需闻一闻每个试管，然后写下气味的名称就行了。而在疑心组面前，研究人员故意装成想要掩饰什么的样子，她会冷不丁地把放在参与者答卷下的文件抽出来，塞进自己的包里，然后很不自然地笑着遮掩，用诸如此类的方式来营造出一种令人生疑的气氛。

结果表明，在可疑氛围中的学生更容易辨识出鱼油的气味。而除了鱼油味之外，疑心并没有影响到学生们对其他气味的敏感度。研究人员又换了一组气味，重新做了一次实验，得到的结果也完全相同。从上述的实验我们可以得出，在修辞中被我们联系在一起的鱼腥味与疑心，是会相互影响的。闻到鱼腥味后，我们会变得更加多疑，而起了疑心后，我们也会对鱼腥味更加敏感。这又一次向我们有力地证明，我们的思维方式与我们使用的比喻和象征密切相关。我们将鱼腥味与疑心联系在一起，而这两者之间是相互联系的。如果你突然对某个地方或某个人产生了厌倦感，或是感到不自在却说不出合理的原因，那么这可能是你的嗅觉在提醒你，有什么东西出差错了。请好好重视这与我们“渊源已久”的嗅觉，如果你感到有什么东西闻起来“怪怪的”，就请在给予信任之前三思而行吧。

心理的防线

60多年前，美国社会心理学家利昂·费斯廷格（Leon Festinger）、斯坦利·斯坎特（Stanley Schachter）以及斯科特·派克（Scott Peck）研究了身体距离对友情的影响。那次实验如今已成为经典案例，向我们揭示了身体和心理距离对感情所产生的作用。三人以麻省理工学院宿舍为实验场地，研究了房间之间的实际距离对于学生关系产生的影响。经研究发现，友情的确与实际距离有所关联，宿舍里的学生们更容易将住得较近的舍友当成自己的朋友。

我们容易与邻为友，这不是什么新鲜事。假定其他条件相同，那么两个人之间的实际距离越小，成为朋友的概率也就越大，这自然是合情合理的。在工作和生活中，我们很容易与距离我们较近的人相互了解和交流。虽然我们更愿意相信价值观和性格才是我们选择朋友的依据，但不可否认，距离所扮演的角色也是举足轻重的。实际距离不容忽视：我们更容易与对门邻居交朋友，而不大会和一街之隔的人打交道。与夏令营或军队里“睡在上铺的兄弟”结为挚友的例子比比皆是，而反过来说，远距离会让爱情或友谊渐渐变淡，对此我们也都应该有深切体会。

身体的实际距离能够引发我们在情感上产生的抽象距离感吗？像“关系密切”“距离感”以及“我们渐渐变得疏远了”这样的说法，是否能向我们证明身体间的距离是情感距离的根基呢？情景喜剧《宋飞正传》（Seinfeld）里有这样一个场景：伊莲交了个新男友，杰瑞给他起了个外号叫“贴面闲话篓子”，也就是说他说话时离别人距离太近。杰瑞非常反感这种人，他觉得每个人都应该懂得谈话时要与人保持合适的距离。这部电视剧道出了不少人的心声：我们都不待见那些不尊重别人私人空间的“贴面闲话篓子”，我们习惯与别人保持一定的距离，为彼此留出适当的空间。面对不同的人，我们也会用不同的方式划定私人空间。我们把第一层空间或最私密的区域留给那些与我们亲密无间的人，比如我们的伴侣和孩子。在与好友聊天时，我们会划出第二层界限或次私密区域的范围。接下来，在面对那些前来搭讪的推销人员或陌生人时，我们会保持一定的距离泛泛交谈。如果你正坐在一家餐厅里吃饭，一个陌生人冷不丁把脸凑过来问你菜好不好吃，你感觉如何？是不是觉得自己的私人空间受到了侵犯。但话说回来，如果你的伴侣对你这么做的话，估计你觉得再正常不过了。

在一项实验中，实验者将学生们分为两组：其中一组在屋内靠前的位置比较分散地坐着，另一组在屋内靠后的位置挤着坐下。实验者为所有学生布置了一个与实验无关的任务，完成任务后，实验者借口说屋子后部放置的电脑出了故障，让坐在后面的学生移动到前面去进行下一项实验。于是，那些原本在后面彼此紧挨着坐下的学生，按照要求与前面的学生挤着坐在了一起。这样重新排位坐定后，实验者让学生们设想出一个场景：大家都在网上购物，共有4件T恤可供选择，除图案之外，这4件T恤一模一样。其中3件T恤的图案是蓝色的，只是深浅有所差异，而另一件T恤的图案则是风格迥异的橙色。研究人员想通过这个实验，来看看学生们是否愿意突出自己的与众不同。选好T恤后，研究人员向学生们提了3个问题，询问他们对邻座同学的看法：是否对邻座有亲近感？与邻座坐在一起感觉舒服吗？有没有觉得自己与邻座有相通之处？那些坐在前方、没有挪位置学生的环境，由于屋后学生的加入而变得拥挤了，这时，他们的情绪与之前松散落座时相比变得消极了一些。值得注意的是，那些从后方挪到前方的学生却不尽然。他们是迁移的一方，因此不觉得自己的私人空间遭到了破坏，对他们邻座同学的看法也相对积极。

在拥挤的条件下，那些一直坐在前方的学生们更容易选择带有独特橙色图案的T恤。在个人空间遭到入侵的时候，他们产生了较为负面的情绪，选择独特T恤的概率也就更大。相比之下，那些转移位置的学生恰恰相反：与散开落座的学生相比，在拥挤的条件下落座时，他们选择与众不同的T恤的概率却降低了。这样的实验结果表明，只有当我们的私人空间被他人入侵时，我们才会想要在人群中标新立异。这项实验是在香港进行的，研究的课题与消费者行为有关，并非研究个体的独特性。另外还请注意，只有在我们感觉隐私被人侵犯时，以上研究结果才成立。

除此之外，还有一项实验也得到了类似的结果。研究人员借口说要进行一次市场调查，将实验对象分成了两组。其中一组参与者可以随意选择地方坐下，而另一组则需要按照要求坐在指定的位置。在两组参与者中，有的人坐得挤一些，有的人坐得松一些。就像在上文的实验中一样，研究人员也让参与者设想出网购的情形，并给他们看了 4 幅咖啡杯图片，其中 3 只杯子很相似，另一只则与众不同。同样，坐在指定地点的参与者之中，那些挨得比较近的人更倾向于选择独特的杯子。而自由选择座椅的参与者情况正好相反：原来，自由选择座椅的参与者如果愿意坐得与别人近一些，那么他们并不想彰显自己的个性，但那些坐得离大家较远的人，却反倒更倾向于标新立异。

这些实验结果告诉我们，消费者走进一座拥挤商城时的消费行为，与他们走入一座原本较为空旷却突然之间变得拥挤的商城时的行为是有所不同的。想象大甩卖时的情景：人们排队等待店铺开业，他们大都知道，自己会在一个人挤人的环境中抢购。在这种情况下，消费者一般不会觉得自己的私人空间遭到了入侵，因此也更有可能去购买降价商品或者新款苹果手机等人气商品。而与此相反，如果消费者走进一家空旷的店铺，谁料突然间一大群人蜂拥而入，且全都奔着同一个货架而去，那么第一个进店的消费者很可能就会选择别家店铺了。因为，那位消费者觉得自己的空间遭到了破坏，想要重新确立自己的个性。在人们表达出别出心裁的见解时，我们也可以看出此人标新立异的欲望。

我们的大脑对私人空间非常看重，就连构建机器人助手的电脑科学家也将这一点运用到了他们的设计之中。培养机器人的良好习惯是非常重要的。试想一下，当机器人接待员、导游、办公助手以及乘务员为老人服务时，它们应该能够遵从人类的基本礼节，对别人的私人空间也需要抱以尊重。即使对方是机器人，我们也需要拥有自己的私人空间。

一般认为，人存在着生理、心理和社会等方面的需要，其中心理方面的需要包括安全感和私密感等。由于公共空间大都为开敞空间或人流密集的地方，更需要保证人们的安全感和私密感。现代心理学认为行为是人在环境影响下所引起的内在生理和心理变化的外在反应，除无意识的动作外，心理活动是各种行为的前奏。一个人的心理，常常会通过其行为表现出来。我们在行为活动过程中，相应的心理活动也会同步产生。

人与人在相处过程中会保持一定的距离，这个距离与心理活动和行为活动联系密切。大致可以分析出亲密距离、个人距离、社交距离和公共距离四种相处距离。其中亲密距离通常出现在亲人、情侣之间，大概距离为 0 ～ 45cm ；个人距离是最佳交流距离，大概在 45 ～ 120cm 之间；社交距离指的是同事之间的礼貌性相处，在 120 ～ 360cm 的范围内；而公共距离是指大于 360cm 的距离，是公共空间中人与人的相处距离。

距离是可以影响人们行为的。随着距离的变化，人所获得的周围信息就不同，产生的行为活动就不一样。我们常把人在空间中进行各种活动所需要的面积、空间尺寸、人流特点和各种空间的接近程度等看作是功能要求，但往往局限于人的生理需要。公共空间距离的适宜程度能够直接影响一个人的行为，个人空间是人可以保护自我不受外界干扰和刺激的区域，同时也是人与人之间交流的最佳空间。个人空间是根据个人的心理及生理两方面可能存在的潜在威胁形成的保护自身私密性及人身安全的缓冲区域。任何人在任何情况进入其他人的个人空间，都会使其做出相应的反应，这都取决于个人空间的特殊功能。

《说文》曰："休，息止也，从人依木"；甲骨文中的"休"字像人在树旁休息，狭义的休憩是相对忙碌来说的，多指脱离了紧张忙碌的状态，而置身于轻松、舒适和自在的环境中，更强调一种恬静、怡然的精神状态。公共休憩空间是为人们提供休息环境的场所，是人居环境中重要的片段。在公共休憩空间里人体运动是水平限制的，速度约为 5 公里 / 小时左右，感官实际上则是朝向正面的，而且视觉感无疑是水平发展的。社会视野领域约 100 米，这是您可以识别人体数字的距离，而在大约 30 米的距离内，您可以区分出更详细的人物特征。嗅觉在小于 2 ～ 3 米的距离内效果最佳，而听觉在 35 米处具有更宽的功能范围。在高品质的社区生活中，"休憩"活动在人的日常生活中所占比重越来越大。随着人们对高品质社区环境的追求，对公共休憩空间的质量提出了更高的要求，而不仅仅是为了遮风蔽雨和趋利避害，更有进一步的社会和心理层面的需求。

大自然的治愈力

美国宾夕法尼亚州的帕奥利是离费城不太远的一座小镇，镇上有一家本地的郊区医院，帕奥利纪念医院。这家医院的恢复病房正对着一个小院子，病人们就在这排病房里休养。20 世纪 80 年代初，一名研究人员参观了医院，收集了 1972 ～ 1981 年间胆囊手术患者的信息。胆囊手术很常见，一般也并不复杂，但在 20 世纪 70 年代，大多数患者做完手术后都要在医院待上一两个星期才能回家。有些患者恢复所需的时间比较长，这名研究人员想知道，医院病房之间的细微差别是否能够解释恢复速度上的差距。医院的有些病房对着一堵砖墙，而离走廊较远的病房则对着一小排落叶乔木。除了景观不同，病房的其他条件完全一样。

研究员看到患者的恢复时长表后非常惊讶：面对树木的患者痊愈速度比面对砖墙的患者快许多。平均而言，面对砖墙的患者在回家之前至少需要再恢复一天，他们的心情也更抑郁，体验到的痛苦也更多。护士记录下了每名患者的 4 条负面评论，如“我需要多多鼓励”和“不安、哭泣”，而面对树木的患者在住院期间一般只留下了 1 条负面评论。与此同时，那些面对树木的患者中，极少有人在住院期间索要 1 剂以上的强力止痛药，面对墙壁的患者却至少索要了两三剂。除了窗外的景观，病人们在医院里接受的是大体上相似甚至完全相同的治疗。每一名面对树木的患者都对应着一名面对砖墙的患者，所以，患者的年龄、性别、体重、吸烟与否、主治医生和护士的情况都得到了尽量严格的控制。既然如此，那么唯一的解释是，面对树木的患者能更快地痊愈，是因为他们运气好，住在了有自然景观的房间里。

这些结果令人惊讶，因为自然环境的影响如此之大，比其他许多针对性治疗的干预效果还要大得多。从一些测量指标上看，那些面对自然景观的患者数据，要比面对一堵墙的患者好 4 倍。如此明显的结果往往会引人怀疑，但大量的研究都表现出了类似的效应。这些研究中的一项是这样的：两位环境心理学家联系了 337 对家长，他们带着孩子住在美国纽约州北部的 5 个农村地区。研究人员对每一户家庭的“自然氛围”进行打分，自然景观、室内植物和院子里有草坪都是加分点。有的孩子在成长过程中承受的压力很小，很少跟人打架，在学校也很少受到惩罚，但另一些孩子却时常受人欺负，或是跟父母相处困难。研究人员又测量了孩子们的幸福度，他们发现，经常遇到问题的孩子很痛苦和缺乏自尊心，但如果生活在更贴近自然的环境当中，他们的幸福度就不会降低。大自然的存在似乎减缓了他们所承受的压力，而这些压力给住在人造环境中的孩子造成了很大的困扰。

自然环境和人造环境的区别在哪里呢？

宁静的街道景观为什么就起不到和宁静自然景观同样的效果呢？建筑也有独特的魅力，与自然环境相比，有人更喜欢城市环境，但为什么反而是自然有着这么强大的恢复作用呢？20 世纪初，美国心理学之父威廉 · 詹姆斯（William James）就解释过，人的注意力分为两种不同的形式。第一种是定向注意力，让我们能把焦点放在严苛的任务上，比如驾驶和写作。读书也需要定向注意力，如果你感到疲惫，或是一次性阅读了几个小时，你会发现自己开始走神。第二种形式是不自觉注意力，它来得很轻松，不需要额外的精神努力。詹姆斯解释说：“奇怪的东西、动人的东西、野生的动物、鲜艳的东西、漂亮的东西、文字、风和血液等等”自然而然地吸引了我们的注意力。大自然存储了你的精神机能，就像食物和水存储在你的身体里一样。日常生活中的事务，例如躲避车流、盲目作决策和判断、与陌生人交往，都是消耗性的活动。大自然把人工环境从我们身上夺走的东西找了回来，它的核心其实来自心理学家所说的注意力恢复理论。按照这一理论，城市环境让人心力憔悴，因为它们强迫我们把注意力集中在具体的任务上（例如避免迎面而来的车流），随时都在攫取我们的注意力，一个劲儿地逼迫我们："快看这儿！""快看那儿！"这些任务耗尽了我们的心力，而自然环境中则没有它们的身影。森林、溪流、河流、湖泊和海洋，它们很少对我们索取什么，尽管它们同样生气勃勃、千变万化和引人注目。自然景观和城市景观之间的区别在于它们对我们注意力的索取程度。人造景观用连续的刺激轰炸我们，自然景观则给了我们选择的自由（你愿意多想就多想，愿意少想就少想），我们这才有了补充耗尽的心智资源的机会。

大自然是一个疗养院，并成为了新的"治愈方式"，其天然的治愈能力超乎想像。明媚的阳光和空气负氧离子，被证明可以缓解抑郁；在大自然中观赏美景，可增强自身对心率和血压的控制；聆听大自然的声音，可以帮助人们从高压力中恢复过来。蒋勋曾在《品味四讲》中写道：大自然真的可以治疗我们，可以让我们整个繁忙的心情放松，找回自己。林语堂也在《生活的艺术》中提及：大自然本身永远是一个疗养院。它即使不能治愈别的疾病，但至少能治愈人类的自大狂症。大自然担得起所有文学家和艺术家的赞美，但也绝不仅仅止于这种感性的赞美。林语堂只说对了一半，因为现代研究证明，大自然除了治愈“自大狂症”，的确能治愈别的疾病。

20 世纪 60 年代以来，地质学家彼得 · 韦恩（Peter Winn）一直在科罗拉多大峡谷进行探险。他多次目睹一个叫做“团队河流跑步者”的团队组织，在科罗拉多河举行为期十六天的皮划艇旅行。其中有一名从伊拉克回来的退伍老兵，他的身上充满了弹片，脾气暴躁，只会讲“你他妈的”，甚至失去了最简单的计算能力。然而到旅途结束时，他讲起话来滔滔不绝，对峡谷的美景和同伴们充满感恩。韦恩说：“旅行时间越长，治愈的力量就越大。治愈发生在所有人身上，无一例外。”

伊利诺伊大学香槟分校的科学家们在《心理学前沿》上发表的一篇文章称，大自然有 21 种可能改善健康的途径。其中已经确定的是：明媚的阳光和空气负氧离子，被证明可以缓解抑郁；在大自然中观赏美景，可增强自身对心率和血压的控制；聆听大自然的声音，可以帮助人们从高压力中恢复过来。另外，研究表明，在树木繁茂的自然环境中，仅仅需要三个白天和两个黑夜，就能使人的免疫系统得到改善，而且能创造出持续七天的幸福感。

斯坦福大学主导的一项研究发现，在野外运动与在城市中运动相比，更有助于降低患抑郁症的风险。参与者分别在乡村的草地区域和城市的道路上行走。结束后，研究人员检测了大脑中负责沉思的区域，发现那些在乡村区域行走的人这部分脑活动减少，而在城市环境中行走的人没有发生改变。

密歇根大学心理学研究室发现，人的记忆力和注意力时长会在与大自然互动一个小时后增加 20%，无论是在阳光明媚的晴天还是寒冷的冬夜，这个益处都是存在的。这项研究结果表明，确保学生在学习和发展的过程中能充分接触大自然很重要，特别是那些患有儿童多动症和其它注意力障碍的学生。科学家们还认为，相对于成年人来说，儿童更要多亲近大自然。华盛顿大学环境学院的凯斯林·沃尔夫说：“如果儿童在很小的时候没有用足够的时间去体验大自然，那么随着年龄的增长，他们就不会形成适当的免疫功能来保护自我。沐浴在大自然中，可以摄取那些能产生大量健康微生物群系的东西。”

近年来，世界各地自然教育学校如雨后春笋般地诞生，为孩子们提供了能够定期与大自然亲密接触的机会。除了能治疗一般孩子的“自然缺失症”，随着自然教育被更多人研究和了解，自然学校的另外一个功能也慢慢开始被人重视。一些患有自闭症、感觉加工障碍或注意力缺陷过动症（ADHD）的儿童，开始遵循医生的建议，寻找附近的自然教育学校进行学习和“治疗”。最重要的是，大自然这所疗养院的“绿色药方”还另有长处：它无副作用、不留痕迹、价格低廉且随手可得。

超视觉：为感官弱势人群设计

你是我的眼，带我领略四季的变换；

你是我的眼，带我穿越拥挤的人潮；

你是我的眼，带我阅读浩瀚的书海；

因为你是我的眼，让我看见这世界就在我眼前。

——萧煌奇《你是我的眼》

视觉认知能力

根据世界卫生组织 2017 年的调研：全世界有 2.17 亿人患有中度乃至重度的视力障碍，仅凭这一统计数据，足以说明数字产品可访问性的重要性。让数字产品具备可访问性，不仅仅涉及到基本的道德，而且也存在潜在法律问题和影响。2017 年在美国境内，总共发生了 814 起针对无法访问或者可访问性较差网站的联邦诉讼，其中甚至包括一部分集体诉讼。各个组织都曾经试图建立可访问性设计的标准，其中最著名的是美国联邦可访问性委员会（第 508 条）和

W3C，其中：

第 508 条：这指的是最早创立于 1973 年的康复法案中第 508 条，你也可以去查询它的详细内容。总的来说，无论是直属于联邦的网站，还是相关机构或者承包商所创建的网站，都需要有良好的可访问性。

W3C：万维网联盟（简称为 W3C）是一个自发的国际组织，成立于 1994 年，旨在制定开放的网络标准。W3C 在 WCAG2.1 中概述了他们 Web 可访问性的详细标准和指南，这本质上是如今 Web 可访问性最佳实践的黄金准则。

数字产品的可访问性落实到产品维度上，存在于许多不同的方面，其中色彩是和设计连接最紧密的部分。对于有视力障碍的用户而言，色彩的可访问性和他们的体验息息相关。这其中，色弱和色盲用户占据了相当大的比例，数字产品的可访问性对于所有人（包括在视觉、听觉、语言、肢体和认知上有障碍的用户）而言都很重要。对于设计师和开发人员而言，应该让数字产品具备足够良好的包容性，让所有人都能够从中获得好处。可访问性良好的产品是优雅而友好的，我们理应对所有人都友好。

有周边视力问题的人缺乏广角视野，即使他们的中心视力可能是完美的。这种视力障碍的最常见原因是青光眼，当视网膜内的高压损害视神经——从大脑到眼睛的图像载体时，就会发生青光眼。患者经常抱怨他们在昏暗的光线下看东西和移动时导航困难。在我们设计网站或应用程序时，就应该记住，有周边视力问题的人只能看到中心元素，我们的主要目标是确保他们可以不受限制地访问和使用整个内容。而糖尿病视网膜病变也是一种影响眼睛的糖尿病并发症，最初可能是轻微的视力问题，通常会发展为严重的视力模糊症状并最终失明。根据统计数据，80% 的糖尿病患者会受到这个问题的影响。患者通常抱怨看到斑点、飞蚊症或失去视力，在昏暗的光线和夜间看东西比较困难。一些视力受损的人会因一只眼睛的部分视力丧失和颜色饱和度下降而苦苦挣扎，通常难以阅读文本并与不符合 WCAG2.0 要求的网站和产品上的元素进行交互。对他们来说，内容看起来很模糊，就像透过脏玻璃看一样。

视觉障碍中还有一种“幻影视觉”，也就是我们常说的“重影”图像，出现重影症状的人难以感知文本和可能变得完全难以辨认的小元素。另外对于色盲的人来说，这个世界就像是老电影里的场景，一切都是苍白而沉闷的，有些颜色已经被去除了。从本质上讲，科学将色盲定义为无法感知和区分颜色，以及对颜色亮度的敏感性。最常见的类型是红色 / 绿色，其次是蓝色 / 黄色和完全色盲。一项数据显示，它影响了全球约 4.5% 的人口或 12 名男性中的 1 人和 200 名女性中的 1 人。选择颜色时，我们应牢记色盲，避免仅依靠颜色来传递交互按钮、链接、图标或文本来传达信息。而色盲网页过滤器是一个模拟不同类型色盲的网络工具，可以帮助我们调整调色板为每个人提供最佳体验。

在一个信息主要以视觉形式存在的世界，视力残疾无疑会对个体的认知发展产生巨大影响。认知是由一系列心理能力组成的复杂系统，它的基本作用是获得外部世界的信息，把外部信息转化为自身的知识结构，然后应用这种知识结构去指导自己的行动。在个体认知发展过程中，任一认知结构成分的不成熟都会影响到我们认知系统的整体发展。

视力残疾会对个体认知途径会产生影响。视觉丧失后，视觉特有的优越性（如感知范围大、转移灵活、知觉速度快而全面、可以看到远的地方和印象深刻）也就丧失了。一部分原来由视觉感知的信息不得不由别的感知觉（如听、触、味、嗅觉等）来补偿。但是，视觉负责感知的 80% 以上的信息主流并不是可以完全由其他感觉器官来代偿的。如视力残疾人不能直接感知到物体的颜色、亮度（包括区分物体受光面、背光面和物体的影子）和物体的透视感觉，这三个物体特征是视力残疾人保存的感觉器官不能代偿的。

视力残疾会对个体认知广度产生影响。早在 1948 年美国视力残疾心理学家劳温费尔德（Lowenfield）就提出，关于每个视力残疾个体在其个人成长经验中若无特别干预，将存在着“三个最基本的丧失理论”：对环境的控制和自我环境联系的丧失、顺利行走的丧失、一定的活动范围和各种不同概念的丧失。这中间每个方面都表明视力残疾个体认知范围受到视力残疾的严重影响，具体表现为：一是视力残疾直接导致部分信息不能被视力残疾个体感知。从接受信息的主动性上看，看与听和触等虽然同为获取知识的手段，但听和触觉总是有限的，有一些信息是视力残疾个体无法或者很难感知的。美国学者爱默生（Emerson）和福克（Foulke）（1962）认为下列几个方面有且只有通过视知觉才可感知：颜色和二维体，如美术欣赏、相片、文字等光学艺术；气状物体，如云、雾、烟等，其透明度的对比只有依靠视觉；太小的物体，如细菌、微生物等需借助显微镜才能感知的事物；太大的物体，如高山、大树、飞机等只有通过远距离视知觉才可全面感知；太娇嫩的物体，如雪花一摸就破坏其完整性；太遥远的物体，如各种天体；有伤于感觉器官的物体，如强电流、黄蜂等，都只有通过视知觉才能够很好地理解并形成概念。二是视觉丧失导致的第二性障碍也会造成视力残疾个体认知广度受限，主要表现为视觉丧失抑制个体探索环境的动机和活动范围相对缩小。

视力残疾会对个体认知深度产生影响。视觉支配着几乎所有的早期学习阶段，并为许多更高的心智过程打基础。视力残疾个体视觉方面的障碍若得不到良好的教育训练，不仅会造成视力残疾个体认知范围狭窄，而且可以造成他们的认知肤浅和片面性。因为早期经验可能造成视力残疾个体元认知发展困难，一切东西对他而言都神秘而来又神秘而去，在其早期认知经验中充满了神秘色彩，他对自己认知活动的认知，对自己应采用何种策略的认知问题存在不稳定性。元认知形成中存在的问题必然将影响到视力残疾者后期的自主探索和学习行为深入发展，从而限制其认知发展深度。视力残疾个体缺乏形象记忆，人感知的事物，只有经过形象记忆，才会变成可被利用的直接经验，即感性知识，才能使思维等高级心理活动成为可能。视力残疾撕裂了两个信号系统的联系，使得视力残疾个体的许多概念发展只停留在记忆表象，不能向更深层的想象和思维发展，也不能灵活地运用到实践生活中，阻碍个体对物体的深层认知。由于缺少连续观察而全面了解信息，视力残疾影响个体对物体的更深层次的分析。

视力残疾还会对个体认知速度产生影响。视力残疾个体在认知发展速度上的延缓表现为：早年感知的速度与信息量受到限制，个体接受信息速度缓慢引起认知发展速度减缓，从接受信息的速度来看，视觉明显地优于听觉。研究表明，耳朵内部有29万个神经细胞，它们1秒钟能处理8000比特的信息量，平均每个神经细胞具有每秒处理0.3比特信息的能力。而视觉系统内，存在约90万个神经细胞，每秒能处理430万比特的信息，平均每个神经细胞1秒钟可处理5比特的信息量。从单个神经细胞的信息处理能力看，视觉系统是听觉系统的500余倍。不加训练的触觉系统又稍逊于听觉系统。也就是说，从整个系统的信息处理能力看，视残个体都是以听、触的慢速度来接受信息。而在慢速学习时，感知觉向大脑传递的信息是慢镜头式的，这种缓慢的节奏使得大脑意识活动的密度小、间歇大，因而会随时渗透进其它无关因素的影响，容易使注意力分散或转移。注意力是记忆的门户，注意力的分散或转移，必然降低大脑的记忆效果，延缓视残个体认知，使他们必须花费更多的精力才可能赶上相当于同龄普通个体的发展速度。

视觉感知障碍

视觉障碍主要有两种类型：一类是视力低下造成的障碍，依据其视觉障碍程度分为全盲和弱视；另一类是色觉识别障碍，我们通常笼统地称这类人群为“色盲”，也称为道尔顿症、色觉缺失、色觉辨认障碍和色弱等。全球人口当中约 8% 的男性和约 0.5% 的女性有颜色感知障碍（Wolfmaier，1999）无法分辨特定的颜色（红、绿、黄、蓝等颜色），他们在识别部分或者全部颜色时有困难。而且，随着年龄的增长，这些人的眼睛晶状体也会逐渐失去弹性。据统计，50 岁以上的一半人有一定程度的低视力状况（视敏度低于 20/40，Cathy O' Connor）。这其实是一个非常大的群体，对于视觉障碍人群，适用普通用户的界面策略可能会失效。红绿色盲除了无法分辨红色、绿色外，还无法分辨深红色和黑色、蓝色和紫色与浅蓝色和白色。

色盲人群可以大致分为：红色盲（P）、绿色盲（D）、蓝色盲（T）和全色盲。其中红色盲和绿色盲最为普遍，合称为红绿色盲。红绿色盲人数占到了色盲总数的 99%，我们需要真实地走进他们眼中的世界：对视觉障碍人群来说，对色彩的理解会有一定程度的困难，这就考验我们在实际的设计创作过程中需要兼顾这一部分人群。很多人认为色盲看不到任何颜色，这个认知是个误导。超过 99% 的色盲人群都是可以看到颜色的，正如你可以看到的一样，他们看到颜色的方式上并没有发生根本性的变化。但从色谱的识别上与常人有着很大的不同，他们对于色觉识别上也呈现出一些规律，例如：

- 红绿色盲不能分辨红、紫、青和绿色，仅能识别整个光谱中的黄、蓝两色；
- 蓝色色盲不能分辨紫、青、绿和黄色，仅能识别整个光谱中的蓝、白、红三色；
- 色盲人群对色相的辨识能力较弱，但却对明度、饱和度非常敏感；

• 红色在红绿色盲眼中近似于深灰色，而蓝色盲眼中的黄色近似于灰白色。

还有一类场景障碍的视障者，他们在强烈的光照下看屏幕上的色彩看起来像被“冲洗掉”一样，彩色屏变为黑白调的“灰度屏”。那该如何减少阅读障碍，增加他们的可读性呢？第一是尽量不要使用颜色作为唯一信息传达方式；第二是优化对比度，让更多人群在更多场景下舒适阅读。2020 年的 Ucan 大会上，阿里巴巴旗下的语雀产品团队分享了他们为了提供更友善的阅读体验，提升文字对比度为 AAA 级标准。那什么是 AAA 级标准呢？按照 W3C 的解读，该标准针对的是三类典型的“日常生活视力（包括矫正视力）人群”，分别为：正常视力、轻微视觉障碍（也是 80 岁老人的典型视力）以及中度视觉损伤者。W3C 的 AAA 级标准就是能满足中度视觉障碍者（视敏度 20/80 以下）的无障碍阅读的标准。

印度一家最受欢迎的谷物早餐正在渐渐失去市场份额，马丁要帮他们重新设计一个新包装。马丁 · 林斯特龙（Martin Lindstrom）在其著作《痛点》一书中写道，他到达印度后，观察着形形色色的人们，把每一个观察到的细节都记录下来，贫穷、污染严重、儿童营养不良和五彩缤纷等。在印度，婆媳关系是一触即发的，电影里婆婆吹毛求疵、爱管闲事、爱插嘴，而包办婚姻也是司空见惯，十几岁嫁人，若反对包办，等待她们的就是暴力，甚至是谋杀。马丁观察到婆婆们的穿着打扮都很相似，厚厚的镜片、色彩艳丽的服装（暗蓝色、海蓝色、粉绿色和琥珀色等）。他预约了当地的家庭做用户访谈，他想要搞清楚到底谁做饭？谷物早餐到底卖给谁？为了能够跟受访者尽快熟络起来，马丁看了几十部宝莱坞的电影，希望通过茶和电影寻找到共同话题，从而建立信任感。很明显，婆婆是家里管事的，表现得很强势，主导话语权。为了让婆婆和儿媳妇都能表达真实的心声，马丁将她们分开采访，但是在做饭的问题上，双方都说是自己做饭，所以马丁要自己寻找答案。他来到受访者家庭的厨房看到五彩缤纷的调料盒，离炉子最近的粉末，颜色最亮丽，就像婆婆们的衣服颜色，所以他断定做饭的是婆婆。此外，他让婆婆和媳妇将最新鲜到最不新鲜的颜色排列一下，结果完全相反。婆婆觉得色彩越鲜艳，食物越新鲜，比如调料：深紫、橙黄、荧光黄，跟她们的衣服一样。而儿媳们受西方文化影响较深，不喜欢那些亮丽的颜色，几乎都喜欢绿色。

马丁走进超市，观察进出商店的婆婆们，他戴上模仿婆婆们视力的眼镜和弯腰驼背。突然发现从一位印度老妇人的角度看，这个世界好陌生，边缘线条都是模糊的，唯一看清的就是颜色，最不能区分的颜色是天然棕和新鲜绿，而这是儿媳偏爱的。同时他还发现了商品的阴影线，就是房顶灯光线角度落在包装顶上的阴影。从婆婆的身高和角度看，下半部分是最引人注意的。而儿媳的角度，完全是另外一个世界。从身高和角度，先看一眼包装顶部，然后再朝下看，底部几乎不看。马丁将他记录的所有细节综合在一起，最终采用两种完全不相容的色系——2/3 的包装底部换成艳丽明亮的调料颜色；1/3 的顶部设计成天然棕和天然绿，并详细介绍谷物早餐的天然成分。另外，他希望可以把妈妈和新生儿的某些瞬间融入产品中，由于印度广告法中不允许使用人像，最后在新包装上印了一个宝宝用的勺子，里面盛满了谷物早餐。

如果马丁不带眼镜，也许永远都发现不了两代人选择商品的差别。我们也需要切换一下视角看产品，从产品设计者角度看产品只能看到单一维度，而用户是多种多样的，需要切换到不同用户的视角去重新审视和体验产品。

超视觉的交互

为了消费内容，视障人士经常求助于辅助技术，例如屏幕阅读器。此类工具扫描图像，查找图像辅助文字说明的 alt 标签，并通过向用户大声朗读文本来解释它们。设计师可以通过提供传达图像含义的简洁和信息丰富的描述来帮助这些人。想象一下通过电话解释图像——你可能专注于想法而不是颜色或图案。alt 标签没有固定限制，一般应该控制在 150 个字符，因为较旧的屏幕阅读器最大仅能显示这么多字符数。

为可访问的输入使用多个提示，设计师不应该只靠颜色生活。否则，色盲的人将无法使用他们的产品！例如，红色与绿色的错误和成功状态对用户没有任何意义，因为它们看起来几乎相同。除了颜色之外，设计师还有其他可视化工具，比如图标和标签，它们可以辅助颜色并帮助正确传递信息。

使用纹理来增加可访问性。例如在不使用颜色的情况下如何区分元素？我们有一个简单的答案——纹理。色盲用户可能无法区分红色与绿色或蓝色与黄色，但他们绝对可以感受到点和对角线图案之间的区别。最终，模式和纹理实际上可以帮助所有用户解释图表和信息，因为它们具有明显的变化。

对于有视力障碍且不能完全依赖图像内容的人来说，文本就像是波涛汹涌信息海洋中的一盏明灯。这就是为什么在文本与其周围背景之间提供足够的颜色对比至关重要的原因。WCAG2.0 建议对正常大小的文本保持至少 4.5:1 的对比度，对较大的文本保持 3:1 的对比度。使用 Arial、Verdana、Tahoma 或 Helvetica 等无衬线字体可为所有用户提供 100% 的易读性，因为它们通常更简单且更易于阅读。WCAG2.0 建议还指出，整个网站文本的大小必须可调整至 200%，而无需辅助技术和内容或功能损失。您还应该将此准则应用于触摸显示器和捏拉缩放行为。看似很小的细节对视力障碍者却有重大影响。他们无需将设备放在鼻子前查看和阅读内容，而是可以简单地放大。

在可访问性领域的最新创新中，语音用户界面（VUI）使视障用户能够轻松地与网站和应用程序交互。他们所需要的只是他们的声音和耳朵！对于那些手或眼睛忙于做饭或开车等其他任务的人来说，VUI 是一个有用的工具。VUI 在与用户交互会话过程中，至少得能够保持音频信息简短并允许中断、语速快慢可控制和功能易于发现使用等基本要点。

与开发人员合作，使用 HTML 来构建内容，确保内容布局可预测且便于屏幕阅读器浏览。Z 模式被认为是浏览着陆页和内容不超载网站的最常见模式之一，这种布局遵循字母 Z 的形状，读者将从顶部左侧开始，先水平移动到顶部右侧，然后再对角线移动到底部右侧，然后再完成另一次水平移动到底部右侧（图 01）。确保 HTML 反映了这种视觉层次结构，屏幕阅读器遵循着用户预期的顺序，并向无法正确感知视觉内容的用户正确解释设计。而对于博客、报纸或杂志等负载较重的网站，则可以使用 F 型布局。这个模式布局是雅各布·尼尔森（Jacob Nielsen）在其公司进行的眼动追踪研究之后首次提出了这种模式。与其他模式一样，眼睛从上左开始，水平移动到上右，又回到左边缘，然后再向右进行水平扫描。在第二次大扫描之后，向右移动的距离越来越短，并且在大多数情况下，越当向下移动时，眼球会越紧贴左边缘（图 02）。

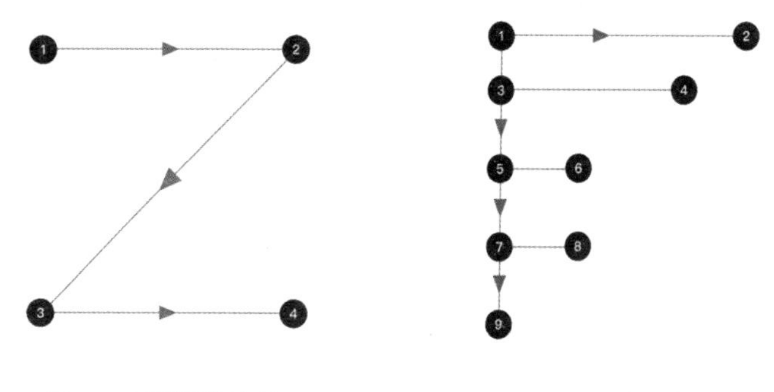

图01：Z型阅读路径　　图02：F型阅读路径

一些视障用户可以通过点击键盘 Tab 键或导航箭头来浏览网站。作为设计师，我们也应该牢记一些基本问题。首先，键盘焦点应该是可见的。默认情况下，大多数网站使用灰色虚线或实心蓝色边框，但你可以通过使其与您的品牌颜色保持一致来调整您的焦点样式。其次，确保焦点遵循视觉布局的编码顺序。它通常从最重要的内容到不太重要的内容从左到右、从上到下流动。键盘用户应该访问所有交互元素，包括表单、下拉菜单、按钮、模式对话框以及用户可以使用鼠标访问的其他基本页面部分。

用动作来表示元素。工具提示是告知用户特定元素可以做什么的小知识，例如有或没有残疾用户可以使用的鼠标、其他指针设备、键盘、屏幕阅读器、缩放软件和任何其他辅助技术等。工具提示在悬停时弹出然后很快就会消失，提示不能包含完成这个或那个任务的说明，那样会强迫用户去记住提示的内容，使他们的记忆力和眼睛疲劳，对于视力受损的人来说很难。如果没有任何有用的内容，可不要提供工具提示。否则，可能会造成信息污染并浪费用户的时间。

视障人士属于社会的弱势群体，因为视力的原因而失去了他们丰富多彩的生活。对于视障人士来讲，视觉的障碍使得众多需要视觉才能使用的产品失去了意义。因此，聚焦视障群体的需求、针对视障人士的特点设计出可以服务于视障群体的新产品是设计者应有之责。我们就来看看日常生活中的几个产品案例。

如今，电磁炉灶头已被广泛取代燃气炉灶头。食品在电磁炉灶上煮得更快一点，它们易于清洁，并且没有任何可见的火焰，通常认为它们比燃气灶具安全得多。Curva 是专门为盲人使用而设计的感应炉灶。考虑到盲人的需求时，Park 注意到了电磁炉的缺点，Park 改进了传统电磁炉的几个方面，这些方面可能给使用的盲人带来风险和危害。

吃饭是我们通常认为理所当然的事情。然而，对于视障人士来说，他们无法衡量用勺子挑起的食物数量，许多未吃完的食物通常最后都散落在盘子里。此外，倒水时水嘴与杯子错位，以及将餐具掉入热汤碗中，都是没有适当视力的人最难处理的经历。Eatsy 是一套由盘子、碗、杯子和器皿组成的多功能餐具。它们中的每一个都有一个独特的功能，有微妙的细节。它们是通用的，适用于儿童、老人，甚至没有特殊需要的人。

对于盲人和弱视者来说，因为看不到、看不清，所以每一次做饭，一日三餐，都像是对生命充满威胁的挑战。因此，Kevin Chiam 为视觉障碍人士量身定制，做了一套专为视障者设计的厨房辅助用具。所有 Folks 的厨房用具，都被设计成好拆卸和易清洗。有了这些工具，视障者能够大大降低在厨房中受伤的风险，也能增加他们烹饪的意愿和生活的乐趣。

为视障者设计

当你想到彩虹的时候，你会想到什么？如果你能看见，你可能会想到大雨后的天空划出一道美丽的弧线，那条弧线包括赤橙黄绿青蓝紫七种颜色。但一个先天失明的人对彩虹的认识是怎么样的呢？那他又是怎么思考红色的呢？与视力正常的人又有什么区别？盲人无法通过眼睛去观察一种颜色，势必需要有替代的感受。可以通过他人的语言描述和引导，让其从听觉、嗅觉、味觉、触觉等方面感受到你所描绘的东西。

听觉如何感受颜色？给他听海浪拍打沙滩的声音，告诉他蓝色是大海，是宁静。

嗅觉如何感受颜色？你可以拿一片薄荷叶给他闻，告诉他薄荷是绿色的。

味觉如何感受颜色？给他尝一口蜂蜜，告诉他蜂蜜是黄色的。

触觉如何感受颜色？你可以把他带到室外温度39度的大太阳下，让他感受太阳暴晒的感觉，可以告诉他脸颊的灼热感就是红色的；你还可以把他带到海边，把他的手放进海里，告诉他海是蓝色的；或者把他带到秋天的麦田里，抓一把玉米放在他手里，告诉他玉米是黄色的；拿一捧雪放到他的手心，告诉他雪是白色的，象征着纯洁……

先天失明的人思考有关视觉概念和抽象概念的词语时，大脑中活跃的部分与正常人是相同的。这说明虽然盲人缺乏对颜色的感官体验，但他们可以通过语言形成丰富而准确的颜色概念。还可以通过语言，了解到视觉是不同于他们体验到的其他感官属性，了解到某一种颜色是物体或场景的一种属性，以及知道颜色之间的差异。所以说，语言对于盲人来说尤为重要。一项研究表明，尽管盲人看不见，但他们和视力正常的人对彩虹和颜色等抽象视觉现象有着共同的理解。在这项实验中，研究人员利用功能磁共振成像技术观察失明和视力正常的参与者在听到不同类型概念相关的词语时的大脑活动。词语分为三种类型的概念：

1. 视力正常的人和盲人都很熟悉的具体概念，并在某种程度上可以被感知，如：杯子；

2. 只有盲人才察觉不到的视觉概念，如：红色；

3. 没有任何感官特征的抽象概念，如：自由和正义。

无障碍设计这个概念名称始见于1974年，是联合国组织提出的设计新主张。其理想目标是“无障碍”。关注、重视残疾人、老年人的特殊需求。人类是拥有视觉、听觉、触觉等诸多感知“通道”的整合体，其中，无障碍色彩设计是一个面向所有公众的视觉设计系统，该系统的最终目标为创建无障碍可视环境，使信息尽可能准确地传达给更多的公众。在使用操作界面上清除那些让使用者感到困惑、困难的“障碍”，为使用者提供最大可能的方便，这就是无障碍设计的基本思想。

Sense 5看起来像是普通的拐杖，但通过将智能传感器集成到手柄中，Sense 5可以与用户进行交流，从而使他们知道周围的事物。其独特的“7”字形可以帮助视障人士轻松浏览周围的环境。操纵杆的倾斜设计使用户可以本能地正确握住它。手柄水平握持，摇杆自然向前倾斜，使用户可以轻敲周围的环境。前面的摄像头可主动捕获图像，识别物体和障碍物，而简单的开关可让您切换手电筒以在晚上使用。

它可以帮助将用户的状态传达给周围的其他人。正面的手电筒在背面配有红色的尾灯，可帮助人们在光线不足的情况下识别操纵杆和使用者。手柄的设计优雅、纤薄，并具有独特的动态表面，可根据指令“弹起”，几乎具有动物的本能。当摄像头注意到用户附近的障碍物时，手柄的3D表面就会栩栩如生，向用户发出警报。触觉响应非常容易识别（特别是考虑到用户的手掌一直与手柄接触），并且比音频提示更加有效，提示可能会在嘈杂的环境中丢失或在安静的环境中打扰。

如何让视障群体更好地感知和探索他们身边的世界？微软研究

院 Soundscape 应用与具有“耳机眼镜一体化”功能的可穿戴设备 Bose Frames 合体，通过 3D 立体声眼镜来让使用者在脑海中构筑起一个立体的周围世界的轮廓。

Soundscape 很好地运用了人类对声音的方位感，结合必应地图本地搜索和位置识别的强大功能，用更自然的方式帮助使用者在脑海中构筑起周围环境的立体轮廓。

伴随着设计的发展，越来越多的设计者们开始关注与探讨设计伦理对现实世界的关照。正如 20 世纪 60 年代末，维多克 · 巴巴纳克在其代表作《为真实的世界设计》中提出了其对设计伦理的见解，即设计要为广大人民、为第三世界国家的人民、为残疾人以及为保护有限地球资源服务等为题，使设计伦理学开始正式进入人们的研究视野。对弱势群体的人文关怀让越来越多的设计师们形成了为弱势群体而设计的共识，为弱势群体而设计亦逐渐成为现代设计所关注的重要方面。随着改革开放以来中国社会的高速发展以及全球化趋势的加剧，很多社会问题诸如人口老龄化等问题也逐渐凸显出来，对弱势群体的高度关注与独立思考也使得越来越多的中国本土设计开始将目光投向对弱势人群的关注。

为弱势群体而设计，不仅是给予弱势人群更多的温暖，通过设计来帮助弱势群体生活得更有尊严，更有意义以及更加美好；更是激发出了人性中的善良与光芒，并使之通过设计不断传递，促进人文关怀在设计中不断成长与发展。这种设计的善意为弱势人群带来了世界的光芒与美好，帮助他们找寻生命的精彩，实现自己的梦想！

第三章

认 知

“人们不是想买1/4英寸的钻头，而是想要一个1/4英寸的洞孔”

哈佛商学院市场营销学教授西奥多 · 莱维特说

用户不是想买一件产品或服务

而是要将产品和服务带入生活，完成某项任务而已

这也是产品的真正价值所在。

产品的原生性价值

产品的价值

“人们不是想买 1/4 英寸的钻头，而是想要一个 1/4 英寸的钻孔。”哈佛商学院市场营销学教授西奥多·莱维特说，用户不是想买一件产品或服务，而是要将产品和服务带入生活，完成某项任务而已，这也是产品的真正价值所在。

一件产品从低价诱人的促销，到差异化品牌定位，再到情感化的精神寄托，会有不同层次的需求满足。低价诱人的促销可以让消费者产生现在就买的冲动，很多商家都会基于用户这个层次的需求去推广产品，比如双 11 的最大魅力就在于活动期间购买可以便宜一半。加上限量限时供应，制造稀缺性，如果现在不买，就断货了。但为什么促销产生的惊人成交量，却多数没有能改变企业命运。

差异化的品牌定位，可以给消费者一个购买你产品的理由。这个层次上的消费者关注重点是你和竞争对手在产品端差异化。比如你的品牌更有名，种类更多，服务更快速，购买更方便或者是出门就可以买到等。例如钻石小鸟定位于钻戒定制，有更好的款式，更多的品种可供用户选择，但这些却很容易被对手复制，没有形成真正的门槛。很多品牌曾红极一时，一旦对手跟风和新鲜感一过，这些品牌大多就偃旗息鼓，销声匿迹了。

情感化的精神需求，是产品需求最高层次的思考，会催生企业从源头把握创新机遇。我们在思考问题时，通常会找一个目标参照，就像我们在设计产品时，也会不知觉地寻找同行优秀的产品作为参考，在此基础上加入用户的一些新需求进行设计，形成自己的所谓“特色”，并以此认为这是用户购买你产品的理由。但如果我们摒弃已有的产品参考，回归到用户“为什么买”这个思考层次，对企业来说可能会有更多发现和启发。例如过去手表是看时间和显示身份，但现在看时间可以是通过手机，很多人已经不戴手表，那如何突破？后来大家发现，智能手表出现了。跨界的思考，把之前的不能显示时间的健康手环和手表合二为一了。苹果后发制人战胜诺基亚手机，不是从手机待机时间长，耐摔角度等“为什么买你”领域和诺基亚竞争，而是从为什么买手机这个维度改变行业，重新定义手机的功能是不仅打电话、发消息。

“产品价值＝（新体验－旧体验）— 换用成本”

在这个公式里，旧体验一般是常量，换用成本是变量，所以想要提高产品价值，就要努力从各个维度去提升新体验并且降低换用成本。举个例子来说，马车曾经在相当长的时间里充当了人类重要的交通及运输工具，直到汽车的出现，汽车属于马车的颠覆性产品，汽车带来的体验是新体验，而马车是旧体验。有了汽车，人们就要去学习怎么开车，这个学开车可以理解为从乘坐马车到乘坐汽车的换用成本。马车有很多问题：颠簸、马粪、机动性差、速度慢和饲养马匹等，这些都是使用马车时的体验，而汽车相对于马车有很多优点：机动性强、只需要汽油而不用养马、速度快和长时间行驶等等。所以对于马车和汽车来说：汽车价值＝（汽车所带来的速度快、机动性强、舒适 – 乘坐马车时的颠簸、速度慢、机动性差等体验）–学习驾车技术。

“我的产品真的很好，就是营销没跟上！”经常有人这样抱怨说。但是，实际的情况呢？对于大部分的企业而言，卖货就是品牌存在的唯一目的。虽然品牌本身的确能帮助企业更高溢价地卖货、更持续地卖货，但是，这一切都得有个大前提：那就是你的产品真的具有让消费者付出的价值。无论是可触的产品，还是无形的项目、服务，一切可以称之为商品的产品都有着三层循序渐进的价值维度：

功能价值 → 情感价值 → 精神价值。

什么是功能价值？举例来说，就是你口渴了，走进超市买了瓶水，你获得了满足不再口渴，那么“解渴”就是产品的功能性价值了。反之，如果你口渴了，结果买了瓶辣油，即使它再辣、再香，那么它无法对你产生所谓的功能价值。一时铺天盖地的宣传的确能达成短期内产品销量的增长，但是想要保持长期的可持续溢价，产品本身的功能性需要能满足，甚至超出消费者的期待才能长久。对消费者而言，脑子里只有两个问题：你对我有什么用？你和别人又有什么不一样？解决产品有什么用这个问题并不难，难的是解决产品之间的差异化问题。

为什么要喝矿泉水？因为我渴了。那为什么非要喝农夫山泉呢？因为听说它有点甜，因为它更加天然，这些就是农夫山泉和别的矿泉水的差异点。产品的出现一定是为消费者服务的，不能拍脑袋觉得消费者需要就进入到自我的美好幻想中去。啤儿茶爽就是这类最典型的例子，啤儿茶爽的目标消费群定位既是茶又是啤酒，完美针对想喝啤酒但不能喝或者不想喝而需要找替代品的人群。看似非常精准而高超的快消红海市场，结果出现喜欢喝茶的人不敢喝这个“酒”，喜欢喝酒的人在聚会时也不会去喝这个茶。买酒是为了解愁、助兴，结果喝了半天根本起不到酒该带来的感官刺激，那又有什么用呢？

什么是情感价值？理想的消费者购物模式是：分析→思考→选择；而实际上，消费者的购物模式是：看见→感受→选择。时代在变化，消费者环境和消费者意识也发生了天翻地覆的变化。开始的时候，所有产品都是以产定销，顾客购买手表时只会在乎准不准而不会在乎手表是德国产还是瑞士产；而在慢慢的转变中，消费者开始注重产品的外观，注重产品本身带来的体验性了。

《中国餐饮消费报告》显示：当代年轻人的饮食习惯已经从吃饱、吃好慢慢转变为有趣、快捷、新鲜，纸船牛排、雕爷牛腩和智慧餐厅等各种主题餐厅层出不穷。每道菜好吃不好吃不再那么的重要，重要的是它看起来是否值得你等，值得你去吃。干冰、火焰和闪电各种创意，谁更加能刺激消费者的感官体验，谁就能在朋友圈、微博等社交平台上获得话题度。让产品充满趣味性，让产品拥有足够的附加值，消费者才愿意去选择产品、分享产品。除了产品本身带来的情感价值之外，服务态度、产品的包装设计、物流配送等环节都会影响到顾客的情感价值走向。

什么是精神价值？耐克的一句“just do it”让无数粉丝为之买单；可乐会被称为“快乐水”；签约盛会领导嘉宾拿得一定是香槟；小米初始的粉丝用户要被称为“发烧友”。仔细去研究这些现象，会发现它们在消费者的生活中扮演着一个特定角色——它们借由一种观念、精神、人设，活在了客户的心里。买衣服是不是一定要品牌呢？人人都穿着同种品牌的衣服看起来会不会很无聊？对于品牌束缚的厌恶感，对于生活、个性的自我追求造就了 MUJI（无印良品）。主打个性化、简洁、自然和性价比的无印良品，在很多年轻人眼里成为了展示自我、不从流的一种精神。有趣的是这种不想被品牌束缚的精神恰恰又造就了这个新的品牌！对于消费者而言，普普通通的消费购物已经不再是为了获取功能性上的满足那么简单了——用产品去表达自己的个性，用产品投射自己的生活态度、个性自我才是消费者潜意识里想做的。

2010 年，中国的牛油果进口量仅仅为 2 吨，而到了 2017 年，这个数字一下子变成了 32100 吨！ 16000 倍的涨幅背后真的是因为大众喜欢上了这个口味吗？深入调研发现，喜欢吃牛油果的大部分都是中产阶级，咸蛋黄、芝士、牛油果，这不正是一种身份的象征吗？任何产品，当它在被人消费的时候，消费者的行为就会给予这些产品特定的意义，产品从功能性价值升华成了一种精神价值，这也构成了产品的一部分。注重产品，但不只看到产品，从产品需求表象看到消费者的心理需求倾向，这是产品设计者需要真正去聚焦的。

价值的吸引

根据进化心理学理论，男性注重女性的繁衍价值（颜值+身材），女性注重男性的生存价值（社会地位、财富等）。不管是繁衍价值，还是生存价值，兴趣爱好在其中占比很小。从社交学的角度来说，两性交往前期是相互价值的吸引，而兴趣爱好充其量只是男女开启话题，建立吸引的一个途径。在交友平台中，繁殖资源的差异和男女比例不均也意味着，陌生交友产品首先需要满足稀缺资源方，即女性用户的需求。

当供需双方不平衡时，产品首先需要满足稀缺方的需求。例如滴滴打车刚开始推广时，出租车司机安装比例较低，处于供不应求的状态。所以产品策略倾向于是资源稀缺方即司机，司机可以根据乘客的目的地挑选订单。现在，几乎所有的司机都安装了软件，产品从卖方市场变为买方市场，为保证短途乘客的用户体验，司机已经不能根据目的地挑选订单。

如果你是一个钟表爱好者，那么你一定注意到了，一些品牌的热门款手表很难从店中买到，市场上能够买到的价格要高于零售店。这一现象并不是只存在于国内，而是全球范围内的，你想要购买到一块全新的劳力士、百达翡丽、爱彼或其他一些品牌的热门款，都是很困难的一件事。当你无法从授权经销商那里买到想要的表款，或者强迫你高于零售价格购买表款，就会让买表成为一个令人沮丧的过程。

目前手表的定位已经逐渐转向奢侈品趋向，而奢侈品市场则高度依赖于消费者的情感和感知。对于许多消费者来说，奢侈品的感知比实际价值要重要的多。所以说影响奢侈品市场的，从来都不是供求关系，追求奢侈品的人会关注到一个现象，如果一件产品很难得到，那么这件产品本身的价值会得到更大的提升。一件非常“好的”产品很难得到，就会给你一种稀缺的感觉，这就相当于我们常常听到的“独家”和“限量”，手表品牌知道这种情绪能够刺激消费者的购买欲望。

手表品牌通常不会限制他们的生产，至少劳力士每年都说要增加产量。但是最终每年会有多少产品投入市场，这个我们并不清楚。但对于手表品牌来说，他们更关心的是长期利润的增长，如果“限量供应”能够让粉丝们对产品保持持续投入和情感需求，那么这件商品则依旧会保持着“限量”的常态。对于一些独立手表品牌公司，能够有效的控制供应与需求这个杠杆。你会发现，像劳力士（Rolex）和百达翡丽（Patek Philippe）这样的品牌，你想在经销商那里买到一块简单的钢质入门款腕表非常困难，但是店里会有大量的价格更贵的复杂款或金制手表供你选择。当你询问店员，什么时候会有新表到店，他们也不清楚，因为手表到店时间是由品牌控制的，商店也不清楚什么时候可以拿到自己预定的表款。

想像一下，当店员告诉你，如果你想要购买一块热门款手表，你需要花一定数量的钱在这个品牌上或是你要先有资格去购买，对许多人来说，听起来有点疯狂，但这种现象，在世界各地的零售店中，一直在发生。正是因为销售者容忍这种做法，品牌也允许这样做，才让零售商有胆量制定这样的政策。这一策略的好处就在于，可以帮助他们销售店中那些没那么热门的表款。

奢侈品买家在花钱的时候，购物的兴奋感会让购买的价格超出自己的承受范围，而一件商品的稀缺性似乎增加了其内在价值，这都是正常的现象。那么作为消费者，我们要如何理性地去购买奢侈品。其实也不难，那就是让自己变得成熟，不盲目地购买，在选购前多做一些了解，这样你才能对产品的价值做出一个判断。例如一块劳力士，如果你能够理解它为什么是一款很好的手表，那么你会发现有更多的手表可以选择。

在过去的数十年时间里，我们面对的是一个供应过剩的市场，而手表这类的奢侈品，生产也是比消费者实际购买的要多得多。而对于一些“独立”手表公司来说，通过供货来制造一种产品稀缺的现象依旧很简单，他们热衷于限制热门款的供应，以保持消费者对品牌产品的长期关注。面对这种现象，消费者需要的就是提高自己认知，一位老练的手表玩家，是不会将目光一直锁定在那些大热款，只有新手买家才会聚集在热门产品的周围，帮助品牌提升了整体手表的价值。因此，让我们把眼光放得更长远一些，每年有那么多新款等着你，何必只关心那一款！

优步（Uber）产品核心的理念是任何时候轻松打车（把人带到城市的每个角落），例如倒计时功能，能精准地显示出租车何时到达，是扩展用户打车体验的合适功能。但不论倒计时功能是否存在，优步的产品都能运行。而从另一方面来讲，倒计时功能却不能脱离产品独立存在。在功能和产品之间，存在一种单向关系：功能依附于产品，不能脱离产品独立存在。这也是为什么设计师应该先站在产品角度思考的原因。

产品的核心功能就是这个产品存在的原因。它要么满足了用户需求，要么解决了用户遇到的问题。从而使得这个产品变得有意义，能够提供给用户一定的价值。与之相反，如果问题本身并不存在，或者说解决方案没有对症下药，那这个产品将变得毫无意义，甚至没有用户使用，最终导致产品的失败。对于错误的解决方案，我们可以修正；但对于本不存在的问题，除了重新探索发现，我们无路可走。所以，怎样才能确信我们解决了真正的问题？恐怕任何人都不会 100% 确信，但通过观察和访谈，我们可以大大减少风险。因此，我们需要发现问题，形成用户真正想要的解决方案。例如，克莱·克里斯坦森（Clay Christensen）曾试图去提升奶昔的销售量。他试着让奶昔的味道更甜，提供不同口味，以及小幅度增加杯子尺寸大小。遗憾的是，这些尝试并没有起到任何作用，直到他开始观察购买奶昔的顾客。他发现为奶昔买单的顾客，其实是为了让自己早晨开车去上班没那么无聊。奶昔最大的好处，在于它是一种黏稠饮品，且保持黏稠状态要长于其他饮品，更别提它还填充你的胃。而这恰恰是真正的问题：顾客对它没有任何想法。最终，克里斯坦森想到了解决方案，让奶昔更加黏稠，这也导致了奶昔销售额的上升。

产品的核心价值让产品变得有意义，在于它提供的解决方案能够真正解决潜在的问题，这个方案能够清楚地阐释出问题将会如何被解决。因此，针对问题的解决方案实际上定义了产品的核心用户体验。具体的产品功能可以支持并且延展产品的体验，但核心体验是无法被取代的，早期铁路购票网站 12306 的体验简直是灾难性的（节假日登录拥堵），但它确实提供了绝大多数用户所需要的核心价值——很大程度上解决了购票难的问题。交互设计和视觉设计可以使产品更加美观、易用，令人愉悦，确保其在竞争中脱颖而出，但它不能使产品本身更有意义。这就是为什么一个恰当的针对痛点的解决方案是产品成功的关键。

临界点促成用户购买或使用最后的临门一脚。是什么让用户决定注册产品开始使用的？有时往往就是多动那么一下手指、多学习思考一下，用户就从门口溜走了。临界点往往是多种因素综合的作用，和用户的主观心理（感觉）和客观因素（绩效）等有关系。常常惊讶于一些手机 APP 能够在用户看到的第一个界面，放一个大大的登录或者注册框在上面，任何好东西都没给用户看到，就让用户先来注册。这就好比你在街上找人问路，路人说“给我 10 元我才能告诉你”，尽管你不情愿但还是给了他 10 元，他拿了钱之后却告诉你说“经过查询我发现自己不知道”。在用户与产品或手机 APP 实际的交互中，用户付出的并不仅仅是金钱的费用，他们的精力也是成本，用户还是会去盘算到底值不值得来进行下一步的操作。

微信诞生前，美国的 kik（一款移动端的即时通讯产品，类似的还有 Whatsapp）早期用户数的快速上升，据说因为增加服务器不得不空运。为什么在那个时候会有快速的增长？因为他们很早的时候就开始不动声色地利用手机的通讯录，自动快速帮用户匹配好友。在那个时候其实是有争议的，并没有明显的征求用户同意，但是这个做法的确帮助用户跨越了临界点。试想如果它需要让用户一个个自己通过昵称、账号来添加好友，用户多半会望而却步了。后来一系列的聊天应用都使用了这样的策略，今天看来理所当然的设计，在初期都可能会是新的探索和尝试。

临界点也会存在于很多产品的使用场景当中，为什么我们会选择 Kindle 来阅读？毕竟智能手机和平板电脑都能用来读书。当然我们可以说 Kindle 是（电）纸，不像手机屏幕看书久了眼睛不舒服，会相对好点。尺寸也不错，拿手里方便，对于男性，还可以装在牛仔裤兜里。但是更有意思的，是它对用户临界点的反向应用。往往就是那么一小步，内心中的临界点，就有可能会被翻越或者停止在那里。当你面对各种诱惑时，你的内心会不断有声音说：刷微博看看？玩会游戏？看看视频，就几分钟…… 然而在使用 Kindle 时，你没有太多的选择，没有太多诱惑，容易沉浸，只能阅读，以及做和阅读相关的事。当然你也可以再拿出手机来，伸伸手而已。但就是这样需要伸手，需要拿起来收下去，你的心思就会止在临界点前。往往只是会嫌稍微麻烦一下，用户的行为模式就可能会改变。

世界上最舒服的鞋

鞋履作为人类最古老的发明之一，起初是为了保护脚部，同时起到保暖作用。经过几千年的发展，意义早已不止于此。打开鞋柜，我们可能拥有皮鞋、休闲鞋、运动鞋等不同鞋款，以应对商旅、日常、运动等不同场合的需求；为了让鞋款更加符合特定使用需求、突出穿着者气质，我们可以在鞋履产品中看到牛皮、棉布、橡胶等各种材料的运用。

你有没有听过使用羊毛、桉树、甘蔗甚至是塑料瓶制作的鞋？一家诞生于 2016 年的鞋履品牌 Allbirds，给人第一感觉就是简约舒服。创始人是新西兰足球明星蒂姆·布朗和硅谷的生物技术工程师，再生材料专家茨维林格。布朗希望做一个穿着舒服的鞋类品牌，茨维林格是环保达人，认为传统运动鞋的原材料对环境危害过大，两人一拍即合，合伙成立了 Allbirds，打造了这样一个舒适环保的运动鞋品牌。舒适环保鞋的鞋面用羊毛和蓖麻油制作，鞋底为低碳材料，没有传统运动鞋用到的皮革、塑料等原材料。制鞋选用的羊毛选用极细的美利奴羊毛，每根直径仅 17.5 微米，是人类头发平均直径的 20%。有着透气、恒温、快干与舒适的特点，能很好地调节温度、吸水排汗和减少异味。鞋面结合编织网面设计，即使在炎热的夏季，依然可以保持较好的透气性，脚感也足够轻盈。得益于天然材料的亲肤性与透气性，Allbirds 也将“裸足穿着”的舒适性作为一大卖点。对于短时间出门场景而言，这种裸足穿着的脚感带来了不一样的体验。鞋的重量方面，其实也就和我们平常穿的袜子差不多一样轻，穿在脚上感觉就像一双温暖厚实的羊毛袜子，这可能也是好多人穿这双鞋就不再穿袜子的原因吧，因此美国《时代》杂志称它为“世界上最舒服的鞋”。设计方面，鞋款的外形特点即为“简单”，无品牌图标、无复杂花纹的鞋面设计，色彩也多为简约的单色，不仅低调，也更适合融入日常穿搭。

Allbirds 创立之初将环保和可持续发展作为其品牌坚持的理念和目标。除了上文提到用于制作鞋面的羊毛和南非桉树，鞋带采用的是可回收塑料瓶制作，鞋底用的是巴西甘蔗提取物制作，甚至鞋盒包装用的也是可回收纸板设计和制作。用这些材料和独特编织工艺制作出来的鞋款，在面料、制作技术与穿着体验多个方面做到了行业创新。

碳中和是目前广泛被认同的，用于衡量可持续性的方式。通过使用低碳能源取代化石燃料、植树造林、节能减排等抵消自身产生的二氧化碳或温室气体排放量，达到相对“零排放”。我们熟知的 Apple 宣布将于 2030 年之前实现碳中和的目标，而 Allbirds 早在 2019 年就已经实现了碳中和的目标。例如其桉树系列鞋款取材南非桉树，它们依靠降雨、不作灌溉，与棉花等传统材料相比减少了 95% 的用水量和一半的碳排放。此外，传统鞋底用的是如石油等化石燃料，Allbirds 则从巴西甘蔗中提取减碳 EVA 鞋底材料，这种甘蔗在生长过程中极少使用肥料，并在完全使用可再生能源的工厂中加工为 SweetFoam® 专利鞋底，最大程度地降低了鞋款生产过程中的环境污染，做到各个生产环节的可持续性，SweetFoam® 也是世界上第一款减碳 EVA 材料。在每双 Allbirds 的鞋里会埋着一个“彩蛋”，当翻开鞋垫时你会发现，这里有一个标签告诉你这双鞋从取材到制作完成的整个环节，造成了多少碳排放，也就是“碳足迹”。这项碳排放数值是 Allbirds 与第三方碳排放专家基于麻省理工学院在鞋类生命周期评价中对球鞋的设定，合作研发的方案进行测算，涵盖了一双鞋从取材到出品的方方面面。比如一双普通球鞋的碳足迹平均为 12.5 kg CO2e，甚至比驾车行驶 19 英里、制作 22 条巧克力棒产生的数值还高。Allbirds 平均每双鞋的碳足迹则为 7.6 kg CO2e。Allbirds 通过特殊编织工艺让鞋款支持机洗，这个标签中标明的数值还计算了机洗将产生的碳排放数值。通过对于特殊天然材料的创新研发，环保、可持续发展的理念贯穿于 Allbirds 产品的各个环节。同样是通过对于材料的创新制造技术，让鞋款获得更加优秀的穿着体验。

2016 年，几位美国科技界的大佬在美国社交平台 Snapchat 和推特（Twitter）上发送信息提到了 Allbirds 鞋，随之鞋子很快脱销，由此拉开了风靡硅谷的序幕。Allbirds 的粉丝中包括了谷歌（Google）联合创始人拉里 · 佩奇、推特前首席执行官迪克 · 科斯特洛，风险投资家本 · 霍洛维茨和“互联网女皇”玛丽 · 米克尔等诸多硅谷大佬。

Allbirds 的极简设计让它看起来并不像传统的运动鞋，适合更多场景，也更易搭配，几乎能搭配所有大牌衣物。这让 Allbirds 像连帽衫和 T 恤一样，悄悄席卷硅谷，成为硅谷创业公司高管和风险投资家们的标配。硅谷高管们的着装风格长期以来一直受到时尚界的调侃，无论是乔布斯的黑色圆领毛衣加牛仔裤，还是扎克伯格的灰色 T 恤，身家惊人的硅谷精英们在衣着上的随意如出一辙。硅谷人这套着装风格背后隐藏着他们试图改变世界的野心，忙着争分夺秒改变世界的他们，实在没时间精力花在穿衣打扮上。因此主打极简风格和舒适度的羊毛环保休闲鞋 Allbirds 在硅谷迅速走红也就不足为奇了。

浏览 Allbirds 鞋款，可以发现多为扁而长的楦型，与常见复古风格跑鞋或休闲鞋相对更短且高的楦型略有不同，Allbirds 的鞋款依然有着灵活易搭的搭配风格，能够很好地融入日常的各种风格穿搭。以相对日常的夏日穿搭为例，搭配微锥休闲裤，鞋款颜色与上衣呼应就能轻松驾驭日常风格。与西裤、衬衫进行轻绅风格的搭配，也能获得不错的混搭效果。即使是风格更为强烈的 Dasher，面对此类搭配，也不会显得违和。搭配直筒牛仔裤等复古风格服饰，设计更为现代化的 Runner 能够呈现略带反差的搭配效果，Dasher 则能形成一定呼应。

Runner 和 Dasher 是 Allbirds 旗下桉树系列的两款鞋，Runner 更加强调日常穿着的休闲场景，定位为日常休闲鞋。上脚可以感受到脚感更加绵软，适合通勤穿着；不像很多同类鞋款鞋底偏硬，久站或久坐容易疲劳。为了确保鞋款穿着的舒适性，Runner 鞋款在内衬方面也有不少细节。比如，鞋垫采用了具有吸湿透气特性的美利奴羊毛，脚后跟部位也使用了相同材料，穿着过程中能够实现不磨脚与贴合脚部的作用。脚后跟内衬采用了柔软亲肤的美利奴羊毛鞋舌部分，Runner 也增加了固定设计，保证鞋舌不会歪斜，增强穿着的美观性和舒适性。Dasher 则更侧重于跑步运动场景，固定鞋舌设计 Dasher 系列定位偏向专业跑鞋，因此在设计方面与 Runner 有诸多不同，如 Dasher 系列直接摒弃了鞋舌设计，增加鞋面的整体性，降低鞋舌可能对于剧烈运动带来的干扰。无鞋舌一体鞋面设计鞋底部分，Dasher 采用了类似于“老爹鞋”的大底，能够提供更强的抓地力。脚感方面，穿着 Dasher 跑鞋还能够明显感觉到比 Runner 鞋款更强的回弹反馈与支撑性。总的来说，Allbirds 的不同鞋款均有明确定位，针对不同使用场景进行了足够细致的设计，能够有效提升穿着者的上脚体验。

增加原生性价值

成熟的市场里企业拼差异化优势，拼成本优势，但是对于一个没有固定形态的新市场，企业拼的则是认知。7-Eleven 是日本消费升级过程中本土化的便利店新物种，对“便利性”的认知超过了消费者，也超过了市场。有人曾经困惑于“无人结账”是否增加了便利性？在了解完 7-Eleven 对于“便利性”的理解后，我们发现这种无人技术对于商家的价值远高于消费者。提升商家的效率，是对“便利性”比较浅层次的认知，而日本知名便利店连锁品牌 7-Eleven 对于“便利的价值”理解是即时性。

7-Eleven 是遍布日本全国各个角落的便捷生活基础设施，而不是简单的一家杂货店。为什么它不是一个简单的杂货店，而是便捷的生活基础设施呢？首先，我们看看 7-Eleven 的用户使用场景：

57.9% 的用户到店平均时长为 1 ～ 5 分钟，基本上 90% 的用户到店时长都控制在 10 分钟之内；65.0% 的到店情境是工作间歇或者移动途中。

7-Eleven 成立于 20 世纪的 60 年代后期，那时候，大型超市迎来了繁荣期。经历了经济高速增长之后，消费者的消费需求迅速高涨，卖方市场正式来临。在这种条件下，7-Eleven 完成了“大型商店和中小型零售店共荣共存”这个看起来不可能的目标，创建了一种全新的业态。凭什么呢？就是因为它创造了一种具有“即时性”价值的商品，从而创造一种业态。

经济学中有一条颠扑不破的定理：一旦某样事物变得无处不在，那么它的经济地位就会突然反转。在电力照明还是罕见新事物的时候，只有穷人才会使用蜡烛。此后电力变得唾手可得，而且几乎免费的时候，人们的喜好快速反转，烛光晚餐反而成了奢侈的标志。凯文 · 凯利在《必然》里面提到，这条真理已经发生在我们的现实生活。在商品大爆炸消费饱和的时代，商品成为了无处不在的东西，它的经济地位突然反转，那商品变得廉价后，如何获得利润呢？凯利在《必然》里提供了一种方法——给商品增加原生性价值（图 1）。原生价值是在交易时产生的特性和品质，人们无法复制、克隆和存储具有原生性的事物，也无法仿制和伪造原生性。原生性因实际进行的特定交易而生，独一无二。

可赞助	个性化	解释性	可靠性
获取权	实体化	即时性	可寻性

图1：八种原生性价值

“即时性”是原生性价值的一种。比如：你会花钱看首映礼，你花钱购买的不是电影，而是即时性的电影；你花钱买 VIP 提前看 8 集，你花钱买的不是电视剧，而是即时性的热点。7-Eleven 就是给产品增加了“即时性”的原生价值，构成了和大型超市在用户心中的完全不同的定位。7-Eleven 完成即时性的策略首先是密集选址策略，在一定的区域内，提高消费者的认知度，和购买便利性。其次是时间的便利性，首创便利店 24 小时营业，在消费者心中创建“还在营业太好了”的感动认知。

“如果门店只是单纯地售卖产品，而不能为顾客的生活提供必要的服务，那么即使具备地理位置的优势，也称不上一个便利的店。”铃木敏文说，确实 7-Eleven 不只是卖商品，还是一家生活服务的店，提供鲜食、ATM 取款机、打印、票务和费用代缴等生活便利服务。这种“零售 +X”的模式，也成为了后来各种新零售参照的模板。那便利店为什么要 +X 呢？这里来说说 7-Eleven 在店内增加了 ATM 取款机后发生了两个有趣的现象：首先，用户在便利店对于 ATM 的宽容程度要高于银行，满意度也远高于银行。虽然很多店内排队取钱，但是很少有人投诉。可是这种情况发生在银行内，用户对于排队就会烦躁，很不满意。这是因为用户感知的价值远远达不到自己期望的价值那样高（图 2），用满意度原理的公式表达为：

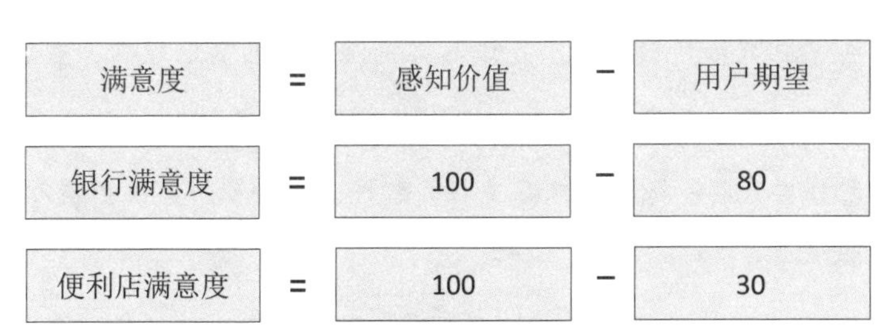

图2：满意度与感知价值和期望价值的关系

顾客是否满意，取决于这个产品可以感知的产品绩效与顾客的期望之间的差值。以 ATM 取款机来说，感知到的产品绩效，无论在银行还是在便利店都差不多，都是我付出了插卡的行动，取到了 200 元钱。而用户的期望，在银行和便利店完全不同。期望来自于顾客过去的购买经验，朋友、伙伴等等的信息和许诺。用户对于银行可以取钱的期望是 100 分，对于便利店可以取钱的期望是 30 分。所以可以算出，便利店的满意度远高于其他。如果产品感知的绩效无法达到，那就降低期望。给买家意外，是一种降低期望的方式。

7–Eleven 另一个有趣的现象，大多数利用 ATM 取钱的顾客，都会顺便在店内消费，这也是利用了交叉销售的原理。比如说：客户在你这儿购买一款游戏机，你可以销售充电器或者电池给他。那什么样的产品可以交叉销售呢？

互补性产品：两种产品没有竞争性，具有补充性质。可以是使用场景互补，性质互补等等。比如：我购买了一袋薯片，我会顺便购买一瓶可口可乐，防止噎到。比如：超市的熟食区会摆放啤酒，因为看球的时候，爷们儿要有吃有喝。

同品牌产品：同一品牌的不同种类产品，比如：我想吃夏威夷果，去了三只松鼠旗舰店。夏威夷果是缓解我的嘴巴寂寞，然后我发现了开心果，再买上一个可以更大地满足我嘴巴的欲求。

配件类产品：即这个产品关联的配件，比如：用户买剃须刀时，推荐购买刀片。

价格相似产品：有些顾客买东西预算控制得比较严格，但是对品牌要求并不苛刻，比如：京东的200元减100元的促销，会将各种价格相似的产品进行组合。

便利店的餐饮品类一定程度上带动了其他品类的销售增长，顾客的目标商品排名前3的分别是店内料理、牛奶和饮料，这些商品是顾客进入便利店的驱动力。但是，顾客没有完，又可能购买了很多他们进店前没有想买的商品，如：零食等。所以，一个便利店的商品其实也包含目标商品和交叉销售商品（图3），来保证顾客进入店内，并且使顾客的客单价最大化。

图3：顾客目标购买的商品和顺带购买的商品排名

差点儿就赢了

真实的假象

1941 年，第二次世界大战中，空军是最重要的兵种之一，盟军的战机在多次空战中损失严重，无数次被纳粹炮火击落，盟军总部秘密邀请了一些物理学家、数学家以及统计学家组成了一个小组，专门研究“如何减少空军被击落概率”的问题。当时军方的高层统计了所有返回的飞机中弹情况——发现飞机的机翼部分中弹较为密集，而机身和机尾部分则中弹较为稀疏，于是当时盟军高层的建议是：加强机翼部分的防护。但这一建议被小组中的一位来自哥伦比亚大学的统计学教授亚伯拉罕·沃德（Abraham Wald）驳回了，沃德教授提出了完全相反的观点——加强机身和机尾部分的防护。

那么这位统计学家是如何得出这一看似不够符合常识的结论的呢？沃德教授的基本出发点基于三个事实：

1. 统计的样本只是平安返回的战机；

2. 被多次击中机翼的飞机，似乎还是能够安全返航；

3. 而在机身机尾的位置，很少发现弹孔的原因并非真的不会中弹，而是一旦中弹，其安全返航的几率极小，即返回的飞机是幸存者，仅仅依靠幸存者做出判断是不科学的，那些被忽视了的非幸存者才是关键，他们根本没有回来！

军方后来采用了教授的建议，加强了机尾和机身的防护，并且后来证实该决策是无比正确的，盟军战机的击落率大大降低，这就是“幸存者偏差”故事的来源。

统计学上对幸存者偏差的定义是：即我们在进行统计的时候忽略了样本的随机性和全面性，用局部样本代替了总体随机样本，从而对总体的描述出现偏倚。用模型可描述为：统计全集为 A，观察到 A 的子集 A1 有特征 X，A1 为幸存者，而 A 中 A1 以外的部分并没有观察到或者被人为忽略，于是判断全集 A 都有特征 X。事实上 A 的具体特征未知，用图形可表述为（图 1）。简单一句话：由于获取信息不全导致的认知错误。

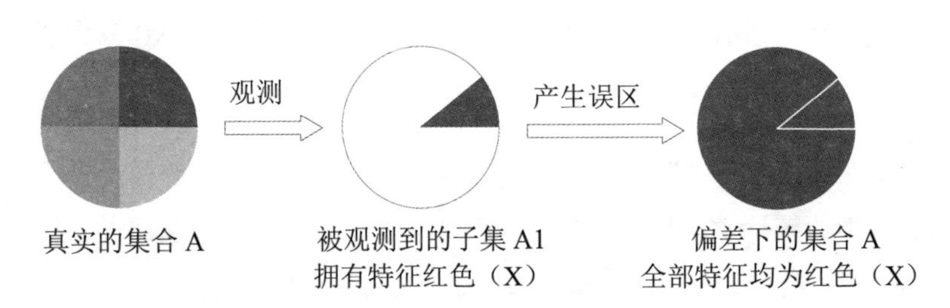

图1：幸存者偏差统计学图型

《简单统计学》一书中也曾写道：“混杂因素常常出现在使用观测性数据的研究中，因为人们无法通过现实的方法使这些因素维持恒定。所以，我们应该牢记：一项研究的结论有可能受到混杂因素的干扰。”该书作者加里·史密斯说，辛普森悖论实际上是更早时候由两位统计学家发现的。辛普森悖论指的是：当聚合数据被分解时其中的模式发生逆转的现象。该书还举了几个有趣的例子：

1. 阿拉斯加航空公司在五个存在竞争的主要机场，拥有优于另一家航空公司的准点运行记录，但其总体准点记录则不如竞争对手，为什么？因为阿拉斯加航空拥有许多飞往西雅图的航班，而西雅图的天气问题经常导致飞机延误。

2. 对于每个年龄群体，瑞典的女性死亡率都要低于哥斯达黎加，但瑞典拥有更高的女性总体死亡率，为什么？因为瑞典拥有更多的老年女性（老年人拥有相对较高的死亡率）。

3. 一项医学研究发现，一种手术对于小型和大型肾结石的治疗成功率均高于另一种手术，但其总体成功率却不如另一种手术，为什么？因为它经常被用于治疗大型肾结石（大型肾结石的治疗成功率相对较低）。

以上例子之所以存在辛普森悖论，是因为某种混杂因素对聚合数据产生了影响。更值得学习的是，加里·史密斯写道：这并不意味着分解数据永远优于聚合数据 。例如：在下表中（图 2），对两个假想的棒球选手进行了比较，将数据分解成了单日和双日。其中棒球选手科里在双日的 100 次击球中击出 20 个安打（棒球及垒球运动中的一个名词，指打击手把投手投出来的球，击出到界内，使打者本身能至少安全上到一垒的情形），安打率为 20/100=0.200。

在这些编造出来的数据中，两名选手恰巧在单日拥有更好的表现，科里恰巧在单日拥有更多的击球次数。因此，虽然吉米在单双日都具有更高的安打率，但是整个赛季安打率更高的人是科里 。

	双日	单日	所有日期
科里	20/100=0.200	90/300=0.300	110/400=0.275
吉米	61/300=0.203	31/100=0.310	92/400=0.230

图2：棒球选手科里和吉米单双日的安达率对比

根据这些数据 ，你认为谁是更好的击球手？正确答案是：科里。因为我们没有理由认为单双日是一个有意义的混杂因素。这只是数据中的一种巧合而已。在此情况下，聚合数据可以更加准确地衡量谁是更好的击球手。

诺贝尔经济学奖得主赫伯特 · 西蒙曾提出：人的理性是有限的。意思是人们缺少解决复杂问题的认知能力，这一点显然是正确的。人的认知与客观真实世界始终存在着差距，如果我们问美国人，被枪杀的人数多还是饮弹自杀的人数多，大多数人都会说他杀的人数更多，但实际上用枪自杀的人几乎是被枪杀的人数的两倍。我们总是不愿承认自身的脆弱，有时还过于自信。人其实是脆弱的，需要更高级的产品来辅助他们更好地生存。有一部分人总认为人工智能不可能超过人类，再后来认为人会控制人工智能的发展，因为人的认知和客观世界总是不那么契合。

1986 年英国曾经做过一项民意调查，问题是“自己的国家拥有核武器是否会让他们感觉到安全”。其中 40% 的人对此持肯定态度，

50% 的人则对此持否定态度（剩下 10% 的人没有明确意见）。然而，当“安全”改为“更加安全”时，答案的百分比倒转了过来，50% 的人认为拥有核武器能让他们感觉到更加安全，36% 的人认为拥有核武器让他们感到更加不安全。有时候，即使只改变一两个词语，不管是问题本身变化还是答案发生变化，都会对人们回答问题产生深刻的影响。

上述的这两个例子都与我们自身内心的某种期望值相关，也可以说是“我们的某种期望值太高了”。就像我们总是期望偏方、神医之类的江湖骗术可以治好自己亲人的绝症一样，有时哪怕是抱着试试看的心态，假设有了点效果，哪怕是出于一点点的心理安慰，我们也觉得有用，虽然这听起来有些荒谬。而衡量我们期望值可以用幸存者偏差计算公式来表达：

$$F(X)=(1/1+X)\times 100\%$$

其中 F（X）为正常事件的概率，（X）是与某个事件相关的有效数据。很多时候，X 的数据是 9，而到了我们这里被偷换成了 0，10% 的概率就会被吹嘘成了 100%。当然有的时候（X）的数据是 99，而被我们换成了 0，1% 的概率也会被吹嘘为 100%，那些沉没的有效数据被我们的个人偏好忽略掉了。这就是幸存者偏差的人，总是关注自己看到的事物特征，而不会思考看不到的事物特征。例如有个网络流传的幽默段子，某电视台记者春运期间登上高铁车厢采访乘客，询问他们是否都买到票了，结果发现，所有人都买到票了。因为采访地点在高铁上，没买到票怎么可能坐在高铁上呢！采访的目的就是想看到所有人都能买到票了。

幸存者偏差之所以出现的另一个核心原因就是多数人习惯于关注“现有的，眼前的事更值得相信，即眼见为实”，然后就忽略了隐藏的细节。因为大脑习惯于“简单逻辑”，我们的大脑每天要处理的事情很多，一般都遵循着“简单”“省力”的方式来运作，而简单逻辑就是面对某件事情时，不假思索第一出现的思维方式。例如“每年被飞机零件掉下来砸死的人数和每年被鲨鱼咬死的人数哪个多？”绝大多数人都认为被鲨鱼咬死的人更多，然而被飞机零件砸死的人是被鲨鱼咬死人数的30倍。因为这样的例子更加容易被人给想象出来。

我们大多人做判断的时候总是喜欢盯着“小概率”，觉得那个幸运的人一定是自己。但概率论思维告诉我们，一个事情的发生概率是表现在一段时间内，会慢慢地回归到“平均状态”，即“均值回归”。

决策需要一个场景

你有没有在轻抿一口咖啡时，期待过它是一盏茶？他们看起来似乎有些像，但是尝起来的片刻间却有些异样。它喝起来既不像茶也不像咖啡，你是在细品期待与现实的差距。例如很多人愿意在星巴克买一杯30元的咖啡，而更好的替代办法就是，花这个价钱差不多可以从Nespresso购买一包咖啡豆。同时，大多数人都不能意识到以同样的价格买一包咖啡豆，可以冲泡30杯左右的咖啡，其实算下来后者更便宜。这两个是相同的商品，但是商品所在的使用场景影响着我们对其价值的感知，影响着我们的消费决策。我们不会把咖啡包和一杯咖啡做比较，但是会和星巴克卖的杯子做比较。

生活里直接、外露的一面（比如饮料）与间接、内藏的一面（比如品牌或价格）一起协力创造了我们的脑部体验（比如味觉）。大脑并不是单纯地记录一个味道或感受，而是在创造它们。比如说经典的可乐悖论，指的是百事可乐在人们不知情的品尝体验测试中总是获胜，而人们在现实生活中却总是选择可口可乐。比如在购买垃圾食品时，如果展示的是真正的食品，而不只是文字和图片的话，人们愿意多花 40% ～ 61% 的钱；超市货架上价格和干度相似的 4 种法国酒和 4 种德国酒，播放法国音乐时法国酒销量占 77%，播放德国音乐时德国酒销量占 73%；一个价格四位数的牙刷，落在生活日常洗漱用品中，这个价格简直是天价！但是如果放在“让人生每天都享受品质生活”这种美好生活自我实现的场景里，每天仅仅一个很小成本的均摊，但带来的却是生活品质的提升，那四千块的牙刷就值了。

用直径 20cm 和 30cm 的盘子装食物，哪一个盘子会让你吃得更少？是用 20cm 的小盘子，还是直径 30cm 的大盘子？凭直觉，我们会觉得较小的盘子会让人吃得更少，因为盘子一次盛不下太多食物。但在自助餐厅的真实情境下，食物是免费的，所以人们不怎么会考虑盘子的尺寸，吃多吃少其实和盘子关系并没有那么大。不论是大盘子还是小盘子，人们会尽可能多地将食物塞满盘子，在激烈的“竞争”中抢下第一眼就看中的食物。如果你仔细观察，在自助餐的江湖中，对于美食的欲望和生物的本能驱使着所有的食客。其实，我们每天都使用的那些简单产品，会潜移默化地影响着我们的行为。为什么会这样？因为人们不会时时刻刻地关注自己的每一个行为。近期在认知、社会和行为经济学领域方面的研究表明，我们超过 90% 的决策都不自觉地被日常经验主导。

反思和自省则是一种更为高级，更难以被触发的一种心理行为，人们并不会经常去重新审视当前的行为和决策。那么，这种局面所带来的不良后果，是否就不能缓解呢？当然不是。其实我们可以借助一些技巧，使我们的大脑以一种更好的方式运行，其中包括：

有进展的假象：核心是要让人觉得有进展。比如进度条，尽量不要从 0% 开始，而是从 10% 开始，后者会更容易给人“有进展”的感觉，会让人更愿意等下去。

默认参数的影响：你当然可以允许他们想捐多少就捐多少，但这个起始值已经设立在他们脑中，获得更高捐赠的几率就增加了很多。

不同陈述方式所带来的影响：如果医生要建议你做一个手术，并告诉你手术有 10% 的死亡几率，你肯定不想再接受手术了。但如果他告诉你手术有 90% 的几率让你痊愈，你就非常乐意接受手术。

购物车促进销量的秘密：在购物车内用黄色胶带贴出了一条分割线，以此作为一个可视的“动机线”。为了让这一“动机线”发挥作用，还在购物车上贴上标语，让顾客把水果蔬菜放在胶带分割线之前，其他商品放在胶带线之后。

医嘱是如何影响销量的：根据一个长达 15 周的追踪调研，如果医生说水果或蔬菜有益健康（这是一种以潜意识影响行为的方式），会明显地促进周围新鲜水果和其他健康食品的销量，并且这种提升高达 30%。

不可忽视的“可选选项”：如今的网约车 APP 当中就会在你打车的时候提醒你设置紧急联系人，就是为了避免真的遭遇紧急情况的时候，无法快速自救。

改变食客的饮食习惯：因为当人饥饿的时候，会倾向于吃最先看到的东西。他们还给健康食物贴上了绿色标签，为高卡路里食物贴上了红色标签，借助色彩暗示来影响决策。

现状偏好：是人的一种情感偏好，一种对事物现状的偏好。以现状为参照，任何对现状的改变都被认为是一种损失。

西柚是柑橘科属的亚热带水果，簇生成串，皮薄且软。果肉分瓣，颜色呈淡黄色到珊瑚红，从多汁到微干，从香甜可口到酸味扑鼻。如果你不是很了解西柚，那么现在请你闭上眼睛，根据上面介绍想想看到了这个介绍，你就知道了西柚是和普通柚子形象差不多的，只不过是个头比较小，像葡萄的形状，而且它的皮是像柑橘一样又薄又软。这里的“小柚子”“葡萄”“柑橘”你已知熟悉的概念就是我们说的“基模”。基模效应是人与生俱来的行为模式之一，是思维的一种关联，是认知的唤起，是认知中所有知识的一个海量集合。

美国著名学者曾提出过“可得性偏差”，意思是因为受记忆力或知识的限制，我们在做判断的时候，总是利用自己熟悉或者容易想象的信息。换句话说，我们习惯于用固有的认知结构去解释和理解新事物。对于一个完全不具备背景知识的人来说，大量的描述性语言让人完全抓不到头脑。这个时候，一个最常用的做法是：利用对方已有的认知基模，来解释未知事物，这样理解起来就容易多了。比如：当年第一代 iPhone 问世，乔布斯在介绍 iPhone 时没有直接说“智能手机”，因为这在当时还是一个完全未知的概念，乔布斯是这么说的：“iPhone=1 个大屏 iPod、1 个手机、1 个上网浏览器”。要知道，当时还没有智能手机这个概念，而乔布斯直接利用了人们已经熟知的几个概念（基模），让所有人很快就知道了什么是 iPhone。还是乔布斯，当时推出 ipod 的时候，他在发布会上就直接说了这么一句经典广告：“把 1000 首歌装进口袋”。这句话简单纯粹，相信每一个人利用过去的经验都可以马上有画面感，产生思维关联。而这也是利用用户已经理解的事物，来解释未知事物。用户更容易记住对他有意义的或者是以前熟知的东西，而且倾向于看到他想看到的东西，越贴近自己的经验就越觉得安全，同时也越容易接受。利用用户已经理解和熟知的事物，来解释未知事物。能够让用户短时间理解各种未知事物、未知产品、未知概念或者未知功能，并产生具象的画面，威力强大。

而只有用户对产品本身建立充分认知和理解后，才能对你的各种优势以及卖点产生兴趣，进而愿意掏钱！柚是长什么模样的？我估计你很可能完全想象不出来，那再换一种介绍试试：西柚是一种小型的柚子，形似葡萄，皮如柑橘薄且软。怎么样？这个时候你脑袋里是不是已经出现一个西柚的轮廓了。

偷偷地涨价

诺贝尔经济学奖得主，美国行为经济学家理查德·泰勒（Richard Thaler）认为：我们对价格合理性的判断来自于我们的记忆。当人们面对损失时，人人都有损失厌恶的心理，一个个都会变得非常敏感。正因为此，涨价也成了卖家经常纠结的事情，不涨价没利润，涨价了买家直接跑竞品那儿去了。那么，能不能做到隐形涨价呢？当然可以，价格不变的情况下改变容量。可口可乐和其他罐装食品经常用这招，看上去好像没变化，但其实容量减少了，容量少也就意味着同样的原料能生产更多件，自然也就能有更多利润。还有就是推出升级款，有时候产品只需要更新一些细节，就可以光明正大地提升价格。对于买家来说，升级款比原来的产品价格高是理所当然的，因此就比较容易接受。

明晃晃地涨价需要理由：人是理由化的动物。人们总是在不停地追寻原因，或许这也是《十万个为什么》存在的原因。在一项复印文件队伍中插队的实验表明，有理由的插队者成功率远高于不说任何理由的志愿者。哪怕理由是“我有一些文件需要复印，请让我先，好吗？”其实细想谁又不是来复印文件的呢。

那么，涨价的理由可以是什么？

新产品：以功能升级、产品迭代为理由，推出新产品，从而顺理成章地涨价，比如说功能越来越多的电动牙刷，配置越来越高的手机，以及各种新口味的薯片。

新包装：新瓶装旧酒，推出有设计感、高颜值的新包装，让消费者为美买单，比如说美妆产品的限定包装。

联名跨界：通过行业跨界，产品联名，来产生新价值，让消费者为新形象（含产品以及品牌形象）买单，比如说喜茶跨界回力帆布鞋。

新品类：其实就是通过改变产品归类的属性，来完成产品涨价的合理化。比如说，一个水杯如果是日用品，30 块钱顶天了，但如果它是艺术品，3000 块钱是不是也不过分？一个品类有一个品类的定价天花板。这就涉及到消费者的心理账户问题。虽然说消费者口袋里的钱，在市场上是等价的，但在心理上它并不是等价的。

你想想自己每天加班赚来的工资和你买彩票中的 5000 块，能一样吗？你自己日常吃饭花钱，和追女孩约会吃饭花钱，那价位能一样吗？巧妙地转换你的产品在消费者心理账户的位置，也可以降低消费者对涨价的反感。

新形象：这里说的新形象，不同于上面提到的包装，更多是指产品以及品牌形象。这种往往是通过新广告、新宣传、新定位来改变产品以及品牌在消费者心目中的形象，通过形象的升级顺滑地完成产品涨价，比如说这两年崛起的国潮代表李宁。

新形式：典型的如捆绑销售以及买就赠，卖水的同时卖爱豆投票权，卖手机的同时卖口红，卖酒店房间时候卖马场门票。

买 A 能得到 A+B 这种行为的本质，其实就是调动消费者两个心理账户的钱，将两次损失合并为一次，从而减少整体厌恶损失的程度，让消费者难以辨识到底是哪一次消费吃了亏，甚至是以为自己占了便宜。以上这些合理化涨价行为的实质，其实都是创造一个新价值来匹配涨价行为，从而让涨价看上去更合理。也就是说，消费者并没有凭空损失，而是多花了一部分钱购买了新的价值，有形或者无形。

那如何偷偷地涨价？绝大多数消费者在实际消费过程中，都是不理性的，起码不像自己想象中的那么理性。传统的宏观经济学理论认为，每一个从事经济活动的人所采取的经济行为都是力图以自己的最小经济代价去获得自己的最大经济利益，即“理性人假说”。然而，行为经济学家泰勒推翻了这一假设，回想一下我们进超市前想买的东西以及真正付款的东西，以及每个月不知道怎么花出来的信用卡、花呗等账单，你就清楚自己到底是不是一个理性人了。那么，会有什么方法来干扰本就不理性的消费者对于价格的判断呢？改变产品单位价格，而不改变日常零售价格。比如一个常见的例子，60 克的薯片原来卖 7.5 元一包，后面这包薯片的价格虽然没变，但实际上它的重量变成了 55 克。那你说这价格涨了还是没有涨？再理性的消费者恐怕也不会记得上个月买的薯片是几块钱买了几克吧。这个涨价方法的本质就是挑消费者不敏感、不关注的变量改变，而不是消费者随时可接触的敏感变量来改变。

一般的消费者可能认为亚马逊的网上销售价格是世界上最低的，但这并不总是真的。事实上，亚马逊利用价格感知的心理，每小时多次调整价格（相当于每天数百万个产品价格变动）。而作为消费者，我们就是会忍不住地想去买打折产品。

然而它们是否真正的在促销（或者亚马逊说他们有促销）都无关紧要，我们会不由自主地被折扣吸引。请仔细留意亚马逊是如何做到这一点（可能比你想象的步骤要多）：

步骤 1：删去“原始”价格（17.99 美元）

步骤 2：标示“折扣价”（8.99 美元）

步骤 3：强调订单超过 25 美元免费送货

步骤 4：再次提醒客户，节省了多少美元（9.00 美元）和百分比（50%）

请在你的产品页面上也做同样的事情，把产品的“认知价值”作为“价格”，并遵循亚马逊的四步定价法。但如今，亚马逊会在标示“原始价格”时非常注意。曾经，亚马逊也会标示初始清单价格。然而在亚马逊和其他零售商面对一系列“假折扣诉讼”之后，亚马逊就开始彻底停用初始清单价格了。现在，如果他们使用这种“认知价值”定价，他们的“原始价格”就是该商品在亚马逊上出售的价格。亚马逊一直测试和尝试新的东西，他们通过不断改变价格以及价格的表现方式，测试出表现的最有效方法，来获得最多的销售额。亚马逊有着复杂的动态定价策略，其价格经常波动。这样做是为了确保客户将亚马逊视为最实惠的购买平台。

亚马逊采用了一种巧妙的策略实现这一目标，来削弱竞争对手。同时亚马逊也允许商家在后台系统中动态设置商品的定价区间，根据不同的消费者会显示不同的价格。Boomerang Commerce 是亚马逊前雇员 Hariharan 创立的一家动态定价公司，根据该公司的分析，亚马逊在最受欢迎的产品上提供了最大的折扣，而在不太受欢迎的产品上获得了利润。他们通过在用户浏览最多的产品（即最受欢迎的产品和评论最多的产品）上狠狠打折，来实现其价格低于沃尔玛等竞争对手。然后，他们把需求量不高的产品调整价格到正常或高于其竞争对手。Hariharan 说道："在任何一个特定的季节里，亚马逊可能都不是某一特定产品的最低价卖家，但它在最高浏览量和最畅销商品上是一贯的低价，让消费者觉得亚马逊的整体价格是最好的——甚至比沃尔玛还要好。"他还举了一个例子，亚马逊将最畅销的路由器定价比沃尔玛低 20%，但不太受欢迎的路由器定价比沃尔玛高 29%。这种动态的定价策略帮助亚马逊的折扣刚刚好，让客户相信亚马逊始终是最便宜的选择，并且没有降低自己的盈利率。

思维的陷阱

我们对外界的认知，永远都会隔着一层"透镜模型"，它会将外界的事物进行扭曲，投射到我们的心智世界中，构建出我们每个人的认知。当某个世界观主导着你的想法时，你会试着通过这个世界观解释你所面临的每一个问题。尤其是你在某个特定的区域很聪明或有才华时，很容易陷入这样的陷阱。如果你使用某个单一心智模型越多，这个心智模型就越有可能让你马失前蹄，因为你将开始用同一种方式应用于每一个问题，专业知识成为一种限制。正如谚语所说，"如果你只有一把锤子，一切看起来都像是钉子。"极端的情形下，你的认知，可能会跟事物的原貌全然不同。日常生活中，能够全面、客观去认知外界刺激的情况非常地少。绝大多数人，都是长期根植于成长环境和思维惯性影响下，产生了不同程度的认知偏差，掉入自己认为正确的"思维陷阱"。

同样是错过航班，错过 3 分钟的比错过 30 分钟的更沮丧；同样是彩票没中，号码与巨奖号码只差一点的人是最痛苦的人。与成功擦肩而过比从未接近成功更令人难以接受，更令人想再来一次。所以，许多赌博形式都包含许多“差点就赢了”的设计，才有了这么多赌徒不惜倾家荡产屡败屡战。赌场的研究早就发现，那些经常出“差点就赢了”图案的老虎机比随机设置的老虎机更易让人上瘾，更能让赌场赚大钱。某只股票大涨，如果你没想过要买，那可能没什么；如果你刚想买却还没买，会觉得有点惋惜；如果你刚微利卖出，会觉得有点难受；如果你刚巨亏清仓，那一定是追悔莫及、懊恼不已。其实，四种情况是一样的，都是你没能继续持有的这个股票到大涨而已，背后都是“差点就赢了”在作祟。

如果你有幸光临世界上的一些大赌场，就会发现场地大多会用老虎机填满，因为这是利润率最高的玩法。在你玩得饥肠辘辘的时候，就要光顾赌场的餐饮中心，它们通常位于内部空间的中部或者后方，这样你就不得不在用餐前后穿越赌博区。出于同样的目的，赌场还故意设置迂回曲折的路径，延长玩家在赌博区的逗留时间，让你神不知鬼不觉地花更多的钱下注。在超市购物时，我们都有过这样的体验：就算一边听着嘈杂的背景音乐，也会让人觉得既兴奋又放松，可是就在你优哉游哉地享受购物之乐时，却不知不觉采购了一大堆根本不在计划内的东西，甚至不少东西买回去常常是束之高阁。其实这完全是商家的伎俩，你只不过是乖乖地中了他们的圈套而已。事实上，在超市购物时，顾客听到的音乐声量越大，他们每分钟购物的数量就越多。赌场也是如此，背景音乐放得越大，玩家下注的速度就越快。不仅如此，当你在老虎机上赢了钱，这个吞钱的恶魔还会给你来一段小乐曲以示庆贺，掉出来的硬币碰到金属盘子，还会发出令人亢奋的响声，这时如果你的定力不强，再次恭喜你，你倒大霉了，你中了赢钱比输钱更容易的圈套。可是，大多数时候当你输钱时，老虎机却一声不吭，是不是简直没有一点儿人情味？

赌局中还有一个有趣的心理陷阱，那就是“差点就赢了”。大多数频繁赌博的人更容易犯这种错误。人一旦痴迷不悟，就会总想着自己赢钱的次数，反而忽视了自己输钱的次数更多这一现实。别忘了，赌场可不是福利机构，总是要有盈利的。可是大多数赌徒即使明知输多赢少，也往往不能自拔。英国一项调查发现，赌徒很容易对“战绩”盲目乐观，觉得自己赢的钱多过输的钱，显然这是不符合现实的。老虎机和刮刮奖等赌博方式就是经过专门设计，目的就是为了让人产生强烈的“差点就赢了”的感觉。学习和训练一种技能时，“差点就成功”是一种很有用的反馈，让你知道自己的努力没有白费，已经十分接近目标了，“我要继续努力。”然而，在输赢纯粹取决于运气的赌博中，“差点就赢了”是没有价值的反馈，无论你押的号码与开出来的点数有多么接近，对下一局的输赢没有任何影响。如果你对赢钱的欲望很强烈，结果就会被诱导继续赌下去。

外界发生了什么并不重要，我们如何认知它们，它们在我们的“心智世界”里产生什么样的反应，这才是最重要的。例如我们来到一个室内温度 32 度的会议室，我们想通过空调把温度降到 24 度。在调空调温度的时候，很多人会下意识地用遥控器把温度调到 22，甚至 20 度，因为大家有一种“温度调得越低，空调就会越努力地工作”的认知。而实际上，即使你把温度调得再低，空调也只会自顾自地工作，并不会为你加速一点点。这是因为空调的制冷功能，有自己的一套运作模型。所以不论你设置的是 24 度，还是 20 度，空调把温度下降 8 度所花的时间都是一样的。很多机器都有自己的运作模型，它是机器能够实现某种功能的原理，是专业人士的伟大发明，但是这些深奥的原理，对于掌握专业知识甚少的用户哪能懂得这些，他们其实只要会用就好了，也根本用不着懂这些复杂的原理。

一般我们采取行动之前，通常会利用脑中定型观念迅速作出决策，对这个行为的判断取决于我们之前大脑固有的观念。例如 2011 年的圣诞节期间，可口可乐发布了一款限量版的白色罐装可乐，外观和健怡可乐的包装非常相似。一些消费者抱怨可口可乐不仅换包装，也变了口味，声称："感觉白色罐装的可乐尝起来不一样。"但其实白色罐装可乐的配方一直没有改变。新包装让消费者认为可乐也换了口味，因为对于消费者而言，白色新包装代表了健怡可乐而不是经典可乐。相似的故事也发生在吉百利身上，当他们家的巧克力包装被换了，人们也觉得味道也换了。

如果苹果卖灯泡

光环效应

光环效应是指一个人的某种品质或一个物品的某种特性，一旦给人们留下了非常好的印象，在这种印象的影响下，人们对这个人的其他品质或这个物品的其他特性也会给予较高的评价。简单来说，如果你过去给人们留下了在某一方面特别优秀的印象，那么人们会自然地认为你在其他方面也很优秀，同时跟别人聊起时，也会主动谈到你的优秀。在营销中，如果你过去的产品给客户留下了良好的印象，那么人们也会不由自主地选择购买你的其他产品，主动为你进行传播。

苹果公司之所以能取得令人瞩目的成绩，其成功背后的支柱是什么？是 iPhone 吗？不是，是 iPod。在推出革新性的产品 iPod 之后，苹果公司在 2005 年的战略重点就成了集中火力推广 iPod，推广结果十分成功。苹果在数字音乐市场的市场份额高达 73.9%，一枝独秀。正是 iPod 的成功创造出了一种光环效应，使人们认为苹果公司的其他产品也是十分高科技和时尚的，让整个苹果公司的产品都受益匪浅。2006 年出版的《商业周刊》发表文章指出数码音乐播放器 iPod 以及苹果音乐商店的大获成功为苹果产品赢得了良好的口碑，而一直以来遭受市场缩水困扰的苹果主打产品 Mac 也逐渐挽回了衰落的颓势。一切迹象表明光环效应照耀下的苹果 Mac 产品另一个春天的脚步已经悄悄走近。此刻围绕在苹果公司周围的新闻几乎都能够让人为之振奋，但是其旗舰产品 Mac 个人电脑的市场份额比起几年之前的优异表现却只能用江河日下来形容。不可否认苹果公司在发展壮大的初期也曾经经历过一个短暂的全盛时期，1998 年乔布斯刚刚发布 iMac 产品的时候美国市场上的反响热烈，但是就在初期的短暂巅峰过去之后苹果在美国市场的份额就一直处于下滑的趋势。

Mac 市场表现得平平无奇并不能完全掩盖公司在数码音乐播放器市场上的赫赫战功，而在线音乐领域取得的骄人战绩让整个业界重新认识了这个蛰伏了许久的巨人。曾经的苹果公司一直对这样的看法持反对态度：即数码音乐播放器、苹果商店以及在线音乐商店的成功为公司树立了良好的口碑，也为 Mac 电脑产品拉来了为数众多的新用户。然而这种光环效应是否真正存在？

如果从市场调查公司的统计数据来看，也许这种光环效应不是十分明显，甚至完全不存在。如果你亲自光临苹果线下商店就能够体会那种人来人往的热烈气氛，店里挤满了一些正在浏览最新软件工具的图像编辑用户，还有一些节假日带着孩子出来采购音乐播放器的父母。这一派新老用户的熙熙攘攘预示着苹果未来强劲的市场走势。苹果提供的数据表明，在其商店购买个人电脑商品的用户有一半是第一次选择苹果的 Mac 产品以及从 Windows 平台回归苹果的老用户，所以这说明其他产品良好的口碑为公司吸引了越来越多感兴趣的新用户，苹果正在逐步扩大自己的个人电脑市场份额。大型调查机构举行的一项调查表明，接受调查的计划购买家用电脑用户中 8%的人表示有意向购买苹果产品，这个数字仅仅低于当时最大的电脑销售商戴尔。分析家克班斯表示："对于苹果来说人们投来关注的目光十分重要，不过人们将会在很长一段时间内继续审视它的表现。"市场也见证了数码音乐播放器 iPod 以及苹果商店在世界上更多地方的普及，越来越多的用户了解并接受苹果那些标新立异的产品，光环效应发挥的作用一直照亮着苹果不断推出的新品。

"光环效应"最早由美国著名心理学家爱德华·桑戴克于 20 世纪 20 年代提出，他认为：人们对事物的认知和判断往往只从局部出发扩散而得出整体印象，也即常常以偏概全。一个人如果被标明是好的，他就会被一种积极肯定的光环笼罩，并被赋予一切都好的品质；如果一个人被标明是坏的，他就被一种消极否定的光环所笼罩，并被认为具有各种坏品质。这就好像刮风天气前夜月亮周围出现的圆环，而实际上圆环不过是月亮光的扩大化而已。据此，桑戴克为这一心理现象起了一个恰如其分的名称"光环效应"。

光环效应也叫晕轮效应，在社会心理学里指对一个人形成某种印象后，这种印象会影响对这个人的其他特质的判断。比如聪明的人应该比较可信赖和有魅力，行为轻率的人可能虚伪和爱说谎。从认知角度可解释为，人们为了节省认知资源的，希望能迅速、经济地获得对产品或人的认知，因此会受之前印象的深刻影响。比较明显的例子就是“品牌效应”，比如：很多人认为普拉达（Prada）的衣服质量比没有牌子的好；如果苹果准备卖灯泡，相信大多数人不会对其品质有质疑。很多产品找形象品行好的明星做代言，无形中增加了产品的可信度。只要不是产品有明显瑕疵，在用户没有完全掌握产品信息的情况下，这种受光环影响的认知会从使用前一直延续到使用产品后。也就是说用户在选择产品前，各种与产品本身有关的“光环”会非常影响用户对产品的选择，树立一个好的品牌形象很重要。对于没有“光环”的新产品，总要去寻找和营造出一个优势能吸引到用户，让这个“优势”作为用户印象去影响用户认知。我们可以尝试从产品、营销、环境和价格几个方面着手，构建起基于晕轮效应的推动力。

第一，产品晕轮效应。消费者第一眼看到的，可能是产品的外观与包装。晕轮效应会使消费者把对产品外观和包装的印象转移到产品的质量上，因此购买者往往会认为包装精良，外观优美的产品具有里外一样好的特点。苹果公司推出的手机所具有的独特外观给其带来不少好评，引来不少竞争对手的模仿；巴黎欧莱雅集团每次推出新的化妆品，包装费用都占总成本的 15% ～ 70%；而我国各地有许多老牌特产，包装和外观数十年如一日，已经不符合当下消费者的喜好，导致优质的产品本身也被埋没。对于许多服务性产品来说，重点是具有差异性和独特的品牌形象。消费者接受独特的、与众不同的品牌形象后，也会认为服务本身是特别的、无可替代的，这会为品牌筑起防卫竞争者的感性屏障。对于想要推出新产品或是延伸产品的企业，晕轮效应尤其关键。如果消费者对现有的产品或品牌有比较明显的正面印象，那么“爱屋及乌”地也会对新产品或延伸产品产生好的第一印象，特别是核心用户和忠实客户，很有可能会去尝试新产品或延伸产品。

第二，营销晕轮效应。名人效应是广告界百试不爽的万用药，据《战国策·燕策二》记载，有个人在集市上卖骏马，三天无人理睬。于是卖者请来名人伯乐，让伯乐绕着马转了几个圈儿，离开时再回头去看了马儿一眼。这匹马的身价马上涨了十倍！可见我国古代的商业人士就已经懂得运用名人效应了。使用名人做品牌的代言人，可以让名人的光环迅速赋予品牌某些特殊的东西，消费者会不由自主地把名人的形象和品牌联系起来，名人所具有的特征会为品牌染上相同的色彩。如果名人效应使用得当，仰慕代言人的消费者可能会自然而然地把对名人的喜爱延伸到品牌身上。宣传媒体的选择也会影响到消费者对品牌的看法，香港某周刊的业内人士曾提到，香港不少娱乐周刊都在旗下另起炉灶，出版印刷精美、内容高雅的女性杂志，甚至把它们免费派发，目的就是为了得到高端美容保养产品和时尚品牌的广告。这里也很明显地涉及到了晕轮效应。高端女性品牌明白，读者在阅读精美高雅的杂志时，倾向于认为里面出现的品牌也是高雅有格调的；而大众化的娱乐周刊中的广告则有可能降低品牌在消费者心中的阶层印象。

第三，环境晕轮效应。地理位置与周边环境不仅仅会对客流产生直接影响，也会在消费者的心目中产生晕轮效应。为了符合品牌的形象，企业中面对消费者的部门应设立在适当的地点，让消费者把对渠道的印象和产品或服务的印象统一起来。市场覆盖率实际上也会产生一定的晕轮效应，高端的非日用品品牌（如钻石，名表）可能只有少量的经销点，让消费者把对销售点产生的“稀缺”印象投射到产品本身上去，营造出尊贵的品牌形象。而像 7-Eleven 便利店这样强调“方便性”的品牌，其店铺的市场覆盖率（如香港，美国这样的成熟市场）和地理位置与周边环境都给顾客留下了“方便”的印象。

第四，价格晕轮效应。尾数定价基本上是所有经销商或企业都烂熟于心却还屡试屡中的灵丹妙药。不过，尾数定价比较适合想走低价路线的品牌，这个理论的应用主要能带来“便宜实惠”的基本印象，而高端品牌的策略就不尽如此了。对于高端品牌，反而是使用整数定价，且长期保持不变，并慎用折扣。以价格的“稳定可靠”甚至是“昂贵”，来塑造品牌本身的“稳定可靠”和高端形象。

选择的成本

品牌降低了信任的成本。信任的成本可以概括为：让用户从认识到完全信任一个或者一类商品所需要的成本，信任成本是大部分商业活动中比重最大的一个成本。任何一个产品在打造品牌时，所付出的信任成本都是巨大的。比如请明星代言某个品牌，明星都用了那一类的产品，那明星就起了牵头使用那一类产品的作用，粉丝因为信任明星从而信任明星代言的产品，那么在明星代言所花费的那部分就是信任成本；再比如很多新兴的人文景点都有营造一个故事，要么精忠爱国、要么历史爱情等等，也是为了让游客信任及相传这个景点，那么在营造及传播这个故事所付出的成本就是信任成本。都说商品的世界没有永远的粉丝，因为可替代产品越来越多，客户可选择的范围点也是越来越多，一旦某个商品满足不了消费者，消费者就往往容易转移。即便这样，品牌仍然是大家成本损失比较小的首选方案，市场获得信任也是有规律可循的。

第一，用合适的价格做信任。合适的价格指的是有品牌的产品，我们要努力地提升品牌的价值，在满足了客户需求消费的基础上，用合适的价格来满足客户安全感的信任消费或者虚荣消费。而顾客在满足了需求消费之后，也往往愿意购买虚荣及安全信任。品牌价值，对商家来讲也可以叫溢价，站在消费者的角度来说，说得通俗点就是虚荣消费。曾经有人认为，苹果真傻，要是降价一些，现在市面上的手机应该大都是苹果手机，就没有其他手机了。但真的是这样吗？现在这个商品世界，需求消费已经远远不是主要的消费了，要是只谈需求消费，现在市面上的大部分手机几乎都能满足大部分人的使用。而现在客户在很多方面消费的是情感信任，虚荣消费。那么价格的高低跟信任成本有关联吗？答案是肯定的，因为在买东西的时候，我们都会潜意识地认为，贵的东西比较好。就在当我们进入超市的时候，当面对 5 元与 10 元牙膏的选择时，我们都会潜意识地认为 10 元的更好些，哪怕这两种除了包装其他都一样。

第二，从新鲜层说起。新鲜层，就是类似于让消费者从心理上就潜意识地觉得一个商品是新鲜的辅助品，可能现在很多商家都知道如何运用，但却还有很大的发展空间。一个简单的例子：有两筐新鲜的橙子，A 筐是只装有橙子，而 B 筐是有带着嫩绿的橙子叶的。很显然，在潜意识里面，我们会认为 B 筐是新鲜的。这就是一个简单的信任成本，那么我们也就可以用这个新鲜层作为品牌导向，让信任通过新鲜层融入到产品中。新鲜层如何运用到熟食、罐头等不“新鲜”的商品？如何做到新鲜层与商品的完美结合？如何让消费者透过新鲜层信任产品？生活中经常会看到一个有意思的现象，当我们去菜场买菜时，有些菜农会在菜上撒些水珠，以此来让顾客看起来菜是新鲜的。殊不知，洒上水珠的菜比不洒水珠的菜更容易坏，对新鲜层的信任认知有时候就是这么违背我们的生活定律。

第三、从合适的人群做起。从合适人群做起有这么一个小故事：在很久以前的德国，灾荒严重，人口大增，国王就想从他国引进马铃薯，鼓励农民来种植，但是推广起来非常困难。因为大部分人不接受这种作物，认为是一种低级的农作物，甚至还有的怀疑能不能吃，怎么都推行不开。后来国王就换一种方式，通过颁布法律限令，只有贵族才有权种植马铃薯，然后贵族在自己私人庄园里面种植并派了一些重兵把守。那很多农民就诧异这是什么作物，国王也故意放出一些口子让农民偷偷地种植，就这样马铃薯在全国就传开了，之后国王取消只有贵族才能种植马铃薯的限令，那马铃薯一下子就在全国抢着种植。

为了满足一批人的好奇心或者是从众心，从标杆的影响力做起。

有“广告教父”之称的大卫 · 奥格威在《一个广告人的自白》中写道：“一旦广告废止，你花在寻求一种适合东西上的钱，会远远超过你省下的那点钱。”同时一旦通过广告形成品牌，厂商“作恶”（比如生产无效劣质的产品）的概率就会无限降低，因为它要继续维护它的品牌形象，这无形中减小了消费者的购买风险，而这些对消费者而言都是实际价值，尽管我们几乎感知不到它的存在。

除了价格之外，在这个消费时代，我们购买一件商品其实还有一些隐性成本和隐性收益，而这两者都和广告有千丝万缕的联系。在购买商品的时候，除了付出金钱，其实还存在选择成本，而广告从某种意义上其实在帮消费者节省选择成本，比如我们花 25 块钱买一瓶海飞丝的洗发水，我们认为我们付出的成本是 25 元。假如现在海飞丝和其他洗发水品牌都不打广告了，你到超市一看，货架上摆了 100 种不同类型的洗发水，这时候你该如何选择？你如果想选去屑功能的，你至少需要阅读功能说明在 100 种中挑出有去屑功能的洗发水，然后你可能还要比较它们的成分、产地和其它相关功效等。这还没完，你选择完之后还有一定概率这种洗发水完全是劣质无效的，比起你走到超市直接拿走一瓶海飞丝，我们刚刚做的这一系列动作正是我们的选择成本。这些选择成本是实际存在的，而通过海飞丝、飘柔、潘婷等海量的广告，它能有效地完成功能传达和用户教育，在影响我们消费决策的同时也减少了我们的选择成本。

再说隐性收益，广告赋予商品的一个重要的隐性收益就是商品的无形价值，假如去超市，我告诉你这个易拉罐里装的液体和百事可乐一模一样，口感、成分没有区别，你会买这种无牌可乐么？我相信大部分人不会买，原因在于我们喝百事可乐的时候，喝得不仅仅是那瓶带气泡的碳酸糖水，还有百事可乐通过罗志祥、周杰伦、王嘉尔和世界杯广告赋予它的年轻、活力以及时尚感，很多人说喝百事可乐的时候没有这种感觉，然而你还是不愿意喝上面所说的空白罐子可乐，这说明百事的广告在潜意识中已经影响了我们，这就是无形价值的力量。同样的，无形价值是你穿耐克时挑战一切的运动感而并非是一件普通的运动衣，这是耐克通过篮球明星詹姆斯、体育明星刘翔和偶像明星王俊凯等明星品牌广告赋予的。无形价值是你开奔驰汽车时那种尊贵驾驶的体验而并非一辆普通高质量的车，这是奔驰汽车通过多年统一的品牌广告赋予的，这些无形价值是我们购买一个商品的理由，尽管它看不见，但它的确存在。

魅力的传承

从心理学的角度讲，审美情趣可以引发个人的积极态度，甚至会让用户对机器产生情感（如喜爱、忠诚、耐性）。在这方面，苹果一直以其极简的设计理念以及唯美的产品美学让用户发出由衷的赞叹。iPhone 4 和 4S 已经成为了工业设计的典范，他们的精致构造简洁到无以复加的地步。《乔布斯传》说：“他没有直接发明很多东西，但是他用大师级的手法把理念、艺术和科技融合在一起。”苹果的产品总是体现出一种令人惊叹的设计美学。被“伯乐”乔布斯挖出的“千里马”英国人乔尼 · 艾维（Jony Ivy），已经成为苹果传奇的一个要素，以全新的姿态向世人展示着新一代苹果产品的扁平化设计。尽管人们对于全新界面的 iOS7 仁者见仁智者见智，但在 iOS7 发布当天，全球的网络流量提升了 112%，iOS7 在 iOS 系统中所占的比例在发售三天后就高达45%，这一系列数据证明了人们对于新版界面仍充满期待。

Apple是一个懂得如何将技术和人文科学完美结合的顶尖高手，它始终用一种不同的思考方式，创造了许多易于使用并充满乐趣的顶尖产品。苹果致力于用最少的资源，达到最佳的效果，并以简单、平实的形式表达出来。以人性化的触摸屏设计为例，小孩子都会操作的拉伸、缩小、滑动等等完全替代了鼠标操作，而这一系列设计早已成为如今硬件厂商事实上的标准。这反映在消费者利益中就是人性化、方便的用户体验。苹果产品简洁的美学观符合最基本的人性、高效、视觉享受、良好的操控体验、新奇好玩、潮流时尚和与众不同则满足了消费者在产品功能性、心理情感上的需求，使苹果带来了可感知的消费者利益，使其完成了完美的品牌形象塑造。

从i系列到Mac系列，从硬件到软件，苹果通过构建面向个人数字生活的产品体系来引领整个互联网产品的发展。苹果用iPhone重建了手机领域的认知，用iPad开创了平板电脑的先河。人们往往认为喜欢特立独行的苹果，在需求多样化、个性化的数码产品市场上，依靠一个尺寸、一种规格的单一产品很难永久领先。事实上，苹果早就在个人数字生活市场开始布局，它的各类消费电子产品和服务已涵盖手机、计算机、平板电脑、数字音乐播放器和数字媒体发行等业务领域。玲珑多彩的产品阵列早已覆盖了人们日常生活中的大部分使用环境和场景，占领了大量用户的时间和注意力份额，从这个角度来说，苹果的产品阵列发挥了不可或缺的作用。

苹果平台吸引了数以万计的第三方开发者打造平台和生态系统，

这也是苹果独有且其他公司无法复制的优势。从本质来看，平台是一套规则，规定了人们围绕某种经济机会进行互动的方式，苹果帮助程序员寻找新的机会，通过开放平台让创新技术能够以可感知的方式表达出来，在成全他人的同时成就了自己。随着更多人开始利用技术，基于生态系统的方式将改变以往的模式。2011 年，苹果 App Store 下载量迎来一个新的里程碑，突破 100 亿次，这个数字到 2012 年 3 月已经被刷新到 250 亿次。目前，在 App Store 中共有超过 180 万个应用程序，超过 3000 万注册开发者……App Store 在为手机用户带来便利的同时为第三方内容提供商搭建了一个赢利的平台，一个全新的产业生态。

苹果的成功是产品的成功，星巴克的成功是服务的成功，但都有一个特征就是在不断地创新，处处站在用户的角度，并大大超出顾客的预期和想象，极棒的用户体验把顾客们彻底征服，苹果是一家为以设计驱动的公司。如今，当我们谈论起产品设计、谈论起用户体验，总是离不开苹果，它所坚持的设计哲学是对细节和质量的极致追求，体现在苹果 iPhone 产品与用户的众多交互细节。

在虚拟键盘输入交互上，苹果为了解决在移动设备上输入本文的问题，采用了一种流畅并且对用户友好的解决方案：基于预测输入系统，扩大虚拟键盘的有效触控区域。如 the 和 this 这两个单词，当你按下“th”的时候，系统预测下一个字母可能是 e 或 i，从而动态增加这两个字母的点击范围，提高输入的命中率。

在触感交互上，现实世界中音效、触感和视觉需要能够保持自然协调，因为这三者之间有着很自然的关系。苹果在数字世界也极力保持着这种体验，得益于 Taptic Engine 线性震动马达，iPhone 有了触觉上的反馈。iPhone X 产品系列在锁屏上的闪光灯是一个非常好的触觉体验，手电筒图标会根据手指触碰的压力而变化，让你知道系统正在响应操作，同时也告诉你需要再用力些。当力度一旦达到，系统会有个短震动，告诉你可以松手了，松手后还有一个成功的震动反馈，这很像现实世界的老式拉线灯动作。在苹果手机闹钟应用中，当你调节轮盘时，会有持续的机械振动反馈，且音效是自行车链条转动的齿轮声。快速拨动轮盘时，视觉上还会有一个物理的惯性力，直到力竭停止。闹钟应用至此，音效、触感、视觉三者浑然一体，达到了精准的协同表现。

在 FaceTime 视频通话中，屏幕角落有一个小的播放窗口代表着自己。这个浮动的小窗口，它就可以被移到屏幕任意的 4 个角落，这些角落叫作手势的终点。你可以拖动浮窗到角落，但这样需要跨过半个屏幕，非常麻烦。因此，苹果基于预测动量这一概念，捕获滑动的动量和速度。用户只需轻量级的滑动投掷，即可将浮窗到达预测位置。苹果把这个叫做：终点和手势意图一致。苹果是如果教你使用手势交互的？在 Safari 浏览器中，每个标签页的左上角都有个 × 图标，当你点击图标时，标签页会向左滑出，表示它被关闭了。这就暗示，除了点击图标，还可以采用左滑操作来关闭标签页。

为什么苹果系统的过渡动画看起来很舒服？因为苹果大量采用了现实世界的物理特性：惯性、弹性、重力和阻力等。和触控一样，苹果把交互动画放在了极高的位置，如 Apple Music 模态弹窗的动画曲线就设计得非常严谨。在屏幕底栏有个迷你播放器，点击它，可以查看播放详情。由于点击这一操作没有任何动量，所以苹果用了100%阻尼来确保它不会过冲。但你如果下拉关闭模态弹窗时，向下的方向就有了动量，因此苹果用了80%阻尼来获得一些弹性和挤压。

2017年苹果发布的iPhone X，由Face ID取代了Touch ID，确立了新的人机交互解锁方式。但摄像头处的“刘海”式设计，一度被众多用户吐槽嘲笑。那有没有别的办法呢？前苹果首席设计官乔纳森 · 艾维曾评价OPPO的升降式摄像头设计：“这是一个好的idea，但我们永远不会这么做”。确实，如无必要，勿增实体，这并不符合苹果公司追求简洁和一体化的设计理念。虽说大家觉得这个“刘海”式样设计丑，但隐藏在“刘海”中有一颗红外摄像头，业界一般用850nm波长的，但这个波段很容易受阳光影响。苹果是怎么解决的呢？它收购了一家相机传感器公司InVisage，这家公司的量子薄膜技术，可以让动态范围增加3倍，一举将红外摄像头的波长提升到了940nm，这可以让iPhone在强烈的太阳光下能够正常面容识别。

在使用iPhone设备的过程中，用户的操作是一直在改变的，所以交互的中间过程，同样需要重新定向。上滑与多任务后台，比如在点开App的过程中，突然意识到我实际上想要打开多任务后台，这时交互手势是可以并行的，不必等到App完全打开，就可以向上滑动，这个过程就是重新定向。即使已经进行了操作，也可改变意图，轻松取消操作，始终让界面掌控在用户的控制之下。当你需要的时候，它永远能及时响应。当你滑动操作时，它永远能理解你的意图，并且给你最自然的触觉反馈。为用户创造一系列的愉悦体验，这也许就是苹果的设计哲学。

名人效应的是与非

中国经济景气监测中心曾对北京、上海和广州三座城市的800余位常住居民进行抽样问卷，调查显示：50.2%的人认为名人广告对自己会引起关注，10.5%的人认为对自己会刺激购买，38.3%的人认为对自己没有更多的影响。可以发现，与其他类型广告或策略相比，名人广告效应是非常易于引起消费者关注的。而广告传播过程的终端是受众，所以作用于受众心理活动过程是产生广告效果的必要前提。从心理学角度分析名人广告效应，一是名人的高知名度可以引起高注意率以及视觉冲击；二是由于晕轮效应，扩展到对名人的一切都盲目接受，产生一种爱屋及乌的心理效应，进而接受由他推荐的产品或观念；三是名人常常可以带来一种示范作用，引起人们的模仿。从符号学的观点来看，名人广告基本上是将名人符号象征化，通过这种意义上的转换，使得消费者在接收到广告信息的时候，会与名人产生连结，而在购买时，更会因催眠作用以此作为选择标准。

广告从本质上是信息传播活动，从传播学理论分析，被媒介“授予地位”的名人具有价值导向，易为人们普遍认同；名人的知名度构成商品的附加值，成为心理需求的一种满足；名人作为具有号召力和影响力的“意见领袖”，无形中强化了广告的同化功能而减少了信息传播中的阻力。美国心理学家曾做过一个有趣的实验，在给大学心理系学生讲课时，向学生介绍说聘请到举世闻名的化学家。然后这位化学家说，他发现了一种新的化学物质，这种物质具有强烈的气味，但对人体无害，在这里只是想测一下大家的嗅觉。接着打开瓶盖，过了一会儿，他要求闻到气味的同学举手，不少同学举了手，其实这只瓶子里只不过是蒸馏水，“化学家”是从外校请来的德语教师。

很多的企业和商家都很看好名人效应，因为受众会受名人的喜欢和信任，就转嫁到对其所有东西的喜欢和信任，包括他出席的一些活动和代言的产品等。所以，不管是大大小小的企业，都愿意花大把大把的钱请那些名人做广告，为其代言产品。1984 年，耐克和阿迪达斯同时研发了一项将气垫放入运动鞋内以减轻鞋重的技术，两家公司几乎同时将各自新鞋推向市场。当时，耐克还只是个平凡无奇的小公司，根本无法同阿迪达斯相抗衡。为了战胜对手，耐克重新进行了广告定位，邀请乔丹做耐克的品牌代言人，并利用完美的广告把乔丹与耐克气垫鞋结合在一起，使其成为耐克市场战略和整个运动鞋、运动服生产线的核心，不但增加了耐克的形象魅力，也为其创造了展示其新技术的最佳途径。于是，迈克尔 · 乔丹就成为了耐克进行广告传播的工具，也变成耐克新的品牌标志。

在一系列的广告策略后耐克新系列的球鞋马上脱销，而且还带动了其他运动系列产品销售量的大幅增长。在 1984 年至 1987 年短短三年其销售量从不到 100 万美元一路飙升到近 2000 万美元。而相比之下，阿迪达斯产品的销量并无突破。从此，耐克这一运动鞋品牌挤入了世界知名运动品牌之列，其产品销售总量超过阿迪达斯和锐步这两个老品牌，逐渐取代阿迪达斯成了全球第一运动品牌。

耐克球鞋的一朝成名，说明了名人对消费者的潜在引导作用。

它运用乔丹是篮球飞人——众多美国民众心目中篮球英雄的名气，让乔丹穿自己的鞋，从而在大众对偶像崇拜和信服之时，引导他们消费自己的产品。尤其是当人群中有乔丹忠实的“拥护者”时，这种引导就更为有效。因为，消费者会受到偶像的暗示，注意和模仿乔丹的举动和行为，也去购买球鞋。可见，名人效应并不是让名人直接介入商业行为，而是利用名人的价值强化产品的形象。名人因其是某一领域成功之人，他们有足够的能力吸引人们的注意力。名人效应相当于是一种品牌效应，它可以带动人群，效应就可以如同追星般那么强大。在商品销售中，现在有很多的商家利用消费者这种对名人的敬慕心理，设计各式各样的活动来吸引消费者的注意力。比如：在商品及包装上请名人写字作画；在商场内请名演员献艺；邀请名人为其产品做宣讲和表演；在书店里请名作家与顾客见面，并对所购书籍签名留念等。

名人是人们生活中接触比较多，而又比较熟悉的群体。名人效应也就是因为名人本身的影响力，而在其出现的时候达到事态扩大、影响加强的效果。许多商家将名人效应看作经营成功的法宝，将聘请名人做广告，看作是企业的一堂必修课，也许他们就决定着企业的成败。况且，市场也证明，只要企业能运用好名人效应，自然能获“利”匪浅。

有人说，名人广告具有一种“沉鱼落雁式的停止力”，其散发出的光芒可能会掩盖产品本身。也就是说，在广告传播过程中，如果广告没有一个强有力的诉求点作支撑，广告受众的注意力很容易转移到名人身上，导致只记住名人，而忽略产品的现象出现，消费者会沉湎于名人风采而忽略了品牌本身。如大明星巩俐为“野力干红葡萄酒”做的广告，这则广告是集知名导演张艺谋、大明星巩俐和大场面制作于一身。毫无疑问这样的豪华阵容和大制作可以吸引受众的注意力。可问题恰恰在于，谁是这则广告的主角？是人，还是酒？巩俐的风采愈夺目，酒的形象就愈被掩盖、被虚化。这应该不是广告主所期望的广告效果。美国学者拉杰夫 · 巴特拉（Rajeev Batra）等人的研究表明，有人物形象的广告和没有人物形象的广告相比，前者更能引人瞩目，但受众对产品的认知度却较后者少。由于名人广告缺乏创意导致效果不佳，也是当下比较普遍的现象。

各行各业都有名人，但权威、偶像的崇拜及其影响力往往只发生在特定的领域之中，如医生之于患者；学者、作家之于莘莘学子；歌星之于歌迷；体育健将之于球迷一类。脱离这一领域，权威效应就会锐减甚至荡然无存。受众对名人的认可度取决于对他们所担任角色形象的认识和理解，名人的气质、职业、年龄、性别等与产品错位，就达不到预期效果。如著名歌手田震为广东的蒂花之秀洗发水所做广告，可能很多人都记得蒂花之秀的一句广告语：“蒂花之秀，青春好朋友”。但是其代言人田震在八十年代就是一名知名歌手，过了快 20 年就算保养得再好也不会再“青春”了。广告主与广告商过于追逐名人效应，有时付出了高昂的代价，却可能事与愿违。

许多名人不顾自身形象与所代言产品有无关联与结合的缘由，随意迎合，频繁转换，过度曝光。从服装到家电，从通讯产品到化妆品，从药品到食品……，似乎可以成为所有产品的忠实消费者。

被冠以“亚洲小天后”的孙燕姿仅在2002年1月到7月就代言了8个广告，产品从手表到运动服装、卫生用品、手机、麦当劳、力士沐浴露、牛仔裤和咖啡果冻，五花八门；而像刘德华等一众偶像明星代言的品牌也都数不胜数，特别是这些产品、品牌之间“风马牛不相及”。消费者如何能信任你，甚至有时会引起消费者的反感。如美国某著名电视节目主持人本来是一位受人尊敬的品牌代言人，但在担任44个不同品牌的商品代言人之后，笼罩在其身上的光环开始消失，因为人们难以相信其证言具有真实性，其促销效果可想而知。由于频繁转换，过度曝光，不但无助于广告效果，品牌含金量稀释，名人自身的价值也会受到贬损，消费者对其认知度虽然增加，但美誉度却会因边际效应的下降而越来越低。

现代社会随着媒体的日益发达，文化的丰富与价值观的多元化，再加上生活节奏的加快，人越来越容易出名，名人也越来越多，因而名人的“名气”周期也越来越短。这其间的原因很多，比如名人的道德素质出现问题，名人的潜力有限，年龄增长，突然变故等。而且名人的兴衰也是不可预料的，如体育明星被查出服用兴奋剂，影视明星逃税漏税，绯闻不断，还有吸毒、罢演、走穴、斗殴等丑闻，名人突然变成失势人物，其推荐的产品也会受到牵连。如曾经的偶像谢霆锋因触犯司法事件使其形象受损，其代言百事可乐的销售也大受影响。虽然这样的尴尬情形不能完全避免，但还是可以通过与代言人签订协议以规避可能带来的道德风险，允许公司在代言人形象受损时终止合约。名人缺乏应有的自律，是名人广告道德风险的主要导因。

信用卡花了你更多的钱

非理性的信用卡

当我们使用信用卡和移动支付时，我们的花费会多出很多。而且，用信用卡和移动支付时，我们做出购买决定的时间会更短，更愿意为购买的东西支付更高的价钱。即使在快餐馆，当我们使用信用卡支付而不是现金支付时，我们的花费会比使用现金支付高出60%～100%，信用卡的“超码效应”使得人们在麦当劳的平均消费账单从4.5美元增至7美元。

1986年，美国普渡大学营销学教授理查德·范伯格（Richard Feinberg）在《消费者研究杂志》上发表的一篇论文，调查了信用卡对消费决策的影响。甚至到20世纪80年代中期，零售商、信用卡研究者、作家和消费者本身仍普遍相信，当人们用信用卡支付时，花费会更多。范伯格决定弄明白其背后的成因。

范伯格进行的系列实验的理论基础十分有趣。先前有学者进行的研究发现：和没有武器的现场相比，仅仅在现场放置武器，就会激起更富攻击性的反应。范伯格认为，这一发现（被称为“武器效应”）与信用卡刺激物对花费的影响相类似。

顾客留下的小费金额，也会因为支付方式而有所不同。在一项最初的研究中，范伯格对如下问题进行了调查：顾客留下的小费金额，会不会因为用现金支付或信用卡支付而有所不同？在为期一周的时间里，研究人员对当地一家餐馆的 135 名顾客进行了随机观察。账单金额、每组进餐者的数量、支付的方式（现金或信用卡）、留下的小费金额，都由服务员进行了细致的记录。结果在各个相同水平的账单金额情况下，用信用卡支付小费的，其留下的小费金额平均为账单金额的 16.95%，而用现金支付小费的，仅为账单金额的 14.95%。

为了证实是信用卡的使用促使顾客留下了更多小费，范伯格另外进行了一系列共 4 个实验。在第一个实验中，60 名被试（大学生）分别被安排到两个组别，第一个组别中有信用卡刺激物，第二个组别中没有信用卡刺激物。被试被要求看一本标题为“消费品”、里面附有 7 种产品图片的活页小册子，并被告知稍后有人会询问他们有关这些产品的信息。这些产品图片粘贴在纯白页面的中心位置，并覆有透明塑料膜。在页面顶部，清楚地标着产品 1、产品 2 等字样。30 名被随机安排的被试，可以在离活页小册子不远的桌子左上方看到万事达信用卡的标识。这些被试被告知（用学术语言说是“暗示”），这个信用卡标识是上一个实验留下的。另外 30 名被试看到了那本一模一样的小册子，但是看不到信用卡标识，被试们被问及愿意为每件产品支付多少钱，之后被要求写下每件产品最鲜明的特征（以隐藏实验的真实目的）。和现场没有信用卡标识的被试比起来，那些看见了信用卡标识的被试们一致表示，愿意为每件产品花更多的钱。

信用卡标识的存在会提高人们花钱金额，减少做出购买决定的时间。在第二个实验中，24 名女大学生分别被安排到两个实验条件中，一个有信用卡标识，一个没有信用卡标识。每个被试都被领到一个房间的一张桌子前，有人很快在她们前面的桌子上放上一台幻灯机，还有一个标着“回答”字样的按钮。与前一个实验的安排相似，被试们必须对投影到面前屏幕上的许多消费品进行评价。她们被告知，这些幻灯片她们想看多久都可以。当她们决定了自己愿意为每件产品花费多少钱后，要按下“回答”按钮，之后把数字写在给她们提供的答题纸上。研究人员共向被试展示了 12 件消费品的幻灯片，包括烤箱、电视机、数字时钟和立体音响等，当打出每张幻灯片时，计时钟开始计时。当被试按下“回答”按钮时，计时钟自动停止。对于其中的一个被试组，每张幻灯片的左上角会出现万事达信用卡的标识。看到了信用卡标识的被试们报告自己愿意为所有产品支付更高的价格。此外，信用卡标识的存在减少了被试做出购买决定的时间。在以上的两个实验中，万事达信用卡标识的存在提高了花费的大致数额，而且在第二个实验中（该实验测量了被试做出回答的时间），万事达信用卡标识的存在减少了被试做出购买决定所需要的时间。

在第三个实验中，40 名被试被随机安排参与有信用卡标识或没有信用卡标识的实验。研究人员把被试领到一间办公室，有人假意告诉他们将要参与一项有关“印象形成”的研究。被试获得一段有关某个人的简短描述，并被要求根据这段描述的信息形成对这个人的印象。不过，实验的真正意图在于：看看信用卡标识的出现会不会影响被试的慈善捐赠意愿。有一半的被试可以在桌子的左上角看到信用卡的标识，学生们正是在这张桌子前形成对他人的“印象”的。每个被试抵达办公室 10 分钟后，一个陌生人敲门进来，走到被试旁边，并向被试解释说，联合劝募慈善组织正在挨家挨户进行调查，以评估在校园里劝募的可行性。接下来劝募者问被试，如果有人让其捐款，他愿意给联合劝募慈善组织捐多少钱。该研究的假设获得了支持：可以看见信用卡标识的被试报告平均愿意捐出 4.01 美元，而看不见信用卡标识的被试只愿意捐 1.66 美元。

在第四个实验中，30 名大学生被分别安排参加两组不同测试，其中一个测试组能看见信用卡标识，另一组看不到信用卡标识。在该实验中，万事达信用卡的标识以及与实际的万事达信用卡尺寸一样大小的复制品被置于被试桌子的右上角。和前一个实验一样，被试被领到一间办公室，名义上让其进行“印象形成”练习。不过，本次实验中，联合劝募慈善组织的劝募员要求被试进行实际的捐助。和假设的一样，那些能够看见信用卡标识的被试的捐款数额，比看不到信用卡标识的被试要高。此外，在看得见信用卡标识的情况下，被试做出捐款决定的时间也会大大缩短。

信用卡何以成为所谓的“花钱促进器”？

用信用卡和移动支付，人们会花钱更多，范伯格的系列实验为这一简单的假设提供了重要的支持。仅仅是信用卡和移动支付的存在，就让我们更有可能花钱，更愿意花费更多的钱，更快地做出花费决定。我们越是用信用卡和移动支付，我们就越“习惯于”花费，到了最后，信用卡和移动支付的标识本身就获得了诱发花费的能力，一接触到信用卡和移动支付刺激物就会习惯性地花费，这种可能的情形实在让人害怕！

上述结果与范伯格及其他人先前进行的研究是一致的。范伯格及其他人证实：支付方式会影响我们的花费。任何能够减轻我们的支付痛苦的支付方式（不只是使用信用卡，也包括使用礼品卡、支付宝、微信支付，甚至借记卡），都可能导致我们超支花费。那么，为什么会这样呢？不妨来看看一些研究关于使用信用卡会导致我们花费更多的解释。

营销学教授迪利普 · 索曼进行的研究，很好地解释了信用卡对花费的促进作用。索曼提出（并提出证据支持这一论点），支付形式会影响人们对过往支付行为的回忆，从而影响未来的花费。简言之，和用现金、支票甚至借记卡支付相比，用信用卡支付，用索曼的话说，不太“显著”和“生动”（难忘）。和用现金、支票和借记卡支付相比，信用卡独有的“现在购买，以后支付”性质，使得人们支付时不那么痛苦——用现金支付给人带来彻头彻尾的痛苦，并且会立即让人们的钱包变瘪。用信用卡支付对个人财富产生的滞后效应，会减轻其负面影响；信用卡结算周期导致的延迟支付使购物乐趣和支付分离，减弱了支付产生的影响。

用信用卡和移动支付也不太难忘，因为缺乏我们所谓的“彩排”。

在数钱或开支票时，消费者有机会了解并记住最终要支付的金额。开支票时，消费者要两次书写支出金额——分别以数字和文字形式。用现金支付也存在同样的“彩排”：支付的时候你得数钱（一件非常痛苦的任务）。找零之后，你得再数一遍。这种重复数钱的行为极有可能使你记住花费的金额。不过，如果用信用卡支付，你只需在给你提供的有打印账单金额的收据上签上自己的大名即可。而且，在许多情况下，如果账单金额低于一定的金额，根本没有人让你在收据上签名。当我们加油或购买其他物品时，许多人付了钱之后甚至根本不索要收据。在信用卡账单抵达之前，我们也不怎么担心。正是缺乏“彩排”加上对个人财富的滞后影响（二者共同导致负面或令人痛苦的经历减少），使得我们用信用卡和移动支付时花费更多。我们会高估自己拥有的财富，进而提高我们购买更多物品的可能性。

为了验证其假设——信用卡会对消费者回忆自己的花费数额的能力产生负面影响，索曼进行了两项基于现实生活的研究。41 名学生在校园书店购买了图书及其他用品后，立即被人拦截住。拦截者询问学生是用哪种方式付的款，并让他们回忆花了多少钱，随后，让他们核对收据确认花费的金额。18 个用现金支付的学生中，12 人（占比为 66.7%）能准确地回忆起自己花费的金额，其他 6 人回忆的花费金额与实际数额间的差值在 3 美元以内。用信用卡支付的学生的情况就不那么妙了：23 名用信用卡支付的学生，只有 8 人（占 34.8%）能准确回忆起花费的金额；其余 15 人，要么报告的花费金额比实际花费低，要么干脆说不知道自己花了多少钱。

在第二项研究中，索曼让来自低收入家庭且只有一张信用卡的

30 个样本，在接到信用卡账单后，立即将未开封的账单带到实验地点来，并要求他们保存同期所有大额购买（超过 20 美元）收据（不管购买是以现金、支票还是信用卡支付），并将之带到实验地点来。当被试来到实验地点后，首先要回忆所有的开支，之后打开其对账单和收据，逐一写下各项开支。30 名被试无一例外，其对信用卡支出的低估程度，高于对现金和支票支出的低估程度。总体来看，被试平均低估了 25% 的信用卡支出，而对于现金或支票支出的低估比例，仅为 7%。和用支票或现金支付比起来，用信用卡支付相对而言没有那么“显著”和“难忘”，以上的两项研究都为之提供了证据。

现金支付VS刷卡支付

心理学家们早就发现，使用现金付账的人群消费时相对使用信用卡和移动支付的消费者更加谨慎。以往我们都是过于关注消费者泛滥使用信用卡和移动支付购物的非理性消费行为，而却忽视了即使是平时消费很理性的人在“刷卡”“扫码”时也同样产生了所谓“非理性”的消费行为。心理学家们后来发现，其实这种“非理性”消费行为并非是由于个人非理性购物习惯，而是因为“刷卡”“扫码”而产生与使用现金相异的消费心理。大部分消费者在使用现金时对于价格的敏感远远高于使用信用卡和移动支付时对于价格的敏感度。

信用卡和移动支付虽然大行其道，而且逐渐已经代替现金成为很多人的付账形式，但它在人们的心理感觉上还是与现金仍然有很大差距。比如，当一个人因为购买某一种商品的价格或者“性价比”

产生犹豫的时候，往往采用“刷卡”“扫码”比支付现金更加感到“心安理得”，支付现金更加容易比“刷卡”“扫码”对于商品的价格或者“性价比”的犹豫产生焦虑感，很显然这是因为“刷卡”“扫码”到底不是真正地在花掉钞票，但事实上“刷卡”“扫码”其实与花掉钞票是完全一样的。问题是，所有使用信用卡和移动支付的人都很明白“刷卡”“扫码”的作用与现金是完全一样的，但是心理上却会有不同的消费心理，这才是心理学家们感兴趣的地方。

麻省理工学院的两位教授曾经做过一个实验，密封拍卖 NBA 波士顿凯尔特人队比赛的门票（预售已卖空）。参加竞买的商学院学生随机分成两组，一组必须一天内用现金付款（简称现金组），另一组则是信用卡付款（简称信用卡组）。经过统计平均后，信用卡组的出价明显高于现金组。差距能达到多大呢？后者是前者两倍。或许你会说，商学院的学生不应该更精明一些吗？但看来不是。要是普通人又会怎样呢？

可能拍卖的情况大家比较少碰到，现在看另外两位美国教授做的实验。纽约大学教授普里亚·拉格鲁比和马里兰大学教授乔伊迪普·斯里瓦斯塔娃在《实验心理学杂志》月刊公布调查结果，比较最透明的现金付账至最不透明的信用卡或代金券付账等消费方式之间的差异。调查显示：“较不透明的付款方式更像是玩钱，所以会花费得更多”。一项测试中，研究人员描述一家虚拟的餐厅及其菜单，告知 50% 的调查对象可以使用信用卡，其余 50% 只能使用现金付款。结果，前一半调查对象愿意消费的金额大大高于后者。另一项测试中，研究人员让调查对象策划一场庆祝宴会。结果，有意用信用卡付账者这一餐打算平均消费大约 175 美元，有意现金付账者打算消费大约 135 美元。但如果让有意刷卡付账者估算每一项开销，他们打算消费的金额则下降至大约 135 美元。研究人员得出结论："付款方式越透明，'花钱的痛苦'越大。"

来自加拿大多伦多大学的市场营销学助理教授阿夫尼 · 沙阿（Avni Shah）提出："借记卡和信用卡已经统治了当前市场，虽然无需现金的交易方式非常便利，但这种便利是有代价的。"沙阿与来自美国杜克大学与北卡罗莱纳大学教堂山分校的同事共同进行两个实验，来探究消费者现金或刷卡购买方式对其感受的影响。在第一个实验中，参与者被要求购买一个马克杯，原价为 6.95 美元，无论是现金或刷卡都可以优惠 2 美元。购买后 2 小时，参与者被要求将该马克杯重新出售，价格自定。结果发现，尽管参与者购入的价格相同、拥有马克杯的时间也相同，但现金支付的参与者售出的价格比刷卡组高了近 3 美元。沙阿表示："现金支付的参与者报告出，对马克杯有更深的感情。"在另一个实验中，研究者试图消除支付方式的额外影响：寻找 ATM 机取现所付出的努力、取现所支付的手续费，以及刷卡支付的积分奖励等。参与者被随机分发 5 美元现金或代金券，对慈善机构进行捐赠。沙阿表示："我们发现现金捐款的人们对所捐赠慈善机构的感情更深，并且对未捐赠慈善机构的感情更淡。也就是说，现金支付会让人们建立更多与购买事物之间的联系，并感到对未购买事物间的联系更少。"

为什么现金支付相比于刷卡支付，会让人更珍惜所购买的事物呢？沙阿提出，这是由于所谓的“支付的痛苦”。沙阿表示：“你与你的金钱生理分离时，你会产生一些感觉，不同形式的支付会导致不同程度的痛苦。可实际感受到的，例如现金，与支票、银行卡相比，在支付时会让人感到更为痛苦。”这一效应还可拓展到移动支付方式，包括支付宝、微信支付和 Apple Pay 等。沙阿指出：“如果消费者对已购买的商品感情不深，那么商品生命周期就会更短，提高信用卡额度并非有效解决方式。”如今市场针对刷卡和移动支付推出了虚拟货币，以及相关手机 APP 进行实时消费提醒，这些举措应得到支持，因为它们能够帮助消费者防止剁手。时下移动支付越来越流行，了解不同支付方式对消费者的影响很有必要。

让剁手不再痛苦

购物的过程总是让人愉悦：穿梭在琳琅满目的店铺间，想象着自己马上要成为它们的主人，总有一种“登基在位”的错觉。而到了结账的时候，从口袋里掏出辛苦劳作所得又是一件令人痛苦的事情，而购物的愉悦感仿佛也瞬间荡然无存。但设想一下，如果付款的时候是用手机扫一扫二维码来支付，你的心痛程度是不是有所下降，进而认为购物行为更快乐了呢？用什么方式付钱并不单纯只是购物行为的“终章”，它可能在一开始便偷偷地影响了你的消费行为。有研究发现，相比于过去使用现金支付，使用移动支付可能会让你在消费中买得更多。国内有机构在全国范围内进行了一项有关家庭消费的大型调查，他们发现移动支付平均能推动家庭消费增长

16.01%。

在大多数人的经验中，“买还是不买”“买多还是买少”似乎只与我们的购物需求或是商品质量、价格相关。但实际上，看似与购买无关的“用什么方式付钱”也会影响我们的消费计划。最早对这个问题感兴趣的研究者就是普渡大学的营销学教授理查德 · 范伯格。由于70年代末信用卡在美国流行开来，范伯格比较了使用现金与信用卡会给人们带来什么不同的影响。

范伯格教授的一系列研究发现，信用卡相比于现金会让消费者花更多的钱，同时更快地做出购买的决定。他的研究激发了学术界对不同支付方式的关注：在之后的十几年研究中，学界逐渐形成了一致的研究结论，即如果人们在结账的时候使用比现金更加间接的方式，比如刷信用卡、银行卡、礼品券等，他们在购物中可能更加冲动，并因此买得更多。随着移动互联网的进步，支付方式也出现了新的变化。现在只要有一部手机，扫描一下二维码就能轻松完成支付，不用再随身携带现金或是卡片了。相比于信用卡，移动支付更能激发人们的购物欲，因为它是一种比信用卡更加间接的支付方式。在刷卡时，人们还需要从自己的钱包中掏出信用卡递给收银员，某种程度上保留了付钱的仪式。移动支付则将这最后的仪式也给取消了，甚至连传统的纸质支付凭证也没有，人们根本觉察不到金钱的流失。北京航空航天大学心理学副教授吴瑞林和团队针对这一问题进行了一项研究，在模拟购物情境中，参与者每人获得50元钱，他们可以用这笔钱在20件商品（例如牙膏、笔记本、薯片和巧克力等）中和研究人员进行交易。对于实验中的一部分人，这50元提前充进了微信账户，通过移动扫码交易。而另外一部分人则是拿着现金交易。结果发现，相比于现金支付的人，用移动支付的人在实验中购买了更多件数的商品，并为此花费了更多的钱。移动支付组平均消费 39 元，而现金支付组只花了 27 元。由此可以看出，移动支付和信用卡一样同样能有效刺激人的购物欲。

在消费者的头脑中，会同时存在着两个账户，一个账户是用来记录从消费中体验到的快乐，被称为快乐账户；另一个账户则是记录花钱时感到的痛苦，被称为痛苦账户。这两个账户共同构成了消费的双通道理论：消费者是否愿意花钱取决于两个账户相比较的结果。如果快乐值大于痛苦值，消费者便会产生“买值了”的积极体验并因此而更愿意购买；如果痛苦值大于快乐值，人们便会产生“买亏了”的消极体验并因此放弃消费。移动支付之所以能刺激人们的购物欲，是因为它让金钱变得透明了起来——金钱被抽象成了电子货币或数据的形式，在交易中人们很难觉察到像实体现钞一样的流失。这样购物与花钱之间的距离就被拉大了，我们的痛苦账户也变得不敏感起来。2019 年发表的一项研究发现，当用电子钱包消费时，人们大脑中的右侧脑岛的活跃程度要远远小于用现金消费时。脑岛是与消极情绪唤醒密切相关的脑区，也被认为是消费中痛苦账户的重要组成部分。因此，在人们使用移动支付时，他们的痛苦账户并不像使用现金那样活跃。这些研究说明，移动支付能让人们更难体验到花钱带来的支付痛感。移动支付维持了快乐账户而又抑制了痛苦账户，因此它才更容易触发我们“这个并不贵”“这个值得买”的感受，也让我们在消费时更加冲动。

增加消费与花钱之间的差异，让人们不能立刻觉察到花钱的痛苦，是移动支付“不痛苦”的关键。实际上，支付宝花呗等网络信贷产品能刺激人们购买，同样也是抓住了这个原理。相比于买了东西立刻支付，花呗提供的“先买后付”功能更加彻底地拉开了消费与花钱的距离。让人在购买当下并不会立刻体验到花钱的痛苦，而是将支付痛感延期到了未来。更重要的是，从损失厌恶（即许多次小损失要比一次大损失更让人感到难受）的角度来考虑，在未来一次性付出一笔较高金额所产生的支付痛感，要远远小于许多笔当期较小金额所产生的累加支付痛感。

支付宝花呗可以说是移动支付的高阶版本，它不仅提供了电子钱包，还允许将电子钱包的多次花销延期到未来一次性偿付。因此让花钱发生地更加隐秘，消费也就变得更加丝滑了。移动支付让钱越来越不像“钱”，它看不见摸不着，早上买早点、坐车用移动支付，中午买杯星巴克用移动支付，晚上市场买菜或是点个外卖用移动支付，一天天下来，钱就不知不觉花掉了。现金支付让人真实地感受到钞票是在一张张减少，让人有损失了金钱的痛苦，你也确实付出了点东西；但移动支付只是从电子钱包中划走了一个个数字，你很难发觉自己真的损失了些什么。

金融公司赚钱用的是老套路，它们借给我们钱的时候要我们承担高额利率，而我们把钱存到它们那里的时候却给我们很低的利率。为了赚取利润，它们捕获了我们未经历练的金融本能，并利用了我们基因遗产中的一些倾向。以霍默 · 辛普森为例，凡在电视上做广告的产品，他都要订购。看到画面上的人体形好，他就会赶紧订购教他如何减肥的 12 盒套装录音带。录音带会很快送到他家，而费用则在 90 天或更长的时间内付上即可。霍默的购买欲很滑稽，因为他比我们普通人更冲动。

我们的大脑似乎不能很好地理解这样一个道理——金钱并不随着时间的推移而贬值，事实上问题就在这儿。在我们大脑成型的那个世界里，今天的货币确实会随着时间的推移而失去价值。简单地说：食物总会腐烂的，所以精明的投资者会选择大大减少未来的支付。不幸的是，我们的大脑总是根据昨天的游戏规则行动，所以我们很容易上当。商家会利用我们这种耐不住性子的毛病，无数次成功地诱使我们立马把东西买下。当我们能带回家一个神奇的洗脱一体的洗衣机并在当天安装好，过 60 天再付钱时，这种诱惑会挑逗起深藏在我们体内小小的以捕猎和采集为生的遗传基因的想象力。别担心最后付的钱会远远超过我们认为合理的限度——在买东西的时候，过时的本能总会引导我们看重今天的价值，而不管将来的开支。不幸的是，我们的大脑总是根据昨天的游戏规则行动，所以我们很容易上当。

据说，通向地狱的道路是由良好的意图铺成的。当我们想变得更好时，我们却经常是在浪费钱财，并继续着我们的冲动行为。在一个关于良好意图的调查中，研究者考察了人们对看严肃电影的意愿。一组调查对象被要求选择一场当晚观看的电影，另一组则要选择后 3 天每天晚上要看的电影。对后一组人来说，选的电影要 3 天才能看完，可是他们在第一天就已选好所有要看的片子了。这个调查显示出了一个有趣的模式：选择今天要观看的电影时，两组人都选了轻松愉快的爱情片、喜剧片和动作片；而要选后几天（明天或后天）晚上要看的电影时，人们会选比较严肃的片子，如描写纳粹集中营的《辛德勒的名单》，以及一些外国电影。在白天，大部分人会说："今晚我要看一部有趣的电影，明天会看我应该看的。"可是到明天时，他们又想寻找乐子。

商家知道我们通常对未来的行为总是过度乐观，所以就利用我们的这种认识来赚钱。例如，他们一开始会给我们利率比较低的信用卡，但是窍门在于6个月后，利率会大幅上升，在美国这没有什么不合法的。银行的人甚至不必将这些打印精美的条件遮遮掩掩，他们会把这些条件写在霓虹灯广告牌上：现在开始使用信用卡，你将可以享受6个月的优惠利率。未来会与过去不同，而且通常会变得更好——由于这种过度的乐观主义，我们会一窝蜂地做这类交易。当制订这些计划时，我们期待的是一个崭新的、经过完善后的自我，我们甚至还会认为这些商家可能吃亏了。我们并不真正关心他们是否会在6个月后要求我们支付过高的利率，因为我们认为自己很快就会还清债务（同时还能变瘦）。然而6个月过后，我们常常还是债务缠身。结果是普通美国人会把他收入的1/5拿来付信用卡上的开支——其中绝大多数是利息。

超前消费与延迟满足

在中国很多人可能都听过这样一个老掉牙的故事：一个中国老

太太和一个美国老太太在天堂相遇，中国老太太说：“我一辈子勤勤恳恳、省吃俭用，终于在临终之前买了房子，但却一天也没享受到。”美国老太太说：“我已经在贷款买的房子里住了一辈子，在临终之前终于还清了房贷。”这个诞生于20年前的故事曾经名噪一时，它能够广为流传也正是因为一定程度上真实反映了中西方消费观念的差异。在大多数人的认知中，美国人似乎向来就是奉行提前享受、消费至上的消费观念；但其实，在以前美国社会还受到新教伦理规范的时候，负债、享乐等行为甚至被视为是邪恶的，因此在很长一段时间内，节俭、禁欲在美国消费文化中是居于核心地位的。

尽管在19世纪中期，美国胜家缝纫机就已创造了分期付款模式，但这种模式在彼时还远未达到普及的程度，可以分期付款购买的商品种类十分有限，只局限于家具、钢琴等耐用品的消费中，而且这种负债消费仍被看作是挥霍财富的行为。到了20世纪，美国在一战之后迎来了空前的经济繁荣，国民收入大幅增加，消费需求也随之扩大；各类商家纷纷推出分期付款模式来进一步刺激消费，人们的消费观念也在各种广告宣传的迅猛攻势之下悄然发生着转变。“花明天的钱，享今天的福”“不必等待，现在就行动”等等极具诱惑力的广告词成为当时诱导消费的一大法宝。美国研究信用消费的专家若夫·努根特在《消费信用和经济稳定性》一书中提到：到1920年代末，用“分期付款”方式购买耐用品的美国人占90%。

分期付款、超前消费、信贷消费……不管以何种名字出现，这种消费模式已不再被视为可耻的、不道德的，相反，它已经演变为一种流行的、现代的消费观念。不可否认的是，20世纪初期美国的消费文化转型对于此后美国的经济发展起到了至关重要的作用，超前消费带动了新的消费热点，使得消费结构更为合理，又反过来促进了生产，有利于消费与生产保持良性循环。同时，信贷消费市场的完善，让许多个体消费者享受到了更高水准的生活。但另一方面，超前消费无节制的发展，造成了经济的虚假繁荣，为经济危机的发生埋下了种子。无论是1929–1933年的美国大萧条还是2008年的华尔街金融海啸，都与美国野蛮生长的超前消费不无关联。

分期付款在中国的首次出现，可以追溯到1907年。据记载，1907年，天津日商开设的加藤洋行，为了推销80银元一辆的自行车，推出了分期付款方式，其广告称："以三个月内为限：头一月付洋三十元，第二月三十元，第三月二十元。若付现洋，每辆七十五元。"而上文提到的创造了分期付款的胜家缝纫机也曾在天津出现过，1908年，胜家公司在天津的一则广告这样写道："包教包会，保用五年；能缝衣服，以及鞋袜；普通缝纫，乃最合宜；分期付款，甚至通融；先交十元，每日一角；每月三元，就能购用。"不过，超前消费的观念在中国却迟迟没有形成风气，一方面是由于我国居民收入还无法与发达国家比肩，另一方面也因为在中国人心目中，超前消费等同于"寅吃卯粮"的行为，是需要谴责的。1985年，当信贷消费已经在发达国家广为流行的时候，中国第一张信用卡——中国银行珠海分行推出的"中银卡"才姗姗来迟。与如今真正意义上的信用卡不同的是，"中银卡"发行的目的主要为吸收更多存款，持卡人必须先往账户里存一定金额的备用金；当备用金账户余额不足时，持卡人方才可在发卡银行规定的信用额度内透支消费。以今天的眼光来看，这张信用卡的象征意义远远大于它的使用价值。进入 90 年代，信贷消费在中国仍未成为主流，国内消费低迷，储蓄率太高。在这种时代背景下，为了让人们接受信贷消费，“中美老太太”的故事应运而生，在某种程度上促进了信贷消费的发展。随着这个故事的流行，国民开始意识到中美消费观念的差异，逐渐对信贷消费卸下心防。到了 2009 年，我国出台了《消费金融试点管理办法》，消费金融正式进入大众视野。此后，随着互联网的发展，各种方便的透支消费工具遍地开花，超前消费的观念大踏步地走进了年轻人的生活。根据中国央行于 2019 年公布的数据显示，我国信用卡和一卡通发卡总量已经接近 8 亿张；同年支付宝发布的报告显示，在中国近 1.7 亿“90 后”中开通花呗的人数超过了 6500 万，即平均每 10 个“90 后”中就有近 4 个人使用花呗进行信用消费。种种数据都表明，超前消费正在深刻影响着我们的生活。

由于信用消费的推广普及，我们不得不面对这样一个事实，当下越来越多年轻人正在变成“负翁”，因过度的超前消费而使自己的生活陷入泥潭的案例也比比皆是。正当一年一度的双十一促销季热火朝天进行之时，豆瓣网络平台上一个叫做“负债者联盟”的小组受到了大家的关注，截至目前小组成员已超过 5 万多人。在这里，有因各种原因而跌入负债深渊的人在诉说着自己的经历、分享着自己的心得，而这其中又以年轻人的身影居多。许多人在各种借贷平台欠下的债款高达数十万，而最初借贷消费的原因，可能只是想买一双限量版的球鞋或者一个名牌包包。一个个触目惊心的真实案例都反映出过度超前消费的危害所在，在互联网信息流的狂轰乱炸之下，年轻群体的消费欲望愈发膨胀。如果没能加以引导和控制，则很容易陷入消费主义的陷阱中不可自拔。

另一方面，通过梳理超前消费的发展历程，我们也不难发现，虽然超前消费已经在全世界范围内诞生了一百多年，但在我国它仍是一个新生事物，影响其健康、良性发展的因素有很多，包括国民消费观念的进步、社会信用体系的完善和信贷消费市场的规范等等。作为现代社会的一种新型消费形式，超前消费有利于推动传统的自我积蓄型滞后消费转变为现代的信用支持型消费，在当下“以内循环为主”的经济发展格局下，它的积极意义是显而易见的。因此，我们不应该因噎废食，一味地将超前消费视为“洪水猛兽”。同时也要意识到，让超前消费发挥其积极作用的关键在于——为超前消费建立一套完备的制度规范。对于银行、金融科技公司而言，应客观评估用户的消费水平，合理设置授信额度，避免超前消费最终成为消费者的“无底深渊”。

对物质或精神的需求产生了消费欲望，本身含义是积极的。因为消费满足自身生存发展欲望，体现了身份地位和价值审美取向。合理适当的消费是好事，可如果被消费“牵着鼻子走”，可能就会适得其反。就比如信用消费，其实正是利用了人们对未来的自信，认为即便“花未来的钱”也无所畏惧。在收到账单时，一定会有足够的财务支付能力。然而消费者们过度的自信以及无节制的消费，将还款的痛苦推迟到未来，不知让多少信用消费者陷入到负债的两难抉择中。

在超前消费的过程中，究竟有多少消费的类目是非必要、非理性的呢？盲目地自信和消费，不仅容易造成负债问题，还容易造成“以卡养卡”“共债”危机的诸多问题。德国经济学家赫尔曼·海因里希·戈森的“戈森第一定律”就指出了人们为了满足欲望和享乐，总是需要不断增加消费的次数，而享乐也会因为消费的增加而减少。当享乐为零时，消费就应该停止。如果消费再增加，就会使享乐变为痛苦。消费者使用信用卡进行“超前消费”的心理，符合“戈森理论”这种消费心理。据中国央行发布的《2020 年第二季度支付体系运行总体情况》数据：支付系统共处理支付业务 1716.41 亿笔，金额 2063.99 万亿元。消费规模增加的同时，负债也是如此，信用卡逾期半年未偿信贷总额 854.28 亿元，占信用卡应偿信贷余额的 1.14%。“超前消费”脆弱又迷人，当未来生活出现一些变化，离职失业、意外生病或投资创业失败等，都很容易让生活陷入“泥潭”。从个人消费心理来说，“超前消费”总能让人的欲望轻易得到满足，消费者又怎么可能会正视一步一个脚印的努力？长久陷在被满足的状态，是否会逐渐迷失自己的本心呢？这需要我们具备强大的“延迟满足”自控力，一种在等待期中展示的自我控制能力，而这种等待是为了更加有价值的长远发展，人人都可以也应该学习的一种能力。

20 世纪 60 年代，美国斯坦福大学心理学教授沃尔特·米歇尔设计的“延迟满足”经典实验很好地印证了这一点。实验中每位被试的儿童都单独呆在一个屋子里，在他们的面前是美味的食品。研究人员表示他们可以直接吃掉，也可以等研究人员回来额外得到奖励。孩子们等待的这段期间，就是一种“延迟”表现，有的小孩直接吃掉，有的小孩运用各种方式让自己无视掉眼前的美食。很多人疑惑，社会发展到现在，人们已经具备“即时满足”的物质和精神条件，可为什么还需要培养“延迟满足”的能力？以信用卡消费为例，很多信用卡持有人过度高估自己的自控力，只是一味享受“即时满足”的快感，却忽视了时间成本和努力的结果。对于自身不断进取的能力培养是有害的。信用卡消费虽然便利且常见，但是每张信用卡持有人都要在消费过程中保持理性，别因一时的欲望放纵，沦落至负债的深渊。

简约就是力量

奥卡姆剃刀原理

为什么苹果的核心价值是："一切始于简洁"

日本的山下英子为什么会提出"断舍离"的想法

佛教为什么提倡"禁欲主义和极简主义"

老子为什么说"大道至简"

亚里士多德为什么说"自然界选择最短的路径"

……

无论是在科学、哲学还是商业界，追求简约几乎已经成为共识，简约也成为一种思维习惯和指导工作的核心原则。什么才是简约？简约带给我们怎样的启示？在生活和工作中，如何把一件事情做到极致呢？英国经院哲学家、逻辑学家奥卡姆·威廉提出的"奥卡姆剃刀原理"也许为我们指明了方向。

奥卡姆剃刀原理，又称"奥康的剃刀"，是由 14 世纪逻辑学家奥卡姆·威廉提出，指如无必要，勿增实体。不要浪费更多的东西去做，你可以用更少的东西做同样的事情。意思是人做的大部分事情可能没有意义，而隐藏在复杂事物中的一小部分是有意义的。任何复杂的事物都有其固有的简单性，多是少的累加，复杂也是简单的组合拼接，提醒我们抓住事物的本质，不要人为将事情复杂化，这样才更有助于我们有效且高效地解决问题。这个原理其实早已超越了心理学范畴，广泛应用于哲学、科学、管理学和经济学等领域。应用到设计领域可以这样理解：如果通过多种方式都可以达成相同的设计目标，那么选用其中最简单的设计方式。

在设计领域，尤其是今天的互联网领域中的交互页面设计方面，奥卡姆剃刀原理应用的格外多，这也是交互设计重要定律之一。例如：今天我们使用智能手机下载使用 APP，我们判断一个 APP 做得好不好，首先就会看它是不是用户友好——把我们假设成一个从未使用过智能手机的用户。用户友好的具体设计过程中，需要注意要素有很多：尽量少的点击次数、无关内容不放置干扰视线和文字段落图片清晰明了等等。MUJI（无印良品）这个日本品牌在中国非常知名，在国内备受追捧，价格也并不便宜。那为什么这么多人会喜爱这个品牌呢？这与它的品牌理念不无关系。从产品的设计上看，无印良品追求简洁和实用，不必要的装饰通通没有，力求抓住这个产品最本质的功能，同时它的选材和设计都是极其简约的。在品牌传播上，无印良品很少做广告，即使做广告整个风格也是极其简洁的，正如它所展现出来的视觉效果一样，颜色也都是以黑、白、灰这样自然的颜色为主。所谓“大音希声，大象无形”，这样自然素雅和简洁的风格反而征得了消费者的心，相对于其他品牌拼命在产品上增加元素，找各种方式营销的风格，无印良品这也可以说是“一反常态”。用奥卡姆剃刀剔除各式花里胡哨的装饰与鸡肋无用的功能，只保留产品最核心的功能。除了无印良品，我们还可以从今天其他品牌或者事物上找到印证：小米、苹果和北欧简约风等等。

在生活、学习和职场，奥卡姆剃刀原理对于我们今天的生活、学习和职场都有很多的借鉴意义，可以帮助我们理清思路，专注思考，更好地生活和学习。互联网高速公路迅速发展的现代，信息高度碎片化，我们每天都在通过各种各样的方式接收各类庞杂的信息，但是很难深入钻研进去，大多是浅尝辄止。我们也很难将这些碎片化的信息有效地串联起来，组合成有效的知识。我们每天花在手机上的时间大多都在接收这些庞杂的信息，更加需要关注和有效利用自己的时间，刨除无关信息，深度思考，避免沉溺在信息海中人云亦云没有个人独立的思考和观点。生活中也是一样，今天我们常常用到断舍离一词，在 YouTube 上有很多博主会专门分享她们生活中的断舍离，分享她们如何通过断舍离更好地生活。我们平时可能总会留着很多无用的东西，不管是瓶瓶罐罐或是超市的塑料袋，是快递的包装盒或是不再穿的衣服，总会下意识留下来觉得可能有一天会用到，丢掉也比较浪费。时间久了这些东西就会成为我们生活的拖累，除了占据大量的空间以外并没有发挥任何作用。这时候其实就需要我们静下心来思考到底哪些东西是真正有用的，将不需要的东西扔掉或是将它们给到真正需要的人手中，这样一番断舍离也会让我们的生活变得更加简单和轻松。

1952 年，英国心理学家威廉・埃德蒙・希克（William Edmund

Hick）与雷·海曼（Ray Hyman）在“选择－反应实验”研究中共同提出了著名的“希克·海曼定律”（也即希克定律）。该实验主要以研究刺激因素的数量，与被测者对刺激因素反应时间之间的关联为主要的实验内容。该定律可以用一个公式来表达，即 $T=a+b\log2(n)$。T 表示反应时间，a 表示总的认知时间，b 表示对选项认知的处理时间（实证衍生出的常数，对人来说约是 0.155 秒），n 表示选项的数量。从方程式可以看出，用户面对的选项（n）越多时，所需要的反应时间（T）就越长（图 1）。而为了证明该定律的正确性，学者希娜·艾扬格（Sheena Iyengar）曾做过一个实验，并将其记录在了《当选择让人失去动力》论文中。在该实验中，她发现人们面对 24 种不同果酱时，有 60% 的消费者会停下来尝试果酱的味道，但是只有 3% 的人会购买。而当只有 6 种不同果酱时，有 40% 的人会尝试果酱，但却会有 30% 的人选择购买。从实验结果看，当选择太多时，反而会因对比困难的问题，以及需要花费太多时间决策（决策时间过久会带来时间成本的问题），而让消费者丧失了购买的欲望。

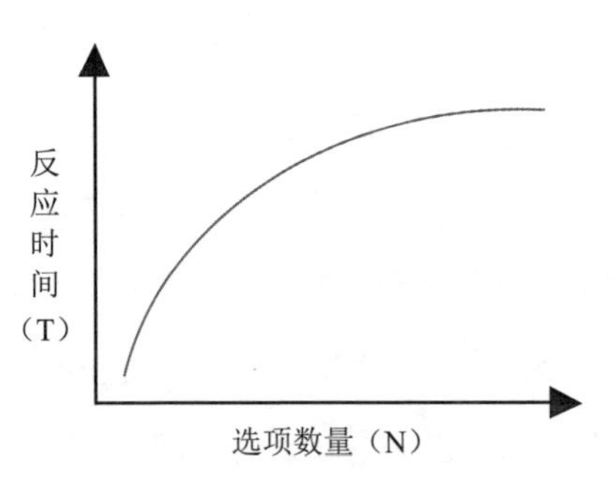

图1：希克·海曼定律

幸运的是，我们无需深挖公式背后的数学原理。通俗来讲，即用户做出回应所需的时间与可选择项的数量和复杂性直接相关。这意味着界面的复杂度会增加用户的处理时间，这点很重要，它涉及到心理学中的认知负荷理论。认知负荷是指我们的工作记忆运作时内在的处理能力，人的大脑就如同计算机处理器，因此它的处理能力有限：当输入的信息量超过大脑的可用空间时，就会产生认知负荷。我们的思考受到影响，任务变得更加困难，细节被忽略，甚至会产生沮丧的情绪。比如生活中最常见的遥控器，上面的选项密密麻麻，让人不知如何选择，索性只能一个个地按着寻找和摸索。遥控器的使用甚至复杂到需要肌肉记忆的重复或耗费大量的心力才能完成的事情。2015 年苹果发布新款苹果电视，随机携带的遥控器秉承了苹果“一切始于简洁”的核心价值。遥控器仅留下必要的按钮，与传统遥控器截然不同的，苹果电视遥控器将操控简化为几个必要的控件（图 3）。它并不需要过多的工作记忆，可以很好地减少使用者的认知负荷。将复杂性转移至电视本身，在电视屏的菜单中有效地组织信息，用户只需通过遥控器按钮逐级选择即可。

学习的成本

优步（Uber）不允许你预订出租车、亚马逊一开始只是卖书、谷歌只是一个搜索引擎、麦当劳没有餐具；不知为什么，我们仍然相信一个产品要想成功，它必须做很多事情。这通常发生在两种情况下：当新产品试图让市场相信它们是值得的，或者当公司提供的产品超出了需求时。新公司犯的一个大错误是试图提供竞争对手拥有的所有东西，他们相信这样做会吸引更多的兴趣并赢得客户。一些老牌公司甚至总是认为，投入更多的产品和资源，总会带来更好的结果。"总是想提供太多的功能和特性"俨然已经成为了一种心理问题，那新产品专注于一件他们擅长的事情为何如此重要呢？

正如我们所知，人类是习惯的动物。如果我们已经有了成熟的行为模式，大多数时候都会习惯性地遵循这种模式。这样对于一家新公司来说，要说服人们购买他们的"创新产品"将是很困难的。当新产品改变了人们的习惯时，我们可以称之为"创新"，例如苹果的 iPhone 手机。因此，要让你的产品成为一种习惯，它必须只做一件简单的事情，而且必须要做得很好。只有当学习难度足够低，同时回报足够高时，人们才会更容易转向使用你的新产品。早在 2006 年，麦当劳的增长就停滞了，这家快餐连锁公司认为问题出在菜单上，所以尝试了很多新产品，结果产品种类增加了一倍，但销售额几乎没有变化。2016 年，它走上了一条新路——它放弃了大部分额外的新品，回到了基本款，并且更加聚焦于其受欢迎的早餐系列，终于销售额最终实现了跃升，2017 年同店收入增长 6%，股价上涨 40%。

要改变一种行为，如果你的产品学习难度很低，那就更容易做到。如果我们找到了一种可以完成某项任务的服务或产品，并且用它做得很好，此时哪怕有另一种产品或服务更好，我们也几乎永远不会切换过去。与熟悉的事物在一起是我们的天性，我们不喜欢冒险去学习某样东西，因为往往学习之后才发现那不是我们需要的。

也就是说一旦用户选择了你的产品，他们就很少会转而使用其他东西。当一个手机应用程序的界面和操作方式与用户熟悉的体验一致时，人们学得更快。有些经验来自于我们熟悉的生活场景，这些生活中的熟悉场景成为了一种隐喻，可以降低我们学习的门槛。无论是手机中点击切换开关，拉动页面让下面的内容展现，还是在屏幕上拖动滑块，滚动选择日期，人们都是下意识地按照既有经验操作。

许多产品失败，或公司不能获得新用户的另一个原因，很大程度是因为它们提供了太多的选项、特性、服务或产品。当用户面对太多选择的时候，总是会坚持现状，坚持以前习惯的选项，或者干脆放弃选择，不再使用。用太多的东西让你的用户不堪重负，出现选择困难，这个过程称为“选择过载”。选择过载是一个认知过程，当面对许多选择时，人们很难做出决定。当有许多相似的选择时，就会出现选择过载的现象。由于做出错误的选择可能会带来许多潜在的结果和风险，所以做决定变得非常困难。拥有太多几乎同样好的选择会让人精神疲惫，因为要花费精力对每个选项进行一番权衡对比，才能选出最好的一个；当你为家里买任何东西（洗碗机、微波炉、洗衣机吸尘器等）时，很容易体会到这一点。

即便谷歌是世界上极具价值的一家公司，可是对比一下苹果的产品，谷歌的产品依然要逊色一筹。为何会如此？苹果有着一套完善的设计哲学，而且从一开始就没有变化过——去掉无用的东西，这一理念也帮助耐克和苹果一起成为最伟大的品牌。当马克·帕克成为耐克公司的首席执行官时，他和史蒂夫·乔布斯通了电话：“你有什么建议吗？”帕克问乔布斯。“嗯，只有一件事”乔布斯说“耐克生产世界上最好的一些产品，让人渴望的产品，但是你也制造了很多垃圾，把那些没用的东西丢掉，专注于好的东西。”乔布斯停了下来，帕克在寂静中咯咯地笑了起来，但乔布斯没有笑，他很认真。“他是对的”事后帕克面对采访时说。

苹果没有发明新产品或新品类，几乎一直以来，苹果的所有产品都是对现有产品的再创造。苹果没有发明 MP3 播放器（索尼的 Walkman 随身听是该领域领先者）、智能手机（爱立信 R380 是当时的经典产品）、平板电脑（微软最早开始商业化）。取而代之的是，苹果重新设计了所有这些产品，将它们做到极致。当你把一件事、一种产品做得很棒，你在顾客心中会增加额外的信心和忠诚度。当你每年推出一款更好的产品时，顾客就更难离开你，因为你在做一件很棒的事情时赢得了他们的信任。苹果之所以如此成功的另一个原因是它每个品类只有一个产品，通过使事情变得简单，最大程度减少用户的决策过程。

和其他手机厂商不同，苹果没有五六款的 iPhone 供选择，它只有一个——今年的最新款，额外的选择仅仅只是大小尺寸差异。如果你的预算不够，可以购买未退市的老款或廉价机型。鉴于市场上可用的智能手机种类和数量众多，这么做似乎限制了该公司的潜力，但事实恰恰相反。美国《时代》杂志对消费者进行了一项长达 30 多年的研究，在这项研究中，消费者不断告诉他们——虽然有选择是好事。但实际上，人们希望选择技术产品的过程足够简单而不是复杂。

森田昭夫和他的商业伙伴井深大在 1946 年创建了索尼，大型磁带录音机是索尼的第一个重点领域，之后是第一个袖珍收音机。但是他最重要的天才时刻应该是索尼 Walkman 随身听，被称为“iPod 祖先”的创造。在市场调研中，Walkman 这种产品很少引起人们的兴趣，反而引起了很多反对。“我为什么要在走路的时候脑子里放着音乐呢？”这是一个典型的回答，盛田昭夫选择忽略这种意见。对随身听的要求最初来自 70 岁的井深大，当时索尼的名誉主席，他想要一个小的装置，可以让他在往返东京和美国的航班上听整部歌剧。森田昭夫要求索尼的工程师们研究这个想法，随后，他们成功地实现了微型立体声磁带播放器产品，这就是后来的 Walkman。当时他们还想办法给 Walkman 加入录音功能，然而，森田让工程师去掉录音。为什么要删除一个只耗费少量资源、还能增加卖点的功能？索尼的工程师建议增加麦克风和录音，因为这样会增加最终产品的价格，这也意味着 Walkman 可以做更多事情。但森田认为，录音机只会让最终消费者感到困惑；“这个设备到底是什么？听写记录？我应该录现场音乐吗？我是否要在采访时带着它？我能出一张录音专辑吗？”通过减少功能，缩小这款设备的使用范围，索尼确保它只专注做一件事：听音乐。这样人们就更容易接受它，这种理念也延续到 iPod 上，使它随后也变得非常流行。

极致的简约

极简主义设计出现在 20 世纪的西方国家。极简主义设计的“少即是多”来自德国传奇建筑师路德维希·密斯·凡德罗的一句话，他对新材料的可用性做出了回应，创造出极简主义的结构，以功能为主倡导者。这些结构几十年过去了，至今看着并不过时，极简主义风格在平面设计、艺术、戏剧和时尚在 1960 年代可谓独树一帜。在产品设计领域，德国工业设计师迪特·拉姆斯（Dieter Rams）等传奇人物以“少而精”的口号引领了诸多工业产品设计，开启了极简产品设计的全新世界。“少即是多，形式跟随功能”也成了极简主义核心理念，我们常常用简单设计、大量留白、富有表现力的视觉层次、用色简单、注重版式、少即是多、专注功能和干净简洁的页面等来形容极简主义设计风格。

日本的设计、艺术风格大多以简洁为主。无论是现在深受大家喜欢的无印良品，还是优衣库，都是简洁风。“少即是多”也是乔布斯所主张的极致简约设计理念，他说：“我们追求的是能让产品达到在现代艺术博物馆展出的品质”。微信创始人张小龙对微信的用户交互体验目标就是做到“自然”，他个人也十分欣赏无印良品设计师原研哉的设计理念，认为设计应当挖掘人本源的体验倾向。

日本设计宗师黑川雅之写的关于日本美学的书《日本的八个审美意识》，当中阐述了日本产品简洁设计背后的理念，指出了应该重新审视自我内心，回归产品的本质来做设计，并提出了八个审美意识，分别是：素、微、气、假、并、间、秘、破。我们可以逐一来阐述这八个审美意识背后的极简理念。

素：日本的茶道、花道、还是寺院或庭院都有一种朴素的感觉。素，强调的是保持最朴实的本色之美，不添加任何杂念的纯真。日本人认为，人是自然的一部分，死亡不是上天国，而是回到大自然中去。日本作家村上春树也曾说，死作为生的一部分而存在。所以日本人的审美核心是尽量不去破坏自然的形态。黑川雅之说，保持本色之美就是要无论产品、建筑物还是艺术品，都要让人工的痕迹隐藏到素材的后面，甚至要尽量消除人工的痕迹。强调了产品材质的重要性，设计只是将素材之美发挥到淋漓尽致的配角。另一层面，也表达人类不能过分自负于自己的才能，面对自然应保持谦卑的心态，这种设计哲学的背后，就是尊重自然。制作东西时将制作量控制到最少，本着尽可能不添加人工制作痕迹的态度来做，这是实现原创作品的基本思路。完成原创的设计不是去思考如何表达自己的想法，而是探求物体的深层原型真谛。

微：日本人不太重视整体，更重视细节。他们认为个体中蕴含着社会，细节中蕴含着整体。所以落实到审美层面。日本人很少依靠整体来把美强加给你，而是用细节打动你，就是微的核心观念。微不仅是细节，黑川雅之提到日本传统的茶室蕴含着微的美学。如果你坐在茶室中，视线从茶桌往外延伸到榻榻米，再到走廊；从走廊再延伸到庭院，之后会看到围墙，而围墙外边就是群山。在一个微小的角落，就能感受到自己和外部环境融为一体。这就是微的含义，微就是用一个点去观察世界，而不是上帝视角。细节中包含了一切的理念，不仅是与时间、与人的关联，也深深地根植于建筑、庭院设计、每一个人乃至宇宙中。将想法融入空间的细节，由细节的集合体构成环境，相互共鸣而形成一个群体，从细微向外延伸，每一处都别具匠心，这也是构成日本思想的基石。

气：指的是气场，黑川雅之用一句话定义：气就是人身上蕴含的某种能影响周遭环境的力量。他认为，日本传统建筑的气场，最初的起源就是柱子。人一开始靠在树上睡觉，后来就开始弄根柱子靠着睡，再后来，就以柱子作为支点，建造房屋。日本人的房屋就是柱子和房梁构筑的空间，而柱子和房梁会散发自然之气，因为柱子和房梁是由木头作为原料，木头本身就是一种自然的生命力。它是石头那种冷冰冰的材料所不具备的。“气”是每个事物自己的独特属性，也是人或物与宇宙之间的一体感。气也像一个人所带有的余韵，美食过后味蕾的回味，也是我们使用产品后心里留下的概念感。它看不见，甚至不能完全描述出，但是能被我们所感知。

假：是借的意思，他认为创造美的时候也应该借用自然的秩序，生命的一切形式不过都是借以存在的躯体，人们要顺应自然，融为其中。比如日本庭院一般不会把叶子扫干净，而是留一些。日本传统茶室，哪怕墙面破了一个大洞一般也不会去修补。他们为了尽可能地接近自然，还发明了落地窗。日本人希望顺从自然，让自己最大限度成为自然的一部分。主张不去抗拒，顺势而为的美。这种审美意识的主基调是与自然融为一体的感觉，它不会产生固化的城市概念，不会产生建筑的概念，甚至也不会形成家具的概念。它打造的是产生生命流转不息的环境。

并：这个字在日语里是兼顾的意思，在这里指要考虑每一个人的感受。因为敬畏自然，日本人的审美特别强调秩序感和和谐共生的理念。把细微的人、物、地点等没有层级关系的个体包含进整体，也意味着从一开始在所有细节当中考虑整体。这些细节不但是整体的一部分，也有各自的独立性，兼顾了局部与整体的必要关联性。

如日本的古代建筑师，在对房屋进行初步设计的时候，会考虑建筑和周边的环境、甚至和邻居之间的关系，能否与周围环境和谐并存，能否与其他邻居形成互不干扰的秩序感，是他们首先要考量的问题。日本自古以来就有给小孩专用的餐具，日本的一些厕所里，即使是男厕所，马桶对面也有儿童座椅，处处都体现了人性化的设计与考量，这也是为什么我们觉得日本是一个非常人性化国家的原因。

间：代表重视人与人的距离，同时又强调与自然的和谐一致。如同人与人之间某种微妙的关系，需要把握一个度，不能太近也不能太远，否则丧失亲近感。体现到美学上，就是每一个人都渴望自由独立，也希望和别人、和大自然融为一体。“间”的概念在绘画中以余白的形式表现，在音乐中以余音的方式存在，无论哪一种都是没有实体的、无形的东西。虽然不存在，却如同就在那里一般，让你每时每刻都能够感知到。日本人制造的不是物体本身，而是试图打造由物件和距离所生成的“空间”。就像日本的建筑，是用柱子来区分的，房间内没有功能划分，隔断可以随时撤开。表达空间是流动的，可以从室内流向自然，从这间房流向其他人家。

秘：日本的审美意识表达会不表现全部，而是用部分去驱动对方的想象力。黑川雅之说，正因为隐去了一部分，所以看到的人才会参与到表现方的共同创造当中。比如你特别饥饿，这时候给你画一个饼，你会立刻想起饼的味道；但是如果给你画一个空碗，你的想象空间就很大了，碗里可以是饺子、面条、卤煮等等都行。你想吃啥就是啥，你就成为了参与的创造者。所以日本很少会准确表达信息，尽量避免去刻意引导或者刺激别人，给人一种充分想象的空间。这样的设计理念延展到设计和艺术领域，最直观的感受就是大面积的留白——留下空白让你想象，通过留白来撩拨你内心的驱动力，自己去解读背后的意义去诠释美。

破：前七个审美意识，总在强调自然。破，就是体现人的力量。破，就是遵守既定的秩序，然后寻找一种偶然性，找到偶然性就是破的力量。日本一位石头雕刻大师，他起初会按照最初的构想来进行雕刻，当作品几乎完成了，他会闭上眼睛，拿起锤子，一抡，这样一件艺术品就完成了。他前面的创造过程是遵循自然、秩序和技术，而最后这一锤子，就是体现日本审美中人的力量。再看日本茶道大师千利休，在他之前，日本茶室都是对称的，他熟练运用茶道之后，打破了对称的结构，也摒弃了窗户纸这种东西，让一切都看起来更随意简单。

追求高级的简单

1984 年拉里 · 泰斯勒提出“复杂度守恒定律”，也即我们常说的“泰斯勒定律”。定律认为：无论在产品开发环节还是在用户与产品的交互环节，其内在的复杂度都有一个临界值，到达临界值后就不能再简化了，你唯一能做的就是将固有的复杂性从一个地方移动到另外一个地方。我们常常会看到很多产品使用“查看更多”“查看全部”和“查看详情”之类的文字，将更多的内容从用户的操作范围转移到另外一个地方以外。

曾经我们使用过的电视机，在屏幕显示上极其简单，仅仅是单个屏道的切换，但电视遥控器的按钮却多得让你数不过来。相比之下，现在普遍使用的智能电视所配备遥控器界面按钮简洁了很多，但智能电视界面打开之后界面展示相当复杂。可以说用户在使用遥控器和电视机做交互时，交互过程中总的复杂度是不变的，只能通过其他手段进行转移，改善用户使用时的体验：

以一款叫做“马岛之鬼”的游戏界面为例，普通的游戏界面，比如“王者荣耀”，你会看到界面上呈现的各种技能和主要操作。但是“马岛之鬼”的界面却很简单，UI 的面积和数量小到可以忽略不计，看起来它只能执行简单的砍杀操作，但事实上男主角目前可以进行 30 多种主要的攻击方式，用户在操作时需要更多要结合手柄上的按钮施展技能，使用组合键 + 可视化 UI 的设计思路，虽然手上操作略显复杂，但有效地做到了界面的沉浸式体验。

苹果重新设计的 Macbook Pro 曾受到了一些批评，用户抱怨其不再可直接使用 HDMI、SD 卡和 USB 等，包括手机的充电线也渐渐被快充替代。客观来说新机器的确更好看，在外观上也更简洁，但用户却不得不使用转换器来接入 USB 和 SD 卡等设备：

戴着苹果 iWatch 手机打开苹果 Mac 笔记本电脑时，Mac 会提示用户：系统已自动识别相同身份登录的 iWatch，可以免输入密码解锁电脑。苹果 iPhone 手机的刷脸解锁、iWatch 的抬手对话唤醒苹果语音助手 Siri、苹果无线耳机 Airpods 的自动连接、AirDrop 的自动检测隔空投送等方式，都是为了帮助用户省略不必要的操作，提升用户体验。“简单”不应该停留在为了所谓的“根据漏斗模型分析，减少一个页面，可以减少 30% 的用户流失”“页面应该机制简单”这种表面上的一概而论。简单更应该体现的是产品逻辑顺畅，交互、视觉设计清晰，乃至开发人员的架构设计清晰。从页面的角度，从产品逻辑、交互、视觉的角度，从技术构架角度，从用户场景角度，都是完整、干净和清晰的。如短视频平台快手和抖音，他们产品页面功能都极其简单，作为两个亿级用户的产品，页面功能几乎没有改变过，用户可以观看视频，进行关注、点赞、评论等互动行为。产品逻辑非常清晰，他们的复杂之处，不在于表面，而是背后的价值观和支撑价值观的推荐引擎。快手侧重普惠原则，在快手有无数的中小博主，在输出内容上，每个人都不会有特殊的流量支持。抖音侧重于中心化原则，有很强的流量聚集能力，抖音支持抖音提倡的内容，越是热门的内容，越是推荐。

当下，我们的交互，大多数是移动交互，其中占比最高的是手机，手机就是通过手指触碰屏幕进行交互。苹果 iPad 无需指导，5 岁的小孩就可以自己玩了，这个就得益于清晰的手指触控交互。手指触碰是人的天性，iPad 的每一次触碰都有及时的反馈。手机应用中的“摇一摇、扫一扫”，都是非常浅显易懂的概念，它把复杂的技术实现隐藏起来，让用户都能顾名思义和立刻理解。大家经常可以看到，有些电梯的按钮按下去，并没有操作反馈或者给用户的反馈很微弱，其背景或者边框的亮光不太明显，这样用户就以为没有按下去，会再次地去按一遍。有时候，我们按下按钮，在等电梯的时候还是感到很着急，这往往是因为电梯没有楼层指示，没有显示这部电梯运行到哪一层。这样，即使电梯距离本层并不远，但因为看不到状态，用户就很茫然、很焦虑，这个等待时长在心理上也会被放大。

故事的魅力

大脑爱编故事

印度有句谚语叫：“告诉我真相，我会了解事实。告诉我真理，我会笃信。如果给我讲一个故事，我将永远记在心里。”故事之所以能铭记于心，是因为故事里面有着不同的情感。研究表明，基于情感的态度与观点是相对持久的，更不容易改变。基于事实与证据的观点和态度或许可以使人印象深刻，但能唤起情感的观点更加深入人心。人类的大脑天生就是“编故事”的大师，它会参考各种线索，乐此不疲地为我们创造出各种无比流畅而自然的故事。各种故事创造出各种意义，来帮助我们理解所处的世界。蒙娜丽莎的微笑，是个穿越百年的未解之谜。五百多年来，人们对达芬奇画作中这神秘莫测的微笑有着各种各样的解释。有人说，“蒙娜丽莎的微笑中含有83% 的高兴，9% 的厌恶，6% 的恐惧，2% 的愤怒”。没有人能说清楚，蒙娜丽莎究竟在笑什么，她又可能想对我们诉说些什么。观看者从不同的角度、在不同的场景和时间来看，感受似乎都不同。蒙娜丽莎一直在用同一个表情面对着我们，却仿佛在讲述着无数个不同的故事。

著名的“库里肖夫效应”恰好验证了大脑的想象力和编造故事的能力。1918 年，19 岁的苏联导演库里肖夫在给苏联无声电影明星莫兹尤辛拍摄一个无表情的特写镜头，然后把这个静止的镜头分别与三个截然不同的镜头并列剪辑在一起，交替播放。结果，观众们竟然都被莫兹尤辛的精湛演技所折服 .....

当莫兹尤辛的特写镜头与“棺材里躺着一具女尸”的镜头组合在一起时，人们从莫兹尤辛的脸上看到了沉重的悲伤；当莫兹尤辛的表情与“桌子上摆着一盘汤”的镜头组合在一起时，人们觉得莫兹尤辛在无声地告诉我们“他有些饿了”；更绝的是，当莫兹尤辛的表情与“沙发上侧躺一名有魅力的女性”的镜头组合在一起时，观众们都为莫兹尤辛巧妙传达出的强烈欲望而异常激动。可事实上，莫兹尤辛压根就没有施展什么精湛的演技，这三个组合中出现的他是同一个毫无变化的镜头，可当导演库里肖夫把这样一张表情神秘的脸和一些充满情感的不同情景并置时，观众们会情不自禁地对人物的情感状态做出截然不同的故事解读。这个有趣的现象后来被人们称为“库里肖夫效应”，在电影艺术中被广泛地使用，影响力巨大。当我们在解读他人的情感时，我们以为自己比较容易地就“看见”了他人脸部所表达出的情感，但事实上人物的背景扮演了比我们想象中更重要的角色。我们的大脑会参考人物所在的背景来对每一个知觉输入（包括人物的脸部、物体、符号等）做出尽可能合理的解读，“编造”出一个最符合情境的故事。

假设莫兹尤辛现在看见他自己与悲剧、食物和诱惑三个不同场景剪辑拼接在一起的镜头，他很有可能会像其他观众一样对他自己的表情做出三种不同的解读，甚至会为自己精湛的演技所暗自得意。我们还可以进一步想象，如果莫兹尤辛不仅看到了自己的表情，还能听到自己在三个场景下心跳的加速，他极有可能也会把自己的心跳也分别解释为悲伤、饥饿和欲望唤起的反应。在心理学上就有过类似的研究，这就是著名的“吊桥效应”：人们会把危险吊桥引发的心跳加速错误地解读为遇见浪漫爱情的心动。这个效应的提出源自 20 世纪 70 年代社会心理学家唐纳德·道顿和亚瑟·阿伦做过的一个实验——他们分别在一座看起来摇摇欲坠的高吊桥一端和一座比较平稳的低桥一端安排了漂亮的女性实验人员，要求她们拦下不知情的男性填写一份调查问卷，填写完之后把自己的电话号码告诉男性，告诉他们以后有什么问题可以打电话咨询。结果发现，在“危险”吊桥一端上的女性更容易吸引男性，也更容易收到男性的来电。研究者用情绪因素理论解释了这一现象：直觉中我们倾向于认为情感来自心底，情感是因，生理反应是果（比如被女孩吸引导致心跳加速），但实际上人们是先体验到了自己的生理感受，然后再结合周遭的环境，为自己的生理唤醒寻找一个合适的解释。在吊桥实验中，男性参与者们在穿过危险的高桥时，肾上腺素含量会上升，平常情况下，大脑会把这样的生理信号解释为对恐惧的反应，但这个时候出现了漂亮的女性实验人员，人们便不自觉地把这种体验归到了对方的吸引力头上。可以说，实验参与者们基于自己的生理状态与当时的情境，“解读”出了自己的情感状态，他们的大脑为他们“编造”

出了一个心动的浪漫故事。

由此可见，我们在理解他人的情感和自己的情感时，都可能会受到库里肖夫效应的影响。虽然我们看不到自己的面部表情，但可以略微感知到自己的生理状态，比如我们可以在某种程度上察觉到自己加速的心跳、急促的呼吸和发热的脸，这些生理信号和莫兹尤辛的神秘表情一样是丰富莫测的。我们的大脑会参考所在情境对身体状态做出不同的解读，我们通过“阅读”自己的身体状态来解读自己的情感，正如我们通过阅读他人的面部表情来解读他人的情感一样。故事才是大脑意识的语言，大脑天生是“编故事”的大师，它会参考各种线索，乐此不疲地为我们创造出各种无比流畅而自然的故事。在大脑这一出色的才能下，我们被蒙娜丽莎的神秘微笑所吸引，为静止镜头中电影演员的“精湛”演技而沉醉，甚至能听着自己的心跳产生错觉陷入爱河。

我们一般都会认为，在生活中做出的决策都是理性思考的产物，但其实我们创意无穷的大脑经常会编造出各种故事、创造出各种意义，来帮助我们理解自己和我们所处的世界。这个过程过于娴熟流畅，以至于我们对自己的思维究竟是如何运作的还实在知之甚少。

故事中的“峰终定律”

诺贝尔经济学奖获得者丹尼尔·卡尼曼曾做过一项开创性的实验：让一组志愿者依次体验 A、B 共 2 个实验环节，每一个志愿者可以自由选择实验的开始顺序，比如先 A 后 B，或者先 B 后 A，但是最终每人都要全部参加完 2 个环节。2 个环节的具体内容为：实验环节 A：准备一盆冰水（比如水温 14℃，水温会使人感到不舒服或痛苦），志愿者将一只手放入其中，并待满 1 分钟后将手取出；实验环节 B：准备一盆冰水（水温 14℃），志愿者将一只手放入其中，待满 1 分钟，继续保持手浸在水中的状态，同时偷偷将水温加热一些（比如至 15℃，水温仍然不舒服，但是比刚才舒服了一些），维持 30 秒后将手取出；在每个人完整体验 A 和 B 的环节后，休息 7 分钟（目的是让大家皮肤触感恢复常态），然后告知志愿者，他们必须再次从 A 或 B 中选择其中一种实验，作为加试环节。作为一个理性的志愿者，你以为你会选择 A 还是 B？答案应该很明显：环节 A 的痛苦忍受时长为 1 分钟，环节 B 的痛苦忍受时长为 1.5 分钟，所以理性的志愿者应该毫不犹豫选择 A。但是这个实验的最终结果显示，80% 的志愿者竟然选择了 B 实验来进行加试！是不是出乎你的意料？

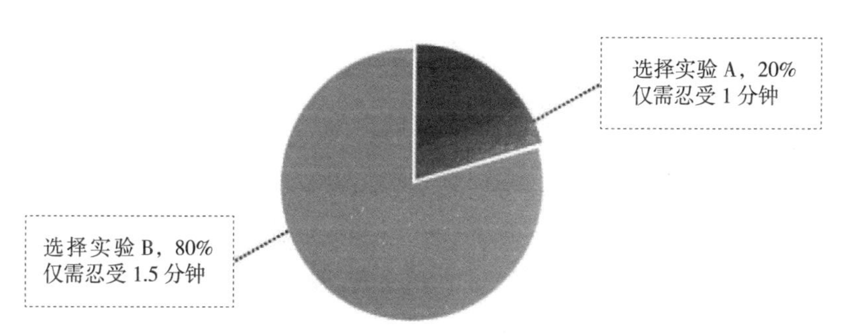

图2：加试环节志愿者的选择偏好

这项实验虽然简单，但是对我们了解大脑的决策过程起到了颠覆性的认知：我们信赖的绝对理性，原来是被大脑给“骗”了！这个实验告诉我们，大脑中至少有两种意识系统：体验自我和叙事自我。这两种意识系统在信息处理、决策的过程中扮演了不同的角色。其中“体验自我”系统的特点是人体每时每刻的意识反馈，任一时刻我们的感官系统会辨认当前是“痛苦”还是“爽”；“体验自我”没有记忆功能，它也不会以讲故事的形式来回溯已发生的事情；我们在做重大决定的时候，也不会去咨询它的意见。而“叙事自我”系统对于任一体验事件的时间持续多久不在意，只关注客户体验的峰值和最终结束时刻的值。会把之前发生的事情编译成一个故事，并脑补一些信息来憧憬未来。“叙事自我”不会叙述所有的细节，通常只会用事件的高潮和最终结果来编织故事。

基于该实验，丹尼尔 · 卡尼曼提出了“峰终定律”：即大脑对某一事件最终客户体验值的印象，是通过把峰值与终点两者加以平均而确定。以上述实验为例，80% 的志愿者大脑对 2 个实验环节的最终体验值如下：

实验环节 A：

最终体验值 =（峰值 + 终值）/ 2= [14℃（峰值）+14℃（终值）] / 2 = 14℃

实验环节 B：

最终体验值 =（峰值 + 终值）/ 2= [14℃（峰值）+15℃（终值）] / 2 = 14.5℃

在最后的加试环节中，需要大脑做出一个重大决策，此时会调用“叙事自我”系统。而“叙事自我”系统留存的印象是，实验 B 的水温要更高一些，体感更舒服一些。所以大脑就会选择实验 B。

可能有人会质疑上述的实验，是不是一个限定条件的特殊现象？比如两个实验环节的体验时长差距太小（60 秒和 90 秒），大脑可能会误以为两者时长相等，进而无法“理性”决策。丹尼尔·卡尼曼又与一家医院合作了另一项实验：肠镜检查。肠镜检查需要医生将一个小设备通过患者的肛门插入肠道（这种痛苦、酸爽感可以想象出来），如果医生给你两种选择：一种是简单粗暴，快进快出，短时间高效地完成检查；另一种是尽量温柔，轻拿轻放，但是在肠道内的检查时间会拖得比较长。你认为你会如何选择？通过对实验中 154 位患者采用不同的检查方式，来数字量化每一位患者的疼痛程度：

在做肠镜检查过程中，每1分钟都需要患者反馈一下当前的疼痛程度，0～10分范围内打分，0表示没感觉，10表示剧痛。

在肠镜检查结束后，再让患者反馈一个整体流程的疼痛程度，0～10分范围内打分，0表示没感觉，10表示剧痛。

从“理性”的角度来说，“整体疼痛程度”应该与检查的总时长有直接关系，只要检测设备停留在你体内的时间越长，你感受到的疼痛感总量也就越高，最后的整体打分值也就越高。但实验结果与前面的冰水实验是一致的，再一次验证了“峰终定律”。无论你的检查时长是几分钟，患者对“整体疼痛程度”的打分，基本等于（“过程中的峰值”+“结束时的终值”）/2。比如某位患者整体检查时间为 8 分钟，某一时刻最高疼痛值为 8 分，最后一分钟的疼痛值为 7 分，患者给“整体疼痛度”的打分是 7.5 分；另一位患者的检查时间长达 24 分钟（可怜的患者），其过程中的最高疼痛值为 8 分，但是最后一分钟的疼痛值是 1 分，他给“整体疼痛度”的打分是 4.5 分。虽然他在 24 分钟内累计承受的疼痛值是上一位患者的 2 ～ 3 倍，但是他的大脑里只记住了最痛苦的时刻和最后一刻的平均值，于是他认为“肠镜检查整体而言没有那么痛苦”。

故事的魅力

在如今的数字时代，讲故事已经成为当前用户体验设计趋势的关键要素，大多数知名品牌现在都在利用讲故事的力量为用户创造良好的体验（图 1）。讲故事俨然成了一种强大的工具，增进了和用户的理解和沟通，同时也为用户体验增添了人性化设计。

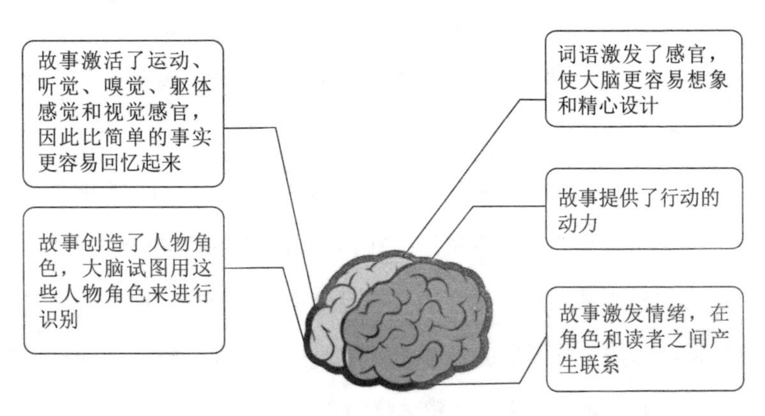

图1：故事对人脑的影响

看看喜力（Heineken）是如何做到的？

喜力网站为求职者创建了一种互动体验，它超过了大多数公司所做的传统招聘体验。招聘的整个过程就是交互式讲故事的一个例子，主要体现在询问有关用户工作和个人习惯的问题。它最终为个人提供了一个角色类型，然后将其与公司的相关职位联系起来。《管理原则》一书中说到人格包含一个人相对稳定的感受、思想和行为模式，我们每个人都有独特的个性，这些个性将我们与其他人区分开来。雇主面临的挑战之一是让正确的个性在他们的团队中工作，许多公司聘请了最优秀的人才，但这些员工并不是完成这项工作所需的那种个性。有鉴于此，喜力“Go Places”活动利用技术来获得能够在其业务领域蓬勃发展的正确个性，活动可以反映出员工所具有的价值观。根据喜力的说法，这些价值观代表的个性人物分别是发起者、爱好者、高飞者、调解者、先驱者、传统主义者、调查者和成就者。其中发起人富有创造力、随和与喜欢学习；爱好者有能力在争取胜利的同时贡献乐趣和专业知识；成功人士对胜利很认真，对想法很狂热，更喜欢按照自己的方式做事；先驱者有动力和责任感，使人们能够获胜；调解员是轻松的团队成员，有很多风格和魅力，他们宁愿跟随团队而不是摇摆不定；传统主义者在任何群体中都是谦逊而悠闲的成员，他们实际上更喜欢独自工作，以便在第一时间把事情做好；调查人员具有企业家精神，喜欢学习和探索——但不会受到他人的干扰；成就者总能找到摆脱困境的方法，即使其他人可能由于他们的奉献精神和独创性而看不到它。“Go Places”网站上线后，有多达几十万人慕名访问并参加了在线测验。数据显示，超过70%的人完成了测验，超过13%的人申请了喜力的职位。活动取得了空前的成功。它传达了真实的公司真相和洞察力、跨职能协作、本地化并有一个适用于所有角色和职能的明确主张。

“Go Places”网站创建的目的是让面试过程感觉彻底、快速和有趣。“喜力围绕员工的个性展开，他们希望这些个性能够茁壮成长。这是必须以一种从所有其他人力资源活动中脱颖而出的方式传达的主要信息，”参与网站创意的伦纳特 · 弗斯特根解释道。实际上，面试是公司和潜在员工检查他们是否匹配的时刻。然而，与其他任何面试不同的是，当你通过“Go Places”面试的问题时，你会感受到员工的活力、能力和幽默感。这种体验甚至会让你想加入喜力团队。“完成后，你要么会想，我爱这家公司，要么这不适合我。喜力将在真实的面试中使用结果来谈论你的个性，并对其进行评估以适应公司文化。”弗斯特根解释道。实际上，面试是公司和潜在员工检查他们是否匹配的时刻。然而，与其他任何面试不同的是进一步说。

故事是人处理信息最自然的方式，儿童时期开始阅读绘本，通过绘本讲故事的方式开启了对世界的认知。2015 年国庆期间，网上流传一位贴心的女儿为自己不懂英语，也没出过国的父母手绘了一套图文并茂的出国过关攻略，好让两位老人能顺利来到美国和女儿以及新出生的外孙团聚。女儿又写又画，非常细心，满满的都是爱。“准备一个随身的小挎包，把常用的东西放进去”，“海关官员坐在一个玻璃‘盒子’里面”“注意：玻璃窗口前一次只能站一个人，等候的人必须站在黄线外面”……黄线下面还加了重点号，像不像对小孩子？图画得也好可爱，最后第十页，写着“见面啦！”画着一个打电话的中年人，头上的圆圈中是笑眯眯的一家三口，两个大人带着小娃娃，预示着全家都在欢迎父母的到来。细心的女儿担心父母因为没出过国而紧张，就亲手连写带画地做了一份过海关攻略，图文并茂，细致入微，每一笔都渗透着浓浓的亲情，感动了无数网友。

好的设计也能讲故事，我们是拥有情感的人类，我们渴望我们所做的每一件事都有意义。这就是为什么一个出色的设计会讲故事，而不仅仅是看起来漂亮。美国视频网站奈飞的用户注册就是一个很好的例子，过程中用户清晰地知道将要注册的内容，并从一开始就告知其中所包含的选项，在创建帐户的每个步骤中不断引导你，如果你进一步去了解他们的主页，你会看到“继续观看”和“为你上新”这些体现故事性和情感化的设计，他们尽可能地在优秀电影或剧集的结尾给出一些很棒的推荐。

将概念具体化，是确保创意对用户达成一致效果的重要手段。比如画面感、实物化，图片比文字更能让人的大脑感知和记忆，当然也有很多文字已经能够具备画面感，比如名人谚语、国家地名等等。还有就是寓言故事，伊索寓言和格林童话能够流传这么久，核心就在于内容够具体。比如白雪公主和七个小矮人，吃了毒苹果后被王子吻醒；比如美人鱼不能上岸，否则就不能说话等等场景化的故事细节。具体化除了可以让人更好地感知和记忆外，对公益捐赠能够起着巨大作用，比如最初很多公益组织捐赠，只是会给到一个类别，比如为某某基金会或贫困儿童捐赠多少钱。但当把捐赠头衔改成捐助到具体的人群和具体某个人，或者捐款人能知道自己捐赠的具体信息，以及受捐人的情况，整体捐赠效果产生了巨大的变化。

如何讲好一个故事

为什么86版电视剧《西游记》那么经典，时过三十多年，每年都会在各大电视台一遍遍重播，经久不衰，历久弥新。《西游记》中有“一大一小”两种故事框架，大的故事框架是“猴王问世→大闹天宫→取经磨难→师徒成佛”，而大的故事框架下又是由一个个独立成章的完整小故事所构成。无论是大框架，还是小故事，其实都在遵循着“峰终定律”的原则。其中大故事框架：在以孙悟空贯穿始终的故事链路中，“峰值”是《大闹天宫》，无论故事情节还是所映射的人世哲理，都是一座丰碑，以至于近些年各种翻拍的电影，只要跟《大闹天宫》有关，故事性都不错。而“终值”则是师徒四人克服重重磨难，取得真经，终成正果，这是一个大家喜闻乐见的大结局。小故事章节方面：取经路上，法力高强或背景深厚的妖怪层出不穷，“刚擒住了几个妖，又降住了几个魔，妖怪怎么这么多”！于是师父屡屡被妖怪捉走，孙悟空绞尽脑汁斗智斗勇的过程，就是每一集的“峰值”；而每一次师徒四人总是能逢凶化吉、遇难成祥，这样的大团圆式结局的“终值”则让观众爽了一次又一次。所以无论《西游记》整体故事框架，还是每一集的小故事结构，都完美符合“峰终定律”，再加上剧组、演员的专业性，成为经典就是自然而然了。

故事成功的原因可以有很多，但失败的原因却总是差不多——通常都不符合“峰终定律”。要么故事虎头蛇尾，有故事高潮，但是结尾很差；要么故事整体波澜不兴，意识流式的平淡，没有高潮。以电影《刺杀小说家》为例，当时市场预期极高，上映前获得了“豆瓣电影第七届年度榜单——最值得期待电影”提名奖，电影整体制作不可谓不认真，电脑特效逼真，美术奇绝瑰丽，故事充满想象力，尤其是攻打白翰坊的战斗，作为故事的“峰值”，观感极佳，可以打8分。但是到了电影最后10分钟的结尾环节，与赤发鬼的打斗，本来是强化观众体验的收官之战，竟然出现红甲武士手持“冒蓝火”的加特林机枪“哒哒哒”地就这么把赤发鬼给轻松简单地解决了，这样的结尾设计实在有些草率，至多也就4分评价。一部时长130分钟的电影，前120分钟质量都是8分评价，但是最后10分钟的败笔影响了观众整体观感，功亏于一篑，豆瓣累计评分仅为6.7分。

根据“峰终定律”，用户体验过程中的高潮值和结尾值对客户的决策过程非常重要，落到具体的日常工作内容中，如何把我们的产品、服务和理念等销售给目标客户，影响客户的心智及决策过程，本质上就是“如何讲好一个故事”的过程。一个好的故事，都有一个好的故事框架，逻辑简单、清晰，让用户轻松、准确地获取到我们希望传递给客户的信息。市面上可以轻松地找到专家们总结的各种各样的故事框架模型，什么GREAT模型（华丽入场Great Entrance、丰富细节Richness、经历Experience、悬念冲突Anxiety、学到了什么Takeaway）、SCQA模型（现状Situation、复杂性 Complication、问题 Question、回答 Answer）、STAR+L 模型（背景 Situation、任务 Task、行动 Action、结果 Result、学到了什么 Learn）等等。这么多的故事框架，哪一个更好呢？这么多专业的模型"乱花渐欲迷人眼"，我们不是职业的编剧或导演，只要服务好自身产品的目标客户群即可。所以我们试着化繁为简，剔除掉各种模型中可有可无的部分，剩下的就是框架的精华部分。其实一个好故事框架的最核心脉络大致有三个方面：

第一是你的目标客户想要什么？我们的产品或服务要准确识别目标客户。目标客户的范围不是越大越好，而是越精准越好。你对目标客户的识别越精准，就代表你对自身产品或服务的理解度越高。目标客户的需求是什么？需求描述不能太过于泛化，而是尽量要场景化和具象化，场景具象化程度也代表了你对客户需求的理解深度。第二是目标客户现在遇到了什么阻碍？比如市场上现有产品无法满足客户需求；类似方案太多，客户不知道哪家强，选择性障碍；亦或是客户决策所需要的关键信息缺失和厌恶风险等。第三是你的产品或服务能如何帮助到他？你的产品与客户需求的匹配度如何；使用了你的产品后，客户的生活会变得如何美好？大脑需要一个大团圆式的结局来辅助决策，以淘宝早期（2006 年～ 2007 年左右）做的一个广告宣传视频"淘宝网，淘我喜欢"为例，这是当年洗脑效果非常好的一部广告片：目标客户想要什么？淘宝那时刚刚崛起，第一批尝鲜者都是以年轻群体为主，年轻人的生活总是丰富多彩，但是又手头拮据，所以希望购买的物品品类多样、时尚，且便宜实惠。目标客户遇到了什么阻碍？年轻人总是没有时间精力去逛百货商场、批发城等。另一方面早期的电商网站比如卓越网与易趣网等，物品丰富度还是远远不够，所以目标客户遇到的阻碍就是“买不到想要的物品，也不知道去哪里买”。你的产品如何帮助他？于是，淘宝就提出了“万能的淘宝”的心智定位，主打“商品丰富、价格便宜”的标签，就像广告里唱的那样“不怕你淘不到，只怕你想不到，吃喝玩乐这个那个样样全能买到，还省钱”。

很多人可能会想，我也不做市场营销或者运营岗位的工作，日常工作中应该也用不到讲故事的场景。其实，只要你需要把自己心中的想法、方法论等信息灌输给其他听众，在说服对方的过程中，你就是处在“讲故事”的脉络中。比如你工作中要给领导做一次汇报、给同事做一次分享，目的都是要“说服”对方去接纳你的观点，因此就需要准确把握对方的需求、内容简洁突出重点、讲述过程中要有一个高潮（峰值）、结尾时要有一个精彩的结尾（终值）。

所以，讲故事是一种能力，万事皆为故事。

数字时代的“认知超载”

数字时代的压力

“水灾来临时必须知道的10条救命方法”（实际说的是河南发生了水灾）

“什么样的人最容易出轨？”（实际说的是某明星出轨）

“震惊！谣言标题”（实际说的是明明也没有发生什么事的时候）

……

我们每天都在接触各种不同的信息，我们抱着一种学习的态度，想尽可能地拿碎片化的时间阅读各种资讯，想要开拓眼界，提升自我。我们关注微信公众号，我们习惯到知乎上去找答案，我们喜欢在简书上看文章，喜欢到头条上刷资讯……在这一个内容快速发展的时期，慢慢地我们会发现关注的公众号太多，知乎上的答案太多，头条资讯时时刻刻在更新。信息越来越多，但是我们每天拥有的时间是有限的，这些信息我们消化不了，就产生了信息过载。

信息过载是指社会信息超过了个人或者系统所能接收、处理或有效利用的范围，并且导致故障。也就是接收的信息过多，超过我们的信息处理能力。信息过载其实是互联网赋予我们这个时代的特征，不只是信息和知识的爆炸，商品其实也是非常丰富的，就像长尾经济学的作者克里斯·安德森在书里面举了美国的一个社会现象：女性芳香用品有303种，除臭剂有115种，早餐谷类食品有187种，汽车的车型有250种。其实这种信息或者是商品的丰富性和多样性都是源自于全球化以及个性化的需求，我们面对这种多样化和丰富性的时候，会让人手足无措。

无论是热点事件，还是所谓的“必备知识”，在这个信息爆炸的时代，媒体为了吸引用户，往往用尽各种方法，诱使我们进一步寻找更多“有用”“值得关注”的资讯。有时我们看的信息越多，越觉得这个世界乱糟糟，因此感到心烦意乱、身心疲惫之余，还不停地想要看更多，这就是数字时代带给我们的压力。根据认知负荷理论，哪怕人类大脑充满着深厚的潜力，但人脑在一定时间里能够处理的信息量是存在限制的。简单来说，“信息过载”就是一对矛盾：庞大的信息数量和人类有限的信息接收与处理能力之间的矛盾，我们可以仔细看看这种矛盾影响一个人时的具体表现。

认知是“信息过载”对人最为根本的影响，当信息的内容量超过了人在一定时间里能够处理的极限时，人就会明显感到需要耗费更长的时间去组织、理解获得的信息。如果说信息过载对于认知的影响是最根本的，那么这种过载对于情绪的影响则是最显著、最易于察觉的。有的时候，它表现为焦虑水平与愤怒水平的提高。而另一些时候，这种影响也可以由疲劳、厌烦、失望、兴趣丧失等多种感觉组成，简而言之就是一种“媒体倦怠”。为什么我们容易陷入“信息过载”的状态？除了信息的内容本身以外，还有很多我们平时容易忽略的个体或环境因素，同样会使我们更容易在不知不觉间被“信息过载”所影响，这就包括信息因素、环境因素和个体因素。其中信息因素方面，无论是冗余的还是虚假的信息，都会使我们不得不花费更多原本没有必要浪费的时间与精力去判断信息究竟是否有用，让我们被动地陷入过载的状态。环境因素方面，除了信息的内容本身之外，如今信息接收方式的改变也正在加速人们陷入信息过载的过程。一方面，当今碎片化、快速化的阅读模式更容易带来生理上的紧张，例如促使人分泌更多皮质醇与肾上腺素等会提高焦虑水平的化学物质；另一方面，由于网络的匿名性，在网络社区中的自我表露往往更加无所顾忌，夹杂在信息之中的情绪也就更容易向外传染，降低人们对于信息的判断速度。个体因素方面，个体共情能力的高低、以及原有的焦虑水平，也同样会影响到个体对信息的理解与提炼，进而影响到达信息过载状态的速度。

为什么你热衷于获取信息？

人本能上对于信息量是有渴求的，原因在于我们知道的多，对我们的生存是有利的。比如我们的祖先，看到狮子的脚印或者粪便就能依次判断出狮子在附近出现过，可以早做准备。另一方面我们对信息又有着高度的焦虑，我们总是担心“别人知道而我不知道”，我们强迫自己每天阅读大量的信息，因为这样做可以让我们产生一种快感：我得到了它们。我们觉得自己在进步，我们觉得自己很努力……所以，我们还会继续努力下去。深度思考和刻意练习，都需要你离开舒适区，在不习惯的状态下挑战自己。但阅读信息，是如此的轻松惬意，如此的不费力气。对信息的渴求，容易造成“多而浅”的学习。

在这个飞速发展、日新月异的世界中，我们似乎每天都在潜移默化地被灌输着这样一种观念：把握住信息的人才能把握住自己的生活。于是几乎每个人每天都在如饥似渴地浏览着各类社交平台，试图成为那个握有信息优势的先锋。但是过量的信息真的会对人有益吗？信息过载除了在情绪方面会因为提高了焦虑水平而明显降低人的精神幸福度以外，更会使人在面对这个花花世界时难以做出决策。而从记忆的角度来说，信息过载同时也意味着每条信息在我们脑海中停留并接受处理的时间也会变短，这反而不利于去深入地学习任何知识。所以，在满足自己对信息的冲动渴求之前，也许应该先停下来仔细思考一下，我们越是喜欢获取信息，就越是可能抵触思考和练习。时间越久，陷之越深，我们的生活开始变得混沌，失去掌控。我们本该是自己的主人，却成了信息的奴隶。

速成的知识潮流

作家许知远在《一个意外的预言家》这篇文章中提到过我们这个年代的知识状态：人人都想抓住一些更确定的东西，渴望用一种简明的方式来了解所处的时代。它还有一种显著的紧迫感，一切都在加速，倘若不抓住新潮流，就会被迅速抛弃。这些情绪催生出一种速成的知识潮流，它是TED式的，你要在18分钟内对一个重大问题做出诠释，给出解决方案，还要夹带适当的俏皮话，还要让听众与读者认为他们抓住了问题的本质。在知识快速迭代的今天，企业需要对用户的这种诉求做出迅速反应。微信、微博和今日头条，这些平台几乎都具备知识分享的功能。

美国的商业新闻网站Quartz介绍了一个如今人们经常会有的情绪，叫作“坏消息疲劳”。心理学家说，这种情况在互联网时代很常见，新闻（尤其是负面消息）的持续生产和迅速传播，会引发人们的愤怒、恐惧和挫折感，让人有一种“世界如此混乱我却无能为力”的想法。与“坏消息疲劳”类似的还有一个词，叫做“头条压力症”，也就是“由24小时不断展示的头条新闻引发的压力”，这个词是从2016年美国总统大选时开始流行。美国心理学协会在2017年发布的一份报告说，有57%的美国人，不管这些人认同哪个党派，都觉得政治和时事新闻是他们的主要压力来源之一，49%的人认为大选让自己变得焦虑了。人的生存本能，会让我们天生警惕“坏消息”，但如果坏消息太多，我们就会启动某些“应激机制”，比如“同情心倦怠”。心理学家查尔斯 · 菲格利给它的定义是：一种生理和情感上的疲惫和功能障碍，跟头条压力的症状差不多。同情心倦怠也能引发行为变化，让人身体状况变差，情绪恶化。

那怎样缓解“同情心倦怠”呢？首先，我们要在思维和情感上做一些“隔离”。美国西北大学神经学教授克里斯滕·克努森（Kristen Knutson）说，如果你在情感上“过度投射”，就很容易疲倦。这会削弱人的理智，让人不想好好照顾自己，更别说去帮助别人了。其次，看到坏消息之后，就算没办法完全解决，也不代表你什么都不能做。同情心倦怠的一个重要原因，就是人们觉得自己爱莫能助。这时候，任何行动，比如在自己力所能及的范围内帮一下身边的人，都能消除你的一部分无力感。最后，平衡自己接收到的消息，进行适度的“信息减负”。这不是让你不看新闻，而是不要觉得自己不看新闻就会错过很多重要的事情。你可以放下手机，更关注自我和现实，做家务、找朋友聊天或休息都可以，要找回对生活的控制。

微信是这个时代最伟大的社交产品之一，目前微信的用户已经突破 12 亿。微信已经不仅仅是一个社交工具，它已经成为我们的一种“存在方式”。调查显示，94% 的用户每天打开微信，半数以上的用户每天使用微信超过 1 小时，不少人每天醒来第一件事是刷微信，睡前最后一件事也是刷微信。并且，许多人已经把微信当做获取信息的第一渠道，这一方面来自于朋友圈转发的文章，另外一方面来自于关注的公众号。

不同于传统媒体内容的多而杂，一张报纸既有时政新闻，也有社会新闻、娱乐新闻，偶尔还有副刊，而多数公众号讲求的是分众，例如经济新闻类的公众号一般只专注于经济新闻。不同于传统媒体的公正客观，它选取新闻的标准并不以读者的立场为转移，许多人关注公众号，追求的就是一个“三观合拍”，一言不合就取关。换句话说，传统媒体随时可能挑战着读者的认知，但公众号时代，读者可以轻易取消这种挑战。这就是传播学上常说的“选择性接触”。人总是倾向于选择那些自己更喜欢看，更符合自己预期的新闻，公众号时代则能充分满足人们的这一需求，我们看到的信息多半是我们想看到的。至于许多聚合类新闻 APP，更是将所谓的大数据算法运用到极致，它们能够根据我们平时搜索的习惯，推荐我们可能会感兴趣的内容。这种信息筛选的优点是，我们能够看到更加细化、更具针对性的信息，但其弊端是，我们只看到了我们想看到的，最后我们就会误以为我们看到的才是世界的真实模样。美国学者凯斯·桑斯坦（Cass R. Sunstein）在其著作《信息乌托邦》用“信息茧房”来描述这一现象：“在网络信息传播中，因公众自身的信息需求并非全方位的，公众只注意自己选择的东西和使自己愉悦的讯息领域，久而久之，会将自身桎梏于像蚕茧一般的‘茧房’中。”网民内部分立为大量的小集团，出现“鸡犬之声相闻、老死不相往来”的格局。由此，我们便不难理解，为什么希拉里的支持者看不到特朗普支持者的数据，支持转基因和反对转基因的都无法听进对方的意见。

微信朋友圈同样如此。根据艾瑞的数据显示，80% 的用户选择从朋友圈里寻找阅读内容，这意味着朋友的分享决定了大多数用户的阅读和获得知识的覆盖面。然而，微信朋友越多，也并不必然意味着你接收信息的广度增加了。也就是说，我们同样在朋友圈选择性地接触我们想接受的信息，并形成沉默的螺旋来抵制不同意见的人。经过层层筛选的结果是，朋友圈里的朋友多是与我们相似的人，朋友圈成了一个“信息回声室”，我们传递出去和接收到的信息，是同一个声音，我们很难听进其他声音，我们的“信息茧房”也越来越厚。就比如你的朋友圈，和你父母亲的朋友圈可能截然相反，你的朋友圈里有特朗普新政、人民币贬值、《朗读者》和奥斯卡颁奖典礼，但你父母的朋友圈可能是各种养生帖，各种震惊帖，各种不看就删的搞笑视频……这样说并不是说二者有什么高下之分，而是想强调，二者合起来可能才是世界的完整模样，也只有看得见彼此我们才能够理解彼此，但我们都只看到了一半。

当尼采学会了打字机

1882 年，弗里德里希·尼采（Friedrich Nietzsche）购买了一台打字机——准确地说，是一台打字机球。他发现：将注意力一直集中在页面上会变得疲惫和痛苦，这也经常带来令他难以承受的头痛。所以，他不得不减少写作，并一直担心很快就会放弃。但是，打字机救了他。当尼采掌握了触摸打字，他就能闭着眼睛用手指敲打来写作，文字再次从他的思想流向了页面。但是，没想到的是，这台机器同时也对他的工作产生了其它微妙的影响。尼采的一位作曲家朋友，注意到他的写作风格发生了变化。他那原本已经简洁的散文变得更加紧凑了，简直就像电报。这位朋友在一封信中开玩笑说道："也许你会通过这种工具学会一种新的习语。"他也指出，在他自己的作品中，他对音乐和语言的"思想"往往取决于笔和纸的质量。"你是对的，"尼采回答说，"我们的写作工具参与了我们思想的形成。"在机器的影响下，德国媒体学者弗里德里希·基特勒写道，尼采的散文"从争论变为格言，从思想转变为双关语，从修辞风格转变为电报风格。"

人类的大脑几乎具有无限的可塑性。过去，人们认为我们的心理网络，即我们头骨内 1000 亿左右的神经元之间形成的密集连接，在我们成年时已基本固定。但是大脑研究人员发现事实并非如此。美国著名的乔治梅森大学负责库莱斯纳高级研究所的神经科学教授詹姆斯 · 奥尔兹说："即使是成年人，他们的头脑也是'非常可塑'的。神经细胞会自然地打破旧的神经元之间的联系，并形成新的联系。"根据奥尔兹的说法，"大脑"能够动态地重新"编码"，改变它的运作方式。社会学家丹尼尔 · 贝尔所说的"智力技术"指的是能扩展我们的心智，而不是我们的身体机能的工具，当我们使用这种"智力技术"时，我们就不可避免地开始吸纳了这些技术的内在特征。一个引人注目的例子就是在 14 世纪得到普遍使用的机械钟，在《技术与文明》这本书中，历史学家和文化评论家刘易斯 · 芒福德描述了时钟如何"将时间与人类事件分离，并帮助在一个数学上可测的、序列的独立世界中建立起信念。"因为"细分时间的抽象框架"已成为人们"行动和思想的参考。"时钟有条不紊的滴答声有助于形成科学的思想并成为一位科学人，但它也从我们这里带走了一些东西。正如已故的麻省理工学院计算机科学家约瑟夫 · 魏泽鲍姆在他 1976 年的著作《计算机能力与人类理性：从判断到计算》中所述："在广泛使用计时工具中产生的世界观仍然是旧的贫困版本，因为它是基于对那些构建和组成旧现实的直接经验拒绝产生的。"

我们在决定何时吃饭、工作、睡觉和起立时，不是听从我们的内心，而是开始服从时钟。我们用来描述自己的各种比喻也不断发生着改变，这反映了我们正处于适应新"智力技术"的过程中。当机械钟普及时，人们开始认为他们的大脑就像“钟表机构”一样运作。今天，在软件时代，人们开始认为他们就像“像计算机一样”。但神经科学告诉我们，这些变化本身比这些比喻更深刻。由于我们大脑的可塑性，适应性也发生在生物层面。互联网有望对人类认知产生特别深远的影响，在 1936 年发表的一篇论文中，英国数学家艾伦·图灵就证明：数字计算机，当时只作为理论上的机器而存在，可以被编码成为处理任何其它信息的设备，正如我们今天所看到的那样。

互联网是一个无法估量的强大计算系统，它将大部分其它智能技术都囊括在内。它正在成为我们的地图和我们的时钟、我们的印刷机和我们的打字机、我们的计算器和我们的电话，以及我们的广播和电视。当网络吸收媒体时，媒体在网络中得到了重生。它通过超链接，闪烁广告和其他数字化的浮夸东西为媒体注入内容，并且其内容包含了从所有其他媒体吸收过来的内容。例如，当我们正在浏览报纸网站上的最新头条新闻时，一则新的电子邮件可能会宣布它的到来，从而分散了我们的注意力，扩大了我们所关注的对象。网络对人们产生的影响不会仅仅局限在计算机屏幕上，为适应互联网媒体疯狂东拼西凑的特征，人们的思想也正发生改变，传统媒体必须适应观众的新期望。电视节目添加了文本抓取和弹出广告，杂志和报纸也缩短他们的文章长度，仅介绍浓缩后的摘要信息，页面也刊登易于浏览的信息片段。

2017 年的 3 月 2 日，《纽约时报》决定将每一版的第二页和第三页用于文章摘要时，其设计总监 Tom Bodkin 解释说，“快捷方式”会让匆忙的读者快速“品味”当天的新闻，让他们免于实际翻页和阅读文章的“低效率”。旧媒体别无选择，只能适应新媒体的规则。从来没有一个沟通系统像今天的互联网一样，在我们的生活中扮演如此多的角色，或者对我们的思想产生如此广泛的影响。然而，所有关于网络的文章，几乎没有考虑过它是如何重塑我们的，对网络智力方面的伦理仍然模糊不清。

在尼采开始使用他的打字机时，一位名叫弗雷德里克 · 温斯洛 · 泰勒（被誉为“科学管理之父”）的年轻人带着秒表进入美国费城的米德维尔钢铁厂，开始进行一系列旨在提高工厂机械师工作效率的历史性实验。在米德维尔钢铁厂所有者的批准下，他招募了一组工厂工人，让他们在各种金属加工机器上工作，对他们的每一个动作以及对机器的操作进行计时和记录。通过将每个工作分解为一系列小的，独立的步骤，然后测试执行每个工作的不同方式，泰勒创建了一套精确的指令——一种“算法”，我们今天称之为“每个工人应该如何工作。”尽管米德维尔钢铁厂的生产力得到了飙升，但员工却抱怨严格的新规，声称这将他们变成了自动机器。

在蒸汽机发明一百多年后，工业革命终于找到了它的哲学和哲学家。泰勒编排的紧密的工业之舞——他喜欢将之称为“系统”，被美国与世界各地的制造商所接受。为了寻求最大速度，最高效率和最大的输出，工厂所有者通过“时间和动作”的研究来组织他们的工作并配置工人的工作。正如泰勒在其著名的 1911 年著作《科学管理原理》中所定义的那样，目标是确定并采用每一项工作的“最佳方法”，从而在机械工艺中，逐步实现用科学取代经验法则。泰勒向他的追随者保证：一旦他的“系统”应用到所有的体力劳动者身上，它将不仅带来工业的重组，也会带来社会的重组，从而创造出完美效率的乌托邦社会。他宣称：“在过去，人被放在第一位，但在未来，系统必将取而代之。”泰勒的系统今天仍然与我们息息相关，工业制造仍然遵循着这套理论。现在，由于计算机工程师和软件编码人员左右我们智力生活的权力越来越大，泰勒的那套准则也开始控制着人们的思想领域。

信息的进化

电视不是轰炸我们感官的唯一途径，不间断的媒体、无处不在的广告、新技术和互联网提供了源源不断的影像、声音、新闻和噪音。我们的定向反应在各处都有可能爆发，从繁忙街道上行驶的涂鸦巴士，到贴在新鲜农产品上的标识。我们理清无关信息的能力日渐退化，就像是一台被过多布头堵住的干洗机，我们原有的效率逐渐地降低。

现在能看完一本书的人越来越少，大家都喜欢去看快餐化的文章、微信朋友圈和微博头条等等。心越来越浮躁，很难静下心来去思考和吸收。由于我们贪多，我们什么都想知道，什么都想了解，走马观花地学习和阅读，最后大脑里能剩下来的东西不多。美国的一个跨学科团队完成的一项对资源稀缺状况下人思维方式的研究，得出的结论是：穷人和过于忙碌的人有一个共同思维特质，即注意力被稀缺资源过分占据，引起认知和判断力的全面下降。这个研究源于《稀缺：我们是如何陷入贫穷和忙碌的》作者之一的塞德希尔·穆来纳森对自己拖延症的憎恨。他 7 岁从印度移民美国，很快就如鱼得水，哈佛毕业后在麻省理工学院任教经济学，获“麦克阿瑟天才奖”后被返聘为哈佛终身教授。而立之年就几乎拥有一切，他觉得唯一缺少的就是时间，脑袋里总有不同的计划，想把自己分成几份去“多任务”执行，结果却常常陷入过分承诺和无法兑现的泥潭。一般人遇到这个问题，会去找各种时间管理《圣经》反复研读，但“天才”穆来纳森把正在做的国际扶贫研究和自己的问题联系起来，竟发现他和穷人的焦虑惊人地类似。穷人们缺少金钱，他缺少时间，两者内在的一致性在于，即便给穷人一笔钱，给拖延症者一些时间，他们也无法很好地利用。在长期资源（钱、时间、有效信息）匮乏的状态下，人们对这些稀缺资源的追逐，已经垄断了这些人的注意力，以至于忽视了更重要更有价值的因素，造成心理的焦虑和资源管理困难。也就是说，当你特别穷或特别没时间的时候，你的智力和判断力都会全面下降，导致进一步失败。研究进一步解释，长期的资源稀缺培养出了“稀缺头脑模式”，导致失去决策所需的心力——穆来纳森称之为“带宽”。一个穷人，为了满足生活所需，不得不精打细算，没有任何“带宽”来考虑投资和发展事宜；一个过度忙碌的人，为了赶截止日期，不得不被看上去最紧急的任务拖累，而没有“带宽”去安排更长远的发展。即便他们摆脱了这种稀缺状态，也会被这种“稀缺头脑模式”纠缠很久。

我们每天都处于信息过载中，很多人被各种头条新闻、抖音短视频和微博推文等各种信息轰炸得无法判断问题，一些人开始用“戒网”的方式来摆脱信息过载。事实上这不是信息过载，而恰恰是“有效信息”匮乏的恶果。在一个严重缺乏公开信息的社会，一旦技术带来部分的信息开放，会造成“饿汉吃自助餐不知如何选择”的问题。同样，我们的头脑还处于有效信息稀缺的时代，有“看到字就觉得很重要”的问题，尚无法处理高浓度信息。最好的解决方式不是回到信息匮乏状态，而是建立辅助性信息筛选机制，帮助自己挑选重要信息。有趣的是，微信因为是朋友、家人和同事间的互动，起到了一定程度的信息筛选作用。

当下，我们正加速告别报纸，就像现在已经没什么人提起“拜年短信”一样，报纸的消逝，也不在大多数人的感知范围内。人们正为“信息过载”而头疼，短视频风潮也早已过渡到手机习惯收看的竖屏，可在报纸上面印个二维码都依然算是重大创新。人们既不买实体报纸，也不关注电子报，甚至不在意是否还有熟悉的记者为自己写文章。众多报纸编辑部出逃的“难民”通过微信公众号重操旧业，成为观察者口中的“新闻游侠”。但是，当报纸，特别是成建制的地方报纸大批量消失以后，身为散落全国各地的城乡居民，我们损失的绝非只有一个“无关痛痒”的订报习俗，而是身边社区街坊的新闻来源和发声渠道。在原子化、同质化的城市生活，驱使各地读者都在看全国一致的新闻版面的时刻，地方新闻报道的缺失将引发怎样的改变，还是一个少有人关注的话题。

早在印刷机被发明的时候，人类面对越来越多的信息就曾经有过不堪重负的抱怨。诗人雪莱在1821年曾感叹道：“我们的计算能力已经超过我们的概念，我们已经吞掉的，远远超过我们可以消化的。”《当老技术还是新的时》一书的作者卡罗琳 · 马文指出：“当电话进入人们的生活时，人们希望在公布自己电话号码的时候，标注上希望接到电话的时间段。”

我们已经经历过了印刷革命、工业革命，拥有了汽车、电话等等。我们应该适应这种因技术革命带来的信息爆炸，还是我们有什么好方法来应对？

人与信息的连接结构上，信息由被动搜索变为主动推荐，带来人获取信息的效率提升。信息爆炸时代，搜索不再是一个高频行为，推荐的比例在不断提高。就像现在你打开大众点评，很少情况下你是去精准地搜一家店铺，更多的是查看一下附近的美食，看看有什么好的推荐，这就是匹配的过程。哪怕你就站在这家店门口，你也会打开点评来看一下它的评分高不高，是否合适。用户开始更关注事物与自己本身的合适程度，早已超越了简单的获取信息需求层面。

百度搜索连接的是爬取的第三方信息，在信息横向上的扩展即广度上帮助人找到精准的信息，以及提供内容入口更具有优势，但在帮助人获取更有价值的信息上优势不太明显。比如：你想知道产品经理的核心能力是什么，在知乎上找到你想要的信息可能性更大，而不是百度，所以就有了知乎的产生。知乎连接的是深度的知识，在信息深度上扩展，帮助人获取更具有价值的信息，即知识。

在信息高度过剩时代，通过达人更有利于筛选更具有价值的信息。免费的知识时代主要通过点赞数来帮助筛选有价值的信息，这会导致的问题就是大多数人点赞更多的是由于肾上腺素上升，一时兴起——看的内容是符合人性的、调起情绪我们的，我们就会点个赞。人性是有懒、贪等缺点的，人更喜欢看不需要动脑子的信息。为了迎合人性，很多虚假的、无价值含量的信息多了起来。反而正规严肃的知识，大多是不迎合人性的，通过点赞不能得到很好的展现，于是付费的方式就诞生了。对于有价值的知识来说，音频、视频和直播的方式效率更高，更能让人集中注意力。因为音频、视频和直播是一种技术上的提升，需要创作者花时间把大量知识揉碎拆开给你，让你听得更明白。同时又不受时间和空间限制，能让你在碎片化时间获取知识。而且，知识获取具有滞后性，而直播则让人与知识的获取同步，从而更有利于互动。

内容的生产由专业生产内容（PGC）向用户生产内容（UGC）转变，中心化的内容生产变为去中心化。用户不再只是内容生产者，还是内容消费者和传播者，即自媒体模式。在工业时代，原本信息的生产源头大多由权威媒体或出版商垄断。工业时代个人生产的信息价值无法突出，互联网时代利用技术，降低个人内容生产门槛，“分享”让有价值的内容连接更方便。由于互联强大的连接力量，使原本点对点或者点对多的连接方式，变为多对多的连接方式。基于社交和算法推荐的内容生产和传播模式，实现了内容产业链条供需两端精准有效对接。

新技术还在不断涌现，内容产品还在不断演化，信息进化还在继续……

自卑与超越

身份的焦虑

人对了解自己乐此不疲，朋友圈中你会时不时看到一些刷屏的性格测试与能力测试，微信再怎么封禁，依然是春风吹又生。虽然有时你明确地知道，简单的 3 个问题或者输入名字就能为你得到性格分析、能力图谱和今后运势，简直是太扯了，但是还是会去参与测试并积极分享到朋友圈里。而这些，都是你内心在追求自我的确认，你迫切地想知道，在测试中的你，在大数据中的你，在别人眼中的你到底是什么样的。如果“参与比较”是和同类别人作比，“关注主流”是对群体行为的关注，那自我确认“就是对自身的审视和理解”。认识你自己从古希腊到现在，我们一直对此抱有十足的兴趣，而这在如今的大数据时代，则显得更加重要和迷人。

很多人会认为自己的身份是微博上的那个 ID 号，是朋友圈当中的一个小角色，是谁的妻子谁的丈夫，是哪个社区中的一个好居民等等，这些会变成他的第一身份认同。身份认同是自身的心理模型，是对于“你是谁”这个问题的答案。事实上，这个问题并没有唯一的解答，你回答这个问题的方式很大程度上体现出你是谁。例如：“我23岁了，正在上大学。我为人友善，性格外向，但其实和他人并不是很亲近。我在芝加哥长大，但在奥斯汀住了四年。我是第一代的美国人。我很聪明，也很漂亮，喜欢读小说。”或者：“我从大学辍学了，做一份校对员的工作。在不抑郁的时候，我是个很有趣的人。我总是不能长久地维持一份工作或感情，我真的是一团糟。”“你是谁”是你的年龄、性别、国籍、宗教信仰、民族、社会阶层、气质、人际关系、你如何利用自己的时间、在哪里居住与看重什么东西所忍受的痛苦等所有东西的总和。身份认同根植于你生命体验的核心：身份认同不仅仅是指我们高尚的品质，我们做的好事，或者我们用于遮掩自身困惑与复杂性的勇敢面具。

阿兰·德波顿在《身份的焦虑》一书中写道，这般对身份的焦虑，深埋在每一个社会人士的心底。这是一个崇拜精英的时代，这是一个充满同辈压力的时代，但社交网络的出现，为普通人提供了一片可以肆意解构严肃和消解焦虑的“乐土”。身份的焦虑是一种担忧，担忧我们处在无法与社会设定的成功典范保持一致的危险中，从而被夺去尊严，这种担忧的破坏力足以摧毁我们的生活。被他人注意，被他人关怀，得到他人的同情、赞美和支持，这就是我们想要从一切行为中得到的价值体现。

身份的焦虑是对我们自己在世界中地位的担忧，不管是一帆风顺、步步高升，还是举步维艰、江河日下，我们都难以摆脱这种烦恼。为何身份的焦虑会令我们寝食难安呢？原因很简单，身份的高低决定了人情冷暖：当我们平步青云时，他人笑颜相迎；而一旦被扫地出门，就落得人走茶凉。其结果是，我们每个人都唯恐失去身份地位，尤其是察觉到别人并不怎么喜爱或尊敬我们时，就很难对自己保持信心。因此，唯有外界对我们表示尊敬的种种迹象才能帮助我们获得对自己的良好感觉。我们惯常将社会中位尊权重的人称为“大人物”，而将与其对应的另一极称为“小人物”。这两种标签其实都有些荒谬无稽，因为人既然以个体存在，就必然具有相应的身份和相应的生存权利。但这样的标签所传达的信息是显而易见的，我们对处在不同社会地位的人是区别对待的。那些身份低微的人是不被关注的——我们可以粗鲁地对待他们，无视他们的感受，甚至可以视之为无物。

他人对我们的关注是如此重要。就本质而言，人类对自身价值的判断有一种与生俱来的不确定性——我们对自己的认识很大程度上取决于他人对我们的看法。也许在一个理想世界中，我们可能更坚强一些，我们会固守自己的底线，不管别人是否在意我们，也不会顾虑别人的想法。但体制就是这样可怕，它让你不自觉地遵循某种既定的规范，接受绝大多数人自愿或不自愿认可的标准，把你的思维纳入某些被称为精英的人设定的范围和程序之内。我们都被影响着，同时又影响着别人。我们执着于成功，渴望财富，期待被重视，我们从小被教育、也教育我们的下一代要做一个群体中的第一。世界上最难忍受的事情，大概就是我们最亲近的朋友比我们成功。

我们很幸运，生活在这样一个优越的时代：财富迅速增加，科技发展突飞猛进，消费用品极度丰富，寿命大为延长。作为生存在这个时代的人们，可以毫不忌讳地说，我们处在有史以来最好的时候。可我们同样很不幸地生活在这样一个焦虑的时代：我们越来越在意自身的重要性、成就和收入，那种挥之不去且日益强烈的一无所有感总是在困扰我们。这也是有史以来最糟糕的时代，和那些盼望着老天能赐予一个好收成的祖先比，甚至和20世纪80年代以前的父辈们比，我们的焦虑感也是最强的。在这个时代，生存本身的压力不复存在，于是，我们开始拿自己的成就与我们认为是同一层面的人相比较，身份的焦虑便由此而产生了。

焦虑的核心来源于嫉妒，而嫉妒本身是奇妙的。我们不会嫉妒每一个比我们优越的人。一个普通的士兵对他的将军不如对班长那样嫉妒，一个卓越的作家不会遭到平庸的小文人嫉妒，我们也很少试图用比尔·盖茨的成功来羞辱自己。我们只会和那些与我们“同一级别”的人进行比较。以前的年代，这种嫉妒来得并没有那么强烈，在一个严格而固定的社会秩序里，绝大多数人自身身份的固定让他们只会跟身边很小的一群人进行比较，但社会的进步打破了这种固有的秩序。伴随着物质生活改善而来的还有一种全新的理想——每个人都深信人生而平等，每个人都深信自己有足够的实力去实现自己的任何理想，然而现实总是残酷的。我们应该了解一个公式：自尊 = 实际的成就 ÷ 对自己的期望，它告诉我们提升自尊的两种策略：其一，努力取得更多的成就；其二，降低对自己的期望。令人遗憾的是，当今社会并不鼓励人们降低对自己的期望。相反，社会的风向标总在催促我们追求那些上辈人所不能从事的事业或拥有他们无法想象的东西。于是我们开始相信自己和其他人一样有成功的机会，当我们把比较的对象极大化之后，我们对自己的期望值也跟着无限扩大，我们的自尊感因此开始锐减。

我们生在一个最好的时代，有无限的机遇和可能，不再有世袭和血统的束缚，肯努力的人，总会有回报。我们又生在一个残酷的时代，这个时代冷酷无情，只有竞争，没有对失败者的同情。金钱开始成为衡量一个人才智的指标。这是一个崇拜精英的年代，每个人都被要求做某个领域内的佼佼者。然而，佼佼者只有少数，所以作为大多数的我们，只能望着别人的背影，感受差距带来的羞辱感。没有人喜欢这种比较，但是每一个人都在不知不觉地跟人比较，也被人比较。我们别无选择，因为这个社会如此，而我们身在其中。我们每一个人都在焦虑，大部分人在焦虑财富和地位，而富豪们在焦虑政治认同，官员们在焦虑 59 岁之后的一无所有。

毋庸置疑，对身份、地位的渴望，同人类的其他欲望一样，都具有积极的作用：激发潜能，使人力臻完美，阻止离经叛道的有害行径，并增强由社会共同价值产生的凝聚力。如同那些事业成功的失眠症患者历来所强调的那样，唯焦虑者方能成功。但承认焦虑的价值，并不妨碍我们同时对它进行质疑。我们渴望得到地位和财富，但一旦如愿以偿，我们的生活也许会变得更加糟糕。我们的很多欲望总是与自己真正的需求毫无关系，过多关注他人对我们的看法，将会使我们把短暂一生中最美好的时光破坏殆尽。

理想型自我

给自己立下的人设，通俗地说就是我们微信朋友圈的人设。研究人员特别指出，这就表示了我们在社交网站中刻意营造出来的形象其实与我们的真实自我并不相关。关键是在人们的想象中，这个被营造出来的社交形象就应该是我们的真实代表，或者说人们期盼着自己有一天能够成为自己塑造出来的人，正因为如此人们要在社交网站上分享一些符合这个理想型自我的信息去强化印象。经历了无数次心理测试的刷屏后，你慢慢发现，心理测试的终极作用是在社交媒体里给自己“立下人设”——人们转发测试结果里那些人格评价的金句，其实内心深处在有意无意地向别人展示：“这说的就是我”。微信朋友圈经常刷屏的心理测试即使做不到十分精确，也能驱动着你我乐此不疲地测试转发。

经过多年的迭代升级，如今的刷屏心理测试已经形成了一个成熟的模式：它们题目简单且数量少，对话、美图和音乐交错使用，让用户能轻松愉快地完成整个测试。这种轻量型的特点决定了大多数测试仅供娱乐，用户的选项和其生成的结果很难有科学意义上的关联性，但正好满足了用户碎片化的娱乐需求——听音乐、想象场景、看图片……简单易操作的形式帮助人们以放松的状态投入测试题目之中。几道简单的题目后，测试就会生成一份专属的结果海报。

“创造美好世界的使命感和正义感”“外表神秘、思想深邃”“常以不一样的眼光看待事物”……这些充满鼓励的话语让人们获得“被恭维的快乐”，沉浸在满足与快乐之中。毕竟，假如海报里“创造美好世界的使命感和正义感”“外表神秘、思想深邃”“常以不一样的眼光看待事物”分别变成“不切实际的幻想”“爱装腔”“脑回路和正常人不一样”，那这些测试恐怕就输了。这些刷屏的心理测试结果中都包含着一种“优越感”，因为人们愿意向他人传递出自己优秀的属性，这一特征是永恒不变的。一个关于荣格心理测试的例子：人们疯狂转发的报告里包含着类似“这样的人格组合只占全世界的6%”的元素，来让用户感到自己是世界上独一无二的。既然人人都爱听蜜糖式的话语，心理测试在设计时自然就会顺势而为，从而掀起一波又一波刷屏的热潮。

公民大会演讲台的高光早已成为过去，如今人们进行自我展示的公共空间越来越多地变为社交网络，“我分享，故我在”的时代已经来临。与面对面进行自我展示不同，社交网络上的自我形象有更大的空间进行“说谎”：回复消息前更充分的斟酌时间、发送照片前完备的修图步骤、分组和屏蔽的功能……这些条件让我们得以轻松地包装自己，不用担心被真情流露的眼神出卖。社交网络上，对自我的展示有了更多的掌控力，于是我们自然也就有更大的可能性来构建出一个理想的自我形象。朋友圈有着一个典型的自我中心主义的社交结构，字斟句酌、精细修图是很多人的微信朋友圈“正确”准则，人们真实、朴素的一面被有意识地掩饰，精致、趋于完美的一面则被强调。在这样的环境下，心理测试是绝佳的自我展示工具，测试结果海报里满是优秀的标签和让人满足的金句，将它们转发到朋友圈是在以一种相对“权威”的方式进行自我展示：比起直接自夸，转发测试结果更加含蓄，同时也似乎得到了完整测试过程的背书。很多人哪怕知道左右脑测试的结果是随机数生成，依然乐意将自己是“不可多得的成功者”这类积极评语转发朋友圈。更重要的是，心理测试的结果有很强的可操纵性：当人们觉得测试结果不太准，只需再花一两分钟重新测试。毕竟，“刷新一下，就是新的人生”，用户仅仅需要付出很小的时间成本，就可以获取更优的测试结果，来在朋友圈这个自我博览会上证明自己活出了想要的样子。哪怕是转发测试结果里相对负面的成分，通常也是人们一种自嘲的行为，本质上还是为了展示出“并不是那样”的自我。

在每一次心理测试的刷屏狂欢背后，都是人们对呈现美好自我的需求。不过，转发证明自己优秀的语句并不等同于展示优越感，它很多时候是人们对理想中更好的自我期许。即使无法活出最想要的样子，测试结果也以鼓励的形式让人们相信自己具有优秀的潜质。于是，在微信朋友圈这个舞台上，人们抓住心理测试这个简单易行的工具，在一个观众被屏幕所分割的时代里，兢兢业业地进行着印象管理，塑造出更愿意展示、更可能获得认可的自我。

1986 年，心理学家海柔・马库斯与保拉・努里乌斯发现了在人的“真实自我”与“可能自我”之间存在着差距。在当时两人发表的研究论文中，他们进一步细化并提出了“可能自我”的概念：“可能自我”当中包含了我们想要成为的理想型自我，现实中能够成为的真实自我和以及害怕成为的自我，其中第一个理想型的自我就是人们通常会在社交网站上通过分享内容而塑造出来的形象，研究还特别指出：我们在社交网站中刻意营造出来的形象其实与我们的真实自我并不相关。但是在人们的想象中，这个被营造出来的社交形象应该就是我们的真实代表，或者说人们期盼着自己有一天能够成为自己塑造出来的人。正因为如此，人们在社交网站上分享一些符合这个理想型自我的信息去强化这种印象。

当我们处于这种思考模式当中时，我们所分享出去的内容就是理想型自我的投射，这些内容代表了我们内心渴望成为的那种人。可能自我的存在让我们的人格具有流动性与可塑性，因为这些自我形成于不同的社会形势当中，是由我们自己决定出来的。个体内心的希望、恐惧、目标、所受到的威胁以及认知结构都参与了自我的塑造：这些特点表明了自我的形成具有跨越时间的延续性。

自我决定理论是心理学中一个重要的概念，源于心理学家爱德华 · 德基和理查德 · 瑞安的研究，他们在《人类行为中的自决和内在动机》书中指出：人们有三种先天和普遍的心理需求，当这些需求被满足时，人们的内在动机会得到提升。这三种心理需求分别是“自主”“胜任”和“关联”。自我决定理论被广泛运用在教育、工作与运动保健等领域，在产品设计中也可以借鉴这个理论，从而协助用户提升使用产品的内在动机。

自主意味着人们需要控制自己的行为和目标，也需要自己做选择。当人们能够自己做选择时，会产生更强的内在动机。这个观点被《内在动机》一书的作者德西通过实验论证过：同样是让两组学生来玩拼图，其中一组可以选择想要拼哪种拼图，并选择花多长时间来拼；对照组则没有选择权。实验结果正如预期一样：有选择权的学生会愿意花更多的时间来拼拼图。让用户自己做选择，一方面用户可以选择自己感兴趣的内容；另一方面，用户会感觉自己被赋予了权力，从而得到激励。这个理论也意味着如果我们在产品设计中不影响使用效率的情况下，提供给用户选择，则会相应地增强用户的自我决定感，从而提升他们使用产品的内部动机。比如背单词软件通常会在刚开始的时候让我们选择要背的内容、顺序以及自己设定每天需要背多少个单词，在自己选择和设置目标后，我们通常会更加投入。这样的例子在产品设计中非常常见，也是实现个性化服务的一种基础手段，如一些听书软件可以让用户切换男声或者女声；一些资讯类软件通常进去时会让用户选择感兴趣的话题；支付宝也支持用户根据习惯在首页设置不同应用。让用户选择自己想要或喜欢的东西，也需要让用户能够表达自己不喜欢什么东西，比如微信朋友圈广告，用户可以对内容做出不感兴趣的设置。除了选择以外，用户还有主动表达和沟通的需求，当用户对产品中某个功能不满意时，如果不给用户提供表达的途径，他们通常会直接放弃使用产品，更激进一点的用户甚至会向周围的人传播产品的缺点和负面信息。市面上几乎大部分产品都设置有“帮助与反馈”或“问题反馈”的入口，哪怕一些简单的工具类产品也不例外；当然，这种反馈还有一个更主要的目的是帮助产品设计者发现产品的缺陷和用户体验相关的问题。

胜任是激发内在动机的第二个心理需求。用户必须感觉自己具备获得“预期奖励”的策略和能力，才会产生内在动机去行动。同时，任务也不能过于简单，胜任一些微不足道的事情并不会让用户产生胜任感。当产品中需要用户去完成一个特定的目标或者任务时，胜任感的作用就显得十分重要，让挑战的难度恰好符合用户的能力能够增强他们的内在动机。美国科罗拉多大学心理学家韦恩·卡西欧等人也做过关于拼图的实验：将研究对象分为两组去完成拼图，其中一组无论他们做得如何，都给予正面反馈，比如“很好，你比大多数人都拼得快”；而另一组则不鼓励。实验结果比较具有戏剧性：表扬增强了男生的内在动机，却削弱了女生的内在动机。其原因是当时的时代背景下（1970年代），女孩们往往对表扬感到过敏，会将实验中的表扬当作是一种控制，从而削弱了内在动机。后来他们又重新做了一个对照实验，分别使用带控制性的正面反馈，例如“达到预期”“做了你该做的”和不带控制型的反馈比如“你做得很好”。结果表明，不论对于男性还是女性，“非控制性的表扬”会让每个人的兴趣和内在动机都处在较高水平。在教育类或游戏类产品设计中我们经常看到，在答对题后会给与“答对了”以及愉悦的音效作为鼓励，即使答错了，也会给与“继续加油”的鼓励。此外，在学习或游戏结束后，产品还会告诉你，你的表现超过了97%的其他人，这些都是提升用户自信和胜任感的设计。

人们不仅仅需要胜任和自主，还需要在感受到胜任和自主的同时感受到与他人的联系；即“爱与被爱、关心与被关心的需求”，这一点在产品中的体现则是当用户觉得别人能注意或关注到自己时，往往会产生更强的内部动机。除了社交产品以外，很多内容分享型的社区例如抖音、知乎和豆瓣平台等等，都会有关注、点赞和互动等相关的功能。除了人与人、人与圈子之间的联结以外，人与产品本身也可以产生联结。在一些确实不具备社交属性的产品中，与产品产生联结，也能帮助用户提升内在动机。产生联结的核心是用户不希望被无视或者被孤立，产品中需要时时刻刻营造一种有温度的氛围，让用户感觉到自己使用产品的过程并不孤独，或者有一种“产品懂我”的感觉。例如：在用 Switch 健身环在家训练的时候，里面的交互设计可以让我们感受到与产品的联结。其中“健身环大冒险”游戏环节中的文案几乎每次都不一样，在开始时会跟你嘘寒问暖“这是你训练的第几天，感觉如何？”这时候你可以根据自己的感觉调节训练的强度。在训练过程中会有各种语言鼓励你坚持，提醒你“缓慢起身，别太着急”；或者，“喝点水补充水分”；又或是在完成一定量的训练后，系统也会自动问你：“是不是需要结束今天的训练，做做拉伸运动了”。提示恰到好处，预测到了用户在使用产品过程中可能会产生的需求情况，整个使用产品的过程让我感觉自己有被足够关注到，也让我们与产品产生了联结，获得了很强的内在动机去坚持。

产品彰显我们的身份

并不是说产品一定需要很多销售人员去推销才能卖得好，事实上，产品本身的确可以进行自我推销，而不仅仅是靠所谓的“技术”和“质量”，一个“会说话的产品”才能更俘获我们的心，才是好产品！那什么才是“会说话的产品”？会说话的产品是指：可主动表达具有传播性信息的产品。产品一旦具有这种特征，它自己也就变成了一种媒体，进行自我推销。而具有传播性的信息，往往具有五大特征：提供谈资、帮助表达、拉近关系、展示形象和展示地位。相对应的，也就有五种“会说话的产品”。

其中能提供谈资的产品：传播往往是从聊天开始，而聊天很重要的一点就是寻找谈资，如果产品能给别人提供谈资，就能起到自我推销的作用，这也是最常见的手法。提供谈资就是提供一些别人不知道的、具有反差性的信息，如“新”“奇”和“最”等。如：“你知道吗？小米出了一款两面都是屏幕的手机！”“你知道吗？有一家做辣条的居然开了个辣条旗舰店，而且装修得跟苹果体验店一样！”“你知道吗？VIVO 发布了一款世界最薄手机，仅 4.75mm！”等等。能帮助自我表达的产品：几乎所有的人都渴望能够表达自己的想法来影响他人，如果你的产品能够主动提供这种信息，也能起到自我推销的作用，如“我认为成熟的人就应该用充满商务风的华为，四平八稳的”。能拉近用户与别人关系的产品：人是群居动物，作为群体的一部分，每个个体都希望与其他个体产生关系，相互照应。所以，如果人们能通过使用某个产品拉近自己与他人的关系，那也能进行自我推销，如白酒品牌江小白的“友谊定制瓶”就是非常好的例子。可以展示自我形象的产品：个体需要通过表达自我特征来与其他个体产生差异。如果产品可以表达用户的形象特征（比如热爱阅读），也可以自我推销，为阅读而生的 Kindle 就是很好的例子。可以体现自我地位或身份的产品：攀比心也是人人都有的，毕竟，人们需要体现自己的某种优势来获得群体的认同，以保证自己的基因更有可能遗传下去……所以，如果产品能帮助人们实现这个目的，也可进行自我推销，这个则比较常见，如支付宝年度晒账单，还有奢侈品上镶嵌着的大大的 LOGO。所以，当产品属于“用给别人看”的产品时，“会说话”就是件好事。

能够帮助用户彰显身份和自我表现的产品更畅销，因为想要把自己最优异、最优秀的一面展现、展示在众人面前，是人的一大天性。消费者之所以喜欢你们公司的产品，是因为产品使他们自己更觉得尊贵，在他人面前尽显身份。常言道：“人靠衣裳马靠鞍。”不仅仅是衣着，而且所有外部可见的标记都赋予人以特性：他的劳力士手表，他的 LV 包包，他的法拉利跑车都是他身份的象征。每件物品和每件品牌产品的性格魅力可以达到非常强烈的程度，它们可以瞬间塑造一个人在气质、身份和个性等方面的完整形象。外表凸显一个人是成功人士还是失败者，是商家还是官僚，是缺乏文化教养的人还是自以为了不起的人，是硬汉还是胆小怕事的懦夫。外表有时候甚至可以决定人的社会成就。在朋友圈子中，在职业上，在社会上均是如此。有些品牌可以赋予其目标顾客恰恰是他们最渴望得到的那种特点，因而销量极好。

为什么人们会听从品牌产品标榜身份的话呢？美国心理学家贝科尔认为：“人们一旦被贴上某种标签，就会成为标签所标定的人。”这种现象被称为“标签效应”。在第二次世界大战期间，美国由于兵力不足，急需一批军人。于是，美国政府就决定组织关在监狱里的犯人上前线战斗。为此，美国政府特派了几个心理学专家对犯人进行战前的训练和动员，并随他们一起到前线作战。训练期间心理学专家们对他们并不过多地进行说教，而是特别强调犯人们每周给自己最亲的人写一封信。信的内容由心理学家统一拟定，叙述的是犯人在狱中的表现是如何的好、如何改过自新等。专家们要求犯人们认真抄写后寄给自己最亲爱的人。3 个月后，犯人们开赴前线，专家们要犯人给亲人的信中写自己是如何地服从指挥、如何地勇敢等。结果，这批犯人在战场上的表现比起正规军来毫不逊色，他们在战斗中正如他们信中所说的那样服从指挥、勇敢拼搏。后来，心理学家就把这一现象称为“标签效应”，心理学上也叫暗示效应。

不妨再想一下，为什么我们都喜欢买一些所谓环境友好型的绿色产品呢？要知道，电动汽车通常比燃油汽车贵；用土豆做的一次性叉子也要比用塑料做的叉子贵，而且还容易弯曲或折断。传统观点认为，消费者会出于对环境的考虑而选择购买那些所谓的绿色产品，而不是选择那些更便宜、功能更多或者更奢侈的非绿色产品。那么，这种行为是纯粹利他主义吗？为了找出其中的一些隐性动机，弗拉达斯 · 格里斯克维西斯带领一组心理学家于 2010 年展开了相关实验，希望能发现其中的一些隐性动机。首先，他们让被试者在两种价格相当的产品中做出选择：一种是非环保系奢侈品，另一种是环保系非奢侈品。他们先是让被试者在两款车之间做出选择。这两款车都是价值 3 万美元的本田雅阁，一款是非环保型高端车型，配有运动型 V6 发动机、皮座椅、GPS 全球定位系统，以及其他一些奢华的装饰品，而另一款环保型车型则完全没有炫酷的配饰，但配有一个更为环保的混合发动机。他们还让被试者在两种家用吸尘器（大功率型和可生物降解型）和两种洗碗机（高档型和节水型）之间做出选择。

在关于会购买哪种产品的问题上，控制组被试者更偏爱那些非环保型的奢侈产品。而由于实验组被试者事先已有了寻求地位动机，所以他们对于每种产品的环保型版本都更感兴趣一些。在另一组实验里，格里斯克维西斯和他的团队先是设置了两种不同的购物场景，然后在不同的场景下询问这些被试者是会购买环保型产品还是非环保型产品。他们要求其中一个小组想象自己是在网上进行购物，也就是在具有私密性的家中购物；要求另一个小组想象自己是在公众场合购物，也就是在实体店购物。他们发现，在公共场合购物时，那些事先就已有寻求地位动机的被试者会更偏爱那些环保型产品。但在网上购物时，他们则更偏爱那些非环保型产品。显然，从这里我们可以看出，他们的动机并不是仅仅只是保护环境那么简单，而是想让其他人看到自己在保护环境。

我们对于炫耀性消费的讨论主要是关于人们是如何使用这些产品去彰显财富和社会地位的。但在有的时候，我们想要彰显的可能是更深层次的一些东西。比如说购买混合动力车的人可能并不是想要炫耀自己的财富，而且比起一辆标准的燃油车，丰田混合动力车普锐斯可能花不了他们多少钱，普锐斯也没有宝马或者雷克萨斯那些高端品牌出名。但普锐斯所彰显的是其亲社会的态度，也就是说，他们想要向我们展示的是他们是好邻居，是负责任的公民。他们在暗示我们：我们愿意抛弃所有的奢华以保护我们的地球母亲。这是一种炫耀性的利他主义行为。

自我的信念与预期

社会认知心理学家班杜拉曾提出“自我效能感”理论，该理论指出“相信自己具有组织和执行行动以达到特定成就能力的信念”。自我效能感并不是自己真正的能力水平，而是自己对自己能力的信念，是对自己能否取得某种成就行为的主观推断，其包含两个部分：结果预期和效能预期。结果预期是指个体在特定情境中对特定行为的可能后果的判断，效能预期是指个体达到想要结果预期的信念，即是否能顺利完成某项任务目标的主观判断。

在一份涉及100万名高中生的调查中，学生被要求评估自己与他人相处的能力。100%的学生认为自己的能力至少处于平均水平，60%的学生认为自己的能力在10%，25%的学生则认为自己的能力处于前1%。当问及他们的领导能力时，只有2%的学生评估自己的能力低于平均水平。老师们也并没比学生做得更好，94%的大学教授认为自己的能力高于教师们的平均水平。从驾车技能到管理技能，从工程领域到医学领域，这种自命不凡的现象普遍存在，不仅存在个人，也存在企业中。具有讽刺意味的是，人们往往都能意识到这些偏见的存在——但只是在别人身上看到他人的缺点。当我们绘构自我图像的时候，大脑中的律师——潜意识，将事实与幻想混淆在一起，夸大自己的优点，并最小化我们的弱点，创造一系列几近毕加索式的扭曲——其中的某些部分已经无限放大（我们喜欢的那一部分），而另外的一部分则被缩小到近乎隐形。我们的意识——我们大脑中理性的科学家，则傻傻地欣赏着这幅自画像，并相信它是一幅堪比摄影的精确度的自我描述。我们的潜意识可以从一个大杂烩中，随意选择来喂养我们有意识的大脑。最终，我们感觉到万分确定的事实，不过是那些我们更偏爱的结论而已。

想像一下，如果用户使用产品后的主观判断和实际情况不一样会出现什么样的结果，那就是与预期信念不一致，会降低用户完成目标的信心。用户只会对有预期和有能力实现的结果采取相应的行动，所以反馈的结果需要有预期性，并且各个操作应该相对简单，处于用户的预期控制之中。设计师要从用户的角度设计出符合用户心智模型的产品，在信息架构和导航的设计上，要让每个页面的跳转都要符合用户的结果预期。在细节上，可以通过微交互，设计一些正反馈，来增强用户实现目标的信念。

早在 3000 年前，古希腊德尔菲神庙的门楣上就镌刻着这样一个神谕——“人啊！认识你自己。”苏格拉底最爱用这句话来教育他的学生，而根据第欧根尼·拉尔修的记载，有人问泰勒斯“世上什么事情最难做到？”他应道：“认识你自己”。事实上，今天我们的绝大多数行为，尤其是消费，都是为了证明“我是谁”，以及为了追寻理想中的自我（“我想成为谁”）。对于消费者而言，他们不关心你卖什么、你是什么产品，消费者只关心他自己。

第四章

行　为

太多的选择会让我们的大脑停滞
然后无法做出任何选择
过量信息要么延长了做出决定的时间
要么不利于做出决定

懒惰也是一种效率

人类是“懒惰”的动物

大家有没有想过为什么按钮越大，越易于点击？

为什么相关按钮需要相互靠近摆放？

为什么 Win 系统要将「开始」按钮放在角落？

这些人机交互的设计背后其实都有一个非常重要的定律——费茨定律。1954 年，当时担任美国空军人类工程学部门主任的保罗·费茨博士，对人类操作过程中的运动特征、运动时间、运动范围和运动准确性进行了研究，提出了著名的费茨定律。定律的原理是，任意一点到达一个目标的时间与两个因素有关：设备当前位置和目标位置的距离（D），距离越长，所用时间越长；目标的大小（S），目标越大，所用时间越短（图 1）。费茨定律可以简单地理解为：目标越大，越容易点击或操作；两者的距离越近越容易操作。

|← S →|

← D → 目标区域

图1：费茨定律中，设备当前位置和目标位置的距离（D），目标的大小（S）

所以在我们设计人机交互界面时，越是重要的按钮，就要把按钮设计的越大，同时把按钮放在用户最方便操作的地方。因为根据费茨定律，按钮越大，操作位置到按钮的距离越近，用户点击按钮所耗费的时间就越短，用户也就越容易点击。

按钮越大越容易点击，例如 nice、闲鱼、转转的发布栏按钮（图2），属于产品的重要核心功能，放大之后扩大了按钮的热区范围并增强了视觉冲击力，更加容易操作。

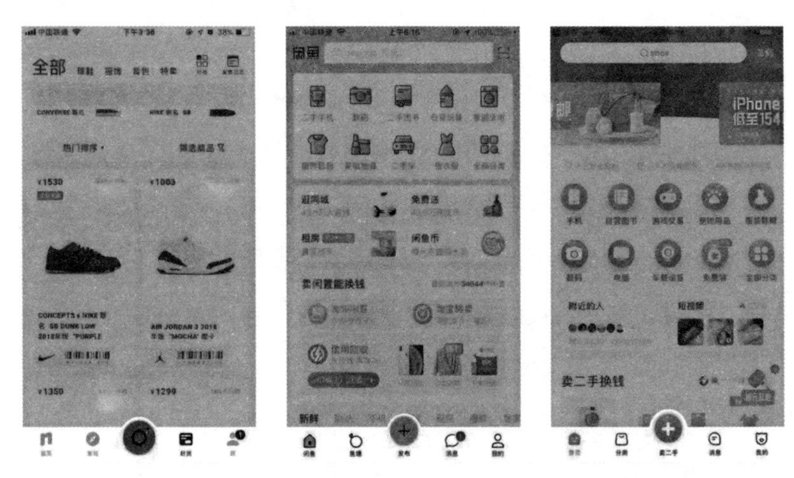

图2：nice（左）、闲鱼（中）、转转（右）的发布栏按钮

相关联的功能按钮放在一起更容易点击，如手机 APP 淘宝、网易严选、高德地图的底部操作栏相关联的功能按钮都靠在一起（图3）。在手机淘宝 APP 中“加入购物车和立即购买”、网易严选中的“立即购买和加入购物车”、高德中“探路和开始导航”，都是紧密相连的业务，放在一起更加容易点击。

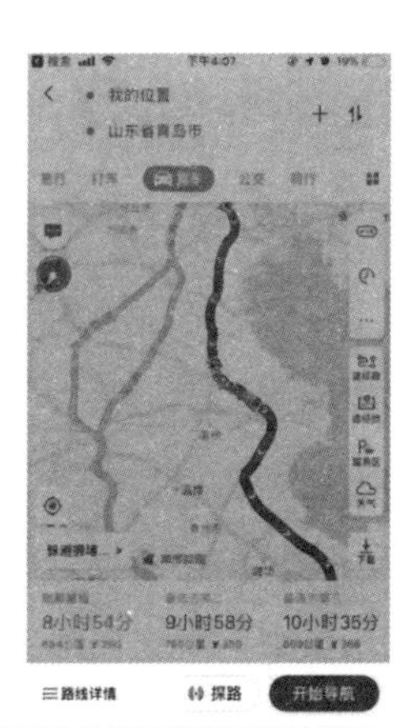

图3：手机APP淘宝（左）、网易严选（中）、高德地图（右）的底部操作栏

次要功能的按钮一般都比较小。根据功能层级的重要性，我们可以将次要的功能放小一点。例如淘宝中介绍详情页的底部（图 4），“去购买”的功能层级明显大于其他三项（点赞、评论、收藏）的重要性。

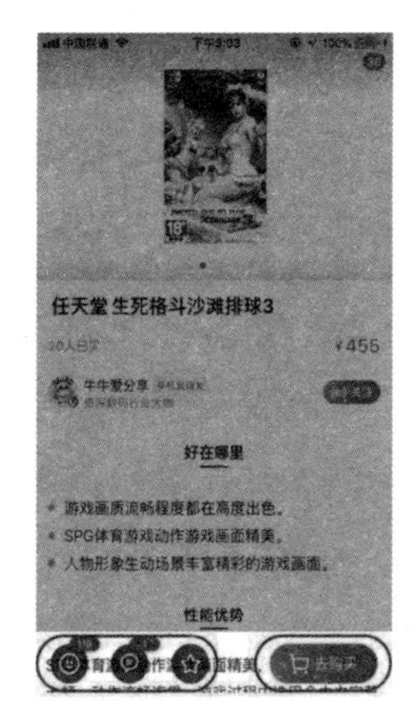

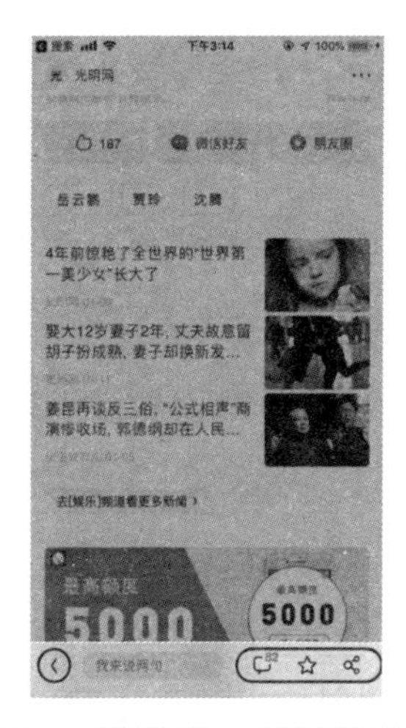

图4：淘宝中介绍详情页的底部　　图5：UC浏览器中详情页的底部

功能类型不同的按钮放得远一点，功能类型不同按钮放在一起很容易造成误操作，例如UC浏览器中详情页的底部（图5），“返回”和“评论、收藏、分享”的功能类型不同，如果靠在一起则容易引发误触，所以相隔很远，尽量避免误操作。

减少不必要的层级和页面跳转也是提升产品高效性的有效手段。如果产品层级过深，用户可能因为在产品中迷路而找不到自己想要的东西；产品的层级也不宜太广，同一个界面存在过多的功能会让用户觉得眼花缭乱。在进行产品设计时要注意平衡产品的深度和广度，既要明确每个界面的重点，让用户不必在每个界面面临过多选择，可以通过选项的名称能知道自己的目标在哪里。同时也要让用户能完成在本界面要实现的任务，尽量不要跳转到其他界面。对用户来说，任何界面的跳转都会使他的思维被打断，不要高估用户的耐心，每一次界面跳转都会带来用户损失。当一个操作重要且频繁时，可以考虑将这个操作变为全局操作，或允许用户在产品其他层级使用这个操作，如时下很多的手机应用APP界面的顶部都会放置一个全局搜索框，让用户能够更加快捷地找到自己的所需。

“左”代表着离我们的眼睛更近，“右”代表着离我们的手更近，我们习惯的浏览方向是由左至右，即左侧代表着用户视线的起点，一般而言用户的浏览模式呈Z型。但在移动端功能操作的信息界面中，我们看到的大多数却是左侧为列表信息区，右侧为功能操作区。这是因为用户在快速浏览页面的模式下，会根据左边的信息区判断自己是否对这条内容感兴趣，如果感兴趣才进行操作；因而浏览时呈现的是L型浏览模式（图6）。

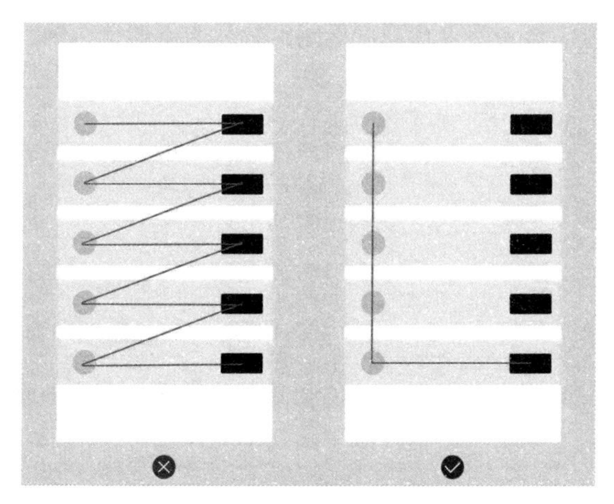

图6：Z型浏览模式和L型浏览模式

说人天生懒惰可能有一些夸张，但研究确实显示人们会以最少的工作量来完成任务，懒惰也是某种意义上的效率。经过亿万年的进化，人类已经懂得只有保存能量才可以生存得更久更好。你要用足够的能量来换取足够的资源（食物、水、性和住所），但如果在此之外跑动太多或者做过多的事，就会浪费你的能量。

如果我们能按一下按钮就轻松解决所有事情，那么我们绝不愿意有其他的动作。按一下按钮就打开淋浴器？按一下按钮就可开车去上班？按钮按钮！事实上，不能提供按钮般便利的东西已经所剩无几。人们对那些看起来很麻烦的事情高度敏感，我们抵触“卷入进去”。例如，在车祸现场，司机要求一名旁观者当证人，旁观者经常会说：“哦，我不愿卷进去。”此刻，旁观者大脑中正在放一部电影，里面充斥着令人不快的场面，包括各种激辩、折磨以及要花费不知多少精力的麻烦事。因此他转身离开了。由于人们对于那些需要自己付出努力的事情高度敏感，并且会不遗余力地去避免费力劳神。

想想看：有多少人有这样的习惯？自己桌上的东西看上去很凌乱，最怕别人来给我收拾东西。实际上，这是我们的“愿望线”破坏了原始的办公桌布局，大家眼中的“整齐”并没有满足我们的需求。换句话说，因为我们懒惰，不想把精力分散到整理办公桌上边，所以我们发明了一套属于自己的物品摆放秩序。在物理学中，这被称为“能量最小化”原理，所有的物理系统都会采取尽量减少能源消耗的状态。熟识度和组织性是使物体简化的两个秘密，我们遵循自己的秩序，只有我们自己深谙其道。我们能够拨开世界的纷杂，看到隐藏在其中的秩序和条理，我们看到的世界和别人不一样。

当内容复杂时，我们大都只会扫视，不会一上来就去仔细阅读。我们在查看内容和信息的时候，绝大多数情况下我们都会有目的和意识地去寻找自己感兴趣和对自己有帮助的内容。比如，我们很少会完整地浏览复杂网页上所有的文本和内容，绝大多数的用户打开网页都是在试图完成某项任务，达成某个目标。而页面中不同的内容模块往往是服务于不同的功能和目标的，我们只要寻找可以完成自己目标的内容部分即可，并没有阅读全部的必要。又如又长又厚重的说明书，你看过多少，大都是随着包装盒一并被遗弃在哪个角落或直接被扔掉，相反一个简单友好的图示则更能快捷地帮助用户学习和了解产品的功能属性。如果可以，在产品上印制一个专属的二维码，一来可以定位这个产品，二来可以为用户提供使用视频指导（视频的使用帮助说明更加地人性化），更好地为用户提供服务。

趋乐避苦

“在生意场多年，我发现一个现象。我做事前总问为什么，可得到答案永远是：我们向来这样做。没人反思为什么这么做。生意场上有很多约定俗成的规定，我称为陈规陋习，因为以前这样做，所以就一直这样做下去。所以只要你多提问多思考，脚踏实地工作，你很快就能学会如何经商，这不是什么难事。”苹果创始人乔布斯在访谈中如是说。

现代的火箭直径大多是一个固定值，这是由什么决定的？是铁路隧道的宽度和铁轨的间距，因为火箭送往发射场往往要通过火车运送。铁轨的间距是由什么决定的？是沿袭了欧洲马车道的车辙间距。为什么欧洲的马车道车辙印都是一样的？因为不一样的车轮，会很快会被磨损。车辙间距是如何决定的？是由古罗马时期两匹马马屁股的距离决定的。所以，现代的火箭直径，其实是由两千多年前两匹马的马屁股决定的。这就是路径依赖，给定条件下人们的决策选择受制于其过去的决策，即使过去的境况可能已经过时。

对于数字产品来说也是如此，用户的行为同样会受到路径依赖的影响。一旦我们做了选择，适应了某些模式，用户惯性就会不断强化，使得我们没法轻易走出去。QWERT 键盘是个很好的例子，实际上我们现在所使用的 QWERT 布局的键盘并不是一种最优的方案（甚至在早期为了避免发生打字机的机械故障有意做了按键分布的处理，让高频按键不放在一起，这可能反而会影响速度），但是因为使用的人数太多了，所有后来的产品都要和它兼容，以至于即使有更好的选择也没法做出改变。这使得行为模式进入到锁定状态。

当一个产品在市场上占据绝对优势地位，它所形成的用户习惯会深深地影响用户的行为模式，从而创造出压倒性的用户惯性，很难轻易改变。在我们的生活当中有一个非常典型的产品，就是微软的办公软件 Office。微软的 Office 因为占有率相当高，形成了巨大的惯性，很多同类型的生产力工具软件都不得不在一定程度上参照它。如果有产品试图改变，用户将面临非常大的学习成本，以至于微软曾经自己做改变时，都遭遇了困难。当然因为他们的优势地位，可以强行让用户重新适应。有人曾经做过实验，尝试在类似 Office 的产品中改变功能图标的位置，用户立即觉得有些无所适从，因为这已经成为用户固有的知识和经验。有趣的是微软在这个领域实际上申请了很多界面设计的专利，基于用户习惯的专利在未来会是有力的武器。站在产品视角，在一个市场中，产品所处的位置，与同类产品所处的位置，以及对应的用户惯性，我们都需加以综合分析。

路径依赖不仅仅体现在用户行为当中，在产品本身的功能定位上也非常明显。Gmail 当时能够打败 Hotmail，也是打破了用户固有的行为模式，为什么邮件需要删除？ Hotmail 提供有限的存储空间，所以用户阅读完邮件后，需要删除不需要保存的邮件，而 Gmail 则提供在当时超大量的存储空间，用户不需要总想着删除邮件。用户的数据保存得越多，就越依赖 Gmail，这反过来又形成了新的路径依赖，并且和 Google 的其他产品彼此不断强化。有限的存储空间和超大的存储空间，不只是技术上的限制，更是产品思想上的转变。在Hotmail 的时代，产品经理和工程师们很难理解为什么用户会需要那么大的空间（他们可以删除邮件啊，为什么要浪费空间呢）。一旦思想开始转变，如同 Gmail 所做的那样，技术上反而很快就能够跟上。

作为一个后来者，在某个点上破坏用户行为的路径依赖，有可能会更容易引起注意，形成传播。色拉布（Snapchat，美国流行的阅后即焚聊天应用）就很典型，它的迅速成长不仅仅是因为功能本身有用，同时也在于打破固有看图行为习惯所带来的话题效应，作为很好的增长杠杆。

人们喜欢做他们已经做过的，我们重复某种行为越多，我们就会变得越机械，久而久之，就成为我们的一个默认行为。要改变一个默认设置或者默认行为需要我们很多认知上的努力，加上人类天生有惰性，喜欢另辟蹊径，所以我们很少去改变它。但是可以利用这个规律改变人的行为以得到一个期望的结果。如果你问 10 个人，会有 9 个人回答支持器官捐赠。可实际情况呢，请看真实器官捐赠数据的差距：德国 12% ；奥地利 99%。德国需要进行选择成为器官捐赠者，而奥地利是将成为器官捐赠者设置为默认项，否则需要主动取消。

趋乐避苦是人的本能，是一种受当下苦乐驱动的行为模式。趋向于让自己感到快乐的事物，逃避让自己感到苦恼的事物，这是大自然进化的结果。人的本能通过身心的苦乐来判断事物的利害，通过趋乐避苦来趋利避害，从而提高生存的几率。

大脑中的奖赏系统会激活大脑中的多巴胺神经元，会自动地优先处理能够激活这些神经元的行动。在两个可能的行动中，人会自发地选择奖赏更大的那个，也就是说，会自发地选择那个更能刺激奖赏系统的行动。在这种机制的影响下，人便会自发地“趋乐”，而当人感到苦的时候，逃离苦便是一种乐，所以“避苦”也可以看做是“趋乐”。趋乐与避苦就像硬币的两面，有所追求便有所逃避。同样地，有所逃避便有所追求。如果某个事物让人感到愉悦快乐，大脑就会促使身体接近这个事物或继续这种行为。如果某个事物让人感到苦恼，大脑就会促使身体远离这个事物或停止这种行为。由于苦乐是对当下感受的直接体验，而体验通常是即时的，所以这种趋乐避苦的行为偏向于一种短期的行为。

趋乐避苦是一种本能行为，但有时人也并不总是趋乐避苦，有时候甚至会弃乐赴苦，放弃快乐的诱惑而身赴艰苦的征程。比如考试前的挑灯夜读、推进项目时的疯狂工作和为了健康而坚持运动等。这说明人可以超越“趋乐避苦”的行为模式，而进入“弃乐赴苦”的行为模式之中。大脑中有一个执行系统，是由若干脑区组成的神经网络，执行系统可以记住任务的规则，协同其他脑区进行行动，评估目标的吸引力，选择目标、安排任务的优先次序、规划任务等，还能够控制冲动，拥有抑制自动反应的能力，也就是延迟满足的能力。大脑的这个执行系统凭借这种组织和计划的能力，得以从一个更宏观的、整体的层面来处理事情，从更加全局的角度进行行动的规划设计。这使得人可以在长期视角或目标的引领下，超越眼下局部的苦，而去追求更加长远的乐。这就有了“弃乐赴苦”的行为模式，这种行为模式也可以看做是一种长期意义上的趋乐避苦。

简单无障碍

在这个信息爆炸的世界里，我们的许多选择其实都是在“懒得选”的状态下做出的。数字交互应用、移动通信运营商、汽车销售商，亦或是 401（K）储蓄计划等，都明白“默认选项”的强大力量，并利用它来影响我们的行为。例如，如果雇主在表格中把“参加税收优惠的 401（K）公司储蓄计划”列为默认选项，而不是主动勾选，同意参加的员工数目就会多出 50%。如果“同意捐赠器官”是自动默认选项（除非某人特意声明不愿意），那么民众愿意捐赠并随身携带器官捐赠卡的人数就会高出 4 倍。许多网络营销公司也会运用这个手段，先把推广资讯发给你，除非你主动声明拒收。由于“默认选项”符合我们的惯性，而不是与之抵触，所以它在影响人们决策和行为方面是一个非常好的工具。

用户非常喜欢使用默认设置和路径，无论是购买了新买的手机之后进行设置，还是逛宜家的时候所行走的路径，大抵都是如此。比如当你买了一部新的手机，你就可以更改铃声、壁纸、预安装的 App 和语音邮件等，但大多数手机制造商已经为您预先进行了特定设置。研究表明，即使自己进行设置更适合自己一些，大家还是会坚持使用预先进行的特定设置。另一例子就是学生和他们在教室里的座位，大多数老师都知道，即使没有座位表，学生们在课堂上也倾向于坐在同一个地方，即使因为课程变动而更换教室。思考是一件需要通过努力达成的事情，面对选择的时候，我们本能上会去选择阻力最小的解决方案——默认选项。在默认设置下，我们所使用的产品和物品本身发生变化的时候，我们的行为也会随之发生变化。比如：当超市的购物车容量增加一倍之后，用户的平均购物量会增加 40%。而从 20 世纪 30 年代开始，烹饪类图书中，食物的基本分量每隔10年会增加一点，而很多人做饭的分量也很自然地随之增加。

提升产品高效性的一个有效方法就是为用户提供默认值，一个好的默认值可以帮用户节省很多时间和精力。当我们可以确保某种系统设置是大部分用户的选择，那么我们就可以将这个系统设置为默认值。当然也得注意，提供默认值的同时要允许用户进行更改，毕竟再合理的默认值，也不可能满足 100% 的用户。如滴滴出行在打车的时候会根据用户所在地址选择最近的打车点，节约了用户自己输入上车地点的时间；同时允许用户对上车地点进行更改，这样就使选择上车地点这一操作变得灵活高效。

当我们面对从高到低的各种选择的时候，绝大多数人会倾向于选择比较居中的选项。这种倾向被称为是金发姑娘效应。在麦当劳的一项调研当中，用户被要求在一系列不同大小的饮料中做选择，无论尺寸本身怎么变化，80% 的用户都会选择居中的尺寸，因为我们在心理上会下意识假设中间的选项是基准和典型的选项，我们始终会倾向于选择那些不需要努力思考就能达成的选项，在网上购买好评最多的产品和店铺也是如此。

默认选择多在人的惰性心态下而产生，这也意味着，我们在面对选择时，内心都会有一个默认选项，那便是不需要选择者付出任何努力的选项。默认项是一种被动的承诺，你很少能注意到它们的存在，但却有着巨大的影响力。如果微博是你的默认网络主页，那么不可避免地，你的上网时间可能会超过工作时间。之所以说它不可避免，是因为选择体系的每个细节都有相关法则决定着如果决策者不做选择将会发生的事情。通常的结果会是：如果我什么都不做，就不会有什么变化发生，一切将一如既往。

"往前走 100 米，然后左拐走 20 米，再右拐走 10 米……"，听完以后你可能会知道大概的方向，然后一边走一边在心里复述。但不用多久你就会觉得一头雾水，你完全不记得自己走了多少米，也可能忘了接下来的方向指令，一会儿就迷失了。相对好一些的回答是"往前走大概 100 米，到第二个路口左拐走 20 米，第一个路口经过 KFC 后再右拐走 10 米……"，尽管仍旧比较复杂，但是你至少记住了几个关键节点，例如第二个路口、KFC 等等。有了一些参照物，减轻了一些负担。更好的回答是对方给你讲完以上路线后，再给你画一个大概的地图。你可以边走边看，不用再一直复述那些复杂的指令。即便忘记了之前说的，也能随时翻开地图参考，这样走起来你会感觉轻松不少。

我们可能都经历过这样问路的经验，然而现在我们出行，更明智的选择是打开地图导航，按照系统推荐的路线前进，如果走错了甚至还可以重新规划路线。这几种表达方式，为什么会有这么大的差异？你可能会觉得是因为表达精确度的不同，用地图描述就非常精确。但其实第一种讲述方式同样可以做到非常精准，例如告诉你直走 217.23 米再左转……精确到小数点后 2 位。真正造成差异的，其实是对方提供的方案所带来的记忆负荷。如果你在完成任务的过程中，需要记忆的东西很多，认知的压力很大，那么你自然很难完成操作，感觉到复杂、麻烦，甚至是无助。在第一种方案里，你需要准确地记住那些步骤和数字，并且精确地衡量你自己的脚步。显然，这种方案的记忆成本非常高，也特别费脑。相反，使用地图导航时，你几乎不用记任何信息，只需要照着走就行了。这样自然是非常轻松惬意，你会感觉这个方案非常友好。对于产品而言，繁重的功能会增加用户的记忆难度，并降低用户体验。

记忆占用大量脑力资源，人每秒接受 400 亿个感官输入，一次可以注意到 40 个，但是对 40 个东西产生直觉不一定意味着对他们产生有意识的加工。思考、记忆、加工和表达需要大量的脑力资源。给你一个记忆小测试，先记住列表中的单词（如：钢笔，铅笔，墨水，尺，回形针，订书机，电脑，USB，剪刀，书签，桌子和白板等），然后默写下来，这个是回忆任务。如果是让你再看这个列表或者走进一间办公室，说出东西在列表上出现过，这就是“再认任务”。再认比回忆更容易，许多界面设计规范和功能都经历数年的改善，以缓解与记忆相关的问题。人需要借助信息巩固记忆，如果人们能把新信息和已有信息联系起来，就更容易强化新信息或者把它保存在长期记忆里，从而更好地记住和回忆这些信息。用户在使用产品的过程中，会形成图式，图式会帮助用户快速理解整个产品的功能和使用。如果人可以集中注意力，并且过程中不受外界干扰，那么人可以记住 3 ～ 4 项事物。为了改善这种不稳定的记忆，人们会将信息进行分组以加强记忆。比如电话号码139-6556-9725，13位的手机号码分成3组，有利于长期保存在记忆里。记忆负荷的不同，带来了明显的用户体验差异。

当某件东西的运转、可选项和外观与人们的概念模型相匹配，符合用户的使用习惯，可以降低用户学习成本，它也会被认为是简单的。概念模型隐含在人关于事物如何运作的信仰结构中的。我们用记事本记录文字时，就使用了由软件设计师精心放入我们头脑中的概念模型。体育比赛中运用的战术实际上并不存在，它被人为创造出来，并成为人们共同使用的概念模型。当我们分析球队所运用的战术时，我们就在使用由战术发明者放入头脑中的概念模型。

让人类更“懒惰”

我们在使用Windows 10电脑时，是不是会碰到在你毫无防备的情况下要求“安装更新并重启”，并且只给几分钟的准备时间。在网上可以找到无数在重要会议和演讲期间被迫重启Windows 10的报道。对此，微软的粉丝辩护说：“其实你可以通过注册表关闭自动更新功能，每个月手动更新一次就行了，你不会蠢到不会用注册表吧？”又例如，微软小娜个人助理有些难用，还会拖慢电脑速度，网上有人搜索“如何关闭微软小娜助手”。对此，微软粉丝说：“其实通过控制面板里的某个隐秘的选项，你就可以关闭微软小娜，或者干脆还是修改注册表。”好吧，我们觉得Windows 10难用，原来是因为不会修改注册表。我们打开电脑就是想用，不想有事没事就打开控制面板，更不想碰注册表那些复杂的键值。如果 Windows 变慢了，我们只会责怪微软，因为苹果的系统很少会变得这么慢。一些技术粉们经常质疑，为什么商务人群至今还很喜欢使用苹果手机，因为安卓系统明显能提供更大的自由度和定制空间。原因是大家都既“愚蠢”又“懒惰”，不愿意伸一个手指头去定制，只想花钱坐享其成。技术粉们没有搞清楚这样一个事实：世界上美好的事情很多，大家在科技产品上变得“愚蠢”和“懒惰”，是为了腾出时间精力做别的更有意义的事情。我们都想拿宝贵的周末下午时间去喝茶、跑步、打网球、看电影、玩游戏或听音乐，而不是花上一下午的时间上网搜索如何修改注册表关闭微软小娜助手这样无趣又折磨人的事情。

懒惰是人类文明进步的真正动力。因为懒惰的本性，市面上出现了很多对症下药的产品。外卖平台美团和饿了么解决懒得做饭的需求；游戏代打解决懒得花时间就能晋级的需求；就连“得到”知识平台所贩卖的“知识”其本质也是懒得投入长时间的学习。但试想如果你想去买一款名牌口红，每年只有 6 · 18 和双 11 促销季活动折扣才有，但想要获得更多的折扣和活动津贴需要去研究复杂的促销规则。而直播电商平台网红李佳琦的出现直接解决了上面的这些问题，售价全网最低——节省比价时间；货源保证正品——避免购买到假货的烦心，把最后的结果递给你，而你所需要的只是按下“立即购买”的按钮即可，充分地满足了“懒”的诉求。电商提供了“懒惰”的解决方式：如果正常需要走十步才能完成的事情，现在有一个简单的方法走五步就可以完成，绝大部分人都会选择少走那五步。电商平台异常火爆的一个重要原因，就是为不愿出门逛商场的

“懒人们”购物提供了一个非常便捷的途径，此外电商平台众多的搜索筛选功能，也为选择提供了一个“懒惰”的操作方式，“懒人们”怎么能不对这样的平台动心呢?

互惠，是一种常见的社交规范，指的是针对某种积极行为，通过另一种积极行为来回应。这就是为什么，当别人帮助你过后，你会觉得欠对方一个人情。《影响力》一书的作者美国亚利桑那州立大学心理学名誉教授罗伯特·西奥迪尼在书中提到了“互惠原则”这个概念，并让它成为了众所周知的心理学概念。西奥迪尼在书中写道，“你要想得到，就必须先付出。”

知名视频网站奈飞会向潜在客户群体了解：“在注册并订阅奈飞的服务之前，你最想了解的一件事是什么？”针对这个问题，46%的受访用户都称，他们希望“了解奈飞可以播放的所有电影和电视节目。”针对用户的回应，奈飞就进行了一次实验，并且在主页上向用户展示了可以观看的视频节目。然而，这次实验也揭示了另一个有趣的现象：如果向用户展示过多的内容，可能还会分散用户的注意力，让对方一时半会找不到重点。大多数用户都会浏览，但浏览过后却没有人订阅其服务。于是，奈飞重新设计了这项体验，设计师们仍然利用了互惠原则，只不过这一次他们通过一张图片，来代表其背后更丰富的视频文件目录。这样的设计改良，不需要用户再被迫浏览所有的视频文件目录。让用户前瞻性地预览，而不是被迫浏览全部内容，这样的设计体验，让用户会更倾向于订阅你的产品。

很多时候，人们都会根据自己的经验做出判断，犯一些习惯性的错误。我们现在有时在使用登录拖图验证码的时候，会想当然地以为是像手机屏幕解锁那样一滑到底，居然直接忽视了验证图片上硕大的几个字“拖动滑块完成拼图”。我们每一个人生活不同，知识不同，经验也不相同。“懒惰是某种意义上的效率吗？”是，很多技术的创新是为了让人类更“懒惰”，所以设计完成的产品，用户使用得越省心，一般使用效果会越好。

防呆式设计本是一种预防矫正的行为约束手段，避免产生错误的限制方法，但却可以让操作者不需要花费注意力、也不需要经验与专业知识即可直接无误地完成正确的操作。在工业设计上，为了避免使用者的操作失误造成机器或人身伤害，包括无意识的动作或下意识的误操作或不小心的肢体动作，设计有专门针对这些可能发生的情况来做预防措施，如我们常用的 USB 接口和乐高积木（你一定不会拼错的）等。

人都会犯错，一个设计精妙的系统允许它的使用者出错，并对此给予最大的宽容。汽车中的设计越来越人性化：如果你上车不系安全带，车内便会响起警报；如果燃油快要用尽，便会有报警标志和报警声出现。如果你使用谷歌邮箱写邮件过程中，正文中有“附件”字样却并没有加上附件，系统便会提示：您是否遗忘了附件？

倒U型的注意力曲线

无法专注是人的天性

当我们正在阅读时，也许同时会想，我今天是否要回复谁的电话？我的手机还有多少电了？现在几点了？今天应该轮到谁做饭了？你可能刚刚还瞥了一眼你的手机看看微信有没有收到新消息，数字时代的短暂注意力可谓比比皆是。1971 年，平均每个美国人每天接触到约 560 条广告信息，不算垃圾广告和弹出广告的话，这个数字到 1997 年时已经增加到每人每天 3000 条，而且还在不断上涨。加州大学伯克利分校的研究显示：

每年，世界上制造出的打印材料足以装满100000个大型图书馆。

信息网站，也就是每个人可以随时看见的那种,正在以每天730万的速度增加。

世界上共有33071个电视台，制作出4800万个小时的节目，每年一共制作约1.93亿小时的节目。

从没有哪个时代像现在一样需要我们控制自身的注意力，每个人都有太多的事情要做，但时间却少得可怜，休息日几乎已经消失了。电话铃声或者从屏幕发出的噪音吸引着你的注意力，让你将注意力更快地转移到其他地方。一些消费提醒的邮件或信息总能毫无意外的能赢得我们的注意，因为内容信息和我们自身利益息息相关，吸引你进一步点击打开浏览。一个有目的的网络搜索经常会变成漫无目的的浏览，就好像去超市买面包和牛奶，却被目之所及的其他冲动消费品吸引，然后带着那些诱人的新产品，如一包薯片带回了家，可是忘了买面包和牛奶。之所以在数字时代注意力会不集中，是因为现在人类的刺激和焦虑已经达到了一个新的水平。互联网上的信息每天像井喷一样，对于这些信息我们需要快速吸收。我们需要更多的睡眠时间，但是能用来睡眠的时间却在减少。于是我们用咖啡和糖来保持清醒，但是这把双刃剑却毁掉了我们的注意力。

英国的金融机构 Skipton Building Society 在调查中发现，人们的注意力平均 14 分钟就会转移一次，具体到各种事情：

开会13分钟就开始走神，如果是财务的会议，时间会缩短到10分钟；

和客户打电话会议，7分钟就会分心，开始管不住手地查个邮件什么的；

看书平均注意力能够维持15分钟；

就算看着没那么难熬的事情，也好不到哪去；

听别人抱怨或者讲一个陌生人的八卦，注意力只能维持6分钟；

看7分钟电视后，就会开始想拿起手机；

给家人打电话，前9分钟还会认真听，之后就忍不住边打电话边做其他事；

看电影24分钟后会产生“还有多长时间”的想法；

和朋友在一起时维持专注的时间还长点，平均29分钟后才会开始干别的。

很多研究表明，能够长时间保持注意力的个体，在各种认知挑战和事业建设中的表现，都要好于那些不能保持注意力的人。一个注意力分散的人只能体验到表面的刺激，他可以浏览世界上广博的知识和智慧，却无法潜入深处发现下面的宝藏。全神贯注的人可以做到这两件事：他是船长，也是珍珠潜水员，全世界都是他的牡蛎。

你现在已经走神了……是不是突然弹出一条消息？或者你还记得你要检查的东西吗？你是不是闻了闻刚煮好的咖啡就走开了？无论如何，如果你还能专注于阅读此处，那就给自己赞一下吧！说明你比金鱼的专注要高级……只是比金鱼高级？《时代》周刊的一篇题为你现在的注意力持续时间比金鱼还短的文章使我们对自己的认知能力丧失了自信，微软的一项研究发现：我们的注意力持续时间从 2000 年的 12 秒下降到了 2013 年的 8 秒。一个有趣的比较事实是，一条金鱼的注意力是 9 秒（图 1）。我们是否应该接受这些令人沮丧的数据并面对这样一个事实：我们必须好好地生活，并在有限的生命里尽我们最大的努力，专注于一件事？

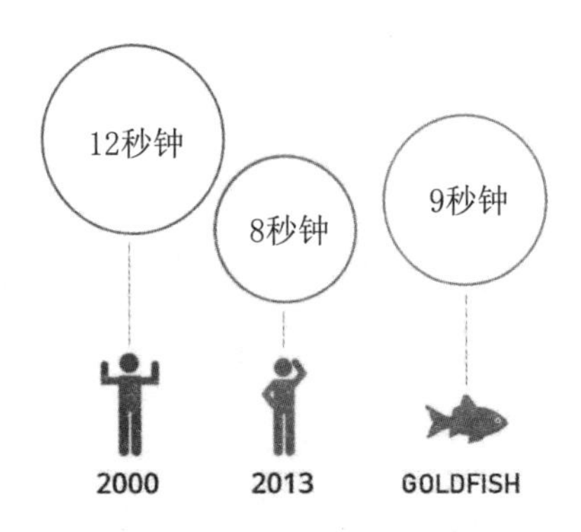

图1：2013年，人的平均专注程度下降到了8秒，比金鱼还低

无法专注是天性，环境让改变现状愈发困难。以使用手机为例，大约 75% 的司机都承认会一边开车一边打手机，我们喜欢边开车边说话。然而，有研究显示：边通话边开车的司机更容易发生交通意外，面对交通信号时的反应速度比没有使用手机的时候要慢得多。这样的现象被专家称为“注意力不集中失明”，即当我们的注意力不完整时，我们会错过重要信号。因为我们的刺激中心同时兼顾谈话和开车，所以刺激中心不容易让我们觉察到即将发生的危险事情。

“蚓无爪牙之利，筋骨之强，上食埃土，下饮黄泉，用心一也”，比起蚯蚓，人类在“专注力”上似乎有天生的劣势。原始社会，为了求得生存，人类要对周围环境的新刺激、新动向保持高度敏锐，时刻准备应对紧急突发的危险情况：生活在危机四伏的丛林里，如果长时间专注于某一件事情，对周遭风吹草动的“干扰信息”不敏感，他很有可能会随时丧命。在现代信息科技社会和注意力经济时代，网络信息爆炸式增长，干扰过多而无法专注导致人拖延。而昨天收藏的干货还没看，今天的推送已到位，“知识焦虑”就此加倍。

焦虑使我们难以气定神闲地长时间专注学习成系统体系的知识，只停留于碎片化阅读和零散知识点。学者尼尔·波兹曼认为，随着新媒介的发展，信息爆炸极大增加了人们“分心”的机会，人们专注时长在急剧下滑。据调查，中国人每天平均花 3 小时对着手机屏幕，位居全球第二。心理学家认为，按照某种指标来看，一般人做“白日梦”的时间至少占 50%——心不在焉，不是脑子出了问题，而是大脑运作所需的一个关键组成部分。哈佛大学心理学家保罗·塞利曾做过对“故意心不在焉”和“意外的心不在焉”的区分，他发现：只有“意外的心不在焉”会对手头的任务产生负面的影响，相较之下，有意识地逃离甚至有放松大脑、让它恢复状态的好处。注意力不受掌控是正常现象，但人和人效率的差距，也就在能否对其加以控制上展开。

《注意力曲线》一书作者，心理学家露西·乔·帕拉迪诺说：人的注意力与受到的外界刺激息息相关，根据两者之间的关系，可以勾勒出一条呈倒 U 型的注意力曲线，在这条曲线上存在着一个注意力专区。每个人都可以通过使用特定的方法来调节自己的心态与情绪，使自己进入注意力专区，从而更高效的学习和工作。这个倒置的 U 形起源于 20 世纪的心理学词汇，由耶基斯博士和多德森博士于 1908 年提出，也就是著名的“耶基斯 – 多德森定律”。该定律指出，绩效或注意力会随着觉醒或刺激的程度增加而增加，但到达了峰值后绩效不仅不会提高，反而会持续降低。单从“注意力曲线”概念中我们可以看出，保持注意力集中要有两个重要条件：就是合理的刺激水平。刺激不够，做事动力不足，注意力自然无法集中；刺激过度，肾上腺素的分泌水平过高，导致过度兴奋，甚至产生紧张、恐惧等情绪，注意力更难集中。

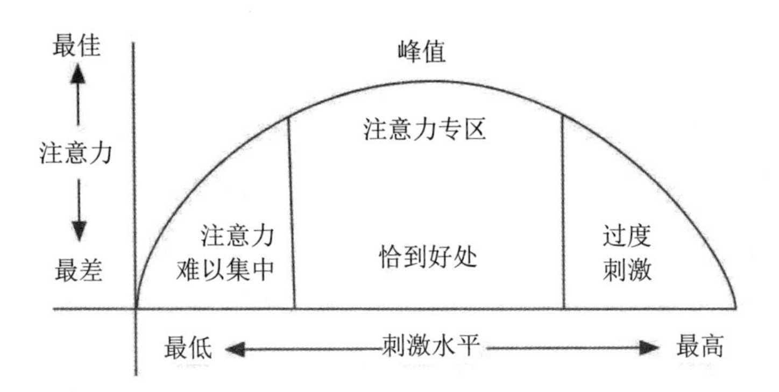

图2：露西 · 乔 · 帕拉迪诺的“注意力曲线”概念

倒 U 形曲线解释了现在人们每天遇到的分神的问题，我们的文化变得更加灵活、高速，科技的压力、信息爆炸和媒体饱和使我们正毫无察觉地渐渐远离自己的注意力专区。我们已经视“阶段性的行动消沉”和“过度的行动兴奋”为司空见惯。我们常常处于仅有部分注意力集中的状态，我们的抉择从身边溜走，我们的生活质量则深受其害。

“圈出”重点区域

“圈出”重要的内容区域，让我们看到自己的选择动机。区域性地强调可以引起人们的注意力，帮助正在犹豫不决的人们快速做出决策。好的选择，设计者可以通过某些措施将人们的注意力转移到动机上面，如果我们希望保护环境，并且提高能源独立性，我们就可以采取类似的措施将成本突出化。设想一下：如果自己家中的空调显示每小时将室温降低的度数，将会多产生的耗电量的话，相信你会更加慎重地无限制调低室温，从而能够达到一定的节能效果。在一些领域，人们对得与失有不同的要求。比如：在健身器材上健身时看到一幅图，这幅图以食品作为计量单位显示已经消耗掉的热量，如 10 分钟锻炼你可能只会看到消耗了几个胡萝卜，而经过 40 分钟锻炼之后，你会看到消耗的是一大块甜饼。

德鲁·埃里克·惠特曼在其所著的《吸金广告》一书中，提到一则关于推销函的案例故事，让人更加直观地感受到信函中张贴上美元现金所“圈出”的区域，并就像“钩子”一样牢牢地吸引着我们的注意力。故事是这样的：在那些给用户邮寄的推销函首页顶部，贴上真实的钞票，如 1 美分、5 美分、10 美分、25 美分的硬币或 1 美元的钞票，这些真实的美钞却可以吸引人的眼球，让读者几乎没法不继续往下读。虽然它只是 1 美元，但这封信很可能会比当天到达的其他任何邮件都让你感兴趣。

将最重要的信息放在最上面：眼动追踪热力图可以反映用户注意力的分布和关注在特定点的时间。根据眼动追踪研究，大多数用户阅读网页的模式类似。最常见的阅读模式是跨度较短的“F”型。即用户首先水平扫视屏幕顶部，然后慢慢向下移动并阅读跨度较短的水平区域。根据用户体验研究机构尼尔森诺曼咨询集团的一项基于 45,237 浏览量的网页研究，人们往往只阅读页面上 20% 的文本。更糟糕的是，在内容更多的网站上，网页文本每增加 100 个词，人们的阅读时间只增加 4 秒钟。在这个人们不逐字逐句阅读的世界中，尼尔森诺曼为容易地浏览文本总结了六个原则：突出显示关键词，有意义的小标题，项目符号列表，每个段落只讲一件事，从结论开始的倒金字塔原理和传统写作一半或更少的字数。

在工作中，常有需求方对设计师说，这个按钮的转化不行，再大一点吧！那么，为什么要“大”一点？按钮设计的大一点，本质上其实是产品最后时刻对用户进行的“主动推销”，增强“召唤按钮/用语”用户感知。但线上和线下有点不一样，线上我们没有销售员跟在客户后面暗示说：“看了这么久了，赶紧买了吧！”在视觉上，线上只能通过把“召唤按钮”设计得更加显眼，以达到增强用户感知，同时绕过用户理性思维快速促销的作用。斯坦福教授福格把这一系列组合拳称为：“扳机”即——设计通过扣动扳机快速促成用户最后的行动。如果以增强用户的视觉感知为目的，尺寸对比其实并非唯一的影响因素。我们通过用户阅读时的眼动热力图研究分析得知：界面的左、上位置注意力权重最高。并可得出用户阅读的五个典型行为模型：

- 用户通过“扫描”阅读，并非逐字逐句；
- 阅读流线是从上到下、从左到右的；
- 用户会最先注意到上部、左边的信息；
- 对上 / 左信息无兴趣，就不会继续探索；
- 最后视觉重心会落在右 / 下部分。

阅读流线为“L”型（兴趣不大）。“锯齿Z”型（比较感兴趣）

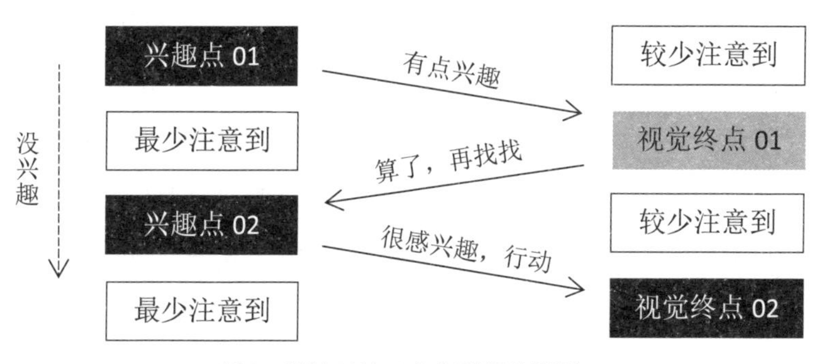

图1：阅读时的五个典型行为模型

所以，我们在实际的设计中，应当顺应用户的视觉重心流线，有的放矢地放置重点元素：将需要用户强感知的信息放在模块的上 / 左部分，结论性操作放在下 / 右部分。

用户的习惯性视觉动线决定了内容布局的层次和顺序，而内容本身更有助于吸引人的注意力。匈牙利演讲平台普雷齐（Prezi）发布了他们的《2018 年注意力状态报告》。报告显示，对于所有世代的人来说，内容有吸引力的关键在于提供令人信服的叙事和刺激生动的视觉效果。参与调查的人报告说，尽管周围有很多干扰，但随着时间的推移，他们的注意力有所集中。另一项重要发现涉及多任务处理及设备使用：“52%的响应者承认，将注意力分散到两个或两个以上的内容上会导致他们的注意力不集中，需要反复看、读或听某些东西。”此外，我们还需要不断提高自己的专注能力，以便记住信息并快速有效地完成工作。在超过 2000 名受访者中，49%的人表示他们对自己所消费的内容越来越挑剔。未完成的工作比已完成的工作被更加深刻地记忆，这种现象我们称之为蔡格尼克效应。心理学上的解释是，这是一种对未竟之事的紧张感，对有始有终的追求，也是人们对好奇事物的渴望，得到解答的强烈诉求。比如你在拼一个拼图，拼到即将完成之时，把那剩余的几个洞补上的吸引力，是不是要远远胜过拼其他部分？再如你在追剧或者听网络小说的时候，这一集要结束时，常常会有一个悬念的产生，接着自动就会播放下一集，然后就会一听再听。这种未完成感及其带来的继续推荐的强烈渴望，被称为来自蔡格尼克的诅咒。因为没有完成，所以对它念念不忘，印象深刻，很容易被这种情绪所绑架。

心理学理论证明，设计师具有引导用户如何浏览页面的能力。当用户打开你设计的界面时，若是第一次使用，他们一定是毫无头绪的，这个时候实际上用户是被界面所引导的，他们会尝试随意点击浏览。若我们希望用户能顺利得到他想要的，或是看到我们希望他看到的信息，那么在设计的过程中一定要善于利用冯 · 雷斯托夫效应，突出重点信息引导我们的用户。冯 · 雷斯托夫效应也称为隔离效应，是雷斯托夫在 1933 年检验了这个理论，他让实验对象观看一系列相似的物品。如果其中某个很特殊，比如说有聚光灯照射，那么相比其他物品，受试者就更容易回忆起这件物品。这条原则能以多种不同方式应用到设计中，最明显的是如果你想要让某物引人注目，就要使它特殊化，例如通过色彩、尺寸、留白等等。该效应告诉我们：某个元素越是违反常理，就越引人注目、令人难忘。例如：当用户登陆奈飞主页时，你将看到以下屏幕截图（图 2）。如果用户不知道 Netflix 是什么，那么他们的注意力就会被白色的文字所吸引，上面写着“无限的电影，电视节目等等”。接着，用户的眼睛很容易被那个明亮的红色按钮吸引住，该按钮显示“立即尝试”。这个明显的红色按钮正是冯·雷斯托夫效应发挥作用的方式，阅读文字后，唯一的红色按钮是唯一引人注意并诱使用户按下它的元素。

图2：登陆奈飞网站主页

正常的注意广度指一个人在某项自主选择行为中保持集中注意力的时间。但当你看电视保持较长时间时，并不能说你的注意广度的时间很长，因为看电视这个行为不是你主观上选择的、免于其他方式来控制你大脑的方式。电视里快速闪过的画面和电子影像激活了人脑中有力的但也是经常被滥用的部分，那就是“定向反应”。定向反应是我们祖先内置在大脑中的安全装置，直到今天这个装置仍然是有用的，但有时这个功能让你很难保持注意力集中。由于大脑总是倾向于关注新的迹象和声音，于是你关注的是丛林中的沙沙声，而不是别人讲故事。如果新的迹象和声音的速度更快而且难以预测，那么定向反应将有强烈的反应。你没想到会听到响尾蛇的声音，但是一旦你听到了它的声音，你的大脑会自动判定，哪个更重要、需要更多的注意力——是响尾蛇还是后面要听到的故事。定向反应的能力一直是数千年来猎人的财富，这种能力挽救了我们的祖先的生命，而且有时对如今的我们也同样有用——当你穿过繁忙的街道或在高速公路上驰骋，能注意到周围的声音变化显然是有用的。

我们正在被各种景点、声音和外部世界的气味轰炸着，冲动的思想和感情冲进了我们的大脑。先暂停一下，不要看书了，请抬起头来考虑一下你现在受到的所有刺激，包括你的灯光，你周围环境的噪音，你待会儿必须做的事情，回忆最近发生的事件。你是否需要接受所有的刺激？是否需要挠一下头，改变一下你的坐姿？这是你排除干扰，回到书本上来的自然行为。我们成功的原因是，我们把重点放在最重要的方面，并过滤掉了次要方面。这一指导我们认识相关刺激而忽视无关刺激的过程被称为选择性注意。选择性注意的基础是快速认知，马尔科姆·格兰德威尔在他的畅销书《眨眼之间》中首先提出这个概念。当你能够成功地只选择相关刺激时，你就可以更快速地思考，你就有了一个明显的优势。训练有素的艺术专家可以在一秒钟内识别出赝品，世界级职业网球运动员可以在球仍然在空中的时候预测对方球员即将双发失误。选择性注意是一项资产，但只有当你处于注意力专区时才能发挥作用。

对于无关信息的不关注程度，其实超乎我们的想象。在认知心理学上把这个现象称为“看不见的大猩猩现象”，指的是当测试对象观看一个主要内容是几个白衣工作人员传球并计数传球次数时，有大部分居然都没有看到一个黑猩猩从他们背后经过。就好像哪怕产品上的文字说明写得再清晰，用户总有发现不了的情况，这倒不是某些用户懒惰，我们大部分人都是这样的。产品本质上还是工具，我们的目标很清晰，就是用工具实现我们的目的，在这个过程中，许多次要的因素对我们都不重要，我们也根本关注不到。

我们花了太多的时间在网上，以至于我们开始安全地假设我们已经开发出了新的方法和技术来过滤掉不相关的东西。我们每天面对无数的营销信息，个性化的广告不停地瞄准我们，新鲜的信息每一秒都在轰炸我们。

在你所接触到的所有信息中有一些有趣的内容，但是你错过了它，因为它当时无法引起你的注意，或者你当时没有时间阅读那篇文章。当你下次想打开它时，页面已经刷新了，你可能会找不到那篇你现在感兴趣但当时忽略了的内容，因为你被当时更感兴趣的内容转移了注意力。也就是说，我们确实有一种天生的能力，可以忽略一些有意思或重要的信息，专注于我们当时认为重要的事情。著名的心理现象“鸡尾酒会效应”表明了这一观点，即人在集中注意力的时候会采取选择性注意：只关注一件事，过滤掉其他刺激。鸡尾酒会效应指的是人的一种听力选择能力，在这种情况下，注意力集中在某一个人的谈话之中而忽略背景中其他的对话或噪音。该效应揭示了人类听觉系统中令人惊奇的能力，使我们可以在噪声中谈话。鸡尾酒会现象可在两种情况下出现：当我们将注意力集中在某个声音上，或当我们的听觉器官突然受到某个刺激的时候。例如当我们和朋友在一个鸡尾酒会或某个喧闹场所谈话时，尽管周边的噪音很大，我们还是可以听到朋友说的内容。同时，在远处突然有人叫自己的名字时，我们会马上注意到。又比如，在周围交谈的语言都不是我们的母语时，我们可以注意到较远处以母语说出的话语。我们所注意的声源发出的音量，感觉上是其他同音量的三倍。将不同的对话用麦克风录下来相比较，就可以发现很大的差别。鸡尾酒会现象的视觉版就是图形 / 背景现象，这里的“图形”是我们所注意或引起我们注意的声音，“背景”就是其他的声音，这证明了人类的注意力可以智能地专注于一点并且无法分散。

专注忘我的心流体验

《消费者行为学》一书中提到：“心流”体验具有以下特征：乐趣的感觉、控制的感觉、专心致志与高度集中的注意力、由于活动本身而得到的精神享受与扭曲的时间感和所面对的挑战与个人技能间的匹配。心流指的是人们全身心投入某事的一种心理状态，心流产生时会有高度的兴奋及充实感。在心流状态下，人们精力集中、全神贯注，这也往往意味着可以有持续、高质量的学习或产出。在产品设计中，让用户进入心流状态，可以带来各种各样的好处。

乐趣感可以理解为游戏化包装和情感化的细节呈现，如玩游戏的过程被视为最典型的心流体验，而游戏化的包装手段，可以将原本枯燥的事物变得更加有趣，吸引用户主动持续地参与。有趣的情感化细节融入，可以对用户情绪进行更好地管理，好的状态可以受到激励和保持，遇到障碍时则能被有效地关怀和安抚。

控制感指的是个体对能够控制自身的个人意愿的觉知，能清楚地预知和掌控接下来发生的事情。在产品设计中，我们应该做的应是尊重用户的直觉的心智模型，提升功能可供性。如移动应用场景下常见的滑动、捏合缩放和旋转等自然触控手势交互就是符合直觉、不需要太多学习成本的典型案例。除了功能操作本身之外，用户对当前所在位置的感知，比如涉及大量信息浏览和功能操作的场景中，平铺直叙会让人感到过于冗长、满屏的信息输入易失去耐心，而结构化的信息呈现方式和信息分块的外化，则可以加强用户浏览和操作过程的控制感、提升浏览完成的信心。如我们在支付宝内添加银行卡时，将银行卡号四位为一组分开，这样用户很容易就知道自己的输入位置，从而避免用户借助手指或笔来在屏幕上定位。当复杂的活动分解成较小的任务，复杂的流程分解为无缝、快速的体验时，我们更有可能采取行动并专注其中。

高度集中的注意力意味着对当前内容或操作本身的关注，而不受到其他无关元素的干扰。在内容呈现方式上，可以通过精简不必要的信息、沉浸式浏览、设计风格轻量留白等手段，引导用户将注意力集中在内容本身；在操作路径上，则需保证尽可能地顺畅，集中在当前主要操作上，即使有提醒也使用更轻量的方式，而不是用粗暴的模态弹框等方式干扰中断。如我们在阅读微信朋友圈分享的文章时，偶尔会有好友发送的聊天内容在屏幕顶部浮现，你大致能看个大概意思然后就消失，不影响我们的阅读心流体验！

当受到适度的刺激时，你处在一种“放松戒备”状态：肌肉是放松的，但意识则保持警惕性。注意力专家把这种放松戒备状态称为“最优刺激”状态，这时的你拥有最佳的注意力驱动，你受到足够的刺激，体内分泌出适量的肾上腺素，你觉得自己是积极的、自信的和注意力集中的。想想你正在做真正喜欢的事情：在看一本引人入胜的小说，或者去心仪已久的地方旅游，你会感到思路清晰和全心投入。在这种状态下保持注意力集中是轻而易举的（图表1）。要注意的是，人的注意力只能维持十分钟，且一般人无法同时完成多个任务。所以，建议你留给用户的时间别超过它。

注意力关联项	刺激水平		
	缺乏刺激	过度刺激	最佳刺激状态
刺激	过低	过高	恰到好处
肾上腺素	过低	过高	平衡
状态	无聊	过度兴奋	放松戒备
感受	冷漠 疲惫 被动 空洞 犹豫不决	兴奋 恐惧 压力 紧张 不安	自信 兴趣 行动 清晰 动力
注意力	低	低	最佳

图表1：注意力与刺激的关联

上一章节中提到的“看不见的黑猩猩现象”，是源自1999年美国哈佛大学心理学教授丹尼尔·西蒙斯和克里斯托弗·查布里斯两个人一起设计并且完成了一个举世闻名的心理学实验《看不见的大猩猩》。他们先在心理学系的教学大楼里找了一堆学生，拍了一段不到一分钟的短视频，在视频当中你能看到有两组运动员正在不断地移动，并且互相传递篮球，其中一组运动员穿的是黑色的T恤衫，而另外一组穿的是白色的T恤衫，所以两组之间的区别看起来还是非常明显的，那视频拍好之后呢，他们便开始在哈佛大学内招募志愿者进行实验。这些志愿者的任务也很简单，他们就只需要边观看视频边计算视频当中那些身穿白色T恤衫的运动员到底传了几次球。在视频中有一名装扮成大猩猩的人走过玩球的队员中间，猛拍自己的胸脯，然后溜之大吉，虽然整个过程在屏幕上显示的时间不超过9秒钟，但有意思的是，当参加实验的志愿者被问到：在数传球次数同时有没有看到那只大猩猩的时候，竟然大约有一半的志愿者都惊讶地摇头，没呀，大猩猩什么大猩猩？我想你应该发觉，虽然这个实验的目的并不是要看志愿者们传球专注的心流程度，但它却反映出了这样一个事实：当我们专注于一件事（如数传球次数），我们会过滤掉周围环境中不相关的事物，产生了“注意力盲点”，掉入了心流的状态中。

美国海豹特种部队训练的终极目标是最高的“集体心流”，宛如一人。硅谷的一帮疯狂科学家正在研究控制人脑波的“出神”（应该叫“心神”更恰当技术，当然环境也会刺激我们的脑神经和脑波），大脑控制我们的行为，那什么来控制我们的大脑呢？是脑神经（脑电波），它通过微电流来控制脑电流达到，影响人的行为和人的愉悦程度，可以产生脑波游戏。该项技术已经实战运用到美国海豹特种部队的训练中，海豹还因此成立了实验室。谷歌的团队也已经开始探究，据说原先一个智商极高的人学一门外语至少需要6个月，而运用了这个出神技术，这个学习时间缩短为 6 周，科技的进步正在提升社会、文明和人类这个物种的大踏步进化，是好是坏？谁知道呢。

进化中的注意力

你和我拥有的时间都是一周 7 天，每天 24 小时，但是有的人总是想加快节奏。新科技提高了生产力，但是随之而来，快节奏的生活也让我们倍感压力。你一定有手机吧？可不是，你的老板在你下班后也能很快找到你。你的智能手机有上网功能吗？真不错，你一定有不少邮件要处理吧。你还有笔记本电脑，那可就更方便了。你可以随时更新文件了……无论你是在家办公还是在外工作，你总会受到接连不断的命令和随时在线的电子设备的困扰，同时接受多个任务似乎是现在的趋势。难以辨别这是更好还是更坏的事情，但我们总是不断地给大脑输入大量的信息，这种现象被称为“持续性部分注意”。

后互联网时代，人们普遍抱怨许多人变得更加冷漠与暴戾，这也验证了人们注意力被过度劫持的后果。神经科学家马修研究发现：人类大脑在“休闲状态”下会将注意力放在社会认知模式上，也就是说，它更关注人际关系，促进人类彼此的关爱、同情、理解与合作。但随着我们的“休闲注意力货币”被线上各种“诱惑”榨取得所剩无几，人们的基本社交能力急剧下降，重度成瘾的网民变成了更名副其实的“人不像人鬼不像鬼”。德国生理学家曼费雷德 · 齐默尔曼计算出我们的意识每秒只能接收 40 比特的信息，相比无意识 100 万比特信息量的处理能力，我们能自由支配的“注意力货币”实在少的可怜。那我们的注意力总量大概是多少呢？乐观地计算，一个人活 90 岁，他终身能处理的意识信息也就 238G 左右，还不如你电脑的一块硬盘大。更糟的是，现代脑神经科学告诉我们，我们注意力货币被外部劫持或中断的越多，后续我们需要支付“大额度注意力货币”的能力也就越差。这就好比你想下载首音乐听，结果电脑提示硬盘已无法保存超 1M 的文件，所以尽管你有几百 G 的硬盘，但什么有趣的内容都保存不了。现实中的典型状况就是，当你需要高度专注去应对困难问题时，会发现自己心有余而力不足，很难集中精神。

惊人的信息量使我们根本没有时间来处理它们，周日并不仅仅是可以休息的日子，还是我们用来整理信息、赶上进度的好时光。在信息井喷的今天，原有保持注意力的方法已经完全失效了。

技术一直在扭曲我们的时间感，教堂的钟声把一天分成几段，工厂鸣哨迎来工人一天的开始，但目前的手机消息声让我们比以往更加扭曲。我们不仅期望被打断，而且还主动要求它。早在 1890 年，威廉·詹姆斯在《心理学原理》中写道：“我们的时间感似乎受制于对比律。”马歇尔·麦克卢汉认为，每种技术“在第一次内化期间都有能力麻痹人类的认识”。我们似乎已经消化了我们的设备，它们现在可以麻痹我们享受耐心的乐趣，它们让我们对那种较古老文字体验的享受感到麻木。

有人会说，由于移动互联网时代的到来，我们的多任务处理能力得到了提高。另一些人则坚决反对这一观点，认为多任务处理这种事根本不存在。我们可以在不同领域间来回切换我们的注意力，但我们不能有目的地且积极地同时关注多个事物，并处理这些信息。那些说我们的注意力没有缩短的人认为，我们只是对技术进步和过度刺激的环境做出了反应。我们通过进化和发展可以更好地完成"选择性注意"这一目标，学会更好地处理事物并更快速地转移注意力。

不同年代的人注意力存在差异，除了总数之外，不同年代人的差别也很明显：婴儿潮一代（1946–1964 年出生的人），X 一代（20 世纪 60 年代中期至 70 年代末的一代人）和千禧一代（1982–2000 年出生的人），他们在某些情况下必须并肩工作，当涉及注意力时，他们会展现出明显的差异。研究表明，相比婴儿潮一代和 X 世代，千禧一代通常会转移注意力，一心多用，注意力不集中的情况更多。然而，他们也主观地认为，他们可以更有效且更长久地集中注意力。也就是说，我们应当重视研究不同时代人不同的关注点。比如千禧一代期待并享受一个伟大的故事或主题，以及生动的视觉效果。三分之一的受访者表示，他们只会对精彩的故事和内容感兴趣。

这意味着，只需要几代人时间，我们对媒体的经验将会被重塑，我们不应该感到惊讶。相反，那时我们会对我们曾经读书这一事实感到惊讶。玛丽安娜 · 沃夫和艾莉森 · 高普尼克等杰出的研究人员提醒我们：人类的大脑视觉皮层从来不是为了阅读而设计。一本小说所要求的深度阅读并不容易，而且从来不是一件"自然"的事情。

我们的默认状态是分心，目光转移，注意力不集中，在环境中寻找线索（否则，进化过程中那些在暗处的捕食者可能会吃掉我们）。我们的注意力分散了吗？一项著名的研究发现，人类宁愿给自己电击，也不愿独自思考 10 分钟。每当我们迷失在书中，我们都会违背这些本能。

自 19 世纪以来，读写能力才开始普及。我们的阅读习惯很容易过时，作家克莱·舍基甚至表明，我们最近已经“空洞地称赞”托尔斯泰和普鲁斯特。那些与文学有关的古老而孤独的经历“仅仅是生活在贫困通道环境中的副作用”。在我们的网络世界中，我们可以继续前进。而我们的大脑，只是被书籍暂时劫持，现在将被新事物劫持。

注意力是我们每个人在清醒时刻的唯一创造力。在介绍新的“注意力经济”时，商业专家托马斯·达文波特和约翰·贝克指出，“未来能够成功的公司不是那些进行时间管理的公司，而是那些实行注意力管理的公司”。西班牙哲学家奥德嘉·嘉塞曾经说过：“告诉我你关注的地方，我会告诉你你是谁。”我们通过自己关注的东西来创造自己，不论我们将注意力投向何方，都会有成长的历程。一位印第安老者在教授孩子们礼节仪式时说：“在我的内心中正在展开一场可怕的战争，那是两群狼之间的战争。一群狼代表着恐惧、愤怒、贪婪和无情，而另一群则代表着信仰、和平、真实、关爱和理智。两群狼的战争也在你的内心中展开，它们代表你心中的两个自我。”孩子们思考了一会儿，其中一个孩子问到：“谁会赢呢？”老者回答：“你喂食的那群。”

芭芭拉·安吉丽思在《活在当下》一书中说到："我们大部分人的生命长度看似相似，但是在这相近数量的生命里，我们能够萃取的生命精华却是大相径庭。生命的宽度与高度，完全取决于我们以什么样的态度和方式去活。"从哲学层面看，注意力是人性价值的实现单位，如果我们想保持人尊严地度过一生，就必须学着像重视金钱一样对待我们的注意力。我们学着重新关心自己注意力的流向，学着重视日常生活的细腻感受，而"感受与意识"恰恰构成了人生命质量的核心。所谓世界，就是我们穷尽一生精神所能达到的边界。注意力货币，将是我们踏向人生旅途的终极本钱。

猜你喜欢——定制消费者需求

消费者心智

走进堂吉诃德日本的折扣店，你会发现它的商品陈列乱七八糟，每间店里都塞满了密密麻麻的商品，广告单贴得满场都是，超大号字体写着价格。关于堂吉诃德，它的前身是一家郊区小店，创始人安田隆夫曾是一家房屋中介的销售，由于第一次世界石油危机，刚毕业才工作了 10 个月后这家公司就宣布倒闭。没钱、没人脉的安田隆夫求职四处碰壁，于是他开始以赌钱维生。1978 年，毫无零售经验的安田隆夫用他赌博赢来的钱，在东京近郊开了家叫“小偷市场”的商店。之后“小偷市场”用了一年的时间扩张店铺，营业额达到了 2 亿日元。1988 年，堂吉诃德东京 1 号店正式开业，“小偷市场”也更名为“堂吉诃德”。

习惯了 7–11 和全家的人可能会觉得不会有人喜欢堂吉诃德，神奇的是堂吉诃德却名列日本零售行业第七位，单店日均销售额 600 万日元，最高的门店能达到 1000 万日元，此时的日本服装连锁店优衣库单店日均销售额也才 250 万日元。堂吉诃德给消费者的定位是低价折扣，它的原价率始终在 70% 以上（原价率 = 成本 ÷ 销售价），与当时的优衣库 50% 左右相比高出 20 个百分点，而商品低价的基础则是降低供应链采购成本。

在日本经济减速最明显的 2008 年，堂吉诃德销售额还是获得了惊人的爆发式增长。对日本经济有过了解的人就会知道，2002–2008 年正处于日本经济下行期。由于雷曼危机导致泡沫经济破裂加上两次大地震，日本从 90 年代开始经济增速放慢，GDP 平均增速只有 0.53%，大量企业倒闭，经济基本处于增长停滞状态，所以日本的 1991–2010 年也被叫做“失去的 20 年”。在这段时间人们收入降低，消费观念逐步回归理性，更加趋向于性价比的理性消费趋势。安田隆夫在早期创建“小偷市场”的时候，每天还会跑大型制造厂商与批发商的仓库后门，用便宜的价格买到停产产品、瑕疵品、样品和退货品来售卖，堂吉诃德采用收尾货的方式拿到更低价格的商品，把低价做到了极致，这属于时代机遇。价格优势再加上集中售卖，堂吉诃德把尾货的潜在价值发挥到了最大。夜间消费占日本整体消费的 50%，但在当时夜间消费却是处于市场空白状态。甚至连“7–11”的营业时间也只是到晚上十一点，而堂吉诃德却把营业时间推迟到了凌晨 3 点，成了当时全日本开得最晚的零售店铺。由于实行深夜营业，那些想要在深夜购物的消费者自然会第一时间想到堂吉诃德，于是堂吉诃德弥补了夜间购物的市场缺口，并得以触达到更多消费者。

虽然堂吉诃德只花了一年的时间就达到了 2 亿销售额，但是拉长时间轴看，我们就会发现堂吉诃德的真正爆发期是在 2002 年到 2008 年间，这期间堂吉诃德的门店增速是 35 家 / 年，销售额增量是 667 亿日元 / 年，在整个堂吉诃德的发展过程中这 7 年是发展最快的年份。当销售额增长足够明显时，就说明促成这个商业模式存在的因子在这段时间内发挥的作用足够明显，这时候我们能更清楚地看清什么是导致其存在的真正原因——经济下行与收入减少时，人们的消费观念和行为也会发生明显的改变。

当经济不景气时，口红和短裙的销量会上升，娱乐产业会逆势发展，就是我们所谓的“口红效应”。因为在经济下行时，口红、追星这种成本低的娱乐方式能给苦闷压抑的人群予以安慰。2008 年雷曼兄弟的破产，经济危机开始由美国扩展到世界各地，也无可避免地影响到消费者的购买行为和购买心理。随着经济危机的持续，对消费者经济水平的打击开始影响消费者的消费预期，使消费者不得不调整自己的消费行为和消费导向，从而适应经济危机的形势。

注重节约，减少奢侈品的消费

与经济繁荣时期相比，经济危机时期消费者的节约意识有大幅提高，对理财的关注度也大大增强。人们更加重视每一笔钱的用处和流向，崇尚用更少的钱，获得更多的价值。主要体现在：节约生活开支方面。在日常的购买行为当中，消费者不同程度节约生活中的各种日常开支，更加注重金钱的合理利用。同时，不少消费者会进行专门的理财学习，帮助节约生活中的各种开支，从而更好地节约和利用金钱；消费者减少了奢侈品消费，对奢侈品的需求相应减少，或者寻求次级奢侈品消费。比如，经济危机时期消费者对高档车的消费减少，但是对于性价比较高的日系车型消费却有所提升，人们开始更关注商品的实际效用。同时，消费者在旅游、娱乐和服装等方面的消费也会相应减少。比如，由于消费者减少购买，美国花花公子杂志销量迅速减少，包括《西雅图时报》在内的多家报纸宣布破产。虽然消费者的节约意识有所提升，但是诸如食用油和食盐等基本生活必需品的消费数量并不会减少，反而有可能提升，这是因为这些生活必需品为刚性需求。因此，人们的节约和消费的减少主要是在非必需品和奢侈品方面，对生活必需品的消费影响不大。

对价格的偏好有所改变，经济及心理压力增加

随着经济危机的到来，人们的经济水平出现一定程度的下降，消费时的心理压力随之增加，产品的价格成为许多消费者在购买时需要考虑的最主要因素。消费者在经济压力下对价格的偏好主要表现在两个方面：一是消费者在购买决策前会以价格为基础，同时比较产品的功效、性能和耐用性等因素，甚至很多消费者会进行多轮讨价还价实施购买行为。比如，经济危机时期价格优惠的多功能产品常受到消费者青睐，这反映出人们对于价格的关注，从而更倾向于购买性价比高的产品。二是消费者对促销活动的偏爱增强，由于消费者对商品价格更加敏感，消费者对于促销活动的偏爱也有所增强：比如抽奖和赠品等促销活动对消费者具有较大吸引力。在购买行为之前，消费者会努力收集产品的各种信息，期望能够花更少的钱获得更多的价值。比如，消费者会更关注产品提供的各种赠品，

或者收集产品的各种优惠券等。

消费者对产品形式的关注增强

在经济危机情况下，消费者对于产品形式更为敏感，这种敏感性的增强表现在消费者更倾向于购买单价较便宜的小包装产品。对于包装的偏爱，消费者对于小包装的偏爱有两方面原因：一是小包装的价格比大包装带给消费者便宜的心理感觉，使对于价格敏感度高的消费者心理上更倾向于低价的小包装产品。二是由于消费者经济水平的下降，其对于小包装产品价格的承受能力更强。大包装的价格高，增加了消费者一次购买行为的负担。消费者对于产品形式敏感还表现在更加倾向于购买本国企业生产的产品，在经济危机的条件下，各个国家的企业和民众都在遭受着严峻考验，国家经济的生产和发展成了摆在各国面前的重大问题。在这种情况下，一方面政府的保护主义抬头，对本国产业的各项扶持和优惠政策增多，如美国在2008年经济危机下提高关税，中国政府实施以旧换新政策等。另一方面，经济危机容易激发消费者的爱国主义热情，从而更倾向于购买本国生产的产品，如中国消费者自发形成购买国产汽车的爱国主义情结。

消费者消费渠道的改变

经济危机的大背景下，消费者在消费渠道方面也会随之发生变化，从而深刻反映了消费者消费行为和心理的变化。这种消费渠道的改变主要体现在对质优价廉购物场所的偏爱，消费者对于价格的敏感度提高，其更在乎商品的性价比。因此，消费者对便利店和大型超市等质优价廉的大众购物场所的偏爱增加，百货和大型购物广场会受到一定程度的冷落。大众购物场所满足了消费者的需求，同时，也符合消费者经济危机下下降的收入水平。

消费者倾向于自我增值方面的消费

调查表明，在经济危机时期，攻读 MBA 的学员数增长迅速，同时，经济危机时期口红的消费量逆势上扬。这些都说明，消费者在经济危机时期更加重视自我升值，较为重视在教育及化妆等方面的消费。在经济危机环境下，社会失业率增高，就业相对更加困难。在这种情况下，很多人倾向于利用这个时期进行自我增值，从而提高自身竞争力，为经济复苏时期谋求更好的工作做好准备。同时，口红的销量逆势上扬说明，人们对自身价值的关注度提升，这种心理倾向形象地表现在对外在形象的关注上。

理解式算法

购物 APP 首页的衣服包包，好像昨天才看过；外卖每次推荐的美食，是最近一周都在点的；昨天点赞过的某个网红，今天仿佛多更了十条短视频……于是，某一天有人突然开始思考，衣服可不可以换种风格，外卖可不可以换种美食，新闻可不可以多一些种类。要改变算法对个人的固有定位很容易，多搜索一些其他关键词就可以实现，但现实是很多人并不会刻意去改变这些东西，只会在不断接收类似推送时抱怨一句：“怎么还是这些”。只有实在厌烦了，才会选择“不感兴趣”，但这样做的收效并不大。毫无疑问，算法为大众生活和商家都带去了便利，只是在双方逐利的过程中，作为消费者的用户反而越来越成为可量化的个体，挖掘个体的本能喜好也成为了算法操纵者们最大的目标。为了实现这个最大目标，运营商将用户幻想成一个容器，既要填充其空间，也要填充其时间。

算法和大众生活共栖共生，为用户提供个性化定制的服务，但是算法也用娱乐化和过载的信息吞掉了我们的时间，用户的视野可能会随之变窄。重要的是，用户只能看到算法的结果，看不到过程。用户端一页一页地推送，看起来都是用户自行选择的结果。以前，数据是一种资源和财富，但是演变至今，数据的权力属性在扩大，算法在数据成为权力的过程中，显然充当了帮手。大数据杀熟拼命抢夺交易剩余，泰勒制扎根信息时代，为了更高的效率和更低的成本，一些行业变成流动的血汗工厂。没有人料到，在一个史上信息最为公开的时代，更多的人被信息不对称所困住，成为了商品。2019 年，一篇《人物》杂志的专访《外卖骑手，困在系统里》，唤起了舆论对外卖骑手境遇的关注，不论是将矛头对准互联网公司，还是将责任转嫁于消费者，都没有办法解决骑手真正的问题，因为没有人认为自己该为这事负责。

一方选择利益出让，只会让另一方更加肆无忌惮。从亚马逊的差异化定价试验开始，掌握大量隐私数据的公司们就开始频繁陷入滥用市场支配地位的嫌疑中，而且这种质疑即便被证实也无法得到彻底解决，因为技术不过是一面镜子，每一个被薅羊毛的人都在充当镰刀手。正如法国诗人波德莱尔《恶之花》里面的诗句：“我是伤口，又是刀锋；我是耳光，又是脸面；我是四肢，又是囚车；我是死囚，又是屠夫……”在一个提到隐私就人人自危的年代，指责算法只拥抱人类的动物性，追逐本能喜好，而不讲究高级目标，是一件十分理想主义甚至天真的事。毕竟即便你为我定制高级目标，我又如何放心你给的高级目标没有暗含某种交易呢？

当下的算法逻辑主要是围绕用户“想要什么”而存在，猜测用户想要得到什么，也成为了算法的主要目标之一。然而目前的系统都还停留在初级阶段，能够识别简单的好恶，却解读不了用户的深层次需求。当然，对于背后的操纵者来说，深层次的需求可能并不重要，因为只有激发动物性才能让人不断沉迷。对于用户而言，无论是要追求片刻的享受还是追求长远的理想，都值得尊重，但如果这件事放到群体中来看，就很值得商榷了。支付手段的改变，使得更多的人花钱如流水；短视频的兴旺，造就了“网上十分钟，人间一小时”的错觉；本地生活的激烈竞争，使得外卖不断压缩送达时间。于此，市场得出了一个结论：用户追求更快和更爽。结论是天衣无缝的，鲜有人会反驳，因为这是生活正在变美好的铁证。可大家为了这种便利而付出的代价也是巨大的，明明就想点个外卖而已，却被要求提供通讯录权限，明明只是想刷个短视频而已，却被迫接受了大量“可能认识的人”推荐。在隐私这件事上，用户很多时候不是开明，只是没得选，因为不授权便不给用。一个人的隐私数据或许没有价值，但是当这些数据变得庞大时，就会成为互联网公司的核心资产，其价值难以估量。

算法的确可以影响消费者的决策，但算法越是便利，背后的黑暗面也就越大。如果说侵犯隐私是黑暗面之一，那将人不断动物化便是另外一个黑暗面。不断开局打游戏和在直播间下单的年轻人和沉迷短视频的爸妈没有什么区别，防沉迷模式等于为羊群设置的木栅栏，拦不住真正想要偷羊的人。人们不断在互联网中寻找快感和即时满足，很符合动物的习性。动物没有高级目标，但社会属性的人会追求高级目标。在“想要”和“应该要”之间摇摆，相当于在动物性和社会性之间犹豫，人没有办法舍其一，而且很容易在各种诱惑中偏向动物性。将进化中的人类导向动物世界，或许是资本逐利的结果，但将一切总结为“算法没有价值观”未免轻率，毕竟，算法背后的人有价值观，这种价值观建立在人性的基础上。

和算法停留于填鸭式内容轰炸中一样，智能化只是停留在自动化的层面。然而强大的智能化系统需要精细的算法来支撑，算法的初级状态也决定了智能化生活的局限。恰恰是这样初级状态的算法及智能化，侵占甚至操纵了很多人的生活。由人制定的算法规则，最终却用公式定制了“人”。所谓个性化，不如说是算法规定的标准化。用新的关键词搜索去覆盖原有的标签，得到的其实是另外一种标准化。

人之所以为人，便在于无法标准化，能标准化的只能是物品。物品没有未来，但人可以有，只是基于过往痕迹而给予服务或信息的算法，算不出未来是什么。表面上看起来，算法可以做出精准的行为预测，也能为使用者提供良好的干预机制，但是普通用户，例如骑手，在算法面前却没有任何议价能力，只能被动接受系统所给予的一切标准化规则。没有消费者觉得自己应该为骑手负责，尽管大型互联网平台是消费者选出来的优胜者。因为这事找消费者没有用，只能将责任抛之于大企业身上。企业选择让算法决定更多的东西，但算法只捕获了人的动物性，久而久之人也就成为了被算法重新定义的人。人们对算法寄予厚望，但如果算法成为另一个“人”，甚至“超人”，将是一件十分危险的事。频繁的自动驾驶车事故，反映出了这样一个的事实：不是车不够智能化，是人高估了算法的学习能力，过分将机器“人化”的结果就是人被机器“物化”。

2017 年 2 月 16 日，欧洲议会投票表决通过《就机器人民事法律规则向欧盟委员会的立法建议》。建议主要考虑赋予机器人法律地位，在法律上承认其为“电子人”，一度引起了巨大争议。机器人虽然至今没能取得法律人的地位，但是人们却已经将机器人背后的算法“人化”了，这个无形的机器人，通过算法工程师的双手，已经控制了大部分的自然人，就这个角度而言，算法似乎比机器人更值得警惕，未来的失控是人预料不到的。

脸书（Facebook）创立之初，扎克伯格也没有想过未来可以通过这个软件操纵选票。硅谷精英们深谙手机的魔力后，最终选择了将自己的孩子隔离在手机之外，甚至兴起了细分的保姆职业，她唯一的任务就是不让孩子看到手机。可惜身为普通用户的大多数，并没有办法深入了解自己是如何成为商品，摆在算法公式中的。他们唯一的选择只不过是在看到讨厌的内容时点击“不喜欢”，而这对于不断刷存在感的算法来说是杯水车薪。用户看似在参与个性化定制，实际上是在不断标准化，最后，经过算法塑造的“新人类”终于完全符合商业需求。

主动式个性化

在自动化能力的基础上，商家可以从过去与客户的交互，或者现有的资源，多角度收集信息，并利用这些信息即时定制消费者体验。亚马逊的推荐引擎和智能重新排序算法（它知道您需要什么样的打印机墨水）是一个常见的例子；但是记住客户偏好只是一个开始，个性化能力才能进一步扩展到客户旅程的下一步优化中。

当客户参与进来（例如，回复一条信息或启动一个 APP）时，商家会分析客户的行为并据此调整其下一步交互。类似 Pega 和 ClickFox 这类公司提供的应用可以跨渠道跟踪客户，混合多源（比如购买和浏览历史、客户服务交互和产品使用等）数据创建统一视图，洞察客户正在做什么以及会产生什么样的结果。这样就可以实时洞察他们的行为，分离出企业能够影响旅程的时刻——进而可以提供定制化的消息和功能（例如，将有价值的旅客立刻列入升舱名单）。零售商 Kenneth Cole 根据一段时间内访问者与网站的交互情况，重新配置网站元素：有些人会看到更多的产品评论，而其他人会看到更多的图片、视频或特价商品。该公司的算法不断学习对每个来访者来说最适合的内容和配置，并实时呈现在网站上。欧莱雅的虚拟化妆镜应用程序 Makeup Genius 将这些能力向前推动了一步，允许客户虚拟试妆并提供更加个性化的实时回复。该应用程序拍摄客户的脸部照片，分析六十多个特征，然后展示如何通过不同的产品和阴影混合实现不同妆容的图片，客户可以选择一款他们喜欢的妆容，然后立刻线上订购对应的产品或者去店里提货。应用程序在记录客户如何使用以及如何购买的同时，也了解了客户的偏好，可以基于相似客户的选择做出推断并调整其响应。欧莱雅已经创造了一种愉悦的体验，能够快速且无缝地引导客户从考虑到购买，并且随着个性化程度的提高，将客户引入到忠诚循环里。由于已经拥有 1400 万客户，该应用程序已经成为一项关键资产，它既可以作为接触客户的品牌渠道，也可以作为接收客户如何互动的信息输入渠道。

个性化交互的另一项关键能力是运用客户在旅程的实际位置（如进入酒店）或虚拟位置（如浏览产品评论）信息，引导客户进入企业希望他进行的下一个交互。这可能意味着要改变一个关键步骤后屏幕呈现内容，或者由客户当前的场景触发提供相关信息。例如，一家航空公司的应用程序可能会在你进入机场时就显示你的登机信息，或者一个零售网站可能会在你登录主页的时候就告诉你最近的订单状态。更复杂的版本则支持一系列的交互，进一步塑造和提升旅程体验，例如：喜达屋酒店正在推出一款应用，当客人进入房间，用指纹扫描确认入住时就会给她的手机发送短信，告诉她房间号码；当她走到她的房间时，手机就会变成一把可以打开房门的虚拟钥匙；这款应用还会发送实时的、个性化的娱乐和餐饮建议。

旅程创新可以更好地开启个性化交互。通过不断地实验，积极分析客户需求、技术以及服务，以发现拓展与客户关系的机会，最终目标是为公司和消费者找到新的价值来源。最佳实践者是设计旅程软件时，进行开放式测试，我们可以不断地进行 A/B 测试来发现不同版本的文本和交互设计哪个更好。设计新旅程软件的服务原型，并分析结果，目的不仅仅是改善现有旅程，还要扩展旅程，添加有用的步骤或功能。旅程创新有时也可能很简单，就像喜达屋就引入了一项酒店预订服务尝试，即在客户使用了钥匙之后，记住之前的订单并且将这些作为初始选项，据此推出客房服务预订。或者也可以进行更复杂的创新，通过将多个服务集成为单个一站式客户体验来拓展旅程。这方面，美国达美航空公司的移动应用已经演变成一种旅行管理工具，几乎涵盖航空旅行从预定、登机到飞行中查看娱乐节目再到订购落地时优步接机的方方面面。卡夫食品已经将他的配方应用程序扩展成为一种食品储藏室管理工具，生成一个购物清单，并与货物配送服务商 Peapod 实现无缝衔接。扩展旅程的关键通常是他们与其他服务供应商的整合——因为这样增加了旅程的价值，增强了用户旅程的黏性。

Spotify 作为一家全球知名的在线流媒体音乐播放平台，它的成名和优势也就在于其主动式的个性化推荐模型。Spotify 主要有三种推荐模型：协同过滤、自然言语处理和音频特征模型。

提起协同过滤，可能更多的人想到的是视频网站奈飞。奈飞是第一家采用协同过滤技术来搭建推荐系统的公司，它们使用评分制度来了解用户，进而推荐给用户和他们喜好相似的影片。自从奈飞采用协同过滤并取得成功之后，几乎所有评分制的推荐系统都采用了这种技术。和奈飞不同的是，Spotify 则是采用了一些隐性反馈——比如我们是否会把某首歌曲保存起来，或者是我们在听完一首歌曲之后是否会浏览歌手的主页。协同过滤的主要工作机理其实是分析用户行为和其他人的用户行为。

Spotify 的第二种主要推荐模型叫作自然语言处理，用来处理分析文本。自然语言处理所应用的数据资源全部来自于互联网上的浏览记录，网上新发表的文章，博客和其他网上的一些文本信息。Spotify 会爬取网上的各种音乐资讯、乐评人写的博客和音乐爱好者发的文章等等。通过这种方法来了解当下人们在讨论什么样的音乐，在评论时他们使用了什么样的语言描述他们的感受，并且还会发现风格相似的音乐人和歌曲。

音频特征模型，用来处理音乐源文件音轨和声道。比如你有一位音乐创作者朋友在 Spotify 发表了他的新作，但是只有 50 名用户听了这首歌。这种情况下，就可能收集不到足够的信息用来进行协同过滤，在网上也找不到任何关于这首歌曲的相关描述，自然语言处理也就涉及不到。这种情况下，Spotify 则会提取原始音频的音轨数据特征，从而识别新发表的作品和流行作品音轨之间的不同。这样一来，新的音乐作品将有可能和流行歌曲一起被收录到“每周发现”榜单中。

人类的生活已经越来越智能化与个性化，比如电商网站通过用户购物车、浏览和搜索偏好为用户个性化推荐商品，新闻资讯和社交媒体平台帮用户自动筛选感兴趣的内容，以及点评网站推荐餐厅，导航系统优化路线等等，机器学习算法正在悄然改变人类的生活。这种机器算法也出现在了服装行业，正在改变人们的穿衣搭配。Stitch Fix 是美国一家以机器学习算法和设计造型师结合的个性化服装电商平台，通过算法和设计造型师帮助消费者选择服饰，以数据驱动服装服务，简化用户决策，提升用户购物体验。品牌初创时期，将目标消费者锁定在女性群体，用户只需要在官网注册账户，并根据问卷提示，提交消费者的尺寸和风格等相关偏好数据，再通过 AI 算法进行数据学习，结合专业设计造型师的搭配建议，专门为用户挑选 5 个服饰盒子，从偏好和专业搭配角度，给到用户意料之外的服饰推荐。用户可以从 5 个盒子中挑选中意的服饰，为其付费，不合适的则可以退回。此时，算法会根据用户的挑选结果再进行学习，不断迭代优化算法模型，来提升推荐准确性。目前，Stitch Fix 已经将服务类别拓展到男装和童装，并且为品牌的购买会员提供直接购买服务“Shop Your Look”，会员可以通过浏览官网搭配的服饰直接进行下单，购买服装。

个性化与隐私

“终于可以结束这种被监视的感觉了！”27 岁的莎莎在发现包括淘宝在内的许多电商 APP 都可以关闭“个性化推荐”后，立即打开软件一一关闭，“毫无隐私且信息大爆炸的日子总算结束了”。在很长一段时间里，莎莎都因为电商平台的个性化推荐而苦恼。最初的苦恼来自于不断滋长的消费欲，“有时候你只是偶然和闺蜜或者男朋友提了一嘴某个小东西，比如夸闺蜜穿的裙子挺好看，或者让男朋友从冰箱里拿一瓶汽水，结果你很快就会看到淘宝给你推送的各式各样的裙子，或者不同口味不同品牌的饮料。”莎莎随手一点开，看着看着就下了单，“不知不觉间就增加了你的购买率，比如你刚买了一个杯子，淘宝仿佛就在问你，你还想再买 ×× 吗？”如果说消费欲至少还能靠自己得以控制，大量的首页推荐信息呈现出的“我最懂你”，让莎莎更觉细思极恐。“我总怀疑我被这些购物平台监听了，明明完全没有搜索过任何关键词，只是嘴上提了一句，打开淘宝却也能看到推荐的相关东西。”像莎莎这样想摆脱算法推荐的人还有很多，中国青年报社社会调查中心联合问卷网对 1144 名受访者进行的一项调查显示，53.8% 的受访者表示会选择关闭算法推荐功能。在关闭个性化推荐的过程中，莎莎几度感到烦躁，因为这一设置需要的步骤并不少，“显然，平台并不希望你顺利关闭”。根据相关测算，目前平台给出的关闭个性化内容推荐的操作在 5 ～ 7 步之间，步骤较为繁琐。而如果用户不刻意关闭，个性化推荐则默认开启，也不会给用户更新提示。“我还专门去找了详细的步骤攻略，一项一项去点，但凡你是个没耐心的，可能就放弃了。”在关闭了不少软件的个性化推荐后，莎莎如释重负。然而，令她自己都觉得无奈的是，两天后，她又一次打开了个性化推荐，“你以为你关上个性化推荐后世界清净了，实际上却更像是被污染了，没有了个性化推荐后就乱推荐，以原来的信息流方式塞进一堆与我生活毫不相关的东西。”

事实上，像莎莎这样的用户并不少，在微博和小红书等各个平台，有不少网友都表示，“早上关闭了淘宝的个性化推荐，晚上就又打开了”“我算是悟了，要么就是只能猜你喜欢，要么就是直接摆烂”“习惯了个性化推荐的人还以为自己能摆脱吗？”……

而“个性化推荐”难以关闭的另一面是，除了像莎莎这种被迫重新打开算法推荐的，还有不少用户已经被个性化算法推荐“驯化”，难以离开这个“信息茧房”。“虽然的确有时候会觉得自己被监视监听了，但个性化推荐的内容真的很精准，能够迅速获取到自己喜欢的内容、筛选出自己喜欢的东西。这样方便，但隐私是我们作为用户需要付出的代价，我们可能也只能接受了。”个性化推荐算法在一步步地“驯化”着用户，所有的“甜头”，一开始都标好了价格。

围城之下，是否要将算法关进笼子？2022 年 3 月 1 日，工信部、网信办等多部门联合发布的《互联网信息服务算法推荐管理规定》正式施行，这是在全球范围内开启算法规范的先例。多款知名软件也同步上线了“个人信息收集清单”，用户可以查看收集的具体个人信息和收集次数。部分软件给出“清除个性化记录”的选项，可以将用户此前的历史行为一键清除。比如微博曾专门发文解释搜索热度、讨论热度、传播热度热搜榜单的形成机制，字节跳动也曾专门对推荐算法的原理进行说明。

越来越多人看清算法的影响，直言“自己不想被控制”。北京大学互联网发展研究中心 2021 年发布的报告显示，7 成受访者认为算法能获取使用喜好并“算计”自己，5 成受访者则称“被算法束缚，想逃”。本次出台的管理规定抓住了许多要害，比如针对饭圈乱象、“互撕”“控评”，新规要求不得利用算法操纵榜单、控制热搜和干预信息呈现。长久以来，深谙“流量可变现”的明星团队热衷于炒话题、引骂战、精神控制粉丝，给网络增添一股子拜金、暴戾气息，要扶正价值取向，则需要在算法中搭建平和稳健的筛选标准。时下的零工经济蔚然成风，劳动者权益保障，如外卖骑手、专车司机、家政阿姨等群体，就常在订单和好评间打转。有家政阿姨弯腰忙碌、饭也来不及吃，在系统催促下奔赴另一家，更有政府官员体验了一天网约车司机之后感叹，“这钱挣得太不容易”。

管理规定还指出，应建立完善平台订单分配、报酬构成及支付、工作时间、奖惩等相关算法，保护劳动者取得报酬、休息休假等合法权益。同时，不得根据消费者的偏好、交易习惯等特征，利用算法在交易价格等交易条件上实施不合理的差别待遇等。新规还特别提到两类群体：未成年人和老年人。前者甄别能力有待提升，易沉迷于网络或受不良信息熏染；后者因信息不对称，屡遭网络诈骗蒙蔽。因此，规定要求不得向未成年人推送影响其身心健康的信息，不得用算法推荐服务诱导其沉迷网络；要充分考虑老年人出行、就医、消费需求，提供智能化适老服务，开展涉电信网络诈骗信息监测、识别、处置，助老年人安全用网。

作为新技术，算法本身并非洪水猛兽，关键看能不能用好，能不能发挥其提升效率、调配资源乃至精准化服务的优势，规避、约束其负面外溢效应。中国数字经济发展正迎来新周期，针对算法进行规范管理，有利于平衡技术设计与公序良俗，引导“算法向善”，破除信息茧房、算法黑箱等积弊，最终维护社会公共利益、保障国家信息安全。说到底，人是“目的”而非“手段”，不应成为技术的奴隶。如何科学、精细、高效地把算法关进“笼子”，是信息时代无法回避也亟待破解的一道新难题。

80%的用户选择了居中的尺寸

最优抉择

有这样一个心理学实验：研究人员摆出一系列昂贵的果酱，并向消费者提供试吃机会，同时发给每个人折扣券，让他们可以以低于市场的价格买到果酱。实验分为 2 组，一组有 6 款果酱，另一组有 24 款果酱，全部都可以任意购买。最后研究者发现，在提供 6 款果酱的组中，有 30% 的试吃消费者选择了购买；而在提供 24 款果酱的组中，只有 3% 的人最终选择了购买。

为什么呢？因为更少的选择意味着更低的决策成本。在 6 款果酱的组中，消费者只需要比较 6 种口味并迅速通过排除法就可以做出判断，决定自己究竟买哪一种。但是在 24 款果酱的组中，消费者总想“下一款是不是比这一款好一点？”总想做出“最优决定”，结果在比较完 24 款果酱之前，他们就消耗了大量的大脑精力。最后出于节约精力的需要，他们索性放弃了购买。对这些消费者来说，费力做决定的痛苦已经超过了购物所能买到的“好心情”。而且，选项太多反而让最后那个被选中的商品魅力大减——我们总在想“没选上的那一款是不是更好一些”，这让我们越来越怀疑自己的决定，甚至最后退货了事。那么如何降低消费者的选择成本呢？至少有这些做法可以尝试：

减少选择，限制你的消费者

大量的研究证明，如果消费者面临的选择需要经过权衡才能确定，并且选项之间相互冲突（选了 A 就不会选 B），那么所有选项的吸引力都会明显降低。因为选择是如此耗费精力，所以人们往往会尽一切所能规避做决定。研究者给一组医生看一个骨关节炎男士的病例，让医生们决定是开一种新药还是转给专家治疗，大约 75% 的医生决定开药。而让另一组医生决定是在两种新药中选一种来开，还是转给专家治疗，超过 50% 的医生选择了转给专家治疗。对药品多了一个选择，让他们自动地开始规避决定。

正是因为人类权衡利弊的过程如此痛苦，因此你需要在一定程度上限制消费者的选择，减少产品的型号和种类。比如，2013 年秋冬季，优衣库通过定位基本款而取得巨大成功，单是一款 HEATTECH 内衣就卖了 1.2 亿件。在社会生活中，人类也通过增加限制而提升幸福感。比如婚姻，婚姻让你失去了不断选择性伴侣和精神伴侣的机会，但是让你不经过选择就可以轻松得到异性所带来的价值。宗教限制了你无数的行为，但是通过让你的生活更有自律而让你感觉生活更美好。

直接告诉消费者：你应该做什么

即使本来应该由对方决定的东西，你也需要提供一个指示，以降低别人的选择成本。例如，有这样一个“募集捐款”的实验：一开始募捐者说：“我们正在为慈善募集捐款，希望你能够捐一些钱，捐多少都可以，让我们可以帮助那些患有先天疾病的儿童”。结果很多人犹犹豫豫或者直接就没有捐款。后来募捐者改变了说辞：“希望你能够捐出 10 块钱，帮助那些患有先天疾病的儿童”，结果大家的捐款意愿显著增加了，而且很多人捐的不止 10 块钱。

为什么呢？当你只说“捐一些钱”的时候，对方的内心需要经过一些衡量：“我需要捐多少才算是合适的？ 1 元、10 元还是 100 元呢？”这个内心的衡量相当耗费精力，很多人就在这个耗费精力的过程中最终索性不捐了。但是如果加一个“捐 10 元”的指示，大部分人就可以不用思考，直接从钱包中掏出 10 元钱，并且迅速可以回到自己刚刚正在进行的工作中，整个过程不需要耗费太大精力。所以，如果你想让别人付出一个行为，最好加一个“明确的指示”，让别人减少选择成本。人们倾向于避免选择未知的选项，似乎每个人都喜欢确定的选项。一个用户不明白你的产品，或者某个特定的功能，他将不会选择它。

不要迷恋不靠谱的“市场调查”

如果你做一个大型的市场调查，问消费者想要多样化的选择还是想要单一的产品，那么得到的答案肯定是产品型号越多越好。但是这并不代表他们内心真正想要的，因为人经常高估自己对“差异化”的需求。在一个实验中，研究者让一组人每天为第二天挑选食物，并记录他们每天的选择。同时让第二组人为下周挑选食物，并记录他们的选择。结果发现，只需要为第二天选食物的人列的食谱几乎都是类似的，例如你喜欢土豆，那么你几乎每次为第二天挑选的东西里都有土豆。但是另一组需要为下周挑选食物的人，却在食谱上出现了巨大的差异。比如即使他们喜欢土豆，但是往往只会在周一计划上写上土豆，他们想当然认为自己未来一周肯定喜欢每天不同的东西。所以，消费者往往倾向于认为自己总喜欢新潮产品和不同的口味，但是这种预计往往是不准确和不可信的。

只提供一个“最好的选择”

如果你想通过促销折扣吸引眼球并且增加销量或清理库存，最好的方法往往并不是所有产品全线促销，而是同一品类内只提供一个“最好的选择”，比如很大的折扣。研究发现，当一组产品中的某个产品打折后，消费者显著提高了购买意愿；但是如果 3 款同类产品同时打折，消费者对 3 款打折产品加起来的购买意愿都不到原来一款产品的三分之一，消费者往往在某个类别中选一个最好的。但是如果你同时提供好几个最好的，会让他们本来很简单的购买行为（“买那个打折的”），变得如此复杂而且需要权衡（“打折的 3 个到底哪个好？”）。在权衡的过程中，他们的兴趣逐渐消失了。

定制消费者需求

可是，消费者的需求就是如此多样，每个人想要的东西就是不一样，怎么办？是的，消费者的需求是多样的，但是这并不意味着你需要把所有选择的过程扔给消费者，因为他们真正需要的是“选择的结果”而不是“选择的过程”。实际上，有很多方法可以帮助你满足消费者的不同需求，同时又减少他们的选择成本。比如各种网站上著名的“猜你喜欢”的功能——基于过去的用户数据，预测这个用户可能会喜欢什么。而不是把一堆东西推送给他，让他自己做选择。

群体累计决策

英国的税务局做了一个实验，每年英国都会有很多人不缴纳税款，他们只在缴税通知上加了一句话，使得迟缴税款的清缴率达到了 86%，上缴了 5.6 亿英镑的税，这句话就是把按时纳税的人数写了上去。其实，这个策略我们日常设计中也用了很多，像理财产品，会告诉你有多少人正在用，让新用户放心投资，像抢购产品，也会说明，多少人已经买了，给出你要是买肯定不会上当的暗示。像电商网站淘宝的产品列表页面，每件商品都显示了月销售了多少，都已经卖出这么多了，那么肯定得到了大多数人的认可，如果我也买了，就和大家是一样的，这反映的就是人们的从众心理。从众不但是攀比的心态，它的根源主要来自于：尽可能高效地做出正确的决定、获得他人的认同、用积极正面的角度看待自己。

当自己不好判断或无法判断时，总是倾向于认同群体的选择。在陌生或者全新的环境下，我们更倾向于遵循类似的模式。当一些手机应用尝试推动用户去完成不常见或不舒服的行为操作，通常都会采用一些社会影响力的行为暗示，例如评论、评分和推荐等。例如，冥想类移动应用 Petit Bambou 会实时显示在过去的一周、一个月或一年等时间段内，有多少人进行冥想。从而来暗示，冥想是大部分人可以进行的活动，并且没有太大难度。这种社会行为影响，也会伴随在购买决策的页面。让用户知道已经有不少用户信赖你的产品，从而增强使用和购买信心。

我们进行是非判断的标准之一就是看别人是怎么想的，尤其是当我们决定什么是正确行为的时候。比如：在募捐的场所，如果我们看到里面已经有钱，我们就会更有可能往里面放钱；如果里面没有钱，我们反而更不可能往里面放钱。这背后的心理活动是：里面有钱时，我们会告诉自己，别人也觉得这个东西该捐钱，我不如也捐；里面没钱时，我们会告诉自己，这个东西别人都不捐，估计不靠谱。社会认同原则就是指人们会采取他们喜欢、信任或者和他们类似的观点和行动，也就是从众效应。商家营造并炒作“热销”假象，往往就会造成真正的热销结果。制造热销的现场感，是常见的方法。比如你常会看到某奶茶店门口在排队，你会觉得它非常热销；网上购物时，面对你拿不准的商品，一般会选择买销量和好评率较高的商品，电商们也瞅准了这一点推出了各种“排行榜”来让你快点掏钱买买买。事实是，这是商家刻意营造出的一种销售氛围。还有很多通过对热销的宣传，也都起到了“火上浇油”的效果。如广告上常用的“XXXX 人的选择”“累积销量 XXXX”、某饮料“环绕地球 XX 圈”“连续 N 年销量第一”等等。

即使没有具体数据或数字，还可以通过广告画面中呈现无数人在某场景下，同时正在使用或追捧某品牌产品来暗示产品的受欢迎程度，王老吉、可口可乐等很多品牌广告都长期使用这种暗示手法。这种社会认同原则的影响，不仅仅只发生在排队现场和接触广告的那一刻，这种体验或印象被我们记忆存储后，以后在消费同类商品时，我们往往还可能再次选择使用那些产生过社会认同的品牌。当然从众现象还有名人站队、权威认证、专利证明、KOL背书和官方平台支持等等，这都是社会认同原则的范畴。社会认同，我也就认同，就是这样！

人是复杂的社交群体，我们都需要适应社会。当看到很多人在做同一件事情时，我们总是会相信多数人的选择，潜意识里会认为做这件事情是对的，毕竟这样的风险是最小的，也会跟着做这件事。我们可以回想一下我们平时的购物情形。当朋友和我们介绍某种产品性能多么多么优良的时候，可能我们并没有那么动心，心里总是会担心真的有那么好用吗？万一有其他风险怎么办？但当他这时候加一句："我周边的人都买了，就差你了"时，我们的购买冲动就会大很多。除了消费行为外，用户对于加入一个组织很大程度上依赖于组织规模，组织规模在互联网平台上也是一种消费决策数值，豆瓣上的圈子小组，关注数越多的小组越容易招募更多的组员。打游戏选择的战队也是，毕竟除了人数外，其他可提供的信息太少。

用户有选择产品的权力，产品的需求从用户心理中索取，而更具直观性的说法是：产品就是用户心理模型实物的一个体现。产品从人身上而来，最终又回到人身上，所以产品趋势线和用户心理模型线是一个双向选择和决定的过程，那为何用户心理模型线是曲线，而产品趋势线是直线呢？这是因为用户心理如同天上繁星之多，而且感性、挑剔、阴晴不定与易变。而产品趋势线不是根据一个用户的心理模型定制的，而是用户群体心理模型的一个最大公约数。用户心理决定了产品趋势线，不如说是用户群体心理模型更为直接地影响了产品趋势线前进的快慢和节奏。

虽然人们回答问题的方式受到语境和顺序的影响，但是答案的可塑性却是有限度的。如果人们对于一个问题已经非常熟悉了，那么答案受到语境和问题顺序影响的边际变化率会小于 30%。然而如果人们对于一个问题一无所知完全不懂，在某些特别的询问方式下，一部分人仍然会对这类问题发表意见，实际上尽管他们丝毫不了解，这就是“虚假意见”的现象。1946 年尤金 · 哈特利就曾经做过这样一个实验，询问一些大学生对于一些压根不存在的少数民族他们的“社会距离”是怎么样的，结果 80% 的大学生竟然给出了他们的意见……

折中之选

下面是一个商品 3 种版本选择，你会选择哪个？

第一种：最低版本功能有限，但是价格最便宜；

第二种：最高版本各方面都很极致，但是价格高昂；

第三种：是介于最低和最高两个选项之间的一个中间选择。

这种情况下，相信大部分人都不会选择最便宜或者最贵的，而是会选择第三种，即中间选项。我们大部分人的行为水平都处在“磁力中间值”，偏离中间数的人会向其靠拢——不论原来的自身行为好坏与高低与否，他们都会改变自己的行为向“常规人群”和“中间值”靠拢，人对平均主义有着一种天然的好感。在我们面对从高到低各种选择的时候，绝大多数人会倾向于选择比较居中的选项，这种倾向被称为是适宜效应。在麦当劳的一项调研当中，用户被要求在一系列不同大小的饮料中做选择，无论尺寸本身怎么变化，80% 的用户都会选择居中的尺寸，因为我们在心理上会下意识假设中间的选项是基准和典型的选项，我们始终会倾向于选择那些不需要努力思考就能达成的选项，这一点星巴克做得更为极致，他们咖啡的杯型起始是中杯，大杯则是中间选项。

电商平台上，我们通常都有一个按照“价格顺序”排列商品的选项，你可以把价格从高排到低，也可以从低排到高，一些菜单上也有这样的排序。一项消费心理学的研究发现：价格排序会影响消费金额，即如果卖家把价位从高往低排，消费者会比较容易买到价格较高的产品。美国科罗拉多大学的团队就做过这样的实验：他们选定的酒吧里有两种酒单设计，一种是价格由高至低，另一种是由低至高，实验主要观察消费者购买啤酒的状况。8 周后，酒吧一共卖出了 1195 瓶啤酒，通过价格由低至高的酒单，消费者平均购买啤酒的均价是 5.78 美元；通过价格由高至低的酒单，平均购买啤酒的价格是 6.02 美金，比前者高了 0.24 美元。研究人员解释，在价格从低到高的商品陈列方式中，消费者看到下一个商品时，在他心里损失的是价格，因为往下看就会错过优惠的价格，消费者如果想要降低这样的损失，一开始就会买入较低价的产品；在价格从高到低的商品陈列方式中，消费者看到价格越来越便宜，会觉得产品的品质逐渐下降，因为不想买到品质较差的商品，于是会比较有动机以较高的价格消费。不过，要产生这样的效果，需要一个前提：消费者认为价格与品质有关。研究还发现，假如一些消费者对产品的熟悉程度很高，他们的消费就不会受到价格呈现顺序的影响。如我们购买矿泉水的时候，有 1 元、2 元、3.5 元的，我们一般倾向于是购买 2 元的。因为矿泉水的牌子大都听过，属于无差异产品，不必要花过多的溢价。二是避免极端，也是人惰性的风险规避。在只有价格是可掌握信息的消费环境里，居中的定价能够让你脱颖而出。而在淘宝这样的消费情况下，联合评估成为我们选择的方法，有了更多的判断线索，如销量或者好评等。在信息越来越对称、产品购买越来越方便的时代，对于功能无差异和价值直观简单型的产品，品牌带来的溢价能力在慢慢降低。

当品优价更优的新面包机推出后，之前老款面包机的销售额便立马翻番。这到底是为什么呢？著名学者伊塔马尔 · 西蒙森认为，当消费者面临同类产品的一系列选择时，往往会喜好“折中之选”——消费者的最基本需求是什么，在这一需求上的最高花费是多少，他们会在最低价与最高价的区间之内挑选。

人们在首次制定目标的时候，需要制定一个具体的数字。但是，当人们重拾目标的时候，往往一个上下浮动的数字，更能激起人们的干劲。为了证实这个结论，研究者们做了一个实验：将减肥者分成 2 组，第一组目标一周减掉 2 磅，另一组是 1 ～ 3 磅，在前三周，第一组每周减掉了 2.2 磅，第二组减掉了 2.67 磅，减重效果相差不大，但是在是否愿意继续参加上，第一组只有 50% 愿意继续，第二组有 80% 愿意。

人们实现目标主要有两个因素：挑战性和可实现性。挑战性，让人们有成就感，面对单一数字的目标，人们就会选一个相对容易达到的、相对有挑战的数字，而浮动范围性正好把这两个因素都包括了，既有可实现性又有挑战性。所以在设计让人们重拾目标的产品的时候，可以把目标设成可浮动的，像是每天运动 4 ～ 5 公里，每周减重 3 ～ 6 斤，这样更有利于人们坚持下去。背单词的手机应用，一般也要求用户每天背诵 15 个单词，如果用户完成，还可以挑战更多，每挑战一次都是一个固定的数量，这无形中就给了用户一定的压力，如果把这个单词设计成每天完成 10 ～ 20 个单词，然后新的一天，可以看见昨天完成了多少或者可以看这几天完成的数量，给出一个具体的展示，让用户和自己作比较，就可以更好地激励用户。

组织行为学中的双因素理论认为，影响人们工作满意度的因素可以分为两种：基础因素和激励因素。基础因素就像是为大家的工作提供良好的灯光、温度等。当这些基础因素恶化到人们认为可以接受的水平以下时，就会产生对工作的不满意。但是，当人们认为这些因素很好时，它只是消除了不满意，并不会导致积极的态度。激励因素包括成就、赏识、挑战性的工作、增加的工作责任，以及成长和发展的机会。如果这些因素具备了，就能对人们产生更大的激励。

基础因素和激励因素同样可以用在产品设计当中。对于任何一个产品，有一些需求的满足是基础因素，这类需求需要得到满足，不然会影响到用户的满意度。但是达到一定程度后，即使再进行改进，用户的满意度也不会再上升。而另一些需求则是激励因素，没有的话能勉强接受，但是只要我们在这方面满足好用户，满意度会大幅度上升。手机是典型的例子，早期的手机市场，摩托罗拉生产的手机以质量好和信号能力强著称。然而逐渐地，通话功能成为了基础因素，人们认为手机良好的通话功能是理所当然的，更好的信号接收能力并不会增加用户的满意度。这个时候诺基亚凭借良好的工业设计脱颖而出，最初诺基亚一个成功的设计是将手机的天线隐藏起来（是的，现在理所当然在手机上是看不到伸出来的天线的，但在当时所有的手机都有暴露在外面的天线）。这样的外观设计在当时就是一个良好的激励因素。而再往后，诺基亚与苹果之间，也发生了同样的故事，只是这一次激励因素到了产品虚拟应用的设计当中。

在一个产品内部，我们总是能分解出基础型的功能和激励型的功能。早期的天气应用，天气数据本身是基础应用，而如何让这些数据更形象生动地展现出来，则是激励。例如对于手机助手类软件，通讯录和短信相关的需求，就是基础因素。即使做得再好，用户也不会因此感觉太兴奋，因为用户觉得本来就该如此。而应用下载、地图导航、社交应用等延伸的需求，则是激励因素，有很大的空间可以挖掘，只要做好就能大幅提升用户满意度。在一个功能内部，各种子功能中，同样存在着基础与激励因素。在做产品时，对于激励因素类的功能，我们必须全力以赴，投入最大的资源来做好。而对于基础因素类的需求，则在做到基本满意后，以维护为主，解决最影响用户使用的问题即可。这里的背景，是我们的资源永远不可能充足，需要做出取舍权衡。在苹果 iPhone 推出的早期，不少功能当时并不全面，也是遵循够用就好的原则，甚至不少功能的缺失还饱受诟病。因为当时没有办法在较短的时间内，做到所有功能都向诺基亚等手机厂商看齐，但这并不影响它取得巨大的成功。敢于“够用就好”，往往比做得更好更难以抉择，够用就好的目的，就是为了集中资源，投入到真正的激励型功能上去。

选择的困局

选择太多可能会导致选择恐惧症，我们对这种感觉并不陌生。每当办理新工作入职手续时，我们总会收到铺天盖地的文件，要求我们做出一些重大决定。如 24 种口味的果酱、230 多种口味的“冰激凌仙境”和宝洁的“海飞丝”系列等。有一句话说得好：“多样的选择是生活的调味料”。作为用户，每天我们拥有的选择题都在呈指数增长。互联网让我们可以在瞬间访问世界上的内容，如此多的选择会使我们思维迟钝，降低我们的满意度，让我们感到困惑和迷茫。一个产品可以拥有世界上所有的功能，但是当界面因为选择过多而过于复杂时，它最终给到用户的体验一定很差。《人格与社会心理学杂志》的一项研究表明，当我们有太多选择时，往往会导致决策失误和情绪沮丧。

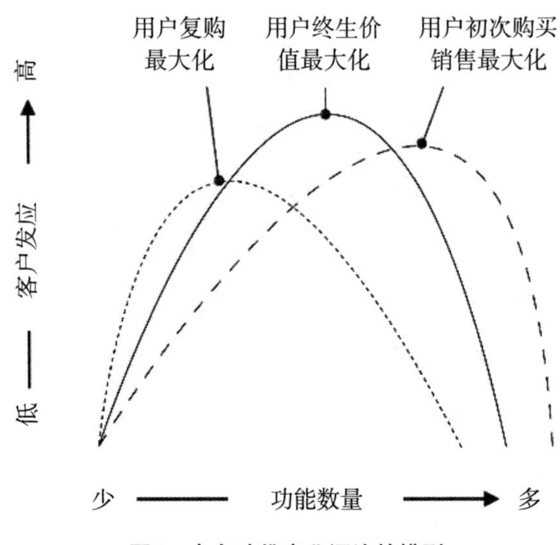

图1：来自哈佛商业评论的模型

在追求最大化，满足商业化可能的产品设计中，商家可能会要求在其产品中包含过多或过少的功能。通过使用哈佛商业评论提供的模型，横轴为功能数量，三个点依次为用户复购最大化、用户终生价值最大化、用户初次购买销售最大化，商家能够根据他们想要的结果找到适合他们的功能数量最佳点。研究表明，人们更有可能购买提供了有限数量的商品。在这种情况下，他们会对自己的选择更满意，而不是从购买前的犹豫到购买后的忐忑，从而产生更大的满足感。关键是很多产品为用户创造了太多的选择，这可能会造成浪费并适得其反。用户可能会浪费时间尝试点击所有可能的产品，而不是按照预期进行实际购买。

在用户体验世界中，关于使用多少次点击以及人脑一次可以接收多少信息，存在许多相关的说法。但最重要的是，产品设计师需要在简单性和功能性之间取得平衡，这样就不会要求用户做太多的操作或过多考虑用户的需求遗漏了什么。最容易被误解的理论之一是乔治·米勒神奇的“7±2”数字原则。有人说产品设计应该只有七个菜单选项卡或下拉列表中的七个项目，现在看来这可能就是个谬误了。当前的互联网会通过网站和大屏手机向我们展示数据，而不是早年的4.0英寸的小屏手机，用户可以轻松地一次看到他们的所有选项，并不是非要强制通过数字7的限制让用户在一块很大的屏幕上来回滚动。现在也有一些研究表明，人们有可能喜欢有多种选择的菜单。我们拥有的选项越多越好，因为用户不必花时间深入查找相关信息。比如主页上最多包含几十个类别链接的淘宝列表比仅提供有限选项（如没有子类别的类别）的网站更有用。但这里要强调的是需要考虑实际的用户场景，电商平台的属性导致了要为消费者提供更多的选择。而类似工具产品，尤其是垂直工具产品，在设计选项数量时则需要更加谨慎。还有另一个站不住脚的理论，就是从业者普遍接受的“三击规则”，或者更加极端的“两击规则”。用户的满意度和事件完成率其实并不一定受几次点击影响，比方说付费流程，缺少必要的流程仅按点击次数把流程缩短，导致用户错误付费而产生的用户体验变差几乎是不可逆的。

比菜单选项卡或下拉列表的数量更重要的是视觉体验，视觉布局可以更轻松地扫描和记住每个选项。根据信息搜索理论，信息线索的持续感知对你的用户体验很重要。人们在日常生活中要做出很多选择，而太多的选择可能会让人不知所措。当我们因产品特性不得不呈现更多的信息时，重要的是信息组织方式。你可以去尝试减少选择的数量，但最重要的是信息结构。如果信息没有组织好，或者给到用户的决策过程中涉及的步骤过多，用户就不会费心去寻找他们想要的东西，因为他们觉得这会花费太长时间或可能没必要去更努力地探索。为了在产品展示上让用户的决策有更好的转化，需要去掉任何不必要的东西，例如无关的标签和链接，这些标签和链接会分散用户的注意力，使其无法找到他们正在寻找的东西。同时综合产品特性去考虑实际该有的流程数量和必要选项，平衡简单性和功能性的关系。

当选择相对简单，完成任务动力很足的时候，灵活性比固定顺序有助于实现目标。但是，如果人们需要做出较为困难的改变，或是动力比较低的时候，严格的顺序和结构就会更有帮助。结构化的顺序能够帮助人们完成既定的目标，这个方法对医药公司也很有用，这类机构面临的挑战是说服人们按照疗程服药。研究结果表明，医药公司可以把泡罩包装的药片分成不同的颜色，并作出清晰的标识，告诉患者何时该吃什么药丸，这对患者和专业医护人员都有好处。行为学家金立彦、黄素琪和张英认为，当某个项目包含若干个行动的时候，如果人们可以自行选择这些行为的顺序，那么，与只能按照规定顺序行事的人相比，前者追求目标的积极性会更大。然而，一旦追求目标的过程开始，有灵活行动权的人完成目标的可能性反而不如没有灵活性的人大。一个可能的原因是，预先规定的顺序能够抹掉（起码也是减少）计划执行过程中不必要的"决策点"。在当今这个信息过载的社会，人们喜欢少做决策，而不是多做。在附加的研究中，金立彦和同事们发现了支持证据：按照规定顺序行事的人一般都感到，在实现目标的过程中限制选择的个数，会让这个目标显得更有可能实现，事情也会显得更容易一点儿。

太多的选择有时会让我们的大脑停滞，然后无法做出任何选择。在路透社的研究中，43% 的受访者表示，分析瘫痪或者过量信息要么延长了他们做出决定的时间，要么不利于他们做出决定。心理学家巴里·施瓦茨认为：个人主义的现代文化存在“过度的自由”，反而导致人们生活满意度下降和临床抑郁症的增多，过度的选择更是导致人们无所适从。例如从 24 种果酱中做选择的人选择满意度要比从 6 种中做出选择的人满意度低。在产品中，一次性让用户在众多选项中做选择可能会比分层逐步做选择带来的体验差。因为人们认为拥有了选择等同于拥有了控制权，对周边事物的控制是人类的内在本性，因为通过控制周边事物我们可以增加生存的机会。

人希望拥有超出能力范围的选择和信息。如果你问大家想要多少种选择，他们几乎都会说“许多”或者“全部”。但实际操作中，人们面对过多的选择时反而不会进行任何选择。少即是多，要克制向消费者提供过多选择的冲动。如果可能的话，将选择的数量限制到三四种，因为人一次只能记住四项事物。如果不得不提供更多选择的话，尝试用渐进的方法展示，用简化的设计界面来选择过程。人们并不总是选择最快的方法来完成事务，在我们的产品中应当提供不止一种方法，哪怕它们效率不高，因为这样可以向用户提供更多的选择。你需要做的是帮助用户摆脱困境，让他们对自己的选择充满信心。

反馈，让我们拥有更多的掌控感

有意义的反馈

打电话时遇到什么情况会觉得奇怪？寂静无声，完全没有提示，因此你就会挂断电话再试一次。当人们抱怨在没有任何声音的时候他们不能判断系统是否工作正常时，工程师们很生气。“我们真没办法，”他们大声叫道，“人们抱怨电话线路的噪音，所以我们做了巨大的努力来让它们完全安静下来，然后他们又开始抱怨这个！”于是工程师们在线路完全安静之后，又开始把噪音加回来。这就是舒适的噪音和“有意义的反馈”，虽然并不舒适，但它必不可少。

银行的自动取款机在取款的时候会发出“刷刷”的数钱声音，即使只取一百元也会“刷刷”一小会儿，其实这个“刷刷”声音不是取款机在数钱时真实发出的声音，而是机器通过音响播放的声音。自动取款机为取钱时的等待配以声音，就是在运用声音进行反馈，将系统状态反馈给用户，从而消除用户对系统状态的未知而产生的焦虑。系统需要将状态反馈给用户，不让用户因对系统状态的未知而产生焦虑。系统状态可见性包括让用户知道自己在做什么，系统在做什么，系统进行到了哪一步以及用户当前处在系统中的哪一个环节等等。若系统没有及时地反馈信息，用户不仅仅会产生焦虑，很有可能会执行错误的操作。在尼尔森十大可用性原则中，第一个原则说的就是系统状态的可见性，即系统状态需要反馈给用户。不仅仅是打电话和自动取款机，所有的产品设计中，反馈是非常重要的一环。

人与人、动物或应用程序等在沟通时潜意识里都认为每次交互后会得到一个响应。反馈信息的方式包括视觉、听觉和触觉等，如插排通电后的红色指示灯、iPhone 的震动切换键等。在数字产品交互设计中，基本也都覆盖了反馈这一点，在用户点击一个按钮或一个链接时，都会有相应的响应反馈给用户。反馈主要有可预期性、明显性和精准性等特征。

反馈的可预期性

谈到反馈体验是否友好，首先是反馈的可预期性，其次才是反馈的体验友好性。从心理学的角度讲，我们在发出一个请求后，对将要得到的反馈信息都会有个大致的可预料到的答案。比如当我问一个女同事“今天下午要不要一起去吃饭啊？”其实我们潜意识里已经预料到将要得到的反馈信息无非是回答 YES 或 NO。但如果当我问完女同事“今天下午要不要一起去吃饭啊？”，结果女同事直接给了我个大嘴巴，然后说“好哒”，那这个反馈就是（逆向）超预期的，就是相当不友好的。不过我们在定义什么是优秀用户体验的时候，给出的答案是：超预期。这里说的超预期，是指正向超预期。同样的问题，我问一个女同事“今天下午要不要一起去吃饭啊？”结果女同事先是上来亲了我一口，然后说“好哒”，这个反馈就是正向超预期的。在产品设计中，无法连接网络时谷歌浏览器 Chrome 的小恐龙游戏就是正向超预期的设计典范。

反馈的明显性

反馈的明显性即指反馈信息的呈现要显而易见，否则就跟没有反馈一样。在使用手机淘宝的时候，付款完的订单会有一个“提醒发货”的功能，当点击完提醒发货的按钮后，仅是在屏幕的底部弹出了一个写着“提醒成功”的黑色小窗口，不仔细是不会注意到它的，然后就给用户一种没点上或是没提醒成功的感觉。

在产品设计中，也经常会遇到需要提醒的场景，比如保存成功提示、修改失败提示、未填写提示和格式错误提示等等。通常有两类交互的提醒样式，一类是弹窗提示，另一类是在输入框处提示。对于弹窗，按照位置的不同也会分为两种，一种是主屏正中央的弹窗，另一种是主屏其他位置的弹窗。对于主屏正中央的弹窗，一般承载的是非常重要的提示信息，同时按照关闭方式又分为自动关闭和手动关闭两种，其中手动关闭是承载必须让用户仔细看的信息。对于主屏其他位置的弹窗，一般是承载普通的通知信息，如保存成功、删除成功等，这种弹窗有一种好处就是保持用户的沉浸感，没有正中央弹窗带来的操作流程打断感，使用户的整体操作流程更流畅，但需要注意的是，不能像手机淘宝曾经的提醒发货提示功能，显示在一个用户基本上看不见的位置。对于在输入框处提示，一般是对表单里某一项的校验提示，需要注意的是，如果表单过长的话，则在点击提交校验时一定要注意锚点，否则就会发生看不到没有填写或填写错误的提示，又不知道为什么不能提交成功的蹊跷事了。

反馈的精准性

交互的本质是为了得到满意的响应结果，反馈也是如此，反馈的精准性是反馈体验非常重要的因素。假想我在淘宝搜索“衣柜 北欧”时，搜索结果都是欧式各种大花纹装饰或是红木颜色的衣柜，那会很快让用户失去耐心的，而实际情况淘宝确实表现得不好，如果淘宝在搜索算法中加入 AI 图像识别技术对衣柜图片进行风格分类识别的话，应该能更好地提高反馈信息的精准性。

我们喜欢掌控一切

试着想象一个情景，你无法知道周围发生了什么。很快，你就会开始惊慌失措，你想知道接下来还会发生什么，有什么事是你能够控制的。从进化的角度来看，如果人类能够控制生存的环境，我们就有更高的存活几率。当危险来临之际，基于我们对感知水平的控制，我们的潜意识会提醒我们警惕各种危险做好准备（战斗或是逃跑）。信息面板的设计，就给了我们这种所谓的控制感。无论是了解个人消费动态的个人资金数据界面，还是帮助企业跟踪营销预算的营销数据界面，都是通过提高你对情况的感知，给你潜意识里想要的那种可控感。

信息板给予了用户控制权，无论是能帮你意识到个人消费趋势的个人财务信息板，还是能帮你跟踪营销运算的企业营销信息中心，他们都更好地帮你来了解状况，给予了你所想要的那种控制感。雅各布 · 尼尔森在“短时记忆与 Web 系统可用性”一文中指出，人不能在短时记忆中存储太多信息，尤其当他们被多个抽象的数据片段连番轰炸时更是如此。他通过研究发现，我们的短时记忆只有七个信息组块，而这些信息在大约 20 秒后就从我们的大脑中消失了。而信息面板可以突破短时记忆的限制，通过在用户的视线范围内显示所有相关信息的单个屏幕，可以减少用户对短时记忆的依赖。你不必记住所有内容，因为它们就在你眼前，信息面板能够给予用户一种心理层面上对环境的可控感。

控制感是人对于周围环境的信念控制能力，通俗地说就是当你使用产品时，通过自己的操作达成了你期望的目的而产生的掌控感、胜任感和操作过程中的安全感，统称为控制感。控制感的对立面就是挫败感，如：当你使用打印机时，由于不熟悉其操作方法，会导致出错、失败，无法达成自己打印的目的，这个过程所带来的就是挫败感。挫败感伴随的是使用产品前的恐惧，以及使用产品时的低效和不准确性，多次的挫败感还会带来习得性无助，最终导致放弃使用产品。

“控制感”可用以描述使用者对于使用产品的信心或受挫程度，亦可用于描述产品本身的易用性。如果用户在使用产品或完成任务时，有较高的“控制感”，那么用户的态度会更积极，更愿意接受挫折及试错，也更拥有安全感。我们在用户体验设计过程中，应当保障用户的“控制感”，以提升用户的参与度和探索意愿。如越来越多的电视台在插播广告时，会在屏幕角位显示距离正式节目开始还有多少秒。这个小小的创意帮助观众摆脱茫然的等待和可怕的担心——不知道什么时候节目开始，广告到底要多久，同时还要担心精彩画面在转台的时候被错过。

用户在使用产品的时候是很需要掌控感的，要让用户感觉他们对产品的一系列操作了如指掌，产品能够按他们的预期来执行命令，让用户拥有掌控感是获取用户信任和降低用户焦虑的有效手段。想要让用户在使用产品时有掌控感，可以从状态可感知、及时反馈与减少等待感三方面来考虑。状态可感知就是要让用户知道他们当前的状态、接下来的进程以及什么时候结束，比如在注册登录时在顶部放置注册引导来告知用户当前所在的位置。及时反馈就是在用户进行一个操作时，能立刻给用户反馈操作的结果，比如在微信聊天时，无论是复制还是收藏，都会在下方给出提示，让用户清楚地知道当前操作的结果。

减少等待感是一件有意思的事情：用户对产品的期望、熟悉程度、用户的性格以及等待的结果是否影响用户下一步操作等因素都会影响用户的等待感。用户根据经验认为需要 3 秒，结果我们的产品在 10 秒后才有反应，用户会感到不满，急性子的人比慢性子的人更容易着急。如果用户等待的结果和进行的操作无关，也不会产生太大的等待感，比如放在后台运行的操作时，即使时间稍长一点，用户也不会产生什么等待感。罗伯特 · 米勒在他发表的有关响应时间的文章中指出，用户有三个阈值时间，分别是 0.1 秒、1 秒和 10 秒钟。如果响应时间短于 0.1 秒钟，用户感觉不到任何延迟，即 0.1 秒钟是让用户感觉到系统立即做出了响应的时间上限；1 秒钟是让用户思维不被中断的上限；而 10 秒钟是让用户的注意力保持在对话过程中的上限。为了减少用户的等待感，我们可以根据不同的情况进行不同的设计：响应时间少于 0.1 秒时，不需要做任何设计，就像用户在裁剪图片时的拖拽一样流畅；响应时间大于 0.1 秒小于 1 秒时，也不需要做什么设计，因为用户马上就可以看到结果，只不过感官上没有 0.1 秒时那么流畅；响应时间大于 1 秒小于 10 秒时，此时就需要介入了，在这个反应时间，需要用户进行等待，但又不需要用户等待太久，因此我们可以添加一个动态的小动画，这样用户就知道系统对自己的操作有了反应，只不过需要等待而已，而选择动态而非静态的图案是暗示用户系统正在处理，静态的图片很容易让人认为页面已经卡死；大于 10 秒时，我们可以有两种选择：第一是不会干扰用户的其他操作并允许后台运行，如果没有办法实现，那我们就采用第二种设计，提供进度条告诉用户当前进度以及剩余的等待时间，并提供能让用户取消操作的按钮，并在处理完成后给予用户提示。

及时反馈，增强把控感

相信大家都非常清楚设计中需考虑反馈，但反馈的即时性往往容易被人忽略，因为大家都觉得："我的反馈已经够即时了。"曾经有这样一则笑话：十二生肖在小船上游玩，轮流说笑话，如果不能把所有生肖逗笑，表演者就要被丢进湖里。首先从牛开始，牛的笑话非常幽默，几乎所有生肖都笑了，但唯独猪没笑。所以牛很遗憾地被丢到湖里。然后是羊说笑话，羊的笑话很烂，几乎所有的动物都没笑，但唯独猪笑了。其它生肖都很不解："你在笑什么啊？"猪说道："哈哈哈哈哈，因为牛的笑话太逗了！"我们觉得这个笑话好笑，是因为觉得牛好冤枉，同时也觉得猪真的好蠢。同样，当你的产品反应像猪一样慢的话，用户会觉得这产品很愚蠢，而这里的反应，即交互设计中的反馈。只有反馈还不够，用户需要的是即时与马上！

行为主义心理学大师斯金纳认为：学习过程中的每个反应立即作出反馈，这样能够帮助学习者快速提高信心。他认为对学习者反馈越快，强化效果就越好。反馈不光要有，而且一定要及时，有时候某一个操作可能涉及复杂的运算或者是网络请求，这种情况下系统是需要一定的时间去处理，然而用户并不知道，对于用户来说，任何操作都是期望立刻得到反馈的，比如用户点击了一个查询按钮，然后系统去请求网络查询数据，但人机交互界面上没有及时给出反馈，那么用户的直接感受就可能是：是没点中？还是反应慢或者死机了等等一系列猜测，心急的用户可能又会点击一次，但这个时候，查询完成了，界面也给出了反馈，然而再次点下去的手已经来不及收回，于是系统又去查询，界面依旧延迟反馈，严重影响用户体验。就好比你跟一个人说话，他半天才回答你，让人感觉很没礼貌，虽然他可能是在思考。对于这种情况，常见的处理方式是：立刻给用户显示一个等待的提示，比如 Loading，或告诉用户系统正在处理，需要耐心等待一会儿。等到处理完成以后，及时反馈处理结果给用户，这样就会减少用户的焦虑。如果某个延时操作可能需要等待较长时间，比如上传或者下载，跟仅仅只有一个提示如“上传中……”或“正在下载……”比较而言，一个明确的进度或者时间预估会让用户感受更好。“已下载 60%，预计还要 3 分钟”类似这样的反馈信息，对于提升用户体验非常加分。而如果没有进度和时间预估，用户看着 Loading 转来转去，内心是非常没有把握的，也很容易引起焦虑情绪。而一个走动的进度条，会让用户知道，系统一直在工作，即使慢，那也是因为网速慢，或者是设备硬件不够好。

成功游戏产品的共同点都在于游戏中任务目标的难度都是从 0 到 1 慢慢地增强。在游戏的初始阶段都会通过简单的任务引领让用户边了解游戏的操作，边提升等级和边建立自己的“王国”。而且在游戏中的每个操作都会得到即时的视觉化与数据化地显示出来，这些都会让用户在游戏初期就感到一种都在控制之中的感受，渐渐地熟悉和享受游戏带来的喜悦感，之后游戏任务的难度才会逐渐升级。

渐进式地上手只是让用户不立即退出游戏场景，在度过初期的新鲜感之后用户的疲劳和厌倦感随之而来，这个时候就要告诉用户他能在游戏中做什么？做成什么样？如何去做？将更多的长远任务或者未来的场景展现在用户眼前。现实世界的关键词是“迷茫”，而在虚拟世界，一个成功游戏产品的设计必须要解除这种“迷茫”感。让用户清晰地看见自己的奋斗目标在哪里，让用户感觉到自己只需要按着地图攻略或者不断地训练尝试一定能达到期望的目标。最终让用户对这个游戏产生了不是简单的任务完成所带来的表层控制感，而是一种对游戏清晰的把控感。

用户普遍不喜欢填完一个长表单并提交之后，才发现哪里填错了然后重新填写。在错误出现之后，界面应该在第一时刻将错误信息呈现出来，让他们能更早改正错误。用户能收到即时的反馈，也能清晰地标注出所有的要求，便于用户更正。这种反馈屡见不鲜，但却不是每个都做得很好。我们常见的登录交互页面中，当输入手机号或邮箱地址出现问题时，在输入框边缘会出现的报错提示，用户可以更快地被提醒错误并修正内容，更有信心、更快地完成输入任务。通常大家在设计时关注的都是输入错误状态下的红色反馈，实际上输入正确后绿色的成功反馈有时也是必要的。

人类往往高估自己对事件的控制程度，而低估实际或不可控制因素在事件发展过程及其结果上所扮演的角色，且日常生活中无处不在。如打游戏时，往往会粗暴或高频地按键，虽然没有任何作用，但我们依然很卖力；在赌博游戏中（如掷骰子），我们会很认真地做一些仪式性的动作（揉手、用力、吹气和大喊等），以此来期待自己可以控制这个结果，然而好像也没有什么用；买彩票时，我们往往会倾向于自选号码，即使我们知道中奖的概率一致。无论是控制感还是控制错觉，控制感都可以帮助打破对陌生的恐惧和迷茫，激发用户主动调整自己以适应陌生事物，从而提升操作中的效率和准确性，将未知和不可控因素转化为熟知、可控和可胜任的工具。

电商平台淘宝的“提醒卖家发货”功能，提醒卖家发货本身是一个业务本身的功能，商家可以根据提醒优先发货或者置之不理，但对于买家来讲其背后也是权力他人的体现。如果卖家长时间没有发货，买家心里会产生不愉快情绪，有可能会投诉和撤单等。如果增加提醒卖家发货的功能，会将买家一部分的情绪通过执行此功能而得到一些缓解。卖家如果收到提醒及时安排了发货，对买家来说获得了一种可以权力他人的感受，这本身也是一种控制感。假设卖家对提醒置之不理，但如果发货时间和买家的提醒时间接近，还也可以营造一种控制错觉。

电梯制造商为了提高电梯的安全性，需要把人的可控性降到最低。因为当电梯出现问题的时候，频繁地开和关、盲目自救是非常危险的。所以大多数电梯设计了一个闭合的系统，除了少数几个（如楼层、开门等）是由人控制的，其他的它尽可能是一种自动控制的，以提高安全性。以此为考虑，关门键是一个没有功能意义的按钮。无论你按或是不按，电梯都会在固定的时间关门。那么为什么还需要这样一个按钮呢？答案很简单，给你带来控制错觉，以为自己拥有了控制感，消除没有此类按钮带来的疑惑或恐惧。

用户预期的反馈

有这样一个故事让人印象深刻：有一个出租车司机被劫持了，但幸好他安装了警报系统。当他按下按钮后传来了一段声音："已经帮您报警，警察将在30分钟内到达"，这当然更像是一个笑话。但是却值得我们在实际场景中要注意：反馈一定要合理，不能给用户带来困扰，更不能误导用户，产生负面的后果。就好比本来是想反馈成功或者完成的，但显示了一个叉号图标；本来是想反馈失败信息的，但又显示了一张笑脸；或者是某个打开操作，却先淡出再显示；关闭操作是先飞入再消失等都是非常容易误导用户的反馈形式。反馈信息如果是文字形式的话，那么要做到简明扼要、一针见血，需要反馈的信息以最简单的方式说清楚就行了。比如支付成功后的反馈，"支付成功""支付已完成"和"已支付"等。而"亲，恭喜你！你已经支付成功了，好棒棒哦"则显画蛇添足，容易让人反感。而"OK""成功""好了"和"完成"等表述虽然很简单，但是不够明确，用户会产生疑义。

虽然反馈很重要，但也切忌过度反馈，有些线上业务系统，几乎每一个操作都会弹出一个确认对话框，比如"增加成功""删除成功""导出成功"和"已完成"等各种弹窗。用户每次都要点击确定，才能继续下一步操作，导致操作效率非常低。所以，反馈的形式非常重要，像列表的删除操作，如果成功了，被删除的那条数据采用淡出的形式消失，这就已经可以起到反馈的作用，因为用户已经看到这条数据消失了，此时完全不需要弹窗说明删除成功。比如上传图片，上传过程有进度条反馈，上传成功后直接把图片预览出来，已经非常直观地告诉用户上传完成了，此时再弹窗显示“上传成功”就显得多此一举。

在系统设计中还应慎用阻碍式反馈，不少的人机交互系统都存在这样的问题，比如你打开了某个功能面板，它需要请求网络加载数据，然后出现一个 Loading 在那里不停地转动，如果此时你不想再进行这项操作，然后你发现你无法点击关闭，因为 Loading 后面有一层半透明遮罩，你什么也点不了！除了等待，你无法进行任何其他操作。这个是非常不好的反馈形式，要时刻为用户考虑，把选择权给用户，不要因为反馈就去阻碍用户进行其他操作，除非是非常重要也迫切希望用户不要离开的场景，比如“支付中……”，因为跟用户的钱包息息相关，那只能强迫用户等待支付结果。否则，慎用阻碍式反馈！

有些反馈是带有用户预期的，如开灯前我们就会预期空间会被照亮。针对这类的反馈，我们应该先遵循用户习惯或平台规则，如移动设备的右滑返回规则教育了大量的用户，让用户养成了习惯，假如你的 APP 里没有或改变了这样的方式，如右滑打开，极可能会对用户造成不便。其次，假如没有平台规则可循或用户还没养成习惯，那么反馈应该契合用户的生活常识或印象，以尽可能降低用户的认知成本。这种情况在新的媒介（如 VR、AR）上尤为常见。比如：在虚拟世界中的碰撞中，加上震动反馈会有截然不同的效果，因为在真实生活中碰撞必然会产生振动。再比如：以前的电子阅读器翻页效果，是模仿真实翻书的视觉反馈。

当设计师根据人们的心理模型来设计机器的流程时，大体上是可以以人们普遍接受的习惯，使机器可以与人进行流畅的交互。人与机器，就像是在交流、沟通一样，人向机器发出一个指令，机器给予人回应。而当人的指令没有得到机器恰当回复的时候，也就是出现错误信息的时候，同样需要设计师进行恰当的设计，让机器做出使人能够明白的回应，以方便人们继续进行操作，最终达成目标。在设计错误信息处理的方案时，三点需要注意：容错性、预防性与提供解决方案。

容错性指的是设计师判断出用户可能会出现某种错误操作 A，而当出现该种错误操作 A 时，实际上用户大概率是想进行操作 B，因此在用户进行 A 操作时，提醒用户是否要进行操作 B，以帮助用户完成真正想要的 B 操作。比如下面这个支付宝的例子：支付宝的聊天界面，输入数字，自动提示“给对方转账 144 元”。想必很多朋友都会有这个经历：想给朋友转账，点进他的聊天界面，输入 144，发送。然后……然后对方就只收到“144”的聊天信息！然而，支付宝的设计师发现了这个转账场景，并设计了自动提示，为用户可能的错误行为进行容错性预判。

预防性是指在用户进行最后的提交操作之前，就对错误进行提示，减少因为操作错误造成的损失。比如登录页面，在手机号码的位数达到 11 位之前，“获取短信验证码”按钮是处于置灰状态的，不能进行点击；当用户输入了昵称后，就立马展示“该昵称已被占用”，提醒用户及时修改。

提供解决方案是指当用户进行了错误操作之后，为用户提供解决方案。当网络不好的时候，页面无法展现内容，于是展示一个“未获取到内容”的空页面，并提示“请点击页面重试”，让用户可以尝试点击页面刷新出内容。

一键购买按钮

亚马逊的一键购物

2017 年 9 月 12 日，亚马逊的“一键购物”专利到期，标志着一个时代的终结。消费者只需输入一次账单、发货和支付信息，然后点击一个按钮，就可以购买未来的商品。这种想法在当初亚马逊获得专利时是闻所未闻的，它也代表了在线购物理念的突破，今天看来这样的购物流程已经十分普及和熟悉。亚马逊于 1999 年将该技术申请专利，已为其带来数百亿美元的收入，最终亚马逊的一键购买专利技术被授权给了其他电子商务零售商，尤其是苹果公司。苹果公司认为方便快捷购物过程极其重要，它将这项技术整合到 iTunes、iPhoto 和苹果应用商店中。你有多少次在 iTunes 上冲动地买了一首歌，或者不假思索地下载了一个新的 iPhone 应用程序，都源自这样的便捷购物过程。

随着移动设备上的在线购物变得越来越普遍，一键购物就变得更加重要。因为移动端屏幕很小，所以在购买时点击次数越多，手机用户的购买倾向就越低。亚马逊的一键购物的优势就在于省去了填写消费者信息和信用卡信息的步骤，极大地方便了顾客的购物过程，提高了购买转化率。为了防止用户舍弃购物车内的商品，亚马逊特意建立了这样一套购物系统，让消费者只需要轻轻一点即可购买需要的产品。这种创新的结果就是，亚马逊从现有客户里获得了极高的转化率。由于客户的付款和发货信息已经存储在亚马逊的服务器上，因此整个购物过程十分便捷和快速，客户也就没有时间重新考虑他们的购买行为。

时间来到 2016 年，Amazon 又创新地推出了一键购买功能 Dash Button，每一款 Dash Button 对应不同品牌的产品，只需轻轻一按，就能完成网络下单并送货到家，适合一些需要经常性购买的产品。Dash Button 在美国发布后，陆续进入了英国、德国、奥地利和亚洲市场。Dash Button 是亚马逊网页端一键点击订购功能的拓展，把该功能集成至硬件，将帮助用户更方便地购买日用品。亚马逊新推出的 Dash Button 有一条粘合带，能够把它贴在洗衣机、厨房碗柜，或者是消费者希望在特定产品快用完时得到通知的任何地方。Dash Button 的用户需要使用亚马逊移动应用设置 Dash Button，随后将其连接至家中的 Wi-Fi 网络，配置在按下按钮时订购什么样的商品。在配置完成后，该按钮将使用默认的支付方式自动购买商品，并配送至默认地址。当用户按下 Dash Button 的按钮之后，会收到电话通知，也能够在 30 分钟内取消订单。举例来说，当清洁剂不足时，用户只需要按一下 Dash Button 上的按钮，该设备便能够使用家中的 Wi-Fi 网络，向亚马逊发出送货的消息。这也就省下了消费者前往商店，或者是访问亚马逊应用所花费的时间。支持 Dash Button 的品牌包括了汰渍、高乐士、好奇、卡夫、麦斯威尔和吉列等众多快消品牌。

购物车功能主要用于解决无法立即购买的需求，优点自然是让用户面对无法立即购买的商品时，不用立即决策，减少用户放弃购买那些商品的可能性。但也存在缺点，购物车为无法立即购买的商品提供购买可能性，同时也让可以立即购买的商品产生了放弃购买的可能性。比如小卖部销售的都是立即可以购买的商品，我去小卖部买一瓶水，到店立即就能购买，并不需要购物车。因为操作时间短，所以我在进行买不买水之间进行的决策时间非常短，很快就完成了交易，为商店增加了营业额。而超市则相反，销售的商品大部分都无法立即购买，我去超市买水，并不是立即就能购买，先要进行挑选，到收银台才是真正的购买行为。在我挑选的这段时间里，购物车为我提供了便利，它让我在挑选商品时忽视商品的重量，忽视原本自身的负重量。于是我选择那些原本不会立即购买的商品的可能性增加了，但与此同时，我买水的决策时间也增加了，在增加的这段时间里，我很可能因为注意力转移而放弃买水。如果在小卖部增加购物车、超市取消购物车，会使小卖部的决策购买流程延长，带来购物决策和行为习惯的思维负担。超市无法立即购买的商品无人问津，对销售产生不良影响。

产品每上线一个功能，其背后都要基于一定的用户需求，否则，这项功能将不具备生命力。购物车功能之所以在电商产品中普遍流行，必定也是因为购物车满足了用户的某方面需求。试想一下，我们去淘宝买东西，很多时候我们不会只买一件商品，我们有时候需要买很多件商品，那有了“购物车”，我们就可以把要买的东西先放进购物车，最后再统一进行支付结算。这样对于用户来说，确实会更方便一些，避免了让用户陷入多次结算的尴尬境地。

中国知名社交电商平台拼多多也选择了没有购物车，而是给用户提供了两种购买方式，一个是拼团购买，一个是单独购买。相信大部分用户在拼多多购物都会选择拼团购买，在拼团的场景下，如果用户想要购买多件商品，那就只能逐个发起拼团。在这种情况下，购物车功能是没必要存在的。值得思考的在于第二种购买方式——单独购买，也就是说，单独购买的情况下，拼多多放弃了购物车。拼多多的用户下单后，省略了购物车环节，直接跳到最终的支付页面。使得整个购物链路更短和更加地简单，因为链路每增加一个环节，都有可能给用户带来困扰，从而导致用户流失。这也要联系到拼多多早期用户的主要特征是他们普遍年龄较大，并没有网络购物的习惯，也不太喜欢学习和接受新鲜事物，可能连最基本的手机 APP 操作也不熟悉，这是其他大型电商平台如淘宝、京东长久以来所忽视的人群。假设拼多多也设置了“购物车”，用户在选定商品后，还需要返回购物车页面然后完成商品结算。这个下单操作对于早已习惯网购的我们来讲，并不算什么。但是对于他们来讲，这个链路就会带来一定的思维负担，从而致使在购物车到结算这一环节上产生大量的订单流失。

该死的注册，该死的登录

用户体验专家杰拉德·斯波，曾经创造了为界面增加一段微文案从而创造了 3 亿美元利益的传奇神话。我们似乎已经习惯了到哪里都需要注册和登录，尤其是我们熟悉的电商平台，也没有觉得注册和登录界面会出现什么问题。事实上不是界面出现了问题，而是界面所在的位置出现了问题。当用户想要在电商网站进行支付结算时，这个注册和登录界面就出现了。产品团队会认为这样会帮助网站获取更多的回头客，而且为了能够保存相应的信息，用户是不介意注册的。事实相反，这种刻板思维是错误的，用户在第一次购买时往往不愿意填写过多的信息。他们的目的是购买商品，而不是与网站建立关系，并且建立关系还需要以提供个人信息为基础，这更让用户反感。同时，回头客也非常反感这项操作，因为杰拉德·斯波对产品进行数据分析发现，45% 的客户在网站中进行了多次注册，最多的人有多达 10 个账号。同时，每天有 160,000 个交易需要用户输入账号密码，有 75% 的人在输入密码的环节放弃了交易流程。于是斯波优化了这个流程，他拿走了“注册”按钮，将其替换成了“继续”。他同时在旁边写道：“您无需注册即可在我们的网站进行购买，只需要点击继续按钮。为了方便您在网站的后续购买，您可以在完成付款流程后创建一个账号。”结果是，购买的客户数量增加了 45%。额外的购买使第一个月多了 1500 万美元。头一年，该网站增加了 3 亿美元的收入。

在电子商务网站的可用性研究中，我们最常听到的一个抱怨就是关于注册，网站的购物者会因种种理由讨厌或者惧怕注册。他们可能买过一次东西后便不再打算继续光顾，通常网站购物者都不太喜欢注册，因为要记住他们所访问的全部网站的用户名和密码是很恼人的。有些购物者不希望网站记住他们的个人信息，他们觉得一旦注册，个人信息就等于被“泄露”。也有很多用户认为一旦注册就会收到一堆不需要的邮件，因为很多网站在用户注册时会提供一个小小的预选复选框，以便给用户推送邮件简报。最重要的是，注册会带来额外的步骤、烦恼，产生让用户体验变糟的可能性，会让用户茫然不知所措。注册过程中，交互成本越高，完成全部注册步骤的用户量就会越少，每一个用户界面步骤都是这样。而且在电商网站的结算中，用户的烦恼与流失的交易之间有十分直接的联系。

注册听起来就是一串枯燥冗长的过程，而且和购买者的任务——买东西，毫无关联。有的网站注册过程冗长枯燥，有的甚至将注册从结算过程中完全剥离出来，这显然是不合理的。用户购物结算所需信息已经基本包含了注册所需要的全部信息。交易过程中，网站通常需要用户提交其姓名、收货地址和发票信息，此外，也会询问用户的邮箱，以方便为用户发送收据与更新订单状态等，交易结算时唯一不涉及的注册信息恐怕就是注册密码了。

生活中，第一印象非常重要。比如相亲时，如果对方在短时间内无法给你良好的印象，你或许就想立刻买单走人；看电视时，节目的开头没能吸引你的眼球，你很可能就会选择换台。美国心理学家洛钦斯把这种现象称为“第一印象效应”，指最初形成的印象对之后的行为活动和认知会产生一定的影响。这一效应不仅体现在生活的各方面，在移动互联网领域也同样发挥巨大的影响力。对于移动APP来说，给用户良好的第一印象，能够帮助APP在最短的时间内收获用户的青睐。当用户下载了一款APP，首先面临的是注册和登录这一关。在这一过程中，用户需要设置用户名、输入密码、接收短信验证码又或者通过授权第三方等来验证身份并完成注册。这一系列的步骤，如果体验不佳、验证等待时间过长，用户很可能还没真正开始了解你，就要和你说再见了。

随着移动互联网端的普及应用，电信运营商面向市场陆续推出了基于手机本机号码一键免密码登录的政策。这是一种运营商将技术研发创新通过网关认证的登录方式，验证码校验手机号码和应用所在的手机SIM卡号码的一致性，从而达到和短信验证码登录一样验证用户身份的作用，即为既不需要输入账号密码，也不需要输入手机号来获取验证码后，通过本机号码一键登录的快捷方式。从用户角度来说，“一键登录”产品简化了登录流程，为用户首次登录App提供了一个比较畅通的登录验证通道，减少了等待时间，降低由于密码设置过于简单或同一密码多账号使用造成的密码破解或泄露的风险，保障了用户的账号安全。从APP角度来说，“一键登录”产品能有效提高APP的注册转化率，在最关键的第一步“抓住用户的心”。传统的登录方式，在短信验证过程中，用户可能会遇到界面来回切换、验证码下发延时等问题。本地号码的一键免密登录可以让用户在使用APP的第一步就留住用户，有效提高APP注册的转换率，降低用户流失率。一键免密登录是APP登录模式的一次创新，可以在一定程度上帮助 APP 解决了繁琐的密码安全、冗长的注册流程等问题。

此外，以生物学特性开展身份验证——生物识别技术，就是指利用人的生物学特性，如指纹验证、人脸识别和声纹识别等生物学特性开展识别。生物识别技术是对生物学特性开展取样，获取其唯一的特性并且转换成数字代码，并深化将这些代码组成特性模板。因为微处理器及各类电子元器件成本日趋下降，精度逐渐提高，生物识别系统的应用逐渐日常化，比如手机上搭配指纹验证已变成标准配置。5G 时代的到来，网络速度越来越快，用户体验的要求也越来越高。如何有效地改善用户注册和登录的体验，留住关注度不高的用户，将成为产品设计者们的一个重要课题。

渐进式呈现，沉浸式交互

据估计，人每秒约处理 400 亿条信息，其中只有 40 条是有意识加工的，大脑一次只能有意识地处理少量信息。设计师常常会犯的一个错误就是一次给用户提供太多信息，在设计中并不是给用户的选择越多越好。每一个额外的选择都会导致做决定所需的时间变长。渐进式披露，也称渐进呈现，遵循从“抽象到具体”的原则，将选择或信息分成若干部分，引导用户以更舒适和愉快的方式使用产品。

“渐进呈现”一词最早由教学设计专家 J.M.Keller 教授提出。在 20 世纪 80 年代早期，他提出了 ARCS（注意、关联、信心和满意）的教学设计模型，该模型的一部分就是渐进呈现：仅展示学员当前需要的信息。渐进呈现即每次只展示用户当前需要的信息，一般的网站首页上没有详细描述服务的内容和功能，而是简单列出了各项功能，并附上了相对应的图片。用户点击其中一个功能后，会得到更多信息，进一步详细了解。通过每次只提供少量信息，就可以避免信息过量给用户带来不适，同时还能满足不同用户的需要，因为有些用户希望得到整体概览，有些则需要全部详情。

你也许听说过，网站设计应该将用户得到详细信息所需的点击次数尽量减少。但是点击次数并不重要，人们非常愿意点击多次。其实，如果用户在每次点击时都能得到适量信息，愿意沿着设计思路继续查看，那么他们根本不会注意到点击的操作。你应该考虑的是渐进地呈现设计，不要在意点击次数。在产品设计中常常能听到这样的说法：把控制权给用户，确保用户明白一切都在自己的掌控之中。虽然更多的选择会让用户兴奋，但问题是过多的选择也会让用户无法轻易地作出决定，反而造成体验上的负担。

渐进式披露不再是简单地给用户提供大量的信息和选择，而是将这个过程分解成几部分，让用户集中注意力在当前的事件上，从易到难地引导用户。这样不仅可以确保用户不会被新信息淹没，还可以分解用户不想做的任务。例如将一个特别长的表单分成三或四个步骤，分步进行填写，同时还能单独查看每个步骤的内容。想象一下这样的场景，我们刚下载了一款新游戏，进入游戏后发现里面有各种各样的游戏规则和操作细节，如果只是简单地将所有游戏信息推送出来，那么我们可能就会淹没在各种规则和细节里，根本记不下这么多规则，甚至会影响游戏体验。

产品设计也是如此，以一种渐进的方式呈现信息，可以让用户在深入了解产品细节前就投入到产品的使用中。对新用户来说，渐进式披露让他们有足够的时间熟悉产品的基本知识，然后再进行更复杂的功能或任务，这样可以让整个产品更易于探索并提升可用性。渐进式披露可以让用户的整个体验更加高效，改善用户对设计的第一印象，并帮助他们克服学习曲线。渐进式披露主要遵循着划分主次与优先级、从主要内容向次要内容过渡的设计准则。

划分主次和优先级

渐进式披露主要的目的是将用户注意力集中在重要的事情上，尤其是在一开始的时候。在设计时，我们要考虑导航菜单以及选项的优先级，信息和功能的呈现也必须如此，通过渐进式披露能让用户首先体验产品最核心的功能和信息。将注意力集中在关键功能上。比如进入电商 APP，重点是引导用户如何完成从看到买的整个过程，至于用户是从主页购买、搜索购买，还是从直播购买，这些等待用户慢慢去发现。

从主要内容向次要内容过渡

对于想要了解产品中每个功能的用户来说，除了明显的主要内容，次要内容的呈现也变得很重要。通过好的按钮设计或可点击的链接来实现从主要内容向次要内容过渡。如游戏《刺客信条》，在创建的游戏世界中，玩家不会从一开始就被各种信息轰炸，而是随着他们深入游戏时，在动画和对话框中获得更多的游戏信息。游戏中信息披露的一个好处是，玩家只会收到与当前玩游戏时相关的信息。这让玩家尽情享受当前的游戏，不用担心会忘掉各种规则。

领英是国际知名的职场社交服务，正式上线于 2003 年。它致力于为职场活动提供更方便的交流社区的理念，让不少具有前瞻性的公司职员、媒体人和猎头看到了它的潜力，成为了早期的种子用户。遗憾的是，起初竟有高达 50% 的注册用户是沉默用户，网站的用户量和活跃度增长一度止步不前。

他们试着在用户个人资料上做文章，想从中挖掘出更多社交潜力。当新用户注册时，被邀请填写当前所在的公司与职位，数据显示超过 90% 的人都愿意填写。于是领英很聪明地在这一环节增加了联系人推荐——立即列出同样所属该公司的相关用户的名单，新注册者只需要简单地勾选，就能马上与这些潜在的同事建立连接。这个开创性的动作，打破了此前基于现成邮箱联系人的单一连接维度，将存在于线下的同事关系搬到了网上。这一被称为“重建关系流”的创意，其聪明之处不仅在于直接有效地增加了新用户的连接数量，还能够美化用户的个人资料页面，对外提供更多有价值的展示信息，这将有助于后续的自然互动。随着新用户的不断注册加入，老用户也会时不时被动地收到新用户的添加好友邀请，这有助于唤回他们，维持活跃。经过优化，领英的 PV（页面浏览量）提升了 41%，站内搜索量提升了 33%，用户个人资料页面的信息完成度提升了 38%。人们乐意在注册阶段尽可能多地提供相关信息，否则会感觉自己的档案页面是“不完整”的。

2012 年，产品增长负责人埃利奥特·施姆科勒为领英带来了新的奇迹。在调研中他发现，随着用户量的增加，成员之间的活跃程度也两极分化日益明显：那些在职场中左右逢源游刃有余的人，往往在网上也有更大优势，于是他们使用领英会更加频繁积极；而原本埋头苦干的默默无闻者，在网上也同样低调内敛，不为人知。这一差异直接带来的影响是：每当领英发送一封通知邮件，告知用户的个人主页被浏览时，那些原本的活跃者点开链接的概率高达20%，而非活跃者仅有不到5%愿意响应。换作别人，可能会去想如何向不活跃者发送更多邮件，或者干脆放弃他们。但埃利奥特的策略更为巧妙——他试图将活跃者与非活跃者联系起来，而纽带则是“声誉”系统。这个新上线的功能模块能够让用户为任何好友做出评价，给他们贴上擅长领域的标签，如“Web前端开发”“企业经营”“互联网投资”。这些标签将显示在被评价者的个人主页上，并默认根据评判次数降序排列。有了这个功能，即使再内敛、不擅自我包装的人，也能在他人的好意背书下突显出自己不为人知的技能特质，展现出更光鲜的简历，并因此吸引更多人的目光。人都是互利互惠的，一时间彼此互贴标签蔚然成风，那些原本沉寂无名的低调看客们终于也有理由加入了狂欢。

新零售 = 零售 + X

铃木敏文（日本7-Eleven的创始人兼CEO）说：“如果门店只是单纯地售卖产品，而不能为顾客的生活提供必要的服务，那么即使具备地理位置的优势，也称不上一个便利的店。”不只是卖商品，7-Eleven是一家生活服务的店。从提供鲜食、ATM机、打印、票务到费用代缴等服务。这种“零售+X”的模式，也成为了时下各便利店的模板。那为什么便利店要 +X ？这里说下 7-Eleven 在店内增加 ATM 机后发生了两个有趣的现象。首先，用户在便利店对于 ATM 的宽容程度高于银行，满意度也远高于银行。虽然很多店内排队取钱，但是很少有人投诉。可是在银行里，用户对于排队就会很烦躁。原理很简单：满意度 = 感知价值 － 用户期望。

7-Eleven 店内大多数利用 ATM 取钱的顾客，都会顺便在店内消费。这又会产生新的交叉销售。比如说：某客户在你这儿购买一款游戏机，你可以销售充电器或者电池给他。

“便利的价值”来自即时性，增加商品的即时性价值，从而构建了一种新的商品，形成了一种业态。因此，7-Eleven 在日本事实上成为了社会基础设施，而不是简单的杂货店。“便利的场景”具有很强的穿透力，仅仅卖商品，不会让用户感觉到便利，只有当便利店成为一家生活服务的店，用户才更便利，7-Eleven 也才能更挣钱。

人是为了什么而去社交？从人性出发，无非两个原因：情感满足和利益追逐。我们能预测：未来人与人之间所能产生的关系，都将归属于这两种类型，而不是那些被定义为所谓的陌生人、熟人、职场社交等。情感的满足来源于人与人之间的交流，重点是交流的本身而不是交流的方式；打字、语音、视频、写信、见面、眼神和表情，这都是交流的方式而已。能真实、同步地还原人类情感的交流方式，会是情感类社交产品寻求突破和探索的方向。目前市面上的社交产品仅能起到传达内容本身的作用，而非情感交流。在未能真实、同步地还原情感交流场景之前，我们只能追求着内容传达的高效和便捷。而利益的追逐源自于人与人之间共同目标的达成，重点是快速地达成目标，交流只是为了加快达到目标的过程，可以说，交流也可以是一种催化作用。

+X，这个 X 代表的也可以是后续任务的协作流程，可以是工作任务系统、可以是约会系统、可以是教学系统、还有可能是决策系统。前面的交流都是具有共性的，而后面的各类协作流程，都是具有目的性和个性化的。趋向高效的交流方式、能支持后续任务协作流程接入的高拓展性，是利益追逐类社交产品的探索方向。

微信生态曾让大型商超和小便利店踏过 APP 的门槛，直接享受社交红利一样，在酒旅行业，微信依然是开放逻辑。2019 年 11 月 27 日的微信公开课上，针对酒店业与景区所面临的不同问题，微信团队公布了两套解决方案。在酒店业，由微信构架好底层技术、提供赋能工具，为提升和优化酒店运营、管理效率提供助力。具体则体现在获客和留存上，比如：提供流量支持，通过智慧经营朋友圈广告、附近发券和服务沉淀等，帮助酒店更高效地转化超过 10 亿的微信日活。在服务环节则主要体现在住店和离店，刷脸住、扫码住帮助提高前台效率。同时，小程序承载客房服务，连接工单系统，而在线预约退房、提交发票信息则可以让客人实现到前台交房卡快速离店。举个例子，在传统的酒店，客人有什么需求需要打电话到前台，或者自行前往前台，而小程序让这些需求可被记录、追踪，并实现。

至于景区，微信则给出了一套从商户端到用户端的解决方案。在用户端，推行扫码购票。通过小程序扫码购票直接入园，免去传统景区排队购票的烦恼。同时，在游园过程中通过小程序预约排队，帮助用户降低线下排队的痛苦。在商户端，微信通过打造智慧景区商圈，来帮助景区进行业态打通。简单来说，就是建立景区内商业场景的关联，并以此来帮助景区搭建自己的运营体系，进而联动提升周边景区门票、文创产品与餐饮旅游等的消费。2015 年，华侨城旅游度假区相继上线了微信游园服务系统、微信社交分销系统、人脸储物柜及景区通码、虚拟排队和小程序购票等服务。目前，这些系统不仅运营良好，还带动了游客量的跃升。中国旅游胜地——黄山，则开发了目的地小程序，把黄山的酒店、文创、餐饮、交通等业态，以及黄山周边的景区信息全部小程序化。

微信，是一种生活方式。这是微信写在官网上对产品定位的描述，无疑日后的社交产品不会只停留在用户交流场景下的设计，更重要的是对人类真实社交场景的还原。

令人上瘾的时代

手机的“魔力”

美国知名研究机构皮尤研究中心发布了一项的研究报告显示，有 72% 的美国青少年会在早晨醒来的第一时间，去寻找他们的智能手机，如果手机不在身边，10 个美国青少年中有 4 个会感到焦虑。报告还显示，如果手机不在身边。56% 的美国青少年会感到孤独、沮丧和焦虑；51% 的美国青少年觉得他们的家长在同自己的交流过程中，会被手机分心（72% 的家长自己也觉得这个情况是真的）；31% 的美国青少年表示自己在上课时，会被手机分心。导致这些问题出现的一部分原因是，智能手机已经不再是一件奢侈品了——几乎所有的美国青少年都人手一部智能手机，而他们当中 45% 的人几乎一直在线。这些“网瘾少年们”背后往往还站着一对“网瘾父母”。

有三分之一的美国人声称，他们宁肯放弃性生活，也不愿丢下自己的手机。中年美国人也有同样的感受，调查数据显示：45% 拥有智能手机的 X 世代（上世纪 90 年代出生的一代人）表示，他们没有手机就感到焦虑。事实证明，拥有智能手机的婴儿潮一代（第二次世界大战后的二十年间出生的一代人）是唯一更可能不焦虑的群体，44% 的人没有手机不会焦虑，35% 会焦虑。在无穷无尽通知的帮助下，手机成瘾似乎也对工作效率产生了影响。42% 的智能手机用户认为，他们在智能手机上浪费了太多时间。58% 的千禧一代和 42% 的 X 世代更可能同意这一点，而婴儿潮一代中只有 28% 的人这么认为。当被问及是否认为智能手机增强了与他人的关系时，回答则存在着分歧：32% 表示同意和 34% 表示不同意，人数差不多。值得注意的是，42% 的千禧一代和 41% 的 X 世代比 22% 的婴儿潮一代更有倾向于同意这一表述。不看智能手机的一个方法就是让它远离人们的视线，最受欢迎的手机存放地点是桌子或吧台约占 45%，其次是裤子或裙子口袋约占 41%、钱包或背包约占 29%，放在手里约占 28%。50% 的千禧一代更倾向于把手机放在裤子口袋里，41% 倾向于放在手中，即使是 X 世代也有 27% 的人一整天都拿着手机。

在人人都离不开手机的当下，很多人无论何时何地，总要刷刷手机。地铁上、晚上下班回到家后，看搞笑的段子、娱乐资讯、电影片段……可是只要一刷上就难以停下来。当初制定下来的学习计划却迟迟没有行动，到了真正要睡觉的时候，却又在后悔今天没做多少事情，大部分时间白白浪费了。在移动互联网时代，保持“随时在线”的我们，所有体验可能是比较雷同的，一方面既可以轻松与朋友、家人和同事联系，并获取信息、游戏、音乐或视频；另一方面却可能失去耐心，在社交媒体上纷乱、撕裂的观点中变得浮躁、焦虑乃至“虚无”，而这些恰恰构成了社交媒体的流量基础。我们或许认为只要能用知识对此反思、批判，或重新融入现实生活，就可以逃离“随时在线”。

曾出版《速度帝国》和《信息社会》等专著的澳大利亚墨尔本大学文化与传播系教授罗伯特·哈桑曾认为，他作为一位学者可能有能力反思甚至逃离这一切。然而，这并没有那么容易，实际上最终却没做到。他转而观察审视了这一切，在他的《注意力分散时代：高速网络经济中的阅读、书写与政治》一书中，从哲学和传播学的交叉领域对数字生活进行反思。在这个过程中，他看到，“随时在线”让人集中注意力的能力也在下降，无法进行长阅读，无法深入思考。有意思的是，在我们感叹“随时在线”让人无法静下来阅读思考时，可曾想到，书籍在印刷普及之初也被视为一种导致注意力下降的“毒药”。罗伯特·哈桑在接受采访时，提到歌曲《保持沉默》的一句歌词：“我们生活在一个充满刺激的时代。如果你很专注，你会很难接近。如果你心不在焉，你就可以被找到。”那么，在多大程度上，我们能通过专注让“大数据”“算法”找不到？

从心理学的角度来看，成瘾指的是强迫使用，尽管我们知道继续使用的不良后果，但无法控制使用，并且有心理或生理上的渴求。比如我们明明知道经常刷娱乐视频对自己的个人成长毫无益处，心里老是想着要看书，却仍然抵挡不住手机的诱惑，曾经制定的学习计划，到现在都还没有启动。而从生理学角度来看，这些行为的产生主要源于大脑的“激励机制”。有研究发现，很多经常刷抖音或微信视频的人，内心深处并不是真正喜欢这个过程，而是大脑中的神经递质“多巴胺”在作祟，多巴胺会让人产生期待愉悦和陶醉的体验，这就好比大脑给予了我们一次奖赏，促使我们想去做这件事。玩过游戏的人都应该有过这种体验，在我们玩游戏的过程中，几乎每完成一个操作，屏幕上明显看到我们的进步分数或晋升下一个等级，这种即时反馈所带来的大脑愉悦感就是促使你不知不觉地沉迷其中的根本原因。而对于经常刷抖音或者微博的人来说，每当我们手上滑过一条信息的时候，大脑中就会有一种期待，期待下一条内容会刷出新奇刺激的内容，在这个过程中，大脑的“奖赏回路”受到了刺激而被激活，进而持续地产生多巴胺，使我们变得更加兴奋和愉悦，不停地看下去。当我们一旦停下来的时候，空虚感就会瞬间扑面而来，让我们变得不安，为了缓解焦虑，我们就会继续拿起手机。

“感觉良好，再来一次”

《上瘾》一书描述了三种上瘾思维逻辑：

“感觉良好，再来一次”

“就差一点，再来一次”

“可能会好，再来一次”

“感觉良好，再来一次”：即产品设计得好，用户用过一次之后还想再次使用，是最简单的上瘾思维逻辑，也是所有产品经理潜意识下都懂得的一种产品设计方式。一款产品，至少需要让用户使用起来感觉良好，才会带来用户的下一次使用，才会让用户上瘾。例如游戏，至少要好玩，才会让用户上瘾；餐厅，至少要好吃，才会让用户上瘾；信息，至少要好看，才会让用户上瘾……

"就差一点，再来一次"：即产品给用户营造一种就差一点就可以达到目标的情形，让用户舍不得放弃，还想再试一次。这在游戏中应用特别广泛，现实商场中的抓娃娃机，每次玩都是先把娃娃抓起来，而后抓娃娃的爪子未到洞口就将娃娃扔掉，让用户有一种就差一点就可以获得娃娃的可惜感。电子游戏也广泛应用了"就差一点"的原理，曾经风靡一时的微信游戏"跳一跳"，每次失败都会让用户有一种好可惜，差一点就可以跳到箱子上，差一点就可以成功的感觉。当然，不仅仅是游戏，其他产品的设计也会应用"就差一点"的上瘾逻辑。拼多多的砍价功能，第一刀永远都是砍掉了一大部分价格，而后砍掉的价格数值越来越小，但每一刀都给用户一种差一点点就可以获得商品的心理感觉。

"可能会好，再来一次"：即产品给予用户遐想，营造可能会有好结果的情形，让用户有再试一下的冲动。心理学研究表明，人们对不确定性的奖励较确定性奖励更容易着迷，赌博、彩票都是运用了这一心理特点，才会有那么多人对此着迷。

感觉良好无外乎是把产品做好，把产品做得让用户有好感。丹尼尔 · 卡尼曼在《思考快与慢》中曾提到过"峰终原理"的理论，即人们回忆一段经历时，只会对这段经历的峰值（最美好时刻或最糟糕时刻）和终值记忆尤深。用户使用产品的过程就是一段经历，用户在使用产品后对该产品的印象，受使用过程中的峰值和终值影响最为深刻，简单说就是产品的最好一面（或最坏一面）决定了用户对产品的评价。例如，一款产品，在使用过程中因卡顿导致了手机死机，而该产品还没有更突出的峰值，用户一定会因卡顿对该产品的印象特别不好。相同的如果一款产品使用过程中有一点点小卡顿，但是产品解决了用户的迫切需求，用户就容易更偏向于记住产品解决需求时美好的一面，而忘记产品的卡顿。

用户对产品的感觉来自于产品的峰值和终值体验，打造“感觉良好”的产品，一种有效的方法就是在产品的峰值和终值上多下功夫。根据《行为设计学：打造峰值体验》一书所介绍的方法，我们可以借助四种方式来打造产品的峰值，四种方式分别为制造欣喜时刻、认知时刻、荣耀时刻和连接时刻。

欣喜时刻指的是产品超出预期，超越平日之上的体验。刻意制造欣喜时刻，可以采用提升用户的感官享受、增加产品刺激性和打破用户的思维定式来实现。认知时刻是指用真相让人突然觉醒、让人恍然大悟的时刻，人们会对该时刻记忆深刻。例如，人们的刻板印象是减肥应该少吃肉，而《谷物大脑》却告诉人们减肥应该多吃肉，少吃碳水化合物，这种打破人们原有认知的时刻就是认知时刻，人们就特别容易记住。

荣耀时刻可以获得用户的好感度，让用户对产品更加上瘾。人类天生喜欢获得荣耀，天生喜欢展示自己。荣耀可以使他人更加尊重自己，而尊重需求属于马斯洛需求模型中第四个层级，是人类的本性。我们可以从三个维度给用户提供荣耀时刻：获得认可、战胜挑战和展示勇气。

获得认可：就是让他人认可自己，产品如果可以制造出表扬的情景，那么用户心里也自然会美滋滋。微信朋友圈的点赞就是利用了这一原理，所以用户才会喜欢上传内容，然后不断查看有没有人点赞、有没有人评论。获得认可还可以去利用人们天生的攀比心理，微信的打飞机和跳一跳游戏曾经风靡一时，用户不断去玩，就是为了可以在朋友圈中的排名更加靠前，把其他人攀比下去，将自己的美好一面展示出来，获得大家的认可和夸奖。在《疯传》一书里面，将这种游戏攀比心起名为“杠杆原理”，即通过社交圈排名的方式，把成就展示出来，放大人们对成绩的感受，从而使大家成瘾。

战胜挑战：登珠穆朗玛峰的人在登上珠峰的那一刻，心里因战胜了挑战会特别兴奋；马拉松参赛者，在突破终点的那一刻，心里因战胜了挑战会特别激动；游戏玩家，在游戏进度条达到 100% 时，心里因战胜了挑战会特别高兴……战胜挑战带来的喜悦与满足感，产品经理应该如何利用战胜挑战原理打造上瘾产品？一个关键的方法就是分解目标，制造不同的里程碑时刻，让用户一次又一次地兴奋。试想一款游戏玩家经历了漫长的时间，直接从一级升到了一百级，中间没有二级、三级、四级的里程碑时刻，那么多数玩家一定不会坚持到最后。游戏既然可以利用这种里程碑似的反馈来满足玩家的需求，其他产品同样可以采用相同的方式。例如在线教育产品，每完成一个课程，进度条就涨上来一些，完成数十个课程后，会赠送一个徽章，给用户分配一个称号，这就是利用了荣耀时刻的战胜挑战原理来促使用户继续使用产品。

展示勇气：人们在完成一项不敢做的事情，心里会特别激动与高兴。这个原理和获得认可原理十分相像，产品经理可以采用产品截图分享的功能去满足人们展示勇气的心理。例如经常在朋友圈可以看到某好友跑了多少公里后分享健身软件的截图，分享者就是在炫耀自己的勇气，利用这一原理还可以达到病毒式营销的效果。

连接时刻就是创造人与人的连接，利用人与人之间的情感去加深用户对产品的印象。我们设计连接时刻的方法包括：共同使命感、加深用户间情感和对历史宝贵时刻的怀念。

共同使命感：设计共同使命感，我们可以采用把产品用户聚集到一个团队中，再赋予团队一个目标，激发用户的共同使命感。例如魔兽世界的 25 人团战，大家的共同使命感就是击倒 BOSS；骑行 APP 里面的俱乐部，大家共同的使命就是把俱乐部的排名冲击到榜首。

加深感情：产品如果可以加深用户和其他人的感情，也可以起到一定增加用户粘性的效果。例如支付宝的亲情号，就可以加深用户和家人的亲情。

宝贵时刻：产品如果可以勾起用户的美好回忆，也势必会加深用户对产品的美好印象。例如百度云里面的“我的故事”模块，把一张张历史照片串起来，勾起人们的美好回忆，展示人们的宝贵记忆。

下一屏“可能更好”

抖音上的视频都是比较短的小视频，用户在看完一条短视频之后，会有“再来一条，不会占据多少时间”的内心旁白。这种内心旁白在每一条短视频结束后都会出现，并且不断循环，致使用户会一直刷下去，很难主动停下来。这种“再来一条，不会占据多少时间”的心理与上瘾原理中的“就差一点”有很大的相似之处，都是利用了人们“差一点”“就一点”的心理。用户在刷抖音时，因无法预知下一条短视频的内容，就会抱着下一条短视频可能会更好的心态去切换。这种无法预知所导致的随机性、不确定性较确定的信息，更加勾起了用户的兴奋感，因而用户会不断地刷下去。

如果你再仔细留意一下的话，会发现抖音首页隐藏了手机时间，手机顶部的所有信息都被隐去。在播放短视频时，你无法知道现在几点。抖音刻意模糊了你对时间的判断，不清楚自己究竟在这个产品上玩了多久，等你反应过来，几个小时、半天可能就过去了。当我们一进抖音界面，短视频直接霸屏整个手机，取消了其他产品常见的条框，也相当于隐蔽了窗口。当短视频为横屏时，采用了黑色背景，近似于电影院的熄灯后的密闭空间。排除其他干扰，尽可能让你沉浸。这样一来，你的世界里，只有抖音，连手机上的其他APP也不能来轻易干扰你。再翻翻我们手机上常用的APP应用，你会发现抖音这样的做法，是极其少见的。抖音就是个花园迷宫，进去容易出来难。对于以用户时长为导向的APP来说，你的时间，是他们想法争取获得的。知道还有什么地方不设时钟吗？赌场！这个地方压根不想让你知道现在几点，目的就是让你一直赌下去。更有甚者，连赌场外的餐厅商场，都设置了电子天幕，24 小时头顶都是蓝天白云，让你不知道白天黑夜，感觉天色还早，赌场上还能再杀两盘。你留的时间越久，花出去的钱就越多。在赌场里，几乎看不到透明玻璃窗，甚至连磨砂玻璃窗都没有，把你和外面的世界隔离开来，任何对客人赌博心理造成干扰的因素，都被排除在外。同时，赌场四面布局和环境非常相似，装潢华丽色彩鲜艳，让人失去空间方位感，很难找到出口。

抖音的每个短视频内容间距非常近，你根本不需要做过多的动作，遇到不喜欢的视频，下滑换下一个。并且下一个内容，也是系统推送给你的。而其他长视频 APP，看到不满意的视频，你需要做出一个关闭退出动作，以及重新选择新视频的动作。参照赌场大厅，密密麻麻都是赌桌，每张赌桌之间的距离非常近，各个出口都摆满赌博机器。它要强化这种赌桌的吸引力，不让你轻易离开。刷抖音，看到不喜欢的内容，相当于这盘局势不好，输了，你不开心。只需要滑一下，说时迟那时快，你的眼前迅速切换了一张新的赌桌，手里的牌也不错，看上去有点意思，原先感觉有点厌倦打算起身的你，被挽留了下来。你以为是自己做出了选择，但其实仍然是那个被动接受者，一切都是安排好了的。抖音强化到了这虚拟的赌桌和赌桌之间，无缝衔接。甚至不需要你起身，不需要你做出任何选择，享受快乐就行。结果显而易见，你被“绑”在了刺激又兴奋的赌桌上，下不来。

当进入抖音的首页，没有搜索键，一上来就是短视频。通过它高效的算法和标签，第一个推给你的视频，往往就能戳中你。比如：孕妇用户看到的第一个视频，往往是育儿向的。麻烦的注册流程，不需要；复杂的操作方法，也用不上。一打开抖音，直接跳出你感兴趣的短视频，一上来就给你反馈刺激。反观赌场的入口，往往摆了一排的老虎机和骰子机器。简单而直接，很小的筹码就能起玩。看上去很不起眼的东西，好像也没什么杀伤力，却是赌场中非常重要的收益之一。凭借着简单的设置，并且看上去毫无危险，玩家的警惕性被大大降低。同时不需要你思考，给你快速强烈的愉悦反馈，这种极低的门槛，极高的“奖励”，把大批量原本只打算“观光”的游客变成了无知无觉的赌客。

抖音短视频的快速爆发，也催生了一批“抖音神曲”，甚至有人称之为“口水歌”。不少抖音用户肯定体验过被这些歌曲洗脑的体验，大脑不受控制地循环这些旋律，随时随地在脑海里自动播放，并且伴随着抖音里的有趣画面。这种现象，有自己的学名——不自觉的音乐幻想，小名“耳虫”。科学研究发现，能盘踞你大脑单曲循环的音乐，往往旋律简单，回环往复，节奏轻快。再观察抖音配乐，多为歌曲的高潮部分，极具记忆点。同时抖音上的音乐配乐有一个突出的共性——简单和重复。这些歌曲节选出来的旋律变化简单，拥有重复的旋律，重复的音高，重复的节拍。歌词也通俗易懂，同时设置了多次词语重复。高频的重复性，使得用户对歌曲的记忆得到了强化。同时，实验表明，耳虫现象中的音乐时长，大约在 10 ～ 15 秒，恰好是一个配上音乐的抖音视频的长度。

一般情况下，人在情绪焦虑或者低注意力的时候，大概率会出现“耳虫”现象。那么抖音的15秒配乐，就像一个隐形的开关。当你精力涣散、思考缓慢之际，悄悄打开，霸占你的大脑。而这个节点，你可能就会顺手拿起手机，下意识地刷两下抖音。你以为是你主动做出了打开抖音的选择，但事实上，很有可能是短视频APP操控了你，正如巴甫洛夫操控了他的狗一样。这就是心理学中著名的“操控”实验——“经典条件反射”，巴甫洛夫在研究狗的消化情况时发现，一开始狗只在看到食物时分泌唾液，后来只要投喂饲料的研究员一靠近它，狗就不受控制地流口水，尽管狗并没有看到食物。巴甫洛夫又做了进一步的实验。首先，研究员在狗的面前敲击音叉。很显然，听到音叉发出的声音时，狗没有任何分泌唾液的反应。而后，研究员先敲击音叉，随即给狗喂食。多次之后，狗一听到音叉的声音，就会联想到食物，产生期待和进食欲望，分泌大量唾液。这是一种后天的条件刺激，也是一种人为操控。而刷抖音的你，脑海里也许就有一把人为的隐形音叉。当抖音神曲不自觉地飘过你的大脑，你就联想到了有趣的短视频画面，以及观看视频时会心一笑的享乐感。就如同音叉发出声音，你开始无意识地期待着来自抖音的视觉刺激和感官满足。结果就是，你可能就神不知鬼不觉地被操控着，不断地滚动着屏幕，期待着下一屏“可能更好”。

全屏的设计，使得每次用户都只能看到当下的内容，只有下滑，才能看下一个短视频。你无法准确猜到下一个视频究竟会是什么，这是让你无法自拔的重要原因。

这个套路，谁最会玩？答案是老虎机。

不可预知的期待和刺激，相当于老虎机的间歇性奖励。相比之下，在抖音这类短视频产品出来之前，长视频产品几乎采用的是并列式的瀑布信息流。这样的设置让你通过浏览视频标题、视频头图，很快预判自己是否感兴趣。节约了用户的时间，让用户能自行选择想看的视频。那抖音呢？显然，它从始至终，就没想着为你节约时间。

而老虎机呢，不论摆在赌场还是街边小店，都“生吞活剥”了不少人，骨头都不剩。非常不可思议，这么简单的一个玩意，却让人难以自拔。20 世纪中期，心理学家斯金纳以老鼠为研究对象，研究奖励和行为之间的关系，意外地发现了老虎机以及赌博使人着迷的核心机制。他在一个透明箱子里放置一只老鼠和一个取食杠杆，如果杠杆被触碰，就会有食物进入箱中。数次之后，老鼠学会了操纵杠杆，合理取食。之后斯金纳做了个意外的改动，奖励策略变为：一分钟内只给一次食物，并且投食时间随机。出乎意料的是，箱内的老鼠开始更为高频地触碰杠杆，陷入一种着迷状态。这也成就了心理学中鼎鼎有名的更进一步“操控”实验——“操作性条件反射”。实验发现：随机的、不可预测的奖励，最为刺激。而在这个过程中，不易察觉的兴奋笼罩着你，大量多巴胺充斥大脑，期待着奖赏。

刷抖音上瘾的人，往往会觉得，明明已经很累了，还是控制不住自己想要看下一条，下一条，再看一条。多巴胺的副作用导致你疯狂地期待奖励，寻找奖励。过多的多巴胺让你保持在非理性的饥渴状态，没办法感觉到满足，没办法停下来，哪怕精疲力尽。长期下来，你的认知能力、思考能力、决策能力和自制能力都会持续下降。同时，你的冲动性却在悄悄地加强。你可能发现了不愿意接受的事实，你和斯金纳箱中的老鼠没有什么区别。

事实上，你失控了，甚至被控制了。

Bru社交餐盘

赫胥黎在 1931 年曾写下一本名为《美丽新世界》的书，他在书中有一句经典的预言："人们会渐渐爱上那些使他们丧失思考能力的工业技术"。

用户对移动游戏或短视频的上瘾，表面上是他们自主的选择，或是自制力的退化，但不容忽视的一点是，技术一直在驱动他们对这些产品"主动"上瘾。2006 年，阿萨·拉斯金为一家咨询公司工作的时候，设计了能让用户永无止境滚动页面的无限滚动。他对外透露，科技公司一直在对人们进行测试，以找出让他们上瘾的最佳手段。简单如点赞功能，它的设计让用户不自觉地想查看获得多少点赞，或是试图获取更多的点赞，而不设底限的滚动消息诱导用户不断地下拉刷新。算法推荐无疑是这背后的重要推手，一方面，算法把用户局限于信息茧房，很容易使他们的兴趣变得越来越单一，认知也越来越狭隘。另一方面，过度的内容"投喂"，慢慢弱化了用户的思考和探索能力。这种破坏性后果一旦潜移默化，影响更为深远。

如今，社交媒体、信息流及短视频平台对如何刺激大脑中的多巴胺，已经越来越娴熟，他们甚至从内容上迎合人性中天然的兴趣所在，从而牢牢把控住用户的空余时间。从微信、微博到今日头条、抖音和快手，算法推荐的出现预示着技术性成瘾达到一个新的高度，它通过记录用户行为进行数据分析，能更直接地透视和抓住人性的弱点，网络上瘾的话题也被越来越多地关注和讨论。从短视频到电子烟、轻咖啡，互联网风口一跃转向物质的“瘾性”消费，这种变化似乎更加猝不及防，如同创新的脚步踏进了某种误区。谷歌前设计伦理学家特里斯坦 · 哈里斯说：“一个人的上瘾背后，是上千个人努力工作、想方设法让你上瘾”。资本追逐短期回报、青睐瘾性消费的创业项目，创业者迎合资本，努力让用户对产品“上瘾”，收割他们的时间以换取利益。所以，在这一商业链条上，用户是弱势的，他们唯一的主动权就是克制。

人性的弱点或生理机能，让互联网越发学会挖掘瘾性需求，用户的沉迷和成瘾给利益相关方带来商业利润，不过这可能也是一场短线游戏。

我们生活中是不是常碰到这样的场景：好不容易凑到一起参加的同学聚会。一桌人坐到一起，一盘盘品相很好的菜肴端上桌来。突然其中一个人抓起手机开始拍照、上传到微博和微信朋友圈，然后几乎所有的人都拿出手机，开始在微博或微信朋友圈上转发、评论。你可以想象一下那个场面：本来应该热热闹闹的饭局，变成了大家都低头看着手机不停傻笑，有些不可思议！当谈到餐桌礼仪时，我们一般认为：吃饭是吃饭和交谈的时间，而不是总拿着手机，盯着手机屏幕，而忽略了餐桌上与你一起共餐的人。

很多品牌都喜欢在广告里发表一些宣言，其中“不要沉迷手机，关注你身边的人”的信息提示，但这样口号式的广告似乎有些让人厌烦，主要是因为它们没有找到恰当的媒介。比利时矿泉水品牌 Bru 的一次营销，除了把这句老套的说教变成一次创意，还让用户体验了一次别样的“用餐体验”。

首先，白鹿（Bru）是一个在比利时很多餐厅都会出现的矿泉水品牌。如果你到布鲁塞尔一家饭店刚坐下，可能就会有侍者跑来问你要不要气泡水。根据该品牌 2018 年 5 月的一次调查，69% 的人无法抗拒在用餐前给食物拍摄和上传一张 Instagram 的照片，但 82% 的人又都觉得这种行为很讨厌。于是他们找人制作了一套“Bru 社交餐盘”，盘子里的蓝色图案隐藏了一枚二维码，只要有人拿着手机镜头对着它，系统就会识别二维码，弹窗提示：“漂亮的照片，但也不要忘了你的餐伴！”

这些盘子的创意来自 FCB 联盟下的广告公司 Happiness Brussels，由陶瓷设计师 Martine Keirsebilck 手工制作。iOS 11 后版本的苹果手机摄像头基本上都支持扫描二维码，让这次活动变得易于执行。当然，厨师长在摆盘的时候可能需要小心避开二维码的位置——这个创意也显然很难在中餐馆推行。今天已经有一些餐厅通过执行手机禁令来维护餐桌上的美好氛围。比如英国餐饮连锁店弗兰基和班尼（Frankie & Benny）2018 年 11 月就宣布如果父母在用餐时交出手机，就会赠送儿童套餐；米星餐厅 Eleven Madison Park 会给食客提供一个装手机的盒子。

实际上，如今越来越多的餐厅依赖 Instagram 等社交网络来开展业务，而大部分顾客也确实很难抵挡在餐桌上看手机的诱惑。对于想要发表宣言的品牌来说，类似 Bru 的提醒比直接教做人的口号要友善不少。传播新时代餐桌礼仪是 Bru 过去半年来主要的营销主题，它们在 2018 年 9 月推出了 Bru Table Mode 活动，印了一些贴纸并和餐厅合作，类似进了这家餐厅就开启了“无手机社交模式”。白鹿二维码社交餐盘则是同系列活动的延续，据说在发布三天内就有 150 家餐厅申请认领了这些盘子。

明天的顾客

隐藏的欲望

我们经常会做用户调研，问他们你有什么需求？然后他 / 她就会告诉你，我想要 XX 功能。大家应该都了解挖掘需求的方法，去聆听用户的真实需求，而不是一项功能。但是我们有想过隐藏在用户内心里的欲望吗？在《痛点》这本书里，作者马丁 · 林斯特龙提到了一个案例：他受邀到俄罗斯境内挖掘商业机会，没有局限去做什么，于是他开始观察俄罗斯这个国家。林斯特龙用“没有色彩”来形容这个国家，一模一样的建筑，灰白相间的风景，男人们喜欢酗酒，女人们操持着整个家。所以她们表现得严肃沉默，不善表达，但这代表她们什么都不需要吗？

作者注意到了两个细节；第一，俄罗斯的女性喜欢涂大红唇；第二，俄罗斯家庭的冰箱上，都会有一些冰箱贴，这些冰箱贴看起来诙谐有趣，而且在孩子够得到的高度。这说明什么？林斯特龙是这么解读的：她们虽然习惯沉默，但是内心并不甘于沉默，大红唇表达自己的一种渴望。她们想要换一种生活，但是却没有钱去旅游，所以只能把小小的心愿寄托在有美丽风景的冰箱贴上。还有对于孩子，她们希望孩子们过得更自由、更精致，不要再像她们一样辛苦，所以把冰箱贴放在了孩子们够得到的地方。最后，林斯特龙给出的解决方案是一个专门为俄罗斯女性服务的电商网站——妈妈的店。虽然俄罗斯的女性负责管家，但是没有人去倾听她们的观点，帮助她们解决问题，这家网站就解决了这个问题。除了基本的服务，它还是妈妈们交流经验的地方，同时还允许妈妈们结伴购物，用一个订单来分担运费，分享商品。除此之外，它还打造了一个全国性的节日——妈妈节，邀请家庭来现场互动游戏。最后这家网站被俄罗斯妈妈们评为“最吸引人的网站”。这个案例告诉我们用户内心深处欲望的不会是用户自己，而是一系列的小细节。欲望时常与身处的环境相反，如在严寒地方的人想去暖暖的海边；在炎热地方的人想看雪；天天坐在办公室里的白领想出去玩；天天飞来飞去的商务人士却想着好好休息。

我们心中都会有目标，也就是愿景。但我们毕竟生活在一个现实生活之中，现实和愿景之间总会有差距，只要有了差距，就会让人在内心形成一种心理上的焦虑。这种焦虑如果过于强大，可能会导致人们放弃，变成压力。如果这种焦虑适中，刚刚好，能让我们觉得这个目标可以通过某种方法或某种工具来达到，这种焦虑就变成了一种动力，所有的用户需求，最后都来自于他真正想要变成的那个样子。网上曾经流传的一则笑话，是讲如何卖彩票的：“你在我这有 500 万的存款，但是很可惜，你忘了密码。不过没关系，你可以花 2 块钱猜一次。猜对了你就可以把 500 万拿走了。”你听完什么感觉？是不是感觉好像那 500 万就是你的，只是就差你猜对密码了。

什么样的产品是满足用户期许的好产品？有人说，那就得是满足用户需求的产品。可用户的需求到底是什么呢？如果你问一个想买床的用户，他会和你说想要一个更舒适的床；你问一个想办婚礼的人，他们会说想要一场更有创意的婚礼。他们说不出他们到底要什么产品，他们只能说出他们想要的是什么。所以我们需要不断地去一层层挖掘用户到底要什么，才能根据用户的需求做出产品，比如：一个用户想买一个电钻。他是真的想买一个电钻吗？其实他是想在墙上打个洞。可他真的只是想在墙上打个洞吗？不是的，他想在墙上挂一幅全家福。如果，我们挖掘到这一层，知道用户其实是为了想在墙上挂一幅全家福，那么我们就不用一定给用户提供电钻，我们给他提供无痕挂钩就行了。继续挖，用户为什么会想在墙上挂一幅全家福？是不是他想回忆起一些与家人共度的美好时光。那他回忆这些美好时光为了什么？因为这些美好时光能让他分泌更多的多巴胺，让他感受到快乐、幸福。到了多巴胺，已经触达到了生理上的需求，我们就结束了，不需要再挖了。

刚才我们其实绘制出了一条线，一条从产品到多巴胺的线。在这个过程中去寻找产品在哪个层次上满足用户的需求，这样的产品才是满足用户需求的产品。那到底该如何挖掘出我们的产品在哪个层次上满足消费者，如何理解欲望呢？《创新者的窘境》一书的作者克莱顿·克里斯坦森就认为欲望就是“任务理论”，他说：“任何一个产品的目的是帮助用户完成一个任务。”比如，麦当劳发现奶昔的销量相对其它产品好很多，用户为什么会喜欢买奶昔呢？是奶昔的口味特别好吗？是汉堡、甜甜圈等产品味道不好吗？他的团队做了调研后发现，有些开车的人担心路上无聊，嘴上要有点东西吃。所以他们会用吸管吃奶昔，一会儿吸一口，可以吃很久。如果吃甜筒，可能几口就吃没了，甜甜圈又会弄得满手黏糊糊的，吃汉堡和派都要占用两只手，没办法开车……最后，这些人发现为了完成他们边开车嘴上还能有点东西吃这个任务的产品，奶昔最合适，就是任务理论。再比如，有人会把欲望比做成刚需，这是我们做产品时经常会说的一个词。有人会说自己的产品已经满足了人们哪些刚需，可为什么销售不够好，不够成功？食物是刚需，我们要是不吃食物、不喝水就活不下去了。但你是否发现一个有趣的现象，这种提供食物的餐厅、提供饮用水的公司从来没有出现过像腾讯这样成功的大企业。这是因为，找到刚需只是我们做一款产品的起点。既然是刚需，那提供的选项一定会比较多，极少有存在一种刚需是没有被满足的，因此竞争也多半是异常激烈。只不过满足这种刚需用的方法和成本会是不一样的，如果用更低的成本、更好的体验去满足用户刚需，那么你才有可能脱颖而出。

不同场景，不同自我

场景与需求相伴相生，需求从来无法脱离于场景存在，而新的需求又会创造出新的场景。简单来说，场景就是“一个画面、一个片段”，描述了谁在什么时间什么地点做了什么，不同用户在不同场景下都会使用不同产品来满足需求。从用户角度看，其关注的场景往往只有核心的几个，而从产品的角度看，产品又支撑了全部的使用场景。比如抖音的用户可以简单分为内容生产者和内容消费者，生产者更多关心拍摄场景下的功能，而这对纯内容消费者而言又是完全不关注的，但抖音作为平台又是同时服务这两大用户群体。

当我们洞察到用户需求后，通过分析，我们又提出了新的解决方案，用户将进入到我们构建的新场景之中。比如在没有滴滴打车前，晚上加班后回家的场景是：你下班后站在公司楼下吹着风，摇着手臂盯着来往出租车中有没有亮着“空位”字眼，好不容易上了车，下车后跟师傅要了发票，隔天到公司提交报销工单。而在有了滴滴打车后，晚上加班后回家的场景是：到了公司可以报销车费的时间后，打开 APP 提前预约车，结合 APP 提醒的预估到达时间提前收拾好东西，下楼后直接上车，下车后直接选择企业支付。显然，在新的场景里面，用户感知到了便捷，这也是产品的价值所在。

专注解决吃水果场景中的切水果处理问题就有了水果刀；专注解决切肉问题就有了切肉刀；而打开袋子往往不是目前常见刀的核心场景，只是有人会去这么用，而这也促成了剪刀这一形态更特别的刀具产生。产品专注不同场景，最终会演化出不同的产品形态。产品上构建的不同使用场景是有差异的，我们通常可以从价值、频次等方面进行划分。目前常见的操作是通过高频场景强化用户认知和习惯，带动低频场景转化，从而带来更多价值，比如美团做外卖，比如支付宝蚂蚁森林，比如电商导购平台的种草社区等。

态度可以预测行为，但是这种预测的准确性会受到社会情境的影响。当我们独自一人时，我们的态度更容易影响行为；但是有他人在场时，我们可能因为某些顾虑而抑制对自己真实态度的表达，从而表现出不同的行为。

人在社会群体中，会猜测别人对事物的态度，并且根据对方的态度来调整自己的行为。甚至我们对别人态度的推测比我们自己的态度更能影响我们要怎么行动。不幸的是，我们总是错误地觉得别人跟自己的态度不同，于是当他人在场时，压抑自己的态度就成了一种更加保险的做法。

不同强度的态度对行为的影响力也不同，当你持有某种态度时，这种态度越强硬，你就越有可能保持与态度一致的行为。态度越极端我们对它越有信心，与个人经历的关系越强，这种态度的强度就会越大。态度对行为的预测力并不太强，这就是为什么我们不能直接根据用户的态度来做决策。人是否会采取某种行为？这取决于行动的意向，而行动的意向受到三个因素影响：

1. 对这个行为的态度是积极还是消极
2. 对他人是否认可的考虑
3. 对自己是否能够做到的判断

也就是说，态度仅仅是影响我们是否采取某个行为的因素之一。即使我们认为应该做某件事，但如果觉得别人不认可、或者觉得自己做不到，我们也不会采取行动。决定是否采取某个行为，除了以上所述需要经过理性思考外，还可能是无意识的行为反应。我们对一件事的态度与相关的知识影响了我们如何看待当前发生的事，这会影响我们如何对此事做出反应。当我们想要预测用户的行为时，除了了解他自身的态度之外，还要考虑他所处的社会环境的影响，以及可能存在的一些现实障碍。

人在不同的场景下会被激活出不同的自我。

“悦己”消费

2018 年是全球时尚品牌换标的一年，很多知名大品牌都抛弃了过去最经典的品牌标识，变成了最简单的商标符号。最典型的巴宝莉，放弃了过去人骑马的符号。这些时尚品牌换标的背后，是他们向年轻一代消费者靠拢的一种表达信号，因为它最害怕原有经典标志让消费者也被贴上标签，定义为上一代消费者使用的品牌，所以在加速去掉经典化，让品牌向年轻一代消费者靠拢。在过去的一年时间里，各种的时尚品牌、潮牌大热，无论是来自于国货李宁品牌，还是 GUCCI、巴黎世家还是 LV 等众多知名品牌，都在纷纷向潮牌靠拢。很多时尚品牌增加了潮牌元素，与当代消费者接触。全球范围内很多新一代美妆品牌正在崛起，卡戴珊家族 20 岁出头的小妹凯莉，凭借其“金小妹 Kylie Cosmetics”个人彩妆品牌坐拥上了 62 亿元的资产。还有很多的品牌都是来自于网络红人所创立的全新品牌，这样一些品牌改变了整个全球美妆生态格局。

Z 世代（1995 ～ 2009 年间出生的人，又称“网络世代”）消费者正在成为越来越多时尚品牌决定性力量，可以说他们的投票改变了今天整个中国，乃至全球时尚品牌阵营。他们的消费是为了悦己，为了人设——“我是谁，我想成为谁。”这代消费者正在用自己的方式投票。他们的消费行为，使得美妆产品的生态发生了巨大改变。一些衰落品牌的形象得以翻新，如欧莱雅；奢侈品牌如兰蔻走下了神坛，走进了三四五线城市寻常百姓家；更有新品牌如完美日记在线上完成漂亮的出道等等。Z 世代正在推动整个美妆品牌一次巨大的革新。

在购物时，健康、精致、个性和“悦己”的情感诉求正在不断上升，体验变得越来越重要。和过去的经济形态有所不同的是体验经济带来了全新的价值。比如：一个阳光明媚的周末，幼儿园的贝贝和班里小朋友相约，跟各自的爸爸妈妈们来到草莓园，进行“采草莓”活动。摘完了草莓，小朋友们又在隔壁的农家乐品尝草莓餐，下午小朋友们一起做游戏。回家时还带了亲手摘的两筐草莓，一家人度过了一个十分快乐的周末。这里不同的是草莓园的草莓 50 元 / 斤，而贝贝家门口的水果店，草莓只要 16 元 / 斤。那买这么贵的草莓值吗？当然值！因为贝贝爸爸买的是“亲子、快乐和温馨”，以及贝贝成就感满满的一天，而不是草莓本身。这，就是体验经济。

1998 年哈佛商业评论的《欢迎进入体验经济》一文，提出了“体验经济”这个概念：体验经济，是以服务为舞台，以商品做道具，从生活与情境出发，塑造感官体验及思维认同，以此抓住顾客的注意力，改变消费行为，并为商品找到新的生存价值与空间。解读一下核心观点，就是如果只聚焦在商品和服务自身，将不可避免地陷入同质化的竞争。基于生活和情境打造感官体验，销售“感受”，让顾客在消费中获得巨大的愉悦感，将有望帮助企业摆脱在品质、价格与服务层面的激烈竞争，获得全新的利润增长点和溢价空间，进而成为商业的全新胜负手。体验经济属于继农业、工业、服务之后的第四代经济形态。它们对比如下：

经济形态	农业经济	工业经济	服务经济	体验经济
交付物	初级产品	产品	服务	体验
生产方式	种植/提取	制造	交付	营造
产品属性	自然性	标准化的	定制化	个性化
供给方法	种植储存	生产后库存	按需交付	事中事后感受
卖方	贸易商	制造商	提供者	营造者
买方	市场	用户	客户群体	客人个体
需求要素	特色	特性	利益	感受

这四代经济类型就像马斯洛金字塔，从物质层面过渡到精神层面。特点是：大范围多代并存，竞争力与经济价值逐代大幅提升。某代的供应达到一定饱和度后，在该经济层面的竞争会陷入成本、效率与价格的搏杀，利润空间急剧下降，部分竞争者会进入下一层面，开拓价值蓝海。高一代经济类型，有能力对前一代实现降维打击，并获得巨大的溢价空间。比如以一杯咖啡对应的咖啡豆，在四种经济形态下的价值和价格为例：作为农产品种植出来后，这些咖啡豆的价格也许只有几分钱；在加工厂完成烘焙，包装为成品，打上品牌，它对应的售价变为 1 ～ 3 元；在街边小店或者类似于瑞幸

这类功能性咖啡店，通过店员的标准化咖啡萃取制作服务，变成一杯热腾腾的现磨咖啡，它的价格上升到 5 ～ 30 元；在带给消费者良好体验的环境下，比如环境优美舒适的咖啡厅、新型书店、旅游景点和商务环境时，它的价格将达到 30 ～ 100 元。

体验经济不是一个全新事物，在文娱产业，制造体验一直都是核心目的。比如迪士尼，就是通过经典卡通形象、声、光、电、水雾、震动和故事，创造和售卖体验，深入人心。娱乐业如歌舞厅、球馆、赌博、洗浴，泛娱乐业如电影、音乐、文学、动漫，也都是以制造和售卖体验为本。同时，体验经济在工业产品端也早已产生影响。比如苹果公司，它获得巨大成功，并不是因为其产品在功能性能上胜出，关键也是体验。

当下的中国，体验经济正在更大的范围崛起，席卷着更多行业。这是因为近年来中国的物质生产极大丰富，功能性、品牌和价格已经不再是竞争力的核心，商品情感精神属性的重要性日益显著，体验已经渐渐成为消费者买单和获取高溢价的原因。

未来的顾客

曾经的马车，今天变成了汽车

曾经的交子，今天变成了纸币

曾经的算盘，今天变成了电脑

……

我们现在所遵循的社会行为似乎大多都是古人已经经历过的，只不过社会形态的变迁、科技的进步以及意识形态的不同，让那些古老的“物种”焕发出新生，一时间让它们看起来是那样不同。人们的毫无感知并未真正掩盖消费升级已然发生深刻变化的现实，经历了互联网时代的洗礼之后，传统意义上的消费行为与习惯也都已然发生了深刻变化。

当线上购物成为家常便饭、当在线支付造就无现金城市、当边看直播边购物成为一种时尚，这一切的一切都在告诉我们，人们的消费升级已经从传统意义上的以线下为主转移到了现在以线上为主。了解并分析当下人们消费升级正在发生的变化，不仅可以让我们对当下的市场动向有一个较为全面的把控，同样可以让我们找到未来行业发展的新方向。

对于正在处于寒冬期的行业来讲，找到人们消费升级的变化，并且分析背后的原因，无疑可以找到破解当下发展困境的方式和方法。我们当下看到的新零售、新金融、新制造等诸多新物种的出现和发展，其实背后都是人们消费升级变化使然。当我们真正了解并把握了消费升级的变化以及背后的原因，才能真正明白当下行业发展的变化并非偶然。

在经历了 PC 时代和移动互联网技术时代的洗礼之后，互联网已经成为一种“基础设施”。当下，几乎所有的行业都或多或少地与互联网产生了联系。在这种背景下，人们的吃穿住用行等环节都发生了深刻的变化，传统意义上的消费升级俨然已经被颠覆。以往，人们在消费的时候往往追求的是“买得到”商品，对于商品相关的服务、体验等要求较少。随着用户的不断成熟，人们不再仅仅只是一味地追求买到商品，而是更加关注商品的质量、购买体验以及后续的服务。在这个趋势下，仅仅只是为用户提供海量的商品，但是却忽略了相关的服务与体验，开始越来越无法激起用户的兴趣。我们看到的当下各大电商平台传统模式的疲软以及以新零售为代表的新概念崛起，正是这种趋势的直接体现。我们现在看到的诸多爆款产品，其实背后都是针对用户需求的变化生产出来的。随着未来新技术的逐步成熟与落地，我们将会看到更多满足用户需求的新方式不断出现。或许，在未来，人们不再为购买到不合心意的商品而困扰，而是真正将自身需求得到最大程度的满足。

传统情境下，人们消费仅仅只是局限在商品买卖本身，并不会过多地关注消费相关的领域。随着人们消费升级的改变，消费不再仅仅只是局限在消费本身，而是开始关注更多与消费相关的环节。新消费概念将会崛起，所谓的新消费其实更多代表的是消费不仅仅只是传统意义上的商品买卖，而更多关注的是与买卖相关的生态链条的关联方。比如，我们在消费过程当中产生的数据、我们在消费过程中应用到的技术等诸多方面。对于这一消费新趋势的关注和满足，不仅可以为我们打开一个全新的发展模式，同样可以为我们破解当下的行业发展困境提供解决方案。由此，传统意义上的消费其实已经被颠覆，取而代之的是新消费。另外，新消费同样不再是单向的用户购买商品，而是一种双向的上下游良性互动。这种良性互动最终让产业的上下游实现了打通，最终让整个行业的运作更加高效，更加富有活力。

今天的年轻人，从一开始就知道自己是各大品牌竞相瞄准的目标消费群，而他们从小就暴露在媒体轰炸的商业环境中，对广告早就习以为常。什么是广告，什么不是广告，他们一眼就能分辨出来。而很多企业明明在做广告，却还在那里装模作样，假装真实消费者的口吻来夸耀产品。这就是为什么很多广告让消费者觉得很假，完全走不到心里去。年轻人期望看到的是商家可以大大方方地承认自己是在打广告，并以一种真诚、有趣的方式来和消费者进行沟通，那么消费者就会接受。

这是一个快速变化的年代，每天都有新的话题涌现，每天都有新的热点供人消费，一个社会事件不消两三天就会被人们忘诸脑后。在这种情况下，品牌营销必须跟上形势的变化，不断进行调整和优化，像过去那种一条广告投全年、一句主平面包打天下的时代已经一去不复返。比如2018年世界杯，不少品牌请梅西代言拍摄广告，结果阿根廷队早早被淘汰，而品牌方的梅西广告还在一直投放，于是梅西立刻被恶搞为“我是梅西，我很慌”。其实企业应该在阿根廷出局时对广告投放迅速作出调整，或者说，早在请梅西时就应该想好胜负两种结果，提前做好预案。

假如两个90后同时站在你面前，大概他们之间的相同之处只有年龄，而生活方式、兴趣爱好与价值观念则可能完全不同。所以将目标消费者笼统地称为“90后”“00后”是没有意义的。今天的年轻人在网络上和真实生活中正在细分成无数个小群体，每个人都有自己的社交小圈子，有自己独特的生活偏好和态度，并由此衍生出无数种亚文化。汉服、lo服和JK服完全不同；星战迷、漫威迷、三体迷和哈迷完全不同；蒸汽朋克、赛博朋克、克鲁苏和 SCP 基金会亦不同。今天的年轻人已经微分，他们分散在一个个小众和边缘的圈子里。

今天，多数企业在营销上依然延续了传统年代的中心控制式做法，他们对待消费者就像家长对待孩子一样，习惯了向消费者灌输信息，习惯了填鸭式广告，习惯了一遍遍念叨品牌信息以图消费者记住并“钉入”消费者大脑。企业习惯了家长制作风，但年轻人并不吃这一套，他们更愿意以一种平等和自由的方式和品牌玩在一起，跟随自己的内心指引与兴趣爱好参与品牌的营销活动，并对品牌内容进行二次创作，这往往会导致各种恶搞、恶趣味、无厘头内容的出现，而这可能并非企业方所期待的，有时还可能会影响到企业的品牌形象。很多企业在营销时虽然口口声声喊着让消费者参与，但是消费者真的参与进来了，他们就担心消费者的行为偏离企业的既定营销路线，给品牌带来风险。于是他们不愿意开放营销的参与节点，并且给消费者的参与设下条条框框，种种限制，于是消费者就失去了兴趣。其实如果品牌内容有趣、社交机制成熟，今天的消费者其实是很愿意参与到品牌中，一起互动。但这需要企业和消费者展开平等而真诚地对话，不要摆出一副高高在上、拒人千里之外的姿态。

今天的用户要的是开放，而不是控制。